JN028913

招かれた天敵

生物多様性が生んだ夢と罠

千葉 聡

みすず書房

招かれた天敵

目次

はじめに

「自然が好きになった」と「自然に好きになった」は一字しか違わないが、まったく意味が異なる。前者は、海が好き、山が好き、植物や動物が好き、いまはアウトドア派、などの意味だが、後者は、「なぜあなたはそんなに自然が好きなのか」などと聞かれたときに、よくある答えだ。

前者の〝自然〟は英語ならネイチャー（nature）――西欧由来の、明治以降に普及した概念。大まかに言えば、人間とその創作物以外の存在のことだ。後者の〝自然〟は古代中国由来の概念で、何かの行為を加えない、あるがままの状態を表す。その意味の中に天地万物を含んでいたため、ネイチャーの訳語に〝自然〟があてられた。重なりがあるとはいえ、両者は大きく異なる概念である。

日本の伝統的な世界観では、人間と自然を明確に区別しないと言われるが、現代日本人には、それがどのような感覚なのか、理解するのが難しい。そもそも〝自然〟を語った時点で、その感覚は霧散するはずだからだ。

「人と自然の調和」「人と自然の共生」が日本の誇るべき伝統であり、その知恵と生き方を取り戻して自然環境の問題を解決しよう、という主張がある。だが、五節句、彼岸、盆や月見の行事さえ縁遠くなり、季節の移ろいに合わせて野外の植物や小動物が日常に溶け込んだ習慣は、現代日本からほぼ失われている。日常の習慣は空気のごとく当たり前ゆえに、大半は文書にさえ残らない。真似はできるかもしれないが、失われたものを元に戻すことは不可能だろう。

西欧文化を受容し、情報化社会に生きる現代日本人にとって、自然と人間が調和していたとされる過去の日本は、もはや異国である。もしそんな異国に魅力を感じるのだとしたら、それはおそらくロマン主義のエキゾティシズムと同類のものだろう。自然との調和、自然との共生という表現自体、その伝統が失われたか、それが幻だったことの証左ではないか。なぜならそれは、西欧の概念に翻訳しなければ、語れない過去を意味するからだ。

二度と取り戻せない知恵と生き方にこだわるよりは、いまも確かに残っている独自の文化や自然――守れる文化や守れる自然を確実に守り、次代に伝え、新しい価値に発展させるほうが大切だろう。そもそも森羅万象と関わる日本の伝統世界には、必ず仕切り役として土俗的な因習がともなうが、現代人はそれを有害なものとして拒否し、排除してきた。だが拒絶されたものこそが、知恵、つまり問題の伝統的な解決策だったわけで、私たちはそれに代わる策をもたない。

それゆえ現代の私たちは、自然が関わる問題の解決を迫られたとき、答えを近代西欧の知恵――科学と技術で導くしかない。それが現在の問題を引き起こした根源であるとしても、それに解決を頼らざるを得ないのだ。

もちろん背景にある近代西欧の自然観は一様ではない。自然を狭く、人為の範囲を広くとる場合もあれば、精神活動とその結果以外の部分は自然に含めることもあるし、人間を自然の中に含める場合もある。

だがここでは、自然を、人間と人間の直接の創作物以外のもの、と定義しよう。どこまでを人為とするかは、じつは非常に難しい問題で、おそらく自然との境界は不明瞭だ。しかし、あえてそこまで踏み込まず、上記の単純な見方を採ることにする。

たとえば野菜は自然物か人工物か。畑で育てた野菜なら、自然と人為の共創物、農地も同じ。ものによって関わる度合いが違うと考えよう。人手の加わった二次林でも、野生生物が豊かな森は、自然度の高い環境というわけで、自然環境に含めるとする。

自然と人工のような二分法、二項対立、世界の単純化、法則化は、自然科学の定石である。複雑な世界から本質的な要素と法則を抽出し、単純なモデルにして世界の理解と説明を試みるのだ。モデルの妥当さを裏づける証拠があり、モデルの予測が現実の系の振る舞いと合致するなら、モデルは実用上の問題を解決する強力な手段となる。

だが、これは自然科学がはらむ危険な側面でもある。もし対象とする系が著しく複雑で、多様な要素で構成されていたら、その一面しかモデルでは説明できない。ところが、現実の、つまり考慮も説明もできていない、あらゆる面が関わる問題の解決策に、その単純なモデルが役立つと錯覚し、実際に使われてしまう場合があるのだ――あたかも世界があまねくひとりの神で支配されていると信じているかのように。

それはたとえば、企業組織の本質を、利益の最大化とコストの最小化という、単純だが企業の一面を正しく表すモデルで理解した経営者が、そのモデルを経営手段に採用し、あらゆる業務を損得計算で判断するようなケースと似ている。この場合往々にして、社員が失敗のコストを恐れてイノベーションが生まれない、コストのかかる安全性への配慮を怠り、事故が起きる、などの問題が生じて逆に経営が傾いたりする。

しかも系があまりに複雑で観察が困難な場合には、観察やデータで裏づけられたものではなく、たとえば「企業経営の本質とはそういうものだ」という信念の類にも似た〝イデオロギー〟でしかないモデルが、科学に化けて現実の問題解決に利用されてしまうことさえある。

農地や生態系など、生物が関与する環境は、まさにそうした複雑で多様さに溢れた系の例だ。したがってそこに生じた問題を自然科学に基づいて解決するのは、時に大きな危険がともなう。特に環境を単純なモデルでとらえている場合は、要注意である。系の複雑さに隠れている重要な要素が見落とされている可能性が高いからだ。

とはいえ、私たちには、ほかに手段がない。自然環境に生じた問題は当面、自然科学を利用しなければ解決できない以上、危険を知りつつ、科学を利用するしかないのだ。

自然を良くするため、自然から利益を得るため、また有害な自然に対処するため――それが善意であれ、悪意であれ、正義であれ、欲望のためであれ、目的と動機の如何にかかわらず、自然環境に何かの操作を加える行為がいかに危険か、また、どうすればその危険を回避しつつ、目的を果たせるのかを考えておく必要がある。

そのための手段のひとつは、過去へ遡り、何が起きたのかを知ることだ。歴史は問題を解決してはくれないが、問題を解決するために、何を覚悟しなければならないかを語ってくれる。

それは実のところ現代の私たちの、自然に対する意識と無関係ではない。自然に与えた操作と、それに対して自然が示した応答の歴史は、自然に対する価値観にも波及するからだ。

なぜあなたは「自然が好き」なのか、その理由の一端は、歴史にある。

さて本書はこうした自然科学を舞台に、〝有害〟な生物に立ち向かう作戦家と、〝有益〟な生物の使い手らをめぐる、一般的な問題を追って展開する。だが本書の意図は、この問題の解決ではない。そうした一般性は目的としていない。終盤に明かされるその意図は、ごく個別的なものである。だがどんな個別の問題も、背後には普遍的な歴史があり、等しく考慮する意義がある。それに、個を大切にすることなく、全体の問題を適切に解決できるはずはないのだから。

第一章　救世主と悪魔

夢の薬

「奇妙な静けさだった。たとえば、あの鳥たちはどこへ行ってしまったのか」
「以前なら、朝は鳥たちの囀る声が満ち溢れていた――コマツグミ、ネコマネドリ、ハト、カケス……」
「それがいまやなんの音もしなかった。沈黙だけが野原、森、沼地に横たわっていた」(1)

一九六二年に出版された『沈黙の春』は、鳥たちが死に絶えた架空の田舎町を舞台に、不気味な寓話で始まる。著者レイチェル・カーソンは、殺虫剤の大量散布により化学薬品で汚染され、命の賑わいが失われた世界の恐ろしさを、その冒頭で読者の脳裏に鮮烈に焼きつけた。

殺虫剤の歴史は古い。四五〇〇年前の古代メソポタミアでは、シュメール人が作物につく昆虫を駆除するため、硫黄を使っていた。古代ローマ人やギリシャ人は、オリーブオイルやオリーブから抽出されたアムルカ、さらにはそれらと過熱した硫黄、瀝青(れきせい)などの混合物を農薬として使い、作物の害虫など有害生物を退治していた。また中国では三〇〇〇年前から、石灰や木灰を使って、部屋や貯蔵品に発生する昆虫を駆除しており、また作物の害虫やシラミを殺すために、水銀やヒ素も使われた[2]。

一八世紀以降、欧州や米国の農家は、硫黄や重金属を殺虫剤として広く使うようになっていた。また除虫菊の粉末や、タバコから抽出したニコチンなど、天然由来の殺虫剤も登場した[2]。日本でも、江戸時代には稲に着くウンカなどを駆除するために、鯨油やさまざまな植物の抽出液を用いたほか、ネズミを駆除するため、ヒ素や黄燐(おうりん)を用いた殺鼠剤が使われていた[3]。

そして一九世紀、欧米で化学薬品による殺虫剤の大規模な使用が始まった。

米国では一九世紀半ば以降、甲虫の一種であるコロラドハムシ（*Leptinotarsa decemlineata*）の食害により、ジャガイモが大きな被害を受けていた。一八六七年、イリノイ州の農業者が、コロラドハムシの駆除に、緑色の塗料として使われていたパリスグリーンという顔料が効果的だと気づく。翌年、これを実験により証明し、パリスグリーンによる駆除法を確立して報告したのが、当時ミズーリ州農業委員会の昆虫専門官で、のちに農務省昆虫局長となるチャールズ・V・ライリーだった。さらにライリーは薬剤散布用の噴霧器を開発し、その農薬としての使い勝手を大きく向上させた[4]。

パリスグリーンは、銅とヒ素の化合物で猛毒の人工顔料であったが、安価で簡単に入手でき、取り扱いや散布も容易で、ジャガイモ農家にとってはありがたい贈り物だった。ライリーによる報告以降、米国ではコロラドハムシ駆除のため、さらにはそれ以外の病害虫防除を目的として、パリスグリーンが広く散布されるようになった[4]。

一方、化学者にとって、パリスグリーンは夢の始まりだった。パリスグリーンが効くのなら、ほかの合成化合物だって効くかもしれない。ライリーの報告は、米国の農薬産業の幕開けを告げるものであった。

一九世紀末から二〇世紀はじめにかけて、近代的な合成殺虫剤が有機化合物の形で誕生した。それまでの農薬には、ヒ素やシアン化合物などの猛毒物質が含まれており、身体への害が大きすぎたが、これら新しい薬剤はそうした物質を含んでいなかった。

新しい化学農薬は作物の害虫を駆除する効果も大きく、農産物の増産に貢献した。化学農薬を利用する害虫管理を「化学的防除」と呼ぶが、米国では一九三〇年代、一部の地域を除き、害虫対策の原則は化学的防除になっていた。そこに登場したのがＤＤＴ（ジクロロジフェニルトリクロロエタン）である。(5)

一九三九年に殺虫効果が発見されたＤＤＴは、害虫防除に絶大な威力を発揮した。しかも人体への危険がほとんどなく、安全だと考えられた。安価で大量生産できるため、シラミが媒介する発疹チフスや、ハマダラカが媒介するマラリアを撲滅するための切り札として、世界各地で使用された。その結果、一九四〇年代にはマラリア患者が激減、発疹チフスのパンデミック抑止にも劇的な効果を発揮した。

ＤＤＴは世界を感染症から救った奇跡の霊薬と称えられ、その殺虫効果を発見したパウル・ヘルマン・ミュラーは、一九四八年ノーベル医学・生理学賞を受賞している。殺虫剤による病害虫の駆除――化学的防除は、まさしくその時代の救世主であり、ＤＤＴは人々が待ち望んでいた夢の薬であった。(5)

一九四五年に第二次世界大戦が終結すると、ＤＤＴは農薬としても盛んに利用されるようになった。ＤＤＴに続き強力な化学農薬が次々と普及した結果、害虫の農業被害は激減し、農産物の収穫量は飛躍的に高まった。人口増加にともない心配された食糧問題の解決に、これら化学農薬は大きく貢献した。(5)

だが光のあるところには影がある――ＤＤＴの普及には戦争も深く関わっていた。第二次世界大戦中、

ＤＤＴは米軍兵士を感染症から守る重要な軍需物資として増産された。戦後米国がＤＤＴを世界中に広めた背景には、戦勝と結びついた国家的誇りの気運があった。[6]

それからもうひとつの影——じつは一九四五年、米国の生態学者らは環境へのＤＤＴ散布の影響を調査し、その潜在的な危険性を察知していたのである。また内務省魚類野生生物局は、ＤＤＴの環境リスクを危惧し、大規模なＤＤＴの使用は危険であると警告した。[7] 一九四六年には、一部の生物がＤＤＴに対し薬剤耐性を獲得しているという証拠が出始めた。[8]

しかしこうした懸念の声は、ＤＤＴをさまざまな用途で販売し、利益を得ようとする化学企業や、ＤＤＴを農薬として農業振興に役立てたい農務省、研究資金を確保したい応用昆虫学者、彼らの宣伝活動に協力するマスメディアによって掻き消された。[9]

当時、米国の応用昆虫学者のほとんどは、基礎研究である昆虫学や生態学にまったく関心がなく、薬剤でどう害虫を駆除するかという実用研究にのみ取り組んでいた。行政も企業も研究者も、そしてマスメディアも、実益に結びつかない生態学に知識も興味もなく、農薬の環境影響に注意を向けることができなかった。[9]

『ロサンゼルス・タイムズ』紙は一九四五年に、こんなタイトルの特集記事を掲載している。——「ＤＤＴで健康的な生活を。スーパー殺虫剤はペニシリンと同じく世界に良い」[10]

ＤＤＴは農薬として大量に散布された。特に米国では、ＤＤＴに過大な信頼を置いた結果、農地だけでなく、森林、草原、湖沼への野放図な散布がおこなわれた。その結果一九五〇年代後半、鳥類の大量死など異常な現象が起こり始め、高濃度のＤＤＴが淡水魚や水鳥に蓄積していることが明らかになった。薬剤耐性をもつ害虫の出現も問題化した。この事態に、農務省もＤＤＴの使用制限に着手せざるを得なくなっていた。[11]

「化学物質の戦争にはけっして勝利はない。すべての生命はその激しい戦闘に巻き込まれる」――『沈黙の春』は、こうした化学的防除の現状に対する警告の書であった。一九五二年まで内務省魚類野生生物局に勤務していたカーソンは、DDTのリスクにいち早く気づいていた（図1‐1）。

カーソンは、森林に生息する蛾の一種で、時に大発生するマイマイガの駆除のために、農務省が飛行機を使って夥しい量のDDTを空中散布した結果、農作物の汚染や家畜の中毒死が起きたことを厳しく批判している。米国ではDDTに加え、より強力な化学農薬の空中散布も広くおこなわれた。カーソンは、日本から渡来した甲虫ジャパニーズ・ビートル（マメコガネ）や南米由来の有毒なヒアリの駆除を目的とした農薬の空中散布によって、鳥、家畜、水生動物が大量死した事件を取り上げている。[1]

政府によるこうした大規模な農薬の空散は、農薬産業とそこから資金提供を受けた化学的防除の専門家からの、強力な支援を受けておこなわれたものであった。「産業界が支配する時代、そこでは、どんな犠牲を払ってでもドルを稼ぐ権利がめったに疑問視されない」とカーソンは記し、利潤追求のために環境を危険に晒す企業経営者と、彼らに文字通り養われている研究者を批判した。[1]

だが、それは必ずしも住民の意向に反して進められたわけではない。むしろその背景には、昆虫類の被害に悩む農業者や、蚊、ブユなどに対する不快感に耐えられない住民からの、対策を求める強い声があった。

カーソンはこうした汚染の危険性に対する人々の鈍感さを「催眠術にかけられている」と表現し、市民ひとりひとりがその危険さ、恐ろしさに目覚めて主導権を握らなければならないと主張した。そして

DDTや有機リン系殺虫剤など化学農薬の乱用が引き起こすさまざまなリスク——中毒、発がん、環境汚染、生体内に蓄積した薬物の食物連鎖による濃縮、農薬への耐性を獲得した昆虫の出現など——の深刻さを訴えた。

もうひとつ、『沈黙の春』は人々がそれまで気づいていなかった、化学的防除の重大な問題点を暴き出した。それは、化学農薬が生態系に対する脅威だという点である。

カーソンは、生態系は「複雑で、精緻で、緊密に結びつけられた生物と生物の関係」で維持され、「つねに動的に、調節されている状態」をつくり出すとし、これを「自然のバランス」と呼んだ。[1]

人間は「自然のバランス」の恩恵を受けている——その例として彼女が挙げたのは、害虫のアブラムシやカイガラムシを捕食して駆除してくれるテントウムシの仲間、やはりアブラムシなどの捕食者として、害虫を抑えるクサカゲロウ、また宿主の害虫に寄生して駆除する寄生蜂の仲間などの天敵たちであった。

図1–1　レイチェル・カーソン（Rachel L. Carson, 1907–1964）.［©U.S. Fish and Wildlife Service］

カーソンによれば、昆虫の個体数が多くなると、利用できる餌の量、競合する種や捕食者の存在で生じる「環境抵抗」の力によって、自然に増加が抑えられるという。ところが農薬の数、種類、破壊力が増すにつれて、「環境抵抗」がひどく弱まってしまった。私たちは「自然のバランス」の恩恵を過小評価し、それを農薬で破壊してしまった、というのである。[1]

カーソンはこう警告した——私たちは生態系のことに

ついて、まだ十分理解しているわけではない。さまざまな生物が互いに関わりあうことでバランスを保っている生態系から、ひとつの生物を有害だからといって農薬で駆逐したらどうなるか。もしその有害生物や、その駆除の巻き添えになって死滅した種が、別の有害生物を抑える役目を果たしていた場合は、農薬散布が新たな有害生物の大発生を招いてしまうだろう。

「私たちは、有毒で生物学的に強力な化学物質を、その害の可能性についてほとんど、あるいはまったく知らない人々の手に無差別に渡してしまった」――農薬の危険に無頓着で、警告に一切耳を貸そうとしない政府や企業、化学的防除の専門家を「狂気に囚われている」と鋭く批判する一方で、『沈黙の春』は世界を破滅から救うために人々が採用するべき別の防除手段を提案した。それが「自然のバランス」を利用した害虫対策、つまり自然の力、生物の力を使って有害生物を抑制するやり方――「生物的防除」である。(1)

自然のバランスを取り戻せ

カーソンは、化学農薬に依存しない害虫防除を「もうひとつの道(1)」と呼び、さまざまな形の手法を紹介している。たとえば雄不妊化による駆除――人工的に不妊化した膨大な数の雄を野外に放ち、雌と交尾させることにより、最終的にすべての雌の卵を孵化できなくしてしまうという方法だ。これは家畜に寄生するラセンウジバエや、果樹の害虫であるミバエ類を根絶する方法として用いられていた。また、性フェロモンに類似した性質をもつ誘引物質を使って昆虫をおびき寄せ、一網打尽にする駆除方法も、人体や環境へのリスクが少ない防除法として取り上げている。

だが、カーソンが最も多くの実例をあげて紹介した「もうひとつの道」は、有害生物を減らしてくれる捕食者や寄生虫などを増やすという、古くから知られてきた防除法――生物的防除であった。有害生物の大発生が、「自然のバランス」が崩れていることを意味するなら、それを抑える「自然のバランス」を回復させればよいという考え方である。

駆除対象の有害生物に特異的に感染する細菌やウイルスを散布し、病気を流行させて退治するやり方も、そのひとつだ。さらにカーソンは、有害生物の防除を目的として外国から輸入された天敵が、素晴らしい成績を収めていることを強調している。

たとえばオーストラリアから米国に導入された肉食性テントウムシは、柑橘類に大きな被害を及ぼしていた昆虫を捕食し、その発生を完全に抑え込んだ。一方、野生化したウチワサボテンの大群落に手を焼いていたオーストラリアでは、海外から天敵の昆虫を輸入し、国内に放した。その結果、ウチワサボテンの大群落は天敵昆虫の食害により、跡形もなく姿を消した。「大成功を収め、しかも経済的」――カーソンは天敵昆虫の導入例をこう絶賛している。[1]

また、カナダのニューファンドランド島では、針葉樹を荒らしていたカラマツハラアカハバチ（*Pristiphora erichsoni*）を駆除するために、もともとこの島に棲んでいなかったマスクトガリネズミ（*Sorex cinereus*）を輸入して放した。大食漢のトガリネズミは、土壌中につくられたハバチの繭を片端から食べてくれる。帰化したトガリネズミは繁殖して島中に広がり、大成功を収めたと、カナダ政府の報告書を引用する形で、カーソンはこの事業を称賛している。

このように害虫駆除に大きな効果が期待でき、化学薬品のような危険性もない、そんな夢のような防除手法であるにもかかわらず、この時代、生物的防除に取り組んでいる研究者は応用昆虫学者のうちのわずか2％に過ぎず、残りの98％は化学的防除に携わる者だったという。[1]

こうした状況で、応用昆虫学者の模範となる生物的防除の研究グループとしてカーソンが紹介したのは、カナダのアリソン・ピケットの研究チームと、カリフォルニア州の昆虫学者チームであった。カーソンはこう記す。

「ピケット博士は、捕食者、寄生虫を最大限に利用する健全な害虫防除の開拓者だった。彼と彼のチームが開発した手法は、いまや輝かしい模範と言えるのに、それを見習う人があまりに少ない。米国でこれに匹敵しうるものと言えば、カリフォルニア州の昆虫学者らが立てた総合的な防除手法だけである」[1]

生物的防除は軽視され、予算も得られず、厳しい状況にある――カーソンはこう指摘して、生物的防除への積極的な取り組みを強く訴えた。

「天敵を輸入して害虫の生物的防除に成功した例は世界の40か国に及ぶ。このやり方が化学的防除にまさっていることは明らかだ」とカーソンは記した。有害生物の駆除に効果があるのは、人間ではなくて生物そのものがおこなう防除なのだと主張したのである。[1]

『沈黙の春』の内容は、雑誌『ニューヨーカー』に掲載されるや大きな反響を呼び、書籍はたちまちベストセラーとなった。これに対して農薬メーカーや化学企業は激しく反発した。企業の意を受けた新聞・雑誌はさっそく攻撃を始めた。『タイム』誌は、「〔『沈黙の春』による〕ひどい一般化には、無数の誤りがあり、根拠がない」とする批判記事を掲載した。[12]

ある大手化学企業の経営者は、カーソンを「自然のバランスというカルトの狂信者」と呼び、『ニューヨーカー』誌に対して訴訟を起こすと脅迫した。別の化学企業は、「DDTと化学農薬がなくなれば、近代農業は破綻し、大量の餓死者が発生する」という化学者の予言を公表した。全米農薬工業連盟（NACA）は、『沈黙の春』攻撃のための広報活動に25万ドル以上を費やし、新聞や雑誌の編集者に、この本の好意的なレビューを書かないよう圧力をかけた[13]。

それまで社会への献身的な奉仕者を自認し、誇りをもって仕事に取り組んできた〝主流派〟の応用昆虫学者は、『沈黙の春』からの批判を、自分たちの誠実さと貢献に対する理不尽な言いがかりと見なした。その結果、彼らの間に感情的な反発が巻き起こった。彼らはカーソンを、過激で、不誠実で、非科学的だと非難した。そして、カーソンはただのヒステリックな女性なのだという主張が、化学や農業関連の業界誌に掲載された。元農務長官のひとりは、ドワイト・アイゼンハワー元大統領に宛てて、カーソンは「おそらく共産主義者であろう」と手紙に書いた[13]。

だがカーソンは負けていなかった。一九六三年に米国のテレビ局CBSは『沈黙の春』の一時間にわたる特集番組を放送、その中でカーソンは、当時がん治療で体力を消耗していたにもかかわらず、穏やかな口調だが説得力をもって、未知の危険の恐ろしさとそれを無視する科学者の傲慢さを強く訴えたのである。これは同じ番組に出演した、農薬業界のスポークスマンの、まるで全知全能の科学を代弁するかのような、冷徹な反論と対照的であったため、一躍大衆のカーソンへの共感と支持を高めるものとなった[14]。

『ニューヨーカー』誌をはじめ、『沈黙の春』を紹介した雑誌の編集者の多くは、企業の脅しに抗して果敢に反撃し、カーソンの主張を擁護する記事を書いた。

『沈黙の春』は大衆文化の中に入り込み、その主張は大衆の意識に浸透していった。当時米国社会に最も影響力をもった雑誌のひとつ『ライフ』に写真記事が掲載され、カーソンの顔は広く大衆に知られるようになった。[15]漫画家チャールズ・シュルツも、一九六二年とその翌年、「スヌーピーとチャーリー・ブラウン」で知られるコミック『ピーナッツ』で、登場人物に「レイチェル・カーソン」の名を言わせている。[16]ジャズシンガーのレナ・ホーンは、一九六三年カーソンのために作曲された「沈黙の春」の中で、「一枚の葉のつぶやきも聞こえない。一羽の鳥の歌も聞こえない」と歌った。[17]

DDTへの危惧と環境保護を訴える声が、市民の間で一気に高まった。多様な分野にわたる専門家の協力と、科学的な成果も決め手になった。DDTやその分解物が、生態系に蓄積、濃縮し、それらが遅発性の毒としてハクトウワシなどの鳥類を危険に晒しているのが実証された。英国では、DDTにより猛禽類の卵の殻が薄くなり、繁殖率の低下が起きていることが明らかにされた。DDTは人体からも検出され、発がんリスクを高めて、生殖異常を引き起こす可能性が示された。[18]

こうしてDDTのリスクは、科学的に裏づけられた。

一九六三年には、ジョン・F・ケネディ大統領の科学諮問委員会が、「調査結果は『沈黙の春』の内容が根本的に正しいことを裏づけている」とする報告書を発表し、DDTの段階的廃止を勧告した。[19]

市民が中心となり環境保護団体が設立され、活発な反DDT運動が展開された。彼らはDDT使用禁止の法的措置を求める訴訟を地方と国で起こし、勝訴した。農務省は一九六七年以降、段階的にDDTを使用可能な農薬の登録リストから抹消した。

一九七〇年に、農薬など環境汚染に関わる化学物質の監視や規制措置をおこなう米国環境保護庁（EPA）が設立されると、農薬の規制権限は農務省から環境保護庁に移り、化学企業は影響力を行使できなくなった。一九七一年には環境保護庁長官が、DDTの使用によるコスト（野生生物や生態系の劣化）は、その利益を上回るとする声明を出した。そしてその翌年環境保護庁は、米国内でDDTの作物への使用を中止すると発表した[19]。

ＤＤＴを含む化学農薬の規制は米国のみならず先進国を中心に国際的な広がりを見せた。一九六五年に国連食糧農業機関（ＦＡＯ）の専門家パネルは、化学農薬に依存した害虫防除から脱却することを求めた[20]。いち早くＤＤＴを含む農薬規制に乗り出したスウェーデンは一九六七年、世界で初めて総合的な環境規制機関である環境保護委員会を設立し、翌年には、包括的な環境保護法である「環境保護法」を世界で初めて制定した。英国でも一九六〇年代のうちに規制が強化された[21]。

一九八〇年代には、ほとんどの先進国でＤＤＴの農業利用が禁止された。二〇〇一年ストックホルムでおこなわれた国際会議において、「残留性有機汚染物質に関するストックホルム条約」が採択され、その三年後に条約が発効すると、ＤＤＴを含む有機塩素系農薬など12の有機汚染物質の製造・使用が世界で原則的に禁止されることになった[22]。

かくして「奇跡の霊薬」と称えられたＤＤＴは、「死の毒薬」と恐れられる忌まわしき存在へと転化したのである。

この変化は主流派の応用昆虫学者にとって由々しき事態であった。いままでのように、強力な化学薬品を武器にした戦い方をしていたのでは、人々を病害虫から救う救世主どころか、世界を滅ぼす悪魔と見なされてしまう。彼らは次第に化学的防除から遠ざかり、生物的防除へと軸足を移していった。これは『沈黙の春』に最も多く引用された学術誌である *Journal of Economic Entomology* 誌に掲載された論文の推移に、はっきり示されている。化学的防除に関する論文は、一九六二年の段階ではこの雑誌に掲載された論文の35％を占めていたのに、二〇〇二年にはわずか３％まで減ってしまっている。しかもそのうちの７割は、環境リスクに配慮した新しい化学的手法を提案する論文であった。一方、一九六二年には同じ雑誌で4％ほどでしかなかった生物的防除に関する論文は、二〇〇二年には全体の14％を占めるに至っている[23]。

ただし、その後比率を増し、最も多くを占めるようになったのは、化学的防除と生物的防除、それに誘引、不妊化など幅広い手法を組み合わせた、「総合的病害虫管理」と呼ばれる手法であったという点は留意する必要がある。

『沈黙の春』は、社会全体に大きな影響を与え、人々の意識を変え、害虫防除の考え方に大きな変更をもたらした。その意味で、カーソンは地球を化学薬品の過剰利用による汚染の脅威から救いだした救世主であった。

だがカーソンの主張を仔細に見てみると、じつは化学的防除を否定していたわけではない。DDTやほかの化学農薬の禁止を求めてはいないのである。生物的防除の優位性を訴えつつも、「農薬を使うなとは言っていない、使い過ぎが良くないのだ」と念を押している[1]。化学農薬、特にDDTを万能視して過剰に使用するのは、人体や野生動物にとって危険すぎるし、自然のバランスを崩してより事態を悪化させる、だから生物的防除などの方法を活用して、化学農薬への依存度を下げよう、というのがカーソンの主張の趣旨だった[24]。

実際、カーソンが模範的と称賛していたカナダとカリフォルニアの応用昆虫学者が目指していたのは、化学的防除と生物的防除やそれ以外の手法を組み合わせる、総合的病害虫管理であった。また、カーソンの主張を受けてFAOが求めたのも、あくまで化学農薬への依存度を下げて多様な防除法を使うことであった[25]。

しかし、メディアを通して社会にその主張が広がる過程で、また反発する農薬メーカーと反農薬を訴える市民との戦いの過程で、ＤＤＴを使う防除はすべからく危険、という主旨だと誤解され、議論は「ＤＤＴ 対 生物的防除」「ＤＤＴ 対 自然のバランス」といった二項対立の図式へと単純化していった。

それに加えて、じつは多くの人々は、カーソンが残した重要なメッセージを見落としていた。それはＤＤＴの大量散布は危険だとか、化学的防除より生物的防除のほうが優れている、といった主張より、もっとずっと本質的なものだ。

第一に、私たちが安全だと思い込んでいるものが、本当に安全だとは限らないこと。『沈黙の春』は、安全という神話の裏に、恐るべき危険が潜んでいることを訴える書であった。

第二に、私たちはまだ自然や生物をよく知らないと、自覚しなければならないこと。「なんでもわかっていると、うぬぼれてはならない……天敵による防除を成功させる決め手は、正確な知識や基礎となる生物学的な裏づけである」――そうカーソンは記している[1]。

そして第三に、私たちが有害と見なす生物以外の、さまざまな生物たちの存在と彼らを育む自然を無視してはならないということ。人間中心の価値観から自然中心の価値観への転換である。カーソンはある生態学者のこんな言葉を引用している。

「私たちに残されたかけがえのない、そしてほとんど最後の自然を改変するような、こうした反自然的行為は、もうやめなければならない[1]」

だが私たちは、これらの事柄を『沈黙の春』のずっと以前から、ただしそこに記されたものとは逆の関係のなかで経験していたし、またのちの時代にも、同じことをかなり皮肉な形で理解することになる。

「天敵」とは、捕食や寄生、感染によって、ある生物種の個体を死亡させたり、繁殖を阻害したりする生物のことである。ここで「敵」という言葉は、二つの個体または種間の拮抗関係を指すが、人間社会の偏見を想起させる語でもあるので、生物学的には天敵という言葉は好まれない。とはいえ、それに代わる「拮抗者」などの用語はあまり一般的でないため、本書では上記の中立的な科学上の意味で、あえて「天敵」の語を用いる。

さて、『沈黙の春』を契機に一躍脚光を浴びるようになったとはいえ、天敵を使う害虫防除——生物的防除は古くからある手法だ。一七〇〇年前の中国では柑橘類を保護する目的で、害虫の発生を抑えるツムギアリが市場で販売されていた。[26]

欧州では一三世紀、アリマキの駆除にその捕食者であるテントウムシが使えることが知られ、一八世紀には、有害生物の防除に天敵が有効であると広く認識されていた。

二名法による生物分類法の提唱者で、分類学の父とも呼ばれるカール・フォン・リンネも、テントウムシやクサカゲロウを利用したアブラムシ駆除法を紹介している。またリンネは、捕食性カメムシ類を使ってナンキンムシを駆除したり、カタツムリを使って果樹に付着するコケを減らしたりする方法も提案している。一七六二年には、モーリシャスで深刻な農業被害をもたらしていたアカトビバッタ(*Nomadacris septemfasciata*)の制御のため、ムクドリ科の鳥類であるインドハッカ(*Acridotheres tristis*)が、インドからモーリシャスに輸出されている。[27]

この古くて新しい防除法は、現在も農業基盤を強化する方法として盛んに利用されている。たとえば二〇二〇年に学術誌 *Nature Ecology & Evolution* に発表された論文では、一九一八年以降現在までにアジア太平洋地域でおこなわれた生物的防除が、「緑の革命」――一九六〇年代に達成された、穀物の大量生産技術の開発による世界的な農業生産の向上――と並ぶ経済的利益をもたらしていると指摘している。(28)

カーソンが事例を数多く上げて紹介した、外来の天敵を導入して有害生物の発生を抑えるという手法は、特に「伝統的生物的防除」と呼ばれるものだ。「外来の天敵生物を意図的に導入して、害虫が侵入した地域に恒久的に定着させ、長期的に害虫を防除する手法」――これが一般的な伝統的生物的防除の定義である。

現代の生物的防除には、これ以外にも多彩な防除技術が含まれている。たとえば作物に、寄生蜂などの昆虫、捕食性ダニ類、線虫、菌類を、農薬のように大量放飼する方法である。これらの天敵を生きた状態で製品化したものが流通している。天敵の繁殖・維持を促す植物（バンカー植物）を作物の近くに植えたり、植生管理や生息場所管理により、天敵を農地に増殖維持する技術も使われている。誘引物質を使って作物に直接天敵を誘引する方法もある。また遺伝子組換え技術やゲノム編集技術により、農作物に病原体への抵抗性や殺虫作用を獲得させたり、弱毒ウイルスのワクチン的な接種により、農作物にウイルスへの抵抗性を誘導したりするなど、さまざまな新しい技術が活用され、カーソンが研究者の関心の低さを嘆いたころとは面目を一新した感がある。

BioControl 誌に掲載された二〇一八年の論文によると、伝統的生物的防除が本格的に有害生物対策として使われるようになって以降、世界中で少なくとも226種の有害昆虫と57種の雑草が天敵により、部分的または完全に防除されている。この結果、世界中で農作物の損失を食い止め、生活を守り、貧困

を緩和することに貢献している。[29] もし環境にも人体にも一切の危険性がなく、どんな条件でも標的となる害虫を抑え、かつコストもかからない——そんな「夢の天敵」がいるなら、それを使わない手はない。

さて、伝統的生物的防除の最初の華々しい成功例として知られるのが、一八八〇年代に米国でおこなわれたイセリアカイガラムシ（*Icerya purchasi*）の防除事業である。この画期的な生物的防除を主導したのが、農務省昆虫局長チャールズ・V・ライリー——一八六八年にコロラドハムシ防除に対するパリスグリーンの有効性を実証し、化学的防除の時代を導いた人物——だった（図1-2）。ただし、ライリー自身は、必ずしも薬剤使用にとりわけ積極的だったわけではない。害虫によっては薬剤ではうまく防除できないものがいることも知っていた。その場合の選択肢のひとつは、天敵で害虫を抑えることだった。「自然のバランス」——彼は害虫防除の話をするとき、たびたびこの言葉を使っていた。[30]

薬剤が特に効きにくい農業害虫の代表が、カイガラムシ類である。これらはカメムシ目に属する昆虫で、アブラムシ類に近い仲間だが、ほとんどの種で雌成虫や幼虫が体を分泌物で覆われる。雌成虫は一般に翅を欠き、種類によっては脚が著しく退化する。植物に寄生して吸汁するが、時に大発生する種類がおり、茎や葉に多数の個体が張り付いて、植物を弱らせてしまうことがある。

イセリアカイガラムシの雌成虫は、大きさが5㎜ほどで、体の後半部に白い綿状のロウ物質で包まれた大きな卵嚢（のう）をもつので、全体がソフトクリームのような姿に見える（後出の図1-3参照）。これが柑橘類などの幹、枝、葉に群生して樹液を吸い、木を衰弱させる。またその排泄物から、すす病を発生させて葉や果実を真っ黒にしてしまう。しかも雌だけでも繁殖ができるため、容易に増えることができる

この絞り出した白いクリームのようなカイガラムシは、一八六八年ごろ、カリフォルニア州北部メンローパークのアカシアで発見され、そこから急速に広まっていった。一八八六年にはカリフォルニア州

南部で大発生し、果樹園の樹木が夥しい数の白い虫でびっしりと覆われた。細い枝にも目白押しに並んで木を弱らせ、柑橘類が壊滅的な被害を受けた。果樹生産者は、洗浄やシアン化合物による燻蒸を試みたが、まったく効果がなかった。被害があまりにも甚大で、打つ手のない多くの生産者が、果樹園を放棄したり燃やしたりした。廃業の危機にさらされたカリフォルニア州の果樹生産者は、ライリーに対策を求めた。

要請を受けたライリーは、農務省のあるワシントンからカリフォルニア州に技師を派遣し、イセリアカイガラムシの調査や薬剤による駆除試験をおこなう一方、ワシントンの自らの研究室に試料を取り寄せ、生活史や生態の解明を進めた。その過程でイセリアカイガラムシを攻撃する、米国在来の寄生虫や捕食者がいることがわかったものの、それらを使った駆除試験では、効果が認められなかった。

いったいどこからこのカイガラムシはやってきたのか——ライリーは文献を調べ、また各国の研究者に手紙を送り情報収集に努めた。この種には複数の近縁種がいて、しかも分類が混乱しており、調査は難航した。標本を取り寄せて直接比較しても解決せず、結局ライリーはフランスとイギリスに出かけて、イセリアカイガラムシの原記載標本を含めて検討した。

その結果、ついにイセリアカイガラムシの原産地がオーストラリアであることを突き止めた。またオーストラリアではこのカイガラムシはそれほど多くなく、柑橘類の害虫とは認識されていないことに気づく。

ライリーは病害虫防除の研究だけでなく、昆虫の分

図1-2　チャールズ・V・ライリー（Charles V. Riley, 1843–1895).［*The Academy of Natural Science in St. Louis*, Vol. 52より］

類、生態、行動など基礎研究でも優れた業績をもち、また進化論の提唱者チャールズ・ダーウィンとも交流があったため、当時の最先端の科学的知見である共進化——捕食・被食、競争、寄生や共生のような異なる生物間の関係が、相互作用を通じて進化する——という理論を支持していた。[30][31]

どの生物種にも共進化の長い歴史の中で生まれた捕食者や寄生者がいて、その増殖を抑えているが、人間によって新しい土地に持ち込まれたばかりの種には、そうした天敵がいない。それゆえ抑えるものがなくなって爆発的に増えるに違いない——ライリーは一八八〇年、アメリカ科学振興協会での講演で、害虫が現れる三つのメカニズムのひとつとして、海外から持ち込まれた生物が、原産地の天敵から解放されることを挙げている。[32]

この理論に従えば、原産地のオーストラリアでは、なんらかの天敵がイセリアカイガラムシの個体数を抑制しているはずだ——そう考えたライリーは、オーストラリアから天敵を輸入することを発案した。一八八七年、カリフォルニア州果樹生産者との会合で、この天敵導入によるイセリアカイガラムシの防除計画を披露している。[33]

ライリーは、オーストラリアの研究者に手紙を送り、寄生生物など有力な天敵がいないか、情報を収集した。その結果、有力な天敵として、幼虫がイセリアカイガラムシに内部寄生する、ハエ目・ヒゲブトコバエ科の一種（*Cryptochaetum iceryae*）が浮かび上がった。ライリーはその標本を取り寄せて確認したのち、この寄生昆虫を輸入して放飼(ほうし)することにした。[34]

この計画を遂行するためには、天敵をオーストラリアで採取して、生かしたままカリフォルニアに輸送しなければならない。このハエを、それが寄生しているイセリアカイガラムシごと、持ってこなければならないのだ。

ところがここで問題が生じた。本当はライリー自身がオーストラリアに行って、この仕事をしたかったのだが、彼があまりにも頻繁に研究目的でヨーロッパに出張することが合衆国議会で問題になり、海外出張が禁止されてしまったのだ。[30]

そこで自分のかわりにこの任務を与えて、オーストラリアに送り出す人物として、ライリーが白羽の矢を立てたのが、農務省技師アルベルト・ケーベレであった。そのころケーベレは、カリフォルニア州に農業技師として派遣され、イセリアカイガラムシ駆除の研究に従事していた。

ケーベレは以降の章でも本書のストーリーの随所でキーパーソンとなる人物であるが、ドイツ出身ということ以外、米国に来る前の経歴や生い立ちの詳細はよくわかっていない。一八八〇年、ニューヨーク・ブルックリンに彗星のごとく現れて、昆虫標本の驚異的な作成技術を披露し、米国昆虫学界隈の注目を集めた。一八八一年に開催されたブルックリン昆虫協会の会合でたまたま彼に出会ったライリーは、その技術に感銘を受け、彼を技師として採用していたのである。[30][35]

ところでライリー発案の防除計画には、もうひとつ大きな課題があった。オーストラリアへの渡航資金を確保しなければならない。ライリーは天敵導入による防除計画をカリフォルニア州選出の下院議員を通して提案し、渡航費の必要性を訴えたが、その計画は「馬鹿げた話」であるとして、資金要求は合衆国議会で却下されてしまった。次にライリーはカリフォルニア州政府に資金援助を求めたが、州議会は防除計画の支持を議決したものの、渡航費の支出は認めなかった。

しかし不撓不屈、けっして諦めないライリーは、一計を案じる。ちょうど一八八九年に、オーストラリアのメルボルンで万国博覧会が開催されることになっていた。ライリーは農務長官を通して国務副長官に働きかけ、博覧会に参加する米国代表団メンバーの中に、強引にケーベレを入れてしまったのである。奇策は功を奏し、ケーベレは米国代表団の一員としてオーストラリアに渡ると、さっそくイセリアカイガラムシの天敵探索の任務に就いた[30]。

目的とするヒゲブトコバエ科の一種は、体長わずか2㎜、体が黒くて複眼が赤い、ずんぐりした微小なハエである（図1－3）。ケーベレはイセリアカイガラムシが高い割合でこれに寄生されていることを確認し、採取した宿主のイセリアカイガラムシごと送ることにした。数千匹のイセリアカイガラムシがオレンジの苗木とともに大きな木箱に詰められ、船の冷蔵室に置かれた状態でカリフォルニア州まで輸送された。送られてきた天敵は、ライリーの指示を受けた別の技師がカリフォルニア州で飼育し、駆除効果を調べた後、放飼された。だが、輸入されたヒゲブトコバエ科の一種を増やして放飼したものの、その効果は、このときはあまりはっきりしなかった[34][36]。

まもなく、ケーベレは現地の研究者の助けを借り、イセリアカイガラムシの強力な捕食者であるベダリアテントウ（*Rodolia cardinalis*）に目をつける。これは体長4㎜ほど、上翅は赤く、5個の黒斑がある。成虫も幼虫もイセリアカイガラムシを捕食する（図1－3）。

ベダリアテントウはライリーの想定にはなく、生態についての情報が不足しており、検討も十分でなかったが、ケーベレはかまわず、数度にわたりこのテントウムシを、イセリアカイガラムシとともに輸送した[36]。その臨機応変の判断は、なにより実践と行動力を重視する、ケーベレの優れた現場感覚ゆえのものだろう。

彼は帰国途上に訪れたニュージーランドでも、多数のベダリアテントウを見つけて輸送した。最終的に約500匹のベダリアテントウが生きた状態で米国に到着した。

これをカリフォルニア州で受け取った技師は人工繁殖をおこない、駆除効果をテストした。イセリア

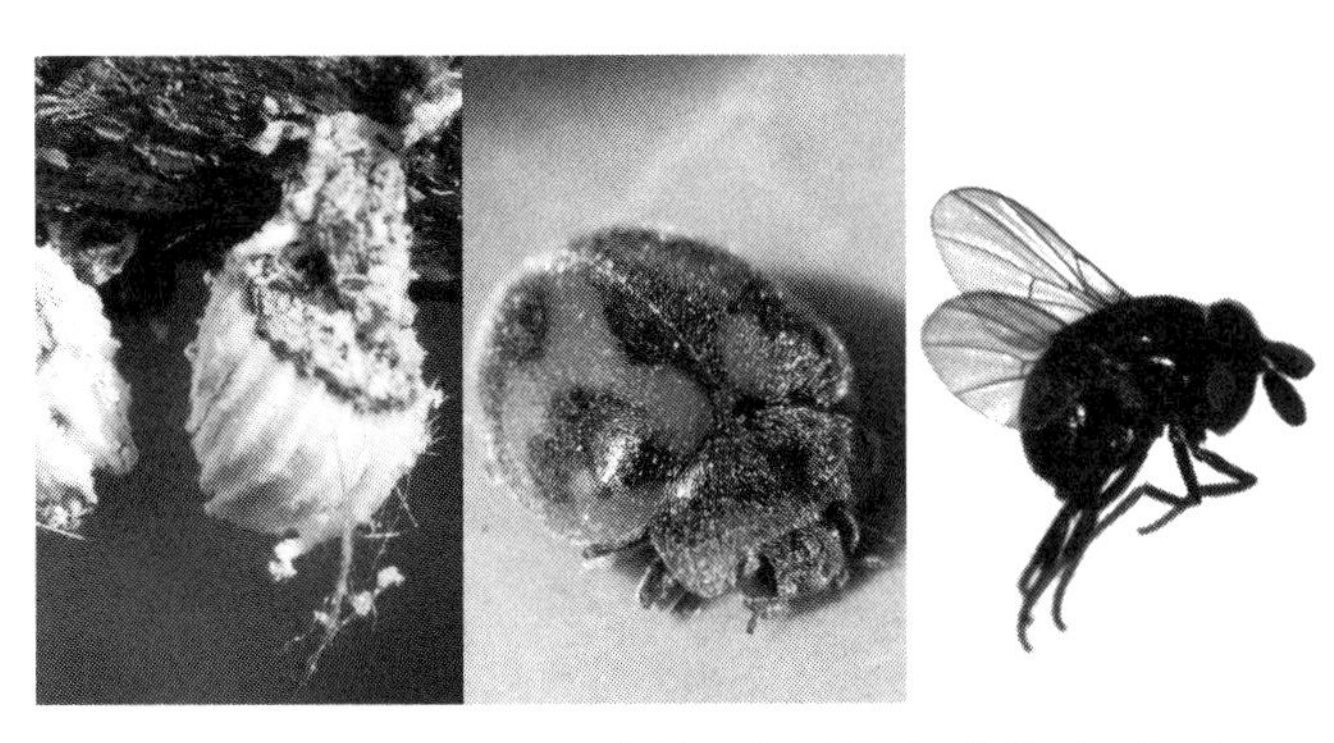

図1–3　左：イセリアカイガラムシ［画像は鈴木紀之氏の厚意による］，中：ベダリアテントウ［鈴木紀之氏の厚意による］，右：ヒゲブトコバエ科の一種．［画像はStephen Thorpe氏の厚意による］

カイガラムシに大量寄生された果樹を布製のテントで覆い、その中にベダリアテントウを放飼した[36][37]。

ベダリアテントウの威力は驚くべきものだった。果樹に試験的に放たれたベダリアテントウは、あっという間に果樹上のイセリアカイガラムシを食べ尽くした。

その一八八九年の内に、養殖された約1万匹のベダリアテントウが200軒の農家に配布され、ほぼすべての農場に定着、イセリアカイガラムシを激減させた。ある農場主は次のように述べている。

「ベダリアテントウは急速に増えて広がり、私の果樹園にある3200本の樹木はどれも文字通りベダリアテントウで溢れている。白いカイガラムシに侵されていたあらゆる植物が、この素晴らしい捕食者によってすっかり元気になった」

カリフォルニア州全体への配布が進んだ一八九〇年の末には、このカイガラムシはカリフォルニア州からほとんど一掃された。その結果、ロサンゼルス郡からのオレンジの出荷量は、わずか一年の間に3倍に増加し、それまで存亡の瀬戸際にあったカリフォルニア州の柑橘類産業に、年あたり数百万ドルの利益をもたらした[37][38][39]。

天敵による農業害虫の防除は大成功を収めたのである。ベダリアテントウは、まさに「夢の天敵」であった。

ちなみにすっかり存在を忘れられてしまった、微小で黒いずんぐりしたヒゲブトコバエ科の一種のほうは、のちの研究で、じつはこのときベダリアテントウに劣らぬ働きをしていたことがわかっている。ベダリアテントウの華々しい活躍の陰で、人知れずイセリアカイガラムシに寄生して、しっかりその数を減らすのに貢献していたらしい[38]。

赤い寄生蜂

カリフォルニア州に導入されて以降、ベダリアテントウはイセリアカイガラムシ防除を目的として世界各地に導入された。またこれを契機として、天敵の導入による害虫防除が世界的に流行した。日本の統治下にあった台湾でも、ベダリアテントウによるイセリアカイガラムシ防除がおこなわれている。

一九〇九年、台北一帯で発見されたイセリアカイガラムシは、果樹園を中心に急増し、対策を求められた台湾総督府農業試験場技師・素木得一（しらきとくいち）（のち台北帝国大学教授）は一九一〇年、ベダリアテントウを求めて米国に渡った。

カリフォルニア州で入手しようと考えていた素木だったが、すでにイセリアカイガラムシさえ見つけるのに苦労する状態で、ベダリアテントウを得ることはできなかった。しかし帰途ハワイで、素木は運良くベダリアテントウを入手した。そしてそれを台湾に輸送、放飼したのである。その結果カイガラムシは急速に減り、ほぼ姿を消した。これが日本（当時）で最初の天敵による生物的防除の成功例である[40]。

一九一一年には静岡県で発生したイセリアカイガラムシに対し、農事試験場技師・桑名伊之吉が台湾からベダリアテントウを導入、駆除に成功した。また桑名は一九二六年に、柑橘類の害虫ミカントゲコナジラミ（*Aleurocanthus spiniferus*）の天敵として、シルベストリコバチ（*Encarsia smithi*）を中国から導入、成果をあげたとされている。

なお、一九一一年のイセリアカイガラムシ発見を受けて、桑名は本格的な検疫制度の設置を提言、それをもとに一九一四年、輸出入植物取締法が制定された。桑名は植物検査所の初代所長に就任している[41]。

桑名の事業以降、戦前の日本では生物的防除はあまり目立つ成果をあげていない。ただし特筆すべき例外がある。それは委任統治領下のマリアナ諸島でおこなわれた。一九三九年、サイパンではサトウキビを食害する甲虫マリアナスジコガネ（*Anomala sulcatula*）が大発生し、深刻な被害をもたらしていた。このコガネムシは、成虫が体長15㎜ほど、体全体が褐色で、幼虫が地中でサトウキビの根を食害する。

これに対し、サイパンの南洋興発農事試験場長であった小西甚七は、コガネムシの天敵を求めてフィリピンに渡航、幼虫に寄生するヒメハラナガツチバチ（*Campsomeris annulata*）を見いだすと、それをサイパンに輸入、放飼した（なお小西は別の種だと考えていたが、のちに本種と同定された）。

この寄生蜂の雌は体長２㎝ほどの大きさで、黒色で白い縞模様のある長い腹部をもち、地中にいるコガネムシの幼虫を尾端の毒針で麻痺させて卵を産み付ける。孵化した蜂の幼虫は、宿主のコガネムシ幼虫の体を食べて成長し、宿主を殺してしまう。

小西がこの寄生蜂を導入した結果、サイパン島ではわずか二年足らずでマリアナスジコガネの発生を抑え込んだ[40]。

しかしこの輝かしい成果は、世に知られることなく終わった。まもなく太平洋戦争が勃発、乗船した御用船がロタ島沖で米軍機の爆撃を受け、小西はその成果を発表することなく命を落としたからである。マリアナ諸島で小西らが進めてきた生物的防除は終戦後、米国に引き継がれた。[40][42]

戦前、昆虫調査のため南洋諸島をたびたび訪れて、小西と交流をもち、その業績を知っていた数少ない研究者のひとりが安松京三である。終戦間際の一九四五年、九州大学助教授（のちに教授）であった安松は、農学部の植物園で思いがけない発見をする。

戦時下で安松は、軍を支援するため衛生昆虫（人間に公衆衛生上の害を与える昆虫）の研究に従事していたが、戦局の悪化とともに研究続行が困難になっていた。来襲したB29の爆撃が盛んになる中、研究ができなくなった安松は、植物園で採取したルビーロウカイガラムシ（*Ceroplastes rubens*）をガラス管に入れて机上に置き、時折観察していた。赤紫色のロウ物質で体表面を覆われた5㎜ほどの丸い塊状の昆虫で、枝、葉などにびっしり張り付いて吸汁し、木を弱らせるほか、すす病も発生させる厄介な害虫である。このカイガラムシは一八九八年ごろ海外から持ち込まれた後、全国的に広まり、有効な防除方法がないため、農業者や園芸業者を悩ませていた。

するとある日、ガラス管の中のカイガラムシの体に穴をあけて、体長1・5㎜ほどの赤い寄生蜂が羽化して出てきたのである。棍棒のように太い触角をもっていて、それまでまったく知られていなかった新種の寄生蜂の雌（*Anicetus beneficus*）であった。なおその後に見つかった雄はやや小さく、体が黒くて細い触角をもっていた。

終戦とともに安松はただちに日本各地を調査し、この寄生蜂が九州の限られた地域にしか分布しないこと、またその分布地にはルビーロウカイガラムシが非常に少ないことに気づいた。そしてこの寄生蜂を使った放飼実験から、ルビーロウカイガラムシを特異的に抑える天敵としての効果を確認した。

安松は日本各地の農業者や園芸業者にこの寄生蜂を配布した。その結果、寄生蜂はどの土地でも絶大な威力を発揮し、ルビーロウカイガラムシの被害は数年のうちにほとんどなくなった。安松が見つけたのは、この手ごわいカイガラムシの侵攻になすすべがなかった農業者らを救う救世主であった。

のちにこの寄生蜂は新種としてルビーアカヤドリコバチの和名を与えられた。この寄生蜂の発見とそれを用いたカイガラムシ駆除は、日本でおこなわれた生物的防除の歴史的な成功事例となった[40][43]。

ちなみに一九七二年日中国交正常化の折、共同声明調印のため田中角栄首相が中国を訪問した際、日本からの贈答品としてルビーアカヤドリコバチが中国側に贈られている。ただし、のちの研究により、ルビーアカヤドリコバチの原産地がじつは中国であり、第二次世界大戦中に偶然、非意図的に中国から日本に持ち込まれたものであることがわかっている[44]。

『天敵——生物制御へのアプローチ』——日本における生物的防除の草分けである安松の、長年にわたる天敵研究の集大成とも言える著書である。私にとって環境問題への関心の原点となった『沈黙の春』とともに、この安松の著書を初めて読んだのは中学生の時だったが、一九七〇年代の日本において、生物的防除の概要を学ぶための一般向け普及書として、この本は随一のものだった。

まだ科学とその専門家が、社会から素朴な信頼を集めていた時代、安松は昆虫学の専門家のみならずさまざまな世代の昆虫フリークから敬愛される昆虫学者のひとりだった。安松の研究対象は広く、ハチやナナフシの分類、生態の専門家としても著名であった。なんの役にも立たない——社会からそう見なされがちな昆虫の生態や分類の研究が、じつは有害生物の防除技術の基礎となり、多くの人々を救うという、基礎科学と実用科学の不可分な関係を体現したような業績を残した昆虫学者だ。

安松以後、日本でも基礎となる生態学や昆虫学の発展とともに、生物的防除の研究が大きく進展した。伝統的生物的防除では、たとえば中国から渡来した柑橘類の害虫であるヤノネカイガラムシ（*Unaspis yanonensis*）や、栗の害虫であるクリタマバチ（*Dryocosmus kuriphilus*）を、それぞれ中国産の寄生蜂の導入により防除することに成功している。[45]

もともと天敵の乏しい温室や圃場に、大量増殖させた天敵を放飼する、放飼増強法（増強型生物的防除）と呼ばれる防除手法も普及した。たとえばハダニ類やアザミウマ類、コナジラミ類の防除のため、それらの捕食性天敵であるカブリダニ類（おもに外国産）の放飼がおこなわれている。これらは農薬取締法により天敵製剤として農薬登録、商品化され、広く流通している。日本で農薬登録されていて利用可能な天敵昆虫種（ダニ類を含む）は、二〇二一年の段階で23種（うち14種は外国産種または外国の系統）、天敵微生物は26種にのぼる。[46]

有害昆虫に対する微生物の天敵としては、日本で養蚕研究により発見された卒倒病菌（*Bacillus thuringiensis*）が、世界で広く使われている。この菌を製剤化したものがＢＴ剤として商品化され、蛾やコガネムシ類を中心とした害虫駆除のため広く流通している。そのほか、昆虫に感染する線虫、菌類やウイルスを利用した害虫防除の研究も進み、製剤化されたものが生物農薬として登録、流通している。

土着の天敵を利用して害虫を低密度に抑える保護利用法（保全型生物的防除）も精力的に進められている。たとえば天敵を誘引したり、維持したりする役目を果たす植物を植えたり、それらの産卵場所や隠れ場所を提供することで、天敵を作物に安定的に供給する方法が開発されている。

このほか、人為的に作出した飛翔能力のないナミテントウを放飼して、移動を抑制することにより効率的にアブラムシ類を防除することもおこなわれている。

広義には生物的防除に含められる手法として、海外では、トウモロコシなどに卒倒病菌（BT剤）の殺虫活性成分であるBt毒素（δ－エンドトキシン）をコードする遺伝子を組み込んで、害虫への強い抵抗性を獲得させたものが、大規模に栽培されている。[47]ただし国内では遺伝子組み換え作物への抵抗感から、普及には至っていない。

ところで、一九六五年にFAOの専門家パネルが、化学農薬に依存した防除からの脱却を求めた際、専門家パネルは同時に今後の害虫防除として、「複数の防除法の統合」「経済的被害許容水準の考慮」「害虫個体群のシステム管理」を提言している。[48]被害を経済的に許されるレベルに抑えるため、予防と予測をおこない、さまざまな防除手法を組み合わせる害虫管理の仕方である。ひとつの防除手法に頼るのでなく、状況に応じて使える手法はなんでも使うやり方、と言ってもよいだろう。

FAO専門家パネルはこの趣旨に基づく防除手法として、総合的病害虫管理を次のように定義している――「環境と害虫種の個体数変動を考慮し、あらゆる適切な技術と方法を可能なかぎり適合させ、害虫の個体数を経済的損害が引き起こされるレベル以下に維持する害虫管理システム」[49]

また米国環境保護庁では、総合的病害虫管理を段階的な判断と実施のプロセスとしてとらえている。まず害虫の脅威レベルを見極める閾値（いきち）の設定、次にモニタリング、害虫の侵入防止、輪作、病虫害に強い品種を選ぶなどの予防、そして防除を必要とする有害さの閾値を超えた場合は、さまざまな方法の中から効果的でよりリスクの低い防除方法を選択して実施する。非標的種にも作用する化学農薬は最後の手段となる。[50]

日本でもこうした総合的病害虫管理が進められてきた。天敵昆虫や微生物への影響が少ない化学農薬が開発され、天敵と併用されている。害虫を特異的に誘引する化学物質と殺虫剤を組み合わせた駆除法も開発され、利用されている。南西諸島ではこの方法でミカンコミバエの根絶に成功した[51]。また、昆虫の変態や脱皮を制御するホルモンのバランスを狂わせて、脱皮や羽化を阻害する昆虫成長制御剤が開発され、農薬として登録、流通している。病原体や害虫に対する植物免疫応答を増強する薬剤も開発され、一般に使われている[52]。

不妊化した雄の大量放飼による害虫防除（12ページ）は、日本でも戦略的におこなわれ、南西諸島のウリミバエと小笠原諸島のミカンコミバエを最終的に根絶することに成功したほか、同様の不妊虫放飼による根絶事業が、南西諸島のアリモドキゾウムシに対してもおこなわれ、成果をあげている[53]。

そのほか、病害虫や雑草が発生しにくい環境をつくり、作物の栽培期間を害虫の発生からずらす、輪作をするなどの工夫や、防除ネット、粘着板、紫外線除去フィルムによる害虫の侵入遮断、黄色蛍光灯の照射による夜行性蛾類の活動・産卵抑制などの物理的な防除法も総合的病害虫管理の素材として活用されている。

このように多様な技術が使われる一方で、総合的病害虫管理の中核を占めているのは、多くの場合、天敵を利用した生物的防除である。そのため時に総合的病害虫管理が、その主旨から外れて、化学的防除と対立する手段と見なされたり、単なる生物的防除と同一視されたりする場合もある。しかし元来それは、さまざまな防除手段の適切な組み合わせによって、最も多くの経済的利益が得られることを意図したものであり、化学農薬を減らすことを目的としたものではない。

『沈黙の春』以降、環境問題への意識の高まりと技術革新により、生物的防除は日本でも注目度が高まるとともにその様相を著しく変えてきた。しかしその利点、欠点など本質的な部分は、安松の時代からそれほど大きく変化していない。いまも昔も天敵利用のイメージとしてよく挙げられるのは、人体への安全性である。ただし、〝安全〟や〝危険〟が意味する範囲や対象は、時代とともに変わってきたことにも、注意が必要であろう。

ところで安松の著書『天敵』には、昆虫以外の有害生物や天敵も取り上げられている。その中に中学生当時の私の興味をことさら掻き立てたものがあった。ひとつは農業害虫のカタツムリ――アフリカマイマイ（*Lissachatina fulica*）という巨大な法螺貝のような殻をもつ種類だ。殻の長さ、実に19・5㎝と記された写真からも、その迫力が伝わってきた。

安松は、ハワイで大発生しているというこのアフリカマイマイを駆除するために導入された2種の天敵――カタツムリを食べるカタツムリ――を紹介していた[43]。その一方は、少しひしゃげた円筒形の殻をもつアフリカ産ネジレガイ科の種類。オアフ島やマウイ島などに放され、アフリカマイマイの防除に優れた効果を発揮しているという。だがそれ以上に私の心をとらえたのは、もう一方のカタツムリ――北米フロリダ産で、ユーグランディナ・ロゼア（*Euglandina rosea*）と学名だけが記された種類のほうであった。その細長いミサイルのような殻は、深海に棲む優美な巻貝の仲間を思わせた。そのカタツムリ離れしたスマートな姿と、害虫を食べる、という生態は、実に魅力的だった。

庭のささやかな菜園や近傍の畑に大発生する、汚い茶色の小さなカタツムリにうんざりしていた私は、どこかでなんとかこの優美で働き者の巻貝を入手して、放してみたい、と真剣に思ったものである。

じつは一九六〇年から六一年にかけて安松は、日本で作物に害を与えているウスカワマイマイを駆除する天敵として、ユーグランディナ・ロゼアを使った生物的防除の試験をおこなっている。しかし繁殖に失敗し、ウスカワマイマイに対する捕食量も期待したほどではなかったため、天敵としての日本での利用価値について、即断はできないが見通しはやや暗いと結論している。[54]

それでも農薬禍をはじめ環境問題に対して高い意識をもっていた当時の私にとって、これら優れたカタツムリの天敵が、身近なところに放たれていないのは、非常に残念なことに思われた。だが一方でそのときの私は、安松が同じ著書の中にさりげなく記した、こんな警告をつい見落としていた。

「天敵の問題は、単に表面だけの理解と、その名から受けるイメージだけで推論すると、時には思わぬ誤りを世間に植えつけるおそれがあり、また、人々を天敵過信に陥らしめ、却って、輝かしかるべき天敵利用の将来とその発展に暗い影をも投げかねない」[43]

第二章　バックランド氏の夢

外来生物

「人間の歴史がもつ時間はいま、それよりずっと長いスケールの時間――地球と生命進化の歴史がもつ時間と衝突している(1)」

歴史学者ディペッシュ・チャクラバルティはこんな表現を使って、現代という時代は、これまで四〇億年以上かけて進化してきた地球の気候や生態系に対して人間活動が破滅的な影響を及ぼすようになった時代であると説き、したがって温暖化などの危機に対応するために、歴史家はその歴史感覚の中に、地球史レベルの時間スケールの歴史感覚を組み込む必要があると主張する(1)。

チャクラバルティによれば、不幸な未来を避ける方法のひとつは、差し迫る危機の認識から求められるこの新しい歴史感覚のもとで、普遍と特殊の双方に目を配りつつ、より自己批判的な「負の普遍的歴史」を書くことだという(2)。

歴史学者デヴィッド・クリスチャンは、地球史さらには宇宙論が扱う長い時間スケールの歴史と人文史を統合した「ビッグ・ヒストリー」の歴史観を提唱している。[3] これにより「世界中の個人や共同体が……自分たちを宇宙全体の進化する物語の一部と見なすことが可能になる」[4] と考えるのである。

自然の歴史は、人間の時間感覚を超えたスケールの時間を意識しなければ理解できない。だがこうした地球史レベルの歴史観は、すでにある程度まで、現代人の歴史観の中に入り込んでいる。人間社会に降りかかった地震や火山噴火による大災害の歴史を振り返ると、長大なタイムスケールで記録されるマントル対流のダイナミクスを意識せざるを得ないし、地球上で産業革命以降に起きた生物の絶滅の歴史が、数億年にわたり繰り返された大量絶滅の歴史と、同じ文脈で語られることは珍しくない。温暖化の認識自体や影響予測、信頼できる対策を考えるのに、地球に刻まれた歴史の記録が欠かせないように、異なるタイムスケールの歴史を参照することが、経済活動や政策立案に求められるようになっている。

かつては、こうした自然や動植物の長い歴史を人々が意識することはなかった。歴史観は価値観と結びついているので、昔の人々の自然や動植物に対する価値観は、今とはずいぶん違っていた。人間は昔から動植物を食料など暮らしの基盤として利用する一方、身体や生活に害を及ぼすものとして認識してきたが、価値観が違えば、何を役立つと考え、何を害と見なすかも違う。たとえば野菜農家にとってスズメバチは害虫の天敵であり、役立つ存在だが、その危険性を危惧する人や養蜂家にとっては有害生物である。だから現在は害と見なされる生物の性質が、どれも昔から害と認識されていたとは限らない。

人間の暮らしや身体に直接・間接的に被害を及ぼす有害生物は、古くから人間を悩ませてきた。南アフリカの七万七〇〇〇年前の洞窟遺跡からは、寝床に吸血昆虫が集まるのを防ぐ仕掛けが施されていた痕跡が見つかっている。[5] 六五〇〇年前の新石器時代のイベリア半島では、貯蔵していた穀類からエンドウゾウムシの食痕のあるものを、人々が注意深く取り除いていた形跡がある。[6] 旧約聖書にはサバクトビバッタの被害が記されているし、[7] 平安時代の日本の歴史書には、稲の害虫を退治するためにおこなう、虫追いの儀式の記述がある。また日本ではネズミは富や福の象徴とされた一方、古くから害獣としても扱われ、室町時代にはネズミ捕りの仕掛けも使われていた。[8]

だが、有害生物が世界で爆発的に増え始めたのは、一九世紀以降である。これは世界各地で外来生物（外来種）――本来の生息地（進化の歴史の結果としての生息地）から、人間によって直接または間接的に別の土地に持ち込まれた動植物――が急増し始めた時代と一致する。

たとえば一八五〇年以降、米国の外来昆虫の種数は10倍以上に増え、そのうち５００種が農業害虫として定着している。さらにそのうちの２００種は、深刻な被害を農産物に与えている。また米国では、農作物の害虫の４割、森林の害虫や野菜の病原菌の３割、農地で駆除対象となる雑草の７割が外来植物である。[9] ＦＡＯの報告書によると、世界中で毎年20～40％もの農産物が外来の病害虫によって失われており、そのうち昆虫による損害額だけで７００億ドルに達する。[10] 当然、生物的防除の主要なターゲットも外来生物である。米国でこれまで天敵を使った防除で駆除に成功した害虫や雑草は、ほとんどが外来のものだ。

伝統的な生物的防除は、これらの外来生物も、その原産地では捕食者や寄生者によって増殖が抑えられているという考えに基づいて始まった。それぞれの地域で独自に繰り広げられてきた生物間の攻防と共進化により、どの種にもそれを特に狙う天敵が進化するからである。これに対して、人間によって持ち込まれた先の環境には、そうした天敵がいない。そのため、抑えを失った外来生物は一気に増えて、農作物や環境に悪影響や被害を及ぼす有害生物になる、というわけだ。

また米国のように、単一作物を大面積の農場に栽培する場合、それを餌とする外来生物が増えやすい一方、天敵のほうは数や多様性、安定性などの面で貧弱になっており、外来生物の害虫化が起こりやすいだろう。

それならこのような有害生物を減らすには、原産地でその増殖を抑えていた天敵を導入して、抑えを回復させればよい――これが伝統的生物的防除の元になった考えである。チャールズ・ライリーはこの考えに基づいて、外来生物であるイセリアカイガラムシの駆除に、その原産地の天敵を利用するという着想を得たのだった。

しかし、外来生物が害虫化する理由はほかにも考えられる。競争相手のいない環境でより多くの資源や新しい資源を獲得したり、移入先の環境が繁殖に適していたり、その他なんらかの条件で急速な適応が起きる、などの理由だ。また外来生物が別の外来生物を呼び込むような環境を創り出したりする結果、爆発的に増えることもある。逆に、同じ条件なのに害虫化していない外来生物も多い。

このように、外来生物が有害化するプロセスは必ずしも単純ではなく、不明な点も多いが、原産地で先祖代々続いてきた進化の歴史から切り離され、新しい環境に連れ出されたことが、有害性獲得の鍵になる点では共通している。

現在、外来生物が引き起こす問題は、温暖化とともに地球環境に対する最大の脅威のひとつと認識されている。二〇二一年に*Nature*誌に発表された論文によれば、世界で一九七〇年～二〇一七年の間に報告された有害な外来生物による被害やその対策にかかった総コストは、最低でも1兆2880億米ドル、年間平均コストは268億米ドルに達する。しかもこれらのコストは控え目な評価であり、一〇年ごとに一貫して3倍に増加していて、今後も減速の兆しは見られない[11]。

だが、生態学者マーク・デイヴィスは、この膨大な対策コストの中には、実際に受けている被害への対策だけではなく、外来生物という属性がもたらす嫌悪感・排外意識を軽減するための、〝無駄な〟コストが含まれていると主張する[12]。

確かに外来生物すべてが有害なわけではない。著しい増加や分布拡大を示して、人間生活や生態系になんらかの負の影響を及ぼすのは、定着に成功した外来種のうち、植物では18％、動物では30％の種だと報告されている[13]。実際にはこの比率はもっと高い可能性があるが、それでも有害さが見られない外来種はかなりの割合にのぼる。また在来生物にも有害な種はいる。にもかかわらず、無害な外来生物も警戒の目を向けられ、在来生物にくらべてその価値を低く見積もられている。外来種が保全対象種になることは稀だし、持続可能な開発目標（SDGs）や生物多様性条約（CBD）の目標に対する達成度を測る生物多様性指標は、在来種が対象であり、外来種は含まれていない[14]。

ただし、つねに外来生物が防除の対象になるわけではない。そもそも伝統的生物的防除で用いられる天敵は外来生物である。また野菜や穀物、果樹は、どの国でもほぼすべて外来生物だが、人間の管理下にあるので、別扱いするのが常だ（地域によっては、ブラックベリーやストロベリーグアバのように、栽培種であるにもかかわらず野生化し、爆発的に増えて土地を覆い、生活などに悪影響を及ぼすものもあるが）。

外来生物を有害生物と結びつけ、外来か否かで差をつける価値観は、一九五八年に出版された英国の生態学者チャールズ・エルトンの著作『侵略の生態学[15]』によって、普及、強化されたと言われる。またその二〇年ほど前には、現代の環境倫理学の基礎を築いた、米国の生態学者で思想家のアルド・レオポルドが、外来生物を「土地の美的価値を損なうもの」と断じ、外来生物が定着した土地を「病気」に喩えている。[16]

いったいこの価値観は、いつ生まれたのだろう。また、もっと以前の欧米社会ではどうだったのだろう。そして欧米社会の自然に対する歴史観の変化は、これにどう関わったのか。

この問いが気になるのは、これが人間と自然との関係だけでなく、人間社会における主と従、搾取と被搾取、支配と抑圧、中央と周縁などの関係に対する意識や価値観も含む、普遍的な問題に関わるように思われるからである。現在の私たちが「ビッグ・ヒストリー」に向けた歴史観の転換期にいるのだとすると、過去の歴史観の変化が人間の自然への関わり方をどう変えたのかを知ることは、なおさら重要であろう。歴史は私たちに、自然の何を好ましい性質と見なし、何を有害な対象と判断し、どうやって関係の改善をはかるのかという問題に対して、何かしら教訓を与えるかもしれないからである。

一九世紀に急激に外来生物が増加したのは、欧米を中心に貿易や帝国主義によって世界がグローバル化したことと関係している。意図的か非意図的にかかわらず、人手による動植物の移動が、それまでの時代とは比較にならぬほど容易になったのだ。

だが要因はこれだけではない。一九世紀欧米社会に広がっていた、自然に対する歴史観と価値観は、生物たちを遠く離れた土地に運び出す原動力となっていた。そしてその力を方向づけ、勢いづける役目を果たしたのは、時代の価値観に従い、ひときわ目覚ましい影響力と行動力を発揮した人々であった。――たとえば、世界にその力を広げる起爆剤の役目を果たした、ひとりの並外れた個性の持ち主と、その個性を育てたひとりの偉大で、とびきり奇矯な人物がそれである。

世界を支配するものは何か

いまから二〇〇年前、長大な時間スケールで刻まれた自然の歴史の存在に気づき、それを人間の歴史と融合しようと試みた人物がいた。オックスフォード大学地質学講座の初代教授、ウィリアム・バックランドである。王立協会、英国学術協会、地質学会などの要職も歴任し、一九世紀前半を代表する地質学者および古生物学者であった。

バックランドは当初、地層に残された堆積物や化石などを、聖書に記されたノアの洪水伝説で説明する立場をとっていたが、のちに考えをあらため、これらの地質学的証拠を、ノアの洪水が起きるはるか以前に起きた自然現象であると説明した。「過去の地球で働いた法則は、現在の地球で働く法則と同じ」――この一八世紀末に登場した地質学の基本原理を用い、実証的研究を進めて、のちの地質学の基礎を築いた。化石の研究に現生生物を使った研究が重要であることを示して、古生物学の発展にも貢献した。一八二四年、世界で初めて恐竜をメガロサウルスという名の新種として、正式に記載したのもバックランドである。また、ダーウィンの進化理論形成にも重要な貢献を果たした現代地質学の祖、チャールズ・ライエルの師でもあった[17]。

しかしバックランドは、経験的な科学者であると同時に、ウェストミンスター寺院首席司祭も務めた聖職者だった。そのため、地球が非常に長い歴史をもつことを示す地質学上の発見と、聖書の記述、つまり神と人間の歴史を、どのように調和させるかという問題に生涯こだわり続けた[18]。

バックランドは最高の科学者、聖職者として世に知られていた一方、そのあまりにエキセントリックな振る舞いでも有名だった。まさしく本物の「変人」であった。

黒のガウンを着用し、頭に乗せたトップハットの下に、ギョロリと目が光る。いつも手にぶら下げている大きな青い袋の中には、岩石や化石、動物の骨などの収集品が入っていて、道端であろうが公園であろうが山野であろうが、何かを発見するたびに、拾って袋に収めるのだった。大学の談話室や晩餐会で誰かと議論になると、その青い袋から、種々の化石骨、マンモスの歯と皮、海生爬虫類の糞の化石といった、とっておきの標本を取り出して相手に見せながら、説明に熱中するのが常だった[19]。

バックランドは、オックスフォード大学とウェストミンスター寺院の敷地内に、たくさんの動物を放し飼いにしていた。動物たちは、大学や寺院の敷地内を、しばしば我が物顔で歩き回っていた[20]。

彼の講義はある種の狂気に満ちており、衝撃と知的興奮を同時に与える中毒性の高さゆえに、学生たちに大人気であった。彼がオックスフォードで学生たちにおこなっていた講義の様子が記録に残っている。それはこんな風だった[20]。

古い講堂の中、バックランドは黒の長い法衣をなびかせて、階段が付設されたやや高い位置にある長い教壇の上を、せわしなく行ったり来たりしていた。手には巨大なハイエナの頭蓋骨を持っていた。突然、彼は教壇から階段を駆け下りると、ちょうど正面に座っていたひとりの学生に向かって突進した。そしてハイエナの頭蓋骨を学生の顔面に突きつけ、

「世界を支配するものは何か」

と叫んだ。その学生は恐怖のあまり、後列の座席に背がつくくらい身をのけぞらせ、怯えて一言も答えなかった。すると今度は別の学生のところに突進し、ハイエナの頭蓋骨を突きつけて、

「世界を支配するものは何か」

図2-1　講義中のウィリアム・バックランド（William Buckland 1784–1856）.［Metropolitan Museum of Art より］

と叫んだ。学生が恐る恐る「わかりません」と答えると、バックランドはこう言った。

「それは胃袋だよ、君」

　そして振り向くと、勢いよく階段を駆け上がり、教壇に立ってこう叫んだ。「強い者が弱い者を食う。そして弱い者はもっと弱い者を食うのである[20]」

　実物で学生に解らせるため、バックランドは講義でいつも夥しい量の骨や化石を見せたが（図2-1）、時には自分が実物になってみせた。講義中のバックランドについて、ライエルはこう回想している――「イグアノドンやメガテリウムの動きらしきものを真似たり、翼竜がどう飛ぶかを見せようと、着ている法衣の端を摑んだまま、飛び跳ねたりして、聴衆を爆笑の渦に巻き込んだ[21]」

地層や浸食、断層などを見せようと、バックランドは時に学生を屋外に連れ出し、丘の頂上や、石切り場や、馬の上や、列車の中で講義をおこなった[20]。

ところで、〝肉食〟にこだわるバックランドには、実現したい夢があった。それは世界中のあらゆる種の動物を食べてみることだった。創世記九章三節――「生きているすべての動くものは、あなたがたの食物となる」――これを文字通りに解釈していたのかもしれない。

実際、入手した動物種を、すべて食材にしていた。クマ、ワニ、ハリネズミなどはバックランド家の食卓の定番だった。バックランド家を訪れた客人――当代一流の科学者たち――にふるまわれた料理の記録が残っている。メニューは、カリカリの衣をつけて揚げたネズミのフライ、豹の切り身、サイのパイ、象の鼻、ワニ、イルカの頭のスライス、馬の舌、カンガルーのハム、等々。ちなみに彼の好物は、ネズミを乗せたトーストだったという[22]。一方、「モグラの味は、ブルーボトル（クロバエの一種）を味わうまで、私が知っている中で一番嫌なものだった」とも述べている[23]。

もっともこの程度までなら、世界にはさまざまに変わった食習慣があることを情報として知っている現代人には、嫌悪感はともかく、さほどの驚きではないかもしれない。だがバックランドの場合は違った。彼が食べたという、このうえなく奇妙なものについての逸話が残っている。

それはヨーク大司教エドワード・ハーコートが開いた晩餐会で起きた。この会合には、大司教の弟で英国科学振興協会の創設者ウィリアム・ハーコートらとともに、バックランドも招待されていた。晩餐会では余興として、ハーコート家に伝わる風変わりな品物を、招待客に見せることになった。そしてポートワインとともに展示されたその特別な一品とは、銀の容器に収められた、胡桃ほどの大きさの、防腐処置を施された心臓――フランスの太陽王・ルイ一四世の心臓だった。

一三世紀以降、フランスでは死んだ王の遺体から心臓を切り離し、防腐処理をした後、聖遺物箱に入れて、王の遺体とは別の場所に収めるのが習わしだった。サン・ポール・サン・ルイ教会に安置されていたルイ一四世の心臓は、フランス革命を経て英国に移され、ハーコート家の所有物になったのだという。

さてこの心臓を、バックランドが手に取った時のことである。彼はこう言い放った。

「私はいままで数々の変わったものを食べてきたが、王の心臓は食べたことがありません」

そして、居合わせた人々が止めるまもなく、その偉大な地質学者は、太陽王ルイ一四世の心臓を食べてしまったという。(24)

創造主の慈悲と夢の食材

「すべての者を順に食べたり食べられたりするよう命じる自然の一般法則は、われわれの地球上で共存する動物とともに存在してきたことが示されている。地球上の歴史のそれぞれの時代において、肉食動物が果たしてきた運命的な役割とは、生物の増え過ぎを抑え、『創造物のバランス』を維持することである」(25)

一八三五年、バックランドは地層から出た動物の糞の化石についての論文の中で、捕食者の意義をこのように記した。一部の生物が大発生したりしないよう、創造主は自然の中にバランスの仕掛けを備えたのである。だがこの発見は彼に別の疑問を呼び起こした。

「神が善であり、神の創造物が『力、知恵、善』を示すのであれば、なぜ動物界は痛みや苦しみ、そして明らかに無意味な残虐行為に満ちているのだろうか[26]」

これは一八三三〜三六年に出版されたブリッジウォーター論集に、バックランドが寄稿した論文の一節である。彼にとって、またこの時代の人々にとって、動物界と人間界は別物だった。しかし長い自然の歴史が、聖書の記述、すなわち人間の歴史と調和しているなら、動物界にも人間界と共通に創造主の知恵や慈悲が認められるはずだ。それは残虐な食う食われるの関係で占められた動物界の、どこにあるのか？

この疑問に対して彼は、ベンサム流の功利原則を持ち出す。彼が導き出した答えは次のようなものだった。

肉食動物は餌を捕まえて食べることによって、楽しみが増える。一方、食われる側の死は一瞬であり、痛みは比較的少ない。したがって肉食動物の存在は、世界から「楽しみの総量」を増やし、「痛みの総量」を減らす。また被食者は食われることで老衰死を免れ、その個体数は食料の供給量を超えないので、飢餓という大きな苦しみに至らずに済む。

そして彼はこの論文の最後をこう締めくくっている。

「神はライオンをつくったとき、自分が何をしようとしているかわかっていたのだ[26]」

バックランドにとって、メガロサウルスの巨大な歯は、それに食われる獲物——犠牲者の痛みを最小限にするための、創造主の知恵と慈悲を示すものだったのである。

一方その一五〇年後、スティーヴン・J・グールドは、人間界の倫理や道徳観に徹底的に反するような動物たちの行動——特に寄生生物による宿主の行動操作を通して、動物の世界が力、知恵、善とはまるで無関係であることを示して見せた。そこでは動物界も人間界も、同じ祖先から進化した存在として一体化する一方、動物界で繰り広げられる食う食われる等の関係は、人間とは異なる条件で起きた進化の結果として、人間界の倫理や道徳観から完全に切り離されている。(27)

一九世紀前半の欧米では、人間と動物や自然との間にまだ距離があり、動物は人間による支配と搾取の対象だった。しかし、ようやく認識され始めた自然の歴史が、その距離と関係に微妙な影響を与え始めていた。この時代の人々が動物たちに対してとる態度の意味は、このような背景をふまえて理解する必要があるだろう。

図2–2　バックランド夫妻と長男フランクのシルエット．［Gordon, E. 1894. *The Life and correspondence of William Buckland,* J. Murray より］

さて、バックランドのストーリーに戻ろう。

彼の自宅は文字通り博物館であり、また動物園であった。彼は妻のメアリと、それから二人の間に生まれた子供たち（最終的に九人、ただし成人したのはそのうち長男フランクを含む五人）とともに、当初は大学構内にある司祭用宿舎に住んでいた。その家の中は、化石や岩石、鉱物、骨、動物の標本でいっぱいだった（図2－2）。広い階段には、巨大なカメとオオカミの剝製のほか、アンモナイトや樹木、歯の化石や岩石の標本が所狭しと置かれていた。椅子や机の上には読みかけの本がどっさり積まれていた。(28)

食堂には、化石に埋もれた収納棚があり、魚竜の脊椎骨の上にロウソクが立っていた。ヘビ、アマガエル、カメなどが籠の中で飼われていて、テーブルの上には、放し飼いにされている緑色のトカゲ、グリーンアノールが陣取り、ハエ捕りの任務を任されていた。このトカゲは北米からはるばる連れてこられたものだった[23]。

応接間には、エトナ山の溶岩を板にしたテーブルがあり、ソファの周りを猿やモルモットが走り回っていた。招かれた訪問客がくつろいでいるところにジャッカルが入ってきて、客の周囲をうろついた後、その場で四匹のモルモットをむしゃむしゃ食べてしまった、という話も残っている[20]。

庭には世界各地から輸入された、さまざまな植物が植えられていた。また厩舎と小屋があり、馬や犬、猫、家禽のほか、キツネ、ウサギ、フェレット、タカ、フクロウ、カササギ、陸亀などが飼われていた。子供たちは亀の背甲の上に立ち、亀の力を試すのが常だった。子供三人を背中に乗せた子馬が、庭から階段を駆け上がり、ドアを押し開けて食堂に入ってくることもあった。笑う子供たちを乗せたまま、子馬はテーブルの周りを歩き回った後、食堂を出て玄関から外に走り去ったという[29]。

このあまりにワイルドな家庭を仕切っていたのが妻のメアリだった。ただしメアリは、テーブルの上でうるさく飛び回っているハエが何という種類なのか、夫と議論するような女性だった[29]。

メアリは結婚前から、化石ハンターとして知られており、一級のコレクションを持っていた。また優れたイラストレーターでもあり、著名な博物学者の本や論文の挿絵を描いていた。ちなみに夫婦の出会いは、たまたま二人がドーセットを旅していて、同じ馬車に乗り合わせたときだったという。そのとき二人とも、出版されたばかりのジョルジュ・キュヴィエの分厚い本を読んでいた、という素敵な逸話が残っている[20]。

バックランドの論文中の挿図は、友人の画家兼博物学者ジェームズ・サワビーがおもに提供していたが、二人が出会って以後は、挿図をメアリが描くようになった。メガロサウルスの論文に、挿図として精密な標本のスケッチを描いたのもメアリだった。バックランドは野外調査に必ずメアリを同伴したが、その際メアリが描いた詳細な地形・地質のスケッチが多数残されている。[28]

長男のフランクは母メアリを回想し、こう記している。

「母は敬虔かつ野心的で、精神力と判断力に優れ、父の良き理解者であっただけでなく、父の執筆活動を大いに助け、その作品に磨きをかけ、価値を高めていた。ブリッジウォーター論集に父が寄稿した論文は、長い期間、毎晩毎晩、何週間も何か月も続けて、父の口述をもとに母が執筆したものである」[28]

メアリは夫の口述を文章化するだけでなく、夫が書いた文章も徹底的に添削したという。ある科学史家は、「メアリが添削した散文は実に素晴らしく、おそらくそれはバックランドの同僚の誰よりも優れたものだった」と述べている。[30]

メアリは実験でも夫に協力している。ある夜、砂岩に刻印された奇妙な斑痕列が、亀の足跡だとひらめいたバックランドは、寝ていた妻を起こし、二人で小麦粉の生地上を、ペットの亀に歩かせるという実験をおこなった。その結果、予想通り生地上にそっくりな斑痕列ができることを確認する。[22]

このようにバックランドの業績は、実際にはその少なからぬ部分が妻の功績である。にもかかわらず、それがどれも夫の功績とされてしまうという話は、この時代では特に珍しいことではなかった。

結婚後のバックランドがおこなった仕事の大半が夫婦の共同作業なのだとすると、世界中のあらゆる種の動物を食べてみるというバックランドの夢がもつ意味も変わってくる。ハリネズミの丸焼き、モルモットのグリル……実際の炊事や家事は使用人の仕事だとしても、家庭でこうした食生活の実践をおもに采配していたのは、おそらく妻のメアリだったはずだからだ。

ある歴史家は、その本当の目的は、貧しい人々の食糧問題を解決するために、新しい有用な食材を見つけることだったのではないかと推測している。[31] 当時、英国では経済格差が著しく、貧困層は飢餓を、富裕層は暴動を恐れていた。実際、メアリは貧しい人々の支援活動にも力を入れていた。[28] またバックランドが創設メンバーとして関わったロンドン動物学会の設立趣意書には、国民の不十分な食生活を改善するために、新しく有用な動物を導入することが謳われていた。だからもしかすると、ネズミトーストなどといった朝食は、夢の食材を求めた夫婦の共同実験だったのかもしれない。

さてバックランドは一八四八年、ロンドン地質学会のウォラストン・メダルを授与されたが、その数年後、鬱病のような症状を発した。あれほど熱狂的で人気を博した講義も精彩を欠き、最後の講義に出席した学生は、わずか三名であった。[32] そしてその後回復することなく一八五六年に死去した。夫の死後メアリは、夫の研究を引き継ぐとともに、自身の研究も続けたが、すぐに体調が悪化、夫の死から二年後に死去した。

長男のフランクによると、ベルリンで開催された学術会議に出席するため夫婦で旅行中、乗っていた馬車が横転するという事故に遭い、夫は頭に、妻は脊椎に深い傷を負ってしまい、それが彼らの死に至る病の引き金になったのだという。[22]

豚か仔牛のようで、キジのような風味がある

バックランド夫妻の「英才教育」により、長男フランシス（フランク）・バックランドは四歳のときに、

もう化石を容易に鑑定できるようになっていた。父の友人が家に数個の化石を持ってきたとき、フランクは瞬時にそれを「イクチオサウルスの脊椎」であると正確に同定した。特に骨には当時から強い興味をもっていたという。[29]

バックランド家の特別な習慣――食べられるものはなんでも食べる「動物食」と、たくさんの動物を身近に従えた生活も、そっくりフランクに受け継がれた。一二歳でウィンチェスターのパブリックスクールに送られ、寄宿舎で暮らすようになると、勉強には力を入れず、そのかわりもっぱら博物学的な興味を満たす活動に情熱を傾けた。[29]

郊外には自然豊かな土地があり、そこでフランクは野ネズミを捕まえて、その場で皮を剝いで焼いて食べたり、川でピアノ線を使ってマスを釣ったりしていた。彼は夜中に寄宿舎で猫を解剖していたが、その残骸を箱に入れてベッドの下に隠していたところ、悪臭が発生し、ほかの少年たちから苦情が出たため、この実験の継続を断念したという。また寄宿舎で彼は、フェレットやウサギ、リス、ハリネズミなどの動物をたくさん飼っていたが、のちにどれも彼に解剖されてしまった。[33]

ちなみに当時の友人はフランクを「本物の自然主義者で、少し風変わりだが、温厚かつ陽気で皆から人気があった」と評している。[33]

一八四四年にオックスフォード大学に入学すると、大学構内で、熊、猿、鷲、ジャッカル、マーモット、ヘビ、カエル、カメレオンなどを飼育していた。ペットの熊には、由緒あるカレッジにふさわしい帽子とガウンを着せて、パーティに連れて行くこともあった。また逃げ出した鷲が、朝の礼拝を邪魔したこともあったという。[29]

解剖学への関心が発端となり、フランクは外科医を目指していた。試験に失敗して一年遅れたものの、一八四八年にセント・ジョージズ病院付属医学校に入学した。そのときの手記には、こう書かれている。「私が医学を学ぶ目的は、名前やお金、高い診療報酬を得るためではなく、人の役に立つため、人類に大きな恩恵を与える人になるためである[33]」

そして一八五一年に正式に医師の資格をとり、研修外科医として二年間病院に勤務したのち、ロンドンに駐留する陸軍第二ライフガードの外科医補佐の任務についた。

一八四五年、フランクの父親――ウィリアム・バックランドは、親しい友人だったロバート・ピール首相の推挙で、ウェストミンスター寺院の首席司祭に任命され、それを機に多数の名士をウェストミンスターの食事会に招くようになった。その席でフランクは、ピール首相をはじめ、ウェリントン公爵、ウィリアム・グラッドストン、ジョージ・ギルバート・スコット、マイケル・ファラデー、リチャード・オーウェン、ジョン・ハーシェル、ウィリアム・ヒューウェル、ロバート・スティーヴンソン、イザムバード・キングダム・ブルネルなど、錚々たる顔ぶれと会っている。ちなみに食事会には、ハリネズミ、カメ、ネズミ、カエル、カタツムリ、ダチョウなどを使った料理が出されたという記録があるが、招待客がそれに気づいていたかどうかは不明である[33]。

軍医として在任中、フランクは近代外科医学の父ジョン・ハンターの遺体を収めた棺を、聖マーティン教会の地下室で発見した。偉大な外科医で解剖学者でもあったハンターは、数千体の死体を解剖したとされ、動物と人体標本の熱狂的な収集家としても知られる。また自宅でヒョウ、ライオン、バッファロー、オオカミなどを飼い、ドリトル先生のモデルとも、ジキル博士とハイド氏のモデルとも言われる人物だ[34]。死後、ハンターの遺体は献体として解剖されたのだが、それからずっとその所在がわからなくなっていたのである。見つかった遺体はウェストミンスター寺院に埋葬されたが、この発見によりフランクは一躍知名度を上げた。[29]

一八五七年には、海の怪物クラーケンやフィジー人魚など未確認動物も含む、生物一般を題材としたエッセー『博物学の不思議』を出版し、これが英国でベストセラーとなる。読者はフランクの生き生きとした文体に魅了された。また彼は専門的な科学の話を、面白く楽しく表現する能力に長けており、講演も大人気となった。彼がおこなう水族館とそこの生物についての講演を聞くために、四〇〇人もの人々が特別にチャーターした列車で、ロンドンからブライトンまでやってきたという記録も残っている。[35]

まもなくフランクは、英国で最も人気の科学コミュニケーターとしての地位を確立する。そして外科医を引退し、執筆、講演、博物学の研究に専念するようになった。[36]

「私の目的は、平易な言葉を使い、難しい名前を避けて、考え、比較し、探求を促すことだ。難しい名前は、有用な知識の獲得を助けるどころか、しばしば妨げる」[29]

このように語るフランクは、講演会や著書などを通じて自然科学の代弁者、市民のための科学の主唱者となった。彼の意見は神の託宣のようなものだった。フランクの友人は、クラブで二人の紳士がこんな会話をするのを耳にしたという――「フランク・バックランドがそう言っているのだから、そうなのだろう」[37]

食べられる動物はなんでも食べ、飼える動物はなんでも飼う――この教義を父から受け継いだフランクは一八六〇年、満を持してその集大成とも言える「順化協会」を設立した。会長にはフランクの父の古い友人で、バックランド家と家族ぐるみの付き合いをしていた古生物学者リチャード・オーウェンが就任したが、実質的に協会を運営したのはフランクだった。[38]

彼が掲げた順化協会のミッションは、「食用か観賞用かを問わず、あらゆる動物、鳥類、魚類、昆虫、植物の英国への導入、順化、定着を進めること。そのために英国から植民地および外国に動植物を送り、それと引き換えにそれらの地域の動植物を英国に送ること。そして調達した有用で好ましい動植物を、公園、湿原、平地、森林、農場にて繁殖、定着を試みるとともに、海岸、河川、池、庭園の資源を増加させること[39]」であった。

協会は北米産リス、アフリカ産アンテロープ、イランド（オオカモシカ）、北米産ライチョウ、日本産キジ、そのほかインコ・オウム類、ヤクやバイソン、ウォンバット、トナカイ、カンガルーなど多数の外国産の動物を、イギリスの公園や森林、大邸宅の敷地内で放し飼いにした。またパッションフルーツやヤマイモ、スギなどの植物の導入を試みたほか、森で絹糸をとるために、シンジュサンやヤママユなどの蛾を輸入し、放した[39][40]。

外国のさまざまな動物を追加して、英国の生物相を豊かにし、自然の景観にその姿を配して彩を添え、美しくすることも目的のひとつだった。フランクは「順化協会」設立の経緯に触れた論文の中で、オーウェンの言葉を借りてこう述べている。

「いつの日かイランドの群れが緑の芝生の上を優雅に駆け回り、クードゥーや、そのほかのアフリカに生息するアンテロープの群れが、英国の公園に存在することを楽しめるだろう[38]」

しかしフランクの関心の第一はあくまでも、資源としての動物たちの利用価値だった。重要なのは、外国から導入した食用になる動物たちを順化・定着させることによって、英国の食卓に素晴らしい多様性を生み出すことなのである。そしていままで使われていなかった食材を利用することにより、産業革命で人口が急増したイギリスに迫る、食糧危機の懸念を払拭できると考えたのだった。彼は論文にこう記している。

「大英博物館の素晴らしい展示室を歩いてみれば、世界がいかに豊富な生命で満たされているか、そして、私たちがいかにその生命を利用してこなかったかがわかるであろう……自然はあらゆる素材を提供してくれている。構想の実現にあと必要なのは、人間の力だけである」[39]

彼は動物に加えて昆虫や植物についても、「農業経済に大きな貢献をしてくれるものがあり、外国からの導入により貧乏人にも金持ちにも大いに役立つ可能性がある」と述べている。[39]

協会は毎年、世界各地から輸入した動物の肉を使い、食事会を開いた。ヒマラヤ産の羊、シリア産イノシシ、イランド、カンガルー、ホウカンチョウ、マガン、カピバラ、日本産のナマコ、地中海産のボラの卵の塩漬けなどがテーブルに並び、それらの食品としての可能性が調べられた。[40] 協会は、たとえばイランドを「哺乳類の中でも新しく優れた食品」と呼び、「その肉は豚肉のようでもあり、仔牛肉のようでもあり、キジのような風味がある」[41] と称えた。

協会の中核として、こうした活動を進めたフランクは、都市化と人口問題、農業の衰退、急速に拡大する都市への食糧供給を真剣に懸念していた世代の代表だった。フランクは人類を救うために数多の動物を食べ、輸入し、放し飼いにしたのだ。

素晴らしい未来のために善を為せ

もともと順化協会は、一八五四年にパリで動物学者イジドール・ジョフロワ・サンティレールが設立したのが最初であった。これはジャン・バティスト・ラマルクが着想した「獲得形質の遺伝」の考え（個体が環境に順応して獲得した形質が子孫に伝わるという説）に基づき、生産性の高い熱帯の動植物をフランスに輸入し、適応させることを目指していた。英国の順化協会は、これに刺激を受けて設立されたものだ。だが当時、英国の協会がもちうる影響力はずっと大きかった。一九世紀後半、英国はフランスよりはるかに多くの海外植民地を有し、交易圏も大きく、またアメリカ合衆国と緊密な関係にあったため、その影響はたちまち世界に波及したのである。[42]

英国での設立に呼応して、オーストラリアでは、一八六一年にヴィクトリア州とニューサウスウェールズ州で、翌年にはクイーンズランド州、南オーストラリア州、タスマニア島で順化協会が設立された。ニュージーランドでも一八六一年にオークランドで、また一八六四年にオタゴで順化協会が設立された。米国でも英国での協会設立に呼応して、外国産動植物の輸入が促進されたが、一八七一年にニューヨークでアメリカ順化協会が正式に設立された。一九世紀末までに50以上の順化協会が世界各地で活動し、広汎な動植物の交換をおこなった。

オーストラリアでは、イエスズメ、ホシムクドリ、キジ類、ウズラ類、ダチョウ、ツグミ類、コイ、ヨーロピアンパーチ、マス類、果樹などをはじめ、多種多様な動植物が世界各地から導入された。[43] メルボルンで開催されたヴィクトリア州順化協会の設立総会では、会長のこんな講演が人々の期待を高めた。「アルパカの毛皮やカシミアヤギの原毛が積まれた埠頭、あらゆる種類の魚が泳ぐ川、あらゆる種類の狩猟動物が生息する森、そしてロンドンやパリの市場で手に入るあらゆる珍味でわれわれの食卓が賑わう……。われわれの善行は、やがてこの地に住む何百万もの人々に、永遠の利益をもたらすものとなるであろう[44]」

だが、自然の恵みをもたらすものとしてオーストラリアに持ち込まれた外来生物の多くは期待を裏切り、定着に失敗するか、あるいは定着に成功して人間の生活や環境を脅かす有害生物になってしまった。そして経済的にも、また環境の面でも、大きな被害をもたらした。導入されたイエスズメやウタツグミ、ホシムクドリなどによる作物への被害を受けた農家から、苦情が殺到するようになり、導入した生物による生態系への悪影響が顕在化したため、ヴィクトリア州順化協会は一八七〇年には動物の輸入を中止した。だが順化協会は名前を変えてその後も存続し、また各地域に独自の順化協会ができるなどして、その活動は二〇世紀以降も続いた。[45]

アメリカ順化協会も鳥類や魚類などを中心に、欧州などから多数の種を導入した。しかし期待したメリットはほとんど得られず、そのかわりまもなく定着したイエスズメやホシムクドリが農産物に甚大な被害を与えるようになった。そして農務省がイエスズメを「羽をもつ有害生物で最悪なもののひとつ」と評す事態になった。[46]

ニュージーランドでも多量の哺乳類、鳥類、魚類が導入された結果、たとえばズアオアトリによる食害に業を煮やした農家がストリキニーネを使って毒殺したり、増えすぎたシカによる森林被害が拡大したりするなど、有害生物に手を焼く結果になった。[47]

こうして有益な動植物を増やす事業は、有害生物を増やすという皮肉な副産物を生んでしまったのである。

だがここで注意すべきことは、事前にこの結果は誰も望んでいなかったし、予想できた人もほとんどいなかった、ということである。では目的や発想自体に問題があったのだろうか。しかし、この順化協会の発想――食糧問題を解決するために、外国から有益な生物を導入し定着させる――は、農業問題の解決のために、外国から天敵を導入し定着させるという、伝統的生物的防除の発想と本質的な違いはないように見える。

実際、米国へのイエスズメやホシムクドリの導入、拡散には、害虫を減らす天敵としての役割も期待されていた[48]。結果はともかく、目的は善かつ正当なものだったと思われる。

フランクが設立した英国の順化協会は、外国から大量の動植物を導入した割に、その定着があまりうまく行かず、また市民も見慣れない食材には関心を示さなかったため、設立から六年後の一八六六年にはロンドン鳥類学会と統合され、一八七〇年代には組織活動を停止した。だが英国の協会は、組織としての短命さにもかかわらず、外来生物が世界に拡散するうえで核心となる役目を果たした。保全生物学者のクリストファー・リーヴァは、外来生物の導入や侵入を二〇世紀に世界でいっそう激化させる文化的、組織的な基盤をつくり出したのは、英国の順化協会であったと指摘している[45]。

ちなみに本家フランスの順化協会は、英国とも連携して取引を拡大、大豆など農産物を欧州に普及させるという成果をあげた。しかし一八七〇年の普仏戦争パリ包囲戦の際に、それまでパリで繁殖させていたアフリカゾウや、ラクダ、カンガルーなどの動物は、フライ、シチュー、スープとして、飢えた市民にことごとく食べられてしまった[49]。

一方、フランクは次第に英国の食糧危機を救うのは漁業資源だと考えるようになっていった。このころの英国は、都市化や産業発展による河川の汚染、河川を運河につなぐためのダムや堰の建設、大規模な密漁などにより、サケが危機に瀕していた。そこで一八六七年、彼は英国政府の漁業管理機関の検査官に就任すると、サケ資源の回復に全力を傾けるようになる。彼は水路の整備を進め、河川環境の保全策や、水質の汚染対策を提言し、数々の効果的な法律を成立させることにより、淡水魚の保全と資源管理に大きな貢献を果たした[33][36]。

さらに彼は、ニシンやタラなど海洋資源の保護にも乗り出した。王立委員会の少なくとも七つの調査委員会に参加し、漁業統計を体系的に収集して、データに基づく資源管理をおこなう専門機関の設置を提言するなど、英国における近代的な資源保護施策の基礎を築いた[33][36]。

一八七九年、凍った水の中でサケの卵巣を採取していたフランクは、肺炎を発症する。その後一時的に回復するも、激しい吹雪の中で川の調査をおこなうなど無理がたたり肺炎を再発、一八八〇年に五四歳で死去した。彼の遺言により、5千ポンド（現在の日本円にして約5千万円）の遺産をもとにバックランド財団が設立され、現在も専門家による講演を通じて、漁業の適切な発展を目指した啓蒙活動が続けられている[33][36]。

このように水産資源の面でフランクは保護管理対策の創始者であり、野生生物保護と生態系保全の先駆者であった。彼は、都市化により自然が失われ、動物が消え、食料不足になることを憂えていた。自然を取り戻し、生態系を守ろうとしたのだ。ところが同時に彼は、世界的に外来生物が激増し、侵入種により生態系が改変される流れの起爆剤の役割を果たした。この、現在からみると著しく相反する二面性は、彼の動物への接し方自体にも見てとれる。

フランクは動物愛護運動の先駆者でもあった。動物の罠や非人道的な屠殺に反対する活動を展開し、王立動物虐待防止協会の活動にも協力した。彼はスポーツとしての狩猟に強く反対し、次のように述べている。

「私がすべての野鳥のためにお願いしたいのは、野鳥を撃たないでほしいということである。銃は家に置こう。そしてオペラグラスをもって彼らの習性を観察しよう[50]」

一方、フランクは自宅に多くの動物を飼っていた。そのうちジャッコとジェニーと名づけられた2匹の猿は、毎日ビールを飲まされ、日曜日はポートワインを飲まされていた。あるとき、ジェニーが近くの木に逃げ込んだとき、彼はショットガンで何度もジェニーを撃ち、ジェニーが怯えて動けなくなったところを捕獲した。またジャッコをしつけるため、袋に入れて釘で吊るし、もがくジャッコを三時間も放置した。二年後、ジャッコが死んだときには、彼は追悼として、ジャッコの皮を剝いでテーブルクロスにした。[51]

このひどく矛盾して見える動物への対応は、現代の私たちには理解が困難なものだ。だがおそらく彼の価値観のもとでは、これらはすべて一貫していたのであろう。

フランクは自然に対して、親から譲り受けた歴史観と価値観をもっていた。彼は自然の歴史が長い時間をもつことは認識していたが、それは彼にとって意味のない時間だった。動物も植物も創造主がつくり出したものであり、人間に支配されるべき存在だと考えていたからである。それはちょうど、中央の支配者にとって、搾取される者の歴史や周縁に位置する者の歴史は意味がなく、存在していないことと似ている。彼が動物に示す愛護の姿勢は、創造主の慈悲が動物の世界にも及ぶ、と考えることの反映だったのだろう。彼は順化協会の設立に際して、次のように記している。

「偉大な創造主から私たちに与えられた、海の魚と空の鳥、そして地の上を動くすべての生き物を支配せよという命令を実行するために、私は、この無駄にも見える善を為したのである。時がたてば国家に大きな利益をもたらすと期待して[39]」

実際、フランクはダーウィンの進化論を拒絶した。彼は世を去る二日前、こう言い残している。「私の父はウェストミンスターの首席司祭だった。私は教会と国家の規範のもとで育てられた。私はけっしてそれ（進化論）を認めない、けっして認めない[52]」

一方、ダーウィンもフランクの父親を嫌っており、「地質学者は好きだが、バックランドは例外」、「ユーモアがあって気は良いが、私には下品で粗野な男にしか見えなかった」[53]などと評しているので、互いに相容れないものがあったのかもしれない。

人間中心主義の自然観の下では、人間にとって価値のある自然は守られるが、そうでないものは容赦なく捨てられる。自然の歴史に価値を認めないなら、歴史の産物――歴史を物語るものを操作するのに躊躇はいらない。彼らにとって、世界中の生物を移動させて、それぞれの土地の動植物の構成を変え、多様性を高めて、家庭の食卓を豊かにすることは、創造主の意思に従い、素晴らしい未来を創るための善行だった。

ただ、「創造物のバランス」は、彼らが思っていたほど従順ではなかったのである。

第三章　ワイルド・ガーデン

帝国の恵み

昆虫による生物的防除のデータベースBIOCATによると、天敵を使った有害生物の防除を世界で最も盛んにおこなってきた国は、米国である。次いでオーストラリア、カナダ、英国、ニュージーランド、南アフリカ、フランスが特に活発な天敵の導入国だ。またモーリシャスとフィジーは島国でありながら、積極的に天敵導入に取り組んできた[1]。

これら伝統的な生物的防除が盛んな国には共通点がある。まず外来生物が特に多い国であること。そしてフランス以外はすべて英国圏だということだ。この理由はさまざまに考えられるが、一九世紀フランスに始まり、英国での設立を機に英国圏に広がった順化協会による外来生物の拡散活動が大きな要因であったことが窺える。ただし、順化協会の活動は強力なブースターの役目であり、外来生物の積極的な導入自体は、すでにそれ以前に始まっていた。その背景にあったのは、当時の欧米社会の自然に対する価値観と歴史観である。だがその作用は英国、フランスなど欧州側と、植民地や旧植民地の側で異なる部分があった。

英国の場合——一八世紀後半以降、産業革命の進展とともに都市化が進み、風光明媚な田園地帯は大規模農場に姿を変え、拡大する都市は汚染と貧困の中心地となった。こうした産業資本主義の勃興にともなう社会変化や、啓蒙主義に対する反発から、工業化以前の時代への憧憬と、感情、個人主義を重視するロマン主義の思潮が広がる。その大きな特徴は、工業化以前の時代に価値を置く歴史観と、自然への回帰であった。ただしそれは、美化され理想化された歴史と自然である。またロマン主義は、過去という、時間的に遠い世界へのノスタルジーとともに、空間的に遠い世界——異国の地やその土地由来の物に惹かれるエキゾティシズムを要素としてもっていた。(2)

一八世紀後半〜一九世紀は、英国が世界最強の帝国国家となった時代であり、エキゾティックな動植物は「帝国の恵み」であった。それは植民地の被支配者から収奪した富の象徴でもあった。植民地経営と交易に従事した東インド会社の社員には熱心な博物学者が含まれており、新しい有用な動植物の発見に努めていた。(3)

英国において、植民地貿易や産業の発展は、多くの富と余暇を自由に使える中産階級の台頭をもたらしたが、彼らは海外から送られてきた動植物に魅了された。この時代の人々にとって、動植物に海外のものかどうかの区別はあっても、在来のものを外来のものより重用するような価値観は希薄だった。むしろコスモポリタン的な気質と価値観に満ちていた。(4)

海外の植民地から戻ってきた船には、多くの生きた動物が積まれ、新聞には動物商人が販売する動物のリスト——オウム、カナリア、ヒクイドリ、オオカミ、ワニ、ラクダ、水牛など、世界中から集められたさまざまな種類が掲載されていた。ロンドンでは、広場に動物商の店が建ち並び、動物の展示や商取引がおこなわれていた。一八世紀後半の動物画家がモデルに使った動物とその飼い主のリストには、オオハシ（薬局店主）、マングース（薬局店主）、トビネズミ（眼鏡店主）、ワオキツネザルとマーモセット（助産師）、トゲオアガマトカゲ（司書）などが並んでいる。また当時の新聞には、ライオンに食い殺された飼い主の話や、ガラガラヘビに噛まれた酔っぱらいの話、動物園から脱走した猛獣の群れが道路で馬車を襲った話、ロンドン市内を闊歩するヒョウの話などが掲載されている。[5]

一方、一八世紀から一九世紀にかけて、プラントハンターたちは世界中を駆けめぐり、有用な植物を発見して母国に持ち帰った。こうした植物は英国に莫大な利益をもたらし、その収集、栽培、交易は国家戦略上の重要な位置を占めるようになっていた。[6]

一九世紀はじめ、英国で安価なガラスが生産されるようになると、都市にはガラス温室が普及し、ランやヤシなど多くの熱帯植物が栽培された。一七六〇年ごろロンドンに設立されたキュー王立植物園は、一九世紀前半には帝国の拡大を支援するという目的で、その活動を発展させ、有用な植物の世界的な輸出入ネットワークの中心となった。ここにはパームハウスと呼ばれる巨大な温室が造られ、世界中から集められたさまざまな熱帯植物が展示された。一方、エキゾティックな植物で満ち溢れた植物園は、中産階級にレクリエーションの場を提供した。そして中産階級の間で植物栽培や園芸への関心が高まっていった。[7]

一八世紀、貴族階級は広大な敷地に池や草地、森を造成し、寺院やゴシック様式の建築物を配した、牧歌的な自然風景式の庭園を築いていた。しかし一九世紀になると、人間が自然を徹底的にコントロールした庭園が隆盛になる。テラスや階段、噴水、彫像など人工物で飾った空間に、整形した樹木や、華やかな熱帯の草花を幾何学的な形に配した、人工的な景観を特徴とする庭園である。都市では公園が建設され、そこには煌(きら)びやかな花を咲かせる熱帯植物を、幾何学的な模様を描くよう敷き詰めた、大規模な花壇がつくられた。造園士は人工物の建築や、庭園の幾何学的なデザインの設計に腕を振るった[8]。

一方この時代には、中産階級の人々が自宅の庭に園芸種やエキゾティックな草花を植えて、ささやかな庭園を造るようになっていた。また一九世紀後半には、都会の喧騒を逃れた中産階級が郊外に庭付きの邸宅を構えるようになった。そのため、当時の英国では、園芸が趣味として人気を集め、大きなビジネスとなった。英国の各都市には、園芸のために種子や苗を販売する専門の種苗業者が店舗を構え、店のカタログには世界中から輸入された多彩な種類が並んだ[9]。

造園家の中には、こうした急成長する新しい顧客のニーズに合わせた庭園のコンセプトを打ち出す者が現れるようになった。彼らは庭の所有者のために個別の庭園を設計するのではなく、本や雑誌を使って自分のアイデアを広めていくという手法をとった[10]。そしてそうした造園家たちの中から、自然が長い歴史をもつこと、そして動植物が自然の歴史の産物であることを認識し、野生下で生きる植物に価値を見いだす者が現れた。これは、神の創造物としての自然、人間が支配するべき動植物という、それまでの歴史観と価値観からの革命的な転換であった。

グレイヴタイ・マナーの領主

「ひとりの文明人がこの遠い国に到達し、この原生林の奥深くに道徳、知性、物質の光をもたらすことがあれば、その人だけが眺め、楽しむことのできるこの素晴らしい造形と美しさをもつ生物たちは姿を消し、最後には間違いなく絶滅するであろう[11]」

フランク・バックランドが水産資源の保全に力を注いでいたころ、アルフレッド・ラッセル・ウォレスは、マレー諸島で得た洞察をこう書き留めていた。

ダーウィンとほぼ同時期に、自然選択による生物進化の理論に到達したウォレスは、地球上の多様な動植物をつくり出したのが創造主ではなく、長大な進化の歴史であることに気づいていた。彼は生物の地理的分布が示すパターンや規則性に、それをつくり出した過去の歴史を見た。[12] そして、異なる環境へ適応を遂げた結果としての生物の多様性に価値を認めた。創造主の知恵や作為を意味する多様性ではなく、自然選択の見えざる手を証拠づける多様性に価値を見たのである。

ところでウォレスには進化の研究と同じくらい、あるいはそれ以上の情熱を傾けたものがあった。園芸――庭仕事である。

ウォレスは一八五二年からの六〇年間に20回以上自宅の引っ越しをしたため、英国での住所に不明な点が多く、その解明が科学史上の大きな研究テーマになっているほどだが、[13] 頻繁に自宅を手放した大きな理由が、庭の環境や土質への不満だったと言われている。また彼が *Nature* 誌の次に多く記事を寄稿したのは、一般向けの園芸や庭仕事の専門誌 *The Garden* であった。[14]

一八七一年に創刊されて以来、*The Garden* 誌は、著名な園芸関係者や芸術家、作家らによる多彩な記事と、美しい植物のイラストで人気を博していた。この雑誌を創刊し、また自身の造園に対する思想を広める場としていたのが、造園士であり、ジャーナリストでもあったウィリアム・ロビンソンだった。ほかの園芸雑誌がもっぱら紹介していたのは、育てることはもちろん、見ることさえできない熱帯の珍奇で美しい植物だったのに対し、*The Garden* が誌面で紹介していたのは、どこの家の庭でも植えて楽しむことのできる植物だった。[15]

ロビンソンは一八八四年、四六歳のときに、自己の造園哲学を自由に表現する場を得るために、著書や雑誌の発行で得た収益をつぎ込み、ロンドンから50㎞ほど南、サセックス州のイースト・グリンステッド近郊にある一六世紀エリザベス朝時代の荘園「グレイヴタイ・マナー（Gravetye Manor）」を購入した。古い館とそれを取り巻く広大な敷地に、ロビンソンは自然と一体化した庭園を築いた。著名な造園家、画家、作家らがその庭園を見るためにこの地を訪れている。たとえば、サミュエル・ホール牧師は、ロビンソンの荘園を訪れたときの印象を、妻に宛てた手紙にこう記した。

「グレイヴタイ・マナーの領主で造園家のロビンソン氏は、700エーカー（280ha）もの広い土地を所有している。館はエリザベス朝時代のもので、灰色の石造り、実に美しく快適な建物だった。森、緑の牧草地、丘、ゆるやかな斜面と、その向こうに望む遠くの景色に囲まれ、7エーカー（2・8ha）の湖がある。厩舎があり、馬を何頭飼っているかと聞くと、30頭という答えが返ってきた[16]」

また、少女時代から園芸の英才教育を受けていた造園士フランシス・ヴォルズリーは、一六歳で母親とともに初めてグレイヴタイ・マナーを訪れ、ロビンソンの庭園を案内されたときのことを、こう書き残している。

「私たちのホストは、身長6フィート、黒ひげを生やした快活そうな顔立ちの男性で、素晴らしい庭園をたくさん案内してくれた。最初の衝撃を受けたのは果樹園だった。満開のリンゴの木の下には、無数のスイセンが踊っていた。当時は球根栽培と果樹栽培を組み合わせるのは斬新だった[16]」

彼女は、香りのあるバラの下には、矮性のコゴメビユ、ムラサキナズナ、パンジー、そのほか小さな球根植物などが植えられているのを見たが、それらを互いの間隔を空けてパッチ状に配置することで、バラの根の水分吸収を阻害しないですむことを教えられたという。また、花を咲かせる低木を1～2種類まとめて配置するほうが、多くの種類の花木を1本ずつバラバラに植えるより好ましいことを学んだ。
庭を一周する道は石で葺かれ、石畳の隙間には、タチジャコウソウ、クワガタソウの一種、ホタルブクロの一種などの岩石地植物が植えられていた。敷地内のハシバミやクリの林には、シュウメイギク、ユリ、ハアザミ、パンパスグラスなどが植えられ、ブルーベルやシクラメンが咲き誇っていた。さらに湖の周りは10万本のスイセンで白や黄色に染まっていた。[16]
ところで、ヴォルズリーが初めてグレイヴタイ・マナーを訪れたとき——家政婦の案内で、由緒ある館を見学し、羽目板張りの壁に掛けられた数々の可憐な花の絵を感心しながら眺めていたときのこと。彼女は家政婦に、ややためらいがちに、こう尋ねたという。
「こちらにロビンソン夫人はいらっしゃいますか」
すると家政婦は厳しい口調で
「ミスター・ロビンソンは結婚していません」
そしてこう続けた。
「もし結婚していたとしたら、相手の女性は花のように美しかったはずです[16]」
広い交友関係をもち、支持者も多く、女性ファンも多かったロビンソンだが、つくり出す庭園世界の優美さ、可憐さとは裏腹に、著書や雑誌では非常に攻撃的な主張を展開した。敵は、一九世紀に主流となっていた、熱帯植物や整形した樹木を幾何学的に配置する人工的な庭園であった。「単調で人工的な庭を造る造園士は、自然との健全で好ましい交流を否定する者たちだ」と断じ、そうした造園士の仕事を拷問に喩えて、「植物を不健康な環境に置き、非道な扱いをしている」と非難した。[17]
冬季に温室で育てた熱帯産の派手な一年草植物を、春が来るたびに庭園に植え替え、カーペット状に敷きつめる造園士に対しロビンソンは、「植物の生命力と優美さを完全に排除することが、彼らが考える庭園なのかもしれない。もちろん冬には、温室のものを残し、生命の痕跡は消えてしまう」「価値のないエキゾティックな植物のために無駄にお金が捨てられ、財産が浪費されている」などと厳しく批判した[18]。

これに対して、ロビンソンが考える造園士の仕事は、「芸術家の仕事が、風景や樹木や花の美しさを私たちに見せ、絵に残すことであるように……できるかぎり自然の美しさをそのままに、生き物そのものを私たちのために残すことでなければならない[19]」というものであった。

一八七〇年に出版した著書『ワイルド・ガーデン』の中でロビンソンは、哲学者フランシス・ベーコンの言葉を引用し、こう述べている。「理想的な庭園とは、できるだけ自然の野性味を生かした健康的なもので、低木の茂みに野生のつる植物や日陰を好む花が混じった、一見すると人が植えたものではないような庭園である[20]」

この理想を実現する庭園が、「ワイルド・ガーデン」であった。彼は著書に、その目的を「何世紀にもわたって風景画家が題材としてきた、壊れる前の自然の姿を再現すること[20]」と記している。産業化によって失われた過去の自然を、庭園の形で取り戻すことを目指したのである。その背景には、ロマン主義的な価値観に加え、植物が最も美しく見えるのは、その植物が進化の歴史を経て適応した環境に生きるときだ、という審美観があった。彼は、「野生下で自由に育つ植物は、自力でたくましく生きることができ、競争に打ち勝って雑草を排除することにより、強さと美しさを手に入れる[20]」と記している。美術史家アン・ヘルムライクは、こうしたロビンソンの美学は、進化思想、特にウォレスが提示した生物とその環境との関係に関する原則に、強く影響されたものだと指摘している[21]。

ワイルド・ガーデンでは、それぞれの植物の四季を通じた生活史サイクルと生育環境を考慮し、つねに植物が相互に影響し合うように配置することが求められる。また庭園は周囲の環境と連続し、一体化するような工夫がこらされる。彼は著書の中で「英国にはさまざまな種類の風景があり、土壌や気候の特徴がある。私たちは周囲のこうした環境と調和した庭園を持つべきではないだろうか(19)」と述べている。

英国の環境と調和し、適応した植物が最も美しいのだとすると、その植物は英国に古くから自生していた野生植物ということになる。著書『ワイルド・ガーデン』の序章で、彼はウォレスの言を引いて、こう記している。「著名な博物学者であり旅行家でもあるウォレス氏は、『壮麗な熱帯植物の中で一二年間過ごしたが、ハリエニシダ、エニシダ、カルーナ、ヒヤシンス、サンザシ、キンポウゲなど（在来植物）が私たち英国の風景に与える効果に匹敵するものは見たことがない』と述べている(20)」

ロビンソンは英国の在来植物に最も高い美的価値を与えた。彼は著書で「ついエキゾティックな植物や奇抜なもの、華美なものに目を奪われがちだが、私たちの国の樹木は、私たちがいままでに手にしたことのないような最も美しいものであり、私たちの国の花は、ほかの国のどの花よりも美しい(22)」と訴えた。そして庭園に植えるべきなのは英国（ブリテン諸島）に自生する在来植物なのだと主張した。たとえば「英国原産の耐寒性のある草花が植え込まれた庭や花壇のそこここに英国原産の低木を散らし、必要に応じてセイヨウヤチヤナギや、香しいサンザシ、緋色の実をつけたナナカマドなどの英国の樹木で回りを囲む(20)」のが、彼の意図する英国の庭園だというのである。

彼は工業化以前のイングランドの田園景観を、人の暮らしと野生の動植物の暮らしが調和した美しい世界と位置づけ、英国の誇るべき力の源泉だと考えていた。それを庭園の形で再生するという彼の思想は、英国のナショナリズムを鼓舞し、英国人——特にイングランド人のアイデンティティを高めるものだった。実際、作家ヘンリー・ジェイムズは、英国の庭園を国家の安定と繁栄の象徴と表現し、その見本としてグレイヴタイ・マナーの庭園を挙げている[23]。

ただし、ロビンソンにとっての在来植物は、現代の私たちが使う在来（ネイティブ）植物の定義とはかなり違っていた。彼にとってブリテン諸島の在来植物とは、ブリテン諸島の野生下で生育、繁殖している植物と、ほぼ同義だった。そのため英国に帰化し、十分に定着している外来植物は、在来植物として扱われた。たとえばクチベニスイセンは、十字軍に参加した騎士が持ち帰った株が英国で野生化したものだが、ロビンソンはこれを「真の英国産とは言えないが」としつつ、「一般的には在来（ネイティブ）植物に含まれるし、かくも美しい植物はどの庭にも植えられるべき[20]」と主張している。

現実には英国の植物相は貧弱で、それだけでは過去の田園景観、つまり昔の絵画に描かれたような自然景観を再現するのは難しい。そこでロビンソンは英国産植物では足りない部分を、外国産植物の助けを借りて補った。欧州大陸や北米、アジアなど英国と似た気候の国から輸入された植物を、庭に用意したその原産地の生育環境と似た環境に移植するのである。彼は、「英国の野草と同程度の耐寒性をもつ外国の植物を、生育・繁殖に世話や費用をかけずに済む場所に植える」と記し、「ワイルド・ガーデン」の〝ワイルド〟には、耐寒性のある外国の植物を、原産地の生育環境と同じ環境で育てるという意味も含まれる、と述べている[20]。

彼にとって美しく価値ある植物とは、〝自然〟であること――環境への適応進化の歴史を反映していること、つまりその生理的性質に合致した環境で生育することなので、外国の植物でも、本来の自生地の生育環境と似た環境で野生化し、帰化したものは、古くから英国に自生していた野生植物と同じく価値を認め、在来植物の一員として扱った。「英国と同じかもっと寒い冬がある国にも、豊かな植物相をもつ国は多いので、耐寒性に優れた外国の植物を選び、庭や、近くの野生、半野生の場所に移植すれば、これまでに見たことのない魅力的な結果が生み出されるだろう」──彼は著書にこう記し、英国の気候と環境に適した外来植物を積極的に野生化するよう勧めている[20]。

一方、耐寒性がなく、温室がなければ栽培できず、野外で繁殖・定着する見込みのない熱帯植物には価値を認めなかった。そもそもロビンソンは温室が嫌いで、造園家として独立した後は、ほとんど使用することがなかったという[16]。このように、「ワイルド・ガーデン」の概念には排外的なナショナリズムと融和的なコスモポリタニズムが奇妙に混在していたが、その背景には、当時の社会や進化論の影響、顧客との関係に加え、彼の個人的な経験が関わっていたかもしれない。

自然な庭園

ロビンソンは一八三八年、北アイルランド・ダウン州の零細農家に生まれた。だが彼の生い立ちや家族構成についてはあまりよくわかっていない。兄と妹がいたとされるが、その実在は確認されていない。彼が生まれた後、父親はメイヨ州のアイルランド貴族に仕えるが、雇い主の妻に気に入られ、不倫の末に彼女と駆け落ちして米国に渡ったという。残された母子は自活を強いられ、彼も少年時代から見習い職人として、庭園で働いていたらしい[24]。

その後、アイルランド中部・ストラッドバリにある貴族の屋敷で庭師となり、温室の管理を任されるようになっていた。ところが二一歳のとき、寒い冬の夜のこと、彼は突然アイルランドの中心都市ダブリンに逃走する。庭師長と対立して、腹いせに温室の暖房を消して植物を全滅させたから、という説と、何かの用事でダブリンに向かう途中、温室の暖房をつけ忘れたことに気づき、植物の全滅が不可避であることに絶望して、という説があるが、いずれにせよ温室をめぐるトラブルが原因だとされる[16]。

ダブリンに到着するとすぐ、遠い知り合いの植物園園長を訪ね、助けを求めた。園長に推薦状を手渡された彼は、ロンドンに向う。そして運よくリージェンツ・パークにある王立植物園に職を得て、庭園で働き始めた。ただし、温室の管理担当にはならず、かわりに英国産の草本の世話を任されていた。

やがてロビンソンは王立植物園の教育・草本部門の責任者に任命された。しかし雑誌や新聞に彼が書いた記事が造園業界の注目を集め、文筆で収入を得られるようになったため、二八歳のときに植物園を辞職した。同じころ、チャールズ・ダーウィンらが推薦人となり、彼はリンネ協会のメンバーに選ばれた。また、新聞社の支援を受けてフランスに渡り、造園学を学ぶとともに、パリ万国博覧会に参加、さらにアルプスなど欧州各地を訪れ、自身の園芸に対する理念を深めていった[25]。

一八六八年、三〇歳でロンドンに居を構えたときには、すでに家政婦と庭師を雇う立場になっていた。二年後の一八七〇年、著書『ワイルド・ガーデン』[25]を出版、その翌年には *The Garden* 誌を刊行し、造園業界とジャーナリズム界での地位を確立していった[25]。

ロビンソンの思想の新しさは、見かけの自然さだけでなく、自然のプロセス――捕食・被食や種間競争などの生物間相互作用を、庭園作りに利用したことであろう。これは一九世紀はじめの造園家ジョン・ラウドンの着想に、新しい科学的知見を加えて改良した、生物学的な庭園管理の考え方であった[26]。

彼は庭園に発生する害虫を抑えるため、鳥類やコウモリ、ハリネズミなどの哺乳類、ヒキガエル、捕食性昆虫など、天敵を維持することを重視していた。特に、植物を加害する草食昆虫を抑える天敵として、ヒメバチ科の寄生蜂に注目していた。また自然度が高く、さまざまな動植物が共存する庭園は、多様な天敵が棲むため、害虫の発生が抑えられ、管理が容易になると考えていた。[26] ラウドンの著作をロビンソンが加筆改訂して刊行した園芸書には、次のように記されている。

「哺乳類、鳥類、両生類の捕食に加え、自然には生物間のバランスを取り戻す作用があり、特にある種の昆虫が優勢になるのを防げる作用がある……つまりほかの昆虫を捕食する昆虫は、私たちにとって有害な昆虫よりも次第に優勢になっていく[26]」

ロビンソンは「自然のバランス」の考え方を庭園管理に利用していたのだ。

ロビンソンの経済的な成功の大きな理由は、おもな顧客である郊外に住む中産階級の支持を集めたことである。耐寒性のある宿根草を庭で自由に生長・繁殖させるやり方は、温室が不要で栽培に手もかからず、専門の造園士でなくても庭の管理が可能で、一般の園芸愛好家にとって大きなメリットだった。また人工的な造形を拒否し、自然な美しさに価値を置く彼の庭園スタイルは、都会の喧騒を嫌い、産業化によって失われた自然への強い愛着をもつ富裕な中産階級の共感を呼ぶものだった。彼らは自然な庭園に魅了され、雑誌や本を購入し、そこに紹介されている植物を庭に植えた。

ただし、前出の美術史家ヘルムライクの指摘によると、一九世紀後半、中産階級が癒しとして求めた自然、そしてロビンソンが彼らに提供した自然は、けっしてありのままの自然ではなく、美化された商品としての自然だったという。

著書『ワイルド・ガーデン』の本文と表紙の間には、「できるだけ自然な野生に近い形にしたい」というベーコン卿の言葉を添えた口絵（図3-1）があり、そこには遠くに霞む樹林を背景に、アヤメなど雑多な草本や低木が密生した茂みが描かれている。一見すると、手つかずの原野を思わせる光景である。ところがその左隅に、茂みを見つめる少女と、おそらくその母親と思われる女性の姿が小さく描か

"I wish it to be framed, as much as may be, to a naturall wildnesse."
LORD BACON.

図3–1 『ワイルド・ガーデン』初版（Robinson, W. 1870. *The Wild Garden,* John Murray）の扉絵.

れている。ヘルムライクによると、これは顧客の嗜好に合わせ、害や危険、そのほか好ましからざるものがすべて排除された自然であることを意味するのだという。そして、その庭園の自然で野生的な美しさ——さまざまな植物が繁殖、生長しつつ共存し、開花、結実、枯死により季節とともに景観が自然に変化することで描き出される多様性は、実際には自然のバランスではなく、造園士の見えざる手がつねに介入することによって創り出され、維持された多様性だというのである。[21]

しかし、現代のわれわれ、特に先進国の都市住民に、癒しと親しみを与える自然とは、たいていの場合こうした解毒をされ、部分的に管理された自然だ。その意味では一九世紀という時代、そこに価値と需要を見いだし、庭園の形で提供したのは革新的で、時代を先取りしていたとも言える。[25]

ロビンソンの自然な庭園は、英国の造園スタイルを一変させた。多くの造園士が影響を受け、宿根草が繁茂した庭園を普及させた。またロビンソンの最大の理解者であり支持者のひとりであった工芸家・園芸家のガートルード・ジェキルは、ワイルド・ガーデンのコンセプトを受け継ぐとともに、庭園の色取りを考慮しつつ、建築物と融合させて造園を芸術に昇華させることに成功し、現代の英国文化の象徴的存在であるコテージ・ガーデンの庭園形式を確立した。[25][27]

一方、ロビンソンは自然保護の熱心な推進者でもあった。高山植物を「母なる地球の愛すべき子供たち」[28]と呼び、著書には「国立公園で得られる最大の利益のひとつは、在来の樹木を群生させ、森林化する機会が得られることであろう。肥沃な土地や小川のほとり、谷間などに植林することで、自然の姿と価値を示し、森の生き物たちの棲みかをつくるという、二つの目的を果たすことができる」と書いた。[22]

また、雑誌 *The Garden* は自然保護の意義を広める場ともなり、その創刊号には、北米ヨセミテ渓谷

（現在のヨセミテ国立公園）の景観保護を訴える記事が掲載されている。[29]
さらにロビンソンは、産業化の進展により破壊された自然を修復するため、野外に積極的に植物を植栽するよう主張した。ワイルド・ガーデンは、庭園と自然の一体化を企図していたので、庭園の外側――牧草地、森林、公園、川岸などにも、庭園と同じく植物を播種し、苗を植えるのである。[20]「サザン鉄道のイースト・グリンステッド駅とウエスト・ホースリー駅間の土手沿いで、駅を抜けるとき、私はいつもポケットに詰めておいた灌木や草花の種子を、そのあたりに（列車から）ばら撒いていた。その後、ほとんど皆が芽生えて土手をしばらく飾っていた[30]」

ロビンソンの手記には、このように植物の播種と植栽を至るところで試みていたことを窺わせる記述がある。だが、現代から振り返ると、じつは彼が進めた自然保護と失われた自然を取り戻す活動は、彼が想定していなかった要因ゆえに、のちに大きな脅威を生み出しうるリスクをともなっていた。

ワイルド・ガーデンの本質は、「地球上のさまざまな場所に自生する無数の美しい植物を、私たちの森や野生、半野生の場所、公園などに帰化させること」でもあると、ロビンソンは記している。[20]前述したように、彼は、自生地の環境が導入先の環境とよく似ている植物、そして英国の環境に適し、野外で繁殖・定着した植物は、外国由来の植物であっても在来植物として扱い、英国原産の植物と同じ価値を与えていた。環境への適応進化の証拠となる性質の価値は認めていたのだが、一方で、ウォレスのほかの重要な発見である、集団や種の分布域が示す地理的なパターン――特に世界の生物相が六つの動物地理区に区分されること――が、進化の結果であり、価値をもちうることには、気づかなかったのである。

もうひとつ、ロビンソンにとって想定外だったのは、自生地と同じ、あるいは類似した環境だと考えた植栽地の環境は、実際には必ずしも似ておらず、特に共存する他の動植物との関係を考慮すると、それらはまったく異質な環境だったことだ。天敵がもつ機能や「自然のバランス」を彼が重視していたことを考えると、これはなんとも皮肉な見落としであった。

ロビンソンが称賛し、著書や雑誌で導入を推奨し、彼の支持者らによって広く植栽された外来植物のいくつかは、二〇世紀になると爆発的に増え始めた。そしてまもなく制御不能となり、英国全体に広がって景観を変えたばかりでなく、経済的な問題も引き起こし、英国社会に大きな被害を及ぼすようになった。

さて、グレイヴタイ・マナーの領主となったロビンソンは、繊細で複雑な美しさに溢れる〝自然〟な庭園を造り、訪れた数多くの造園士や芸術家、作家らを感動させた。その広大な領地には、さまざまな樹木、草花を植えて、夢のような〝自然〟を創り出した。季節の花が咲き誇り、巧みに配置された低木群や周囲の景観と見事な調和を見せる庭園を、画家たちは絵画として写し取った(25)。

だが、その影響力と名声にもかかわらず、ロビンソンは名誉を受けることには関心がなかった。王立園芸協会が授与しようとしたヴィクトリア名誉勲章は断った。爵位の称号も授与を打診されたのだが、辞退してしまった(24)。

ロビンソンはその広い館に、庭師や家政婦らとともに暮らしていた。一九〇九年に転落事故で腰を痛め、車椅子生活になって以降も、献身的な家政婦に助けられ、順調で安定した生活を送っていた。しかし晩年には、精神的にやや不安定となり、突然夜中に部屋からすべてのワインボトルを持ち出し、瓶ごと井戸に投げ込むこともあったという。そのころ、館では時々、急に激しい物音がしたり、物が宙を舞ったりするポルターガイストが起きて悩まされた、という話も残っている(16)。

ロビンソンが九六歳で死去すると、長年付き従った庭師や使用人は館を去った。最後までロビンソンを支えた家政婦も養老院に移り、主を失った館はまもなく廃墟と化した。庭園は荒廃し、やがて雑草の下に埋もれて消え去った[16]。

それからかなりの時を経て、館はホテル業者に買い取られた。そして新しく整備、改修され、現在は高級ホテル兼レストランとして利用されている。

赤い雑草

「この赤い雑草は驚くべきたくましさで繁茂し、増殖した。その雑草は地域全体に広がり、特に水の流れがある場所が甚だしかった……地球の植物でそれと場所を争えるものは一本もなかった[31]」

赤い雑草は、一八九八年に出版されたH・G・ウェルズのSF小説『宇宙戦争』に登場する、地球外から導入された架空の「外来生物」である。火星から飛来した侵略者「エイリアン」が、偶然に、あるいは意図的に火星から地球に持ち込んだ、とされている。小説の中で語り手は最初、ロンドン、キュー王立植物園近くの川で、それが赤い塊となって浮かんでいるのを目撃する。その後、この赤い雑草は爆発的に増殖、群生してテムズ川をせき止め、橋が見えなくなるほど繁茂して、河川の氾濫を引き起こした。陸上ではあらゆる場所に広がって、地球の植物を枯死させ、家屋や並木、畑、牧草地を赤く覆い尽くした。

『宇宙戦争』では、侵略者としての英国と被侵略者としての植民地の関係が、侵略者としての異星人と被侵略者としての英国に置き換わっている。この設定の背景にあるのは、まず一九世紀末、英国の繁栄に翳りが見え始めたこと、そして激化するヨーロッパ列強の覇権争いである。英国と植民地の主と従、搾取と被搾取、支配と抑圧という関係を意識し、それを反転させたのだ。またこれは、英国の帝国主義と植民地支配に対する批判にもなっている。

ウェルズの赤い雑草は、英国の侵略とともに植民地で引き起こされた、外来生物による生態系破壊のメタファーである。すでにこの時代、列強の植民地で、欧米人が持ち込んだ外来植物が猛威を振るっていることは、よく知られていた。ダーウィンも南米で欧州由来の植物が、在来植物を圧倒して広がっていることを記録している。[32] 実際、赤い雑草のモデルのひとつは、当時オーストラリアで爆発的に増え、土地を広く覆っていた新大陸原産のウチワサボテンだったのではないかと考えられている。[33] だが、赤い雑草には国内の問題を反映した側面もあった。

一九世紀末には、英国に持ち込まれた外来植物が、すでに問題を起こし始めていた。中でも北米由来の水草であるカナダモは、水域で大発生し、テムズ川を塞いで水運を妨げるほど繁茂した。水があると繁殖力が極度に高まるという赤い雑草の設定から、カナダモがそのモデルのひとつだったのではないかともされている。注目すべき点は、有害な外来植物という認識が小説に反映される程度にまで、この時期、社会に意識されていたことだ。さらに重要なのは、赤い雑草に、異星人——外国人のメタファー——による英国侵略の副産物または手段という意味づけがなされていることである。[33]

これは一九世紀末、それまで外国人に向けて自由に開かれていた英国社会に、排外的な動きが出てきたことと無関係ではない。

ロマン主義は、原生自然への憧憬とともに、神話への回帰を促したが、それは共通の神話と精神を抱く民族の意識を呼び覚ました。外国への関心の高まりは、逆に国家意識を刺激した。ロビンソンがそうであったように、ロマン主義は社会をコスモポリタニズムからナショナリズムに導く架け橋として機能した。

もうひとつの理由は、東欧から大量の移民が英国に流入したことである。移民による貧困層の増加が社会問題化し、犯罪も多発したことから、外国人に対する排斥的な感情が高まったのだ。東欧移民の流入は、「外国人の侵略（alien invasion）」と表現され、これを契機にそれまで英国ではまったく自由だった外国人の入国、滞在が、規制されるようになった。一九〇五年、外国人法により外国人の入国が制度的に制限されるようになり、外国人の入国管理体制が成立した。[34]

外来生物という属性に対して、その危険性が英国ではっきり語られるようになったのはこのころからである。「外来生物の導入が成功すれば、その国の動物は大きく変わってしまう」と、外来生物の導入を戒める論文が発表されるようになった。排外的な社会の動きが、外来生物に対する負の価値観の醸成にどれだけ寄与したかは明確ではないが、両者がある程度連動していたのではないかと指摘する科学史家もいる。[4]

もともと生物学者は排外主義と結びつきやすい用語を使っていた。ダーウィンは、南米で観察した欧州由来の植物の拡散を、「侵略（侵入）（invasion）」と呼び、[32]ウォレスはドブネズミが世界中を「侵略（侵入）している（invading）」と書いている。[35]一九世紀末には、論文中で外来植物の「外来」の意味で「エイリアン（alien）」という表現を使用した植物学者も現れている。[36]しかも当時の外来生物は、ほぼ外国（植民地を含む）由来の生物を意味していた。したがって、それまでのコスモポリタン的な価値観が優勢な社会で抱かれていた、外来生物に対する好ましいイメージが、排外的な社会の到来とともに、警戒すべきものへと転化するのは避けがたい流れだった。[4]

とはいえ、外来生物への警戒感が現れた最も大きな理由は、やはりカナダモのように一部の外来生物が、実際に経済的、社会的な被害を及ぼしたことであろう。ほかにも欧州では米国から持ち込まれたコロラドハムシなどの昆虫や病原体による農作物への被害が問題になっていた。英国ではコロラドハムシの移入による農業被害防止を目的として、一八七七年に輸入農作物の検疫制度を導入している[37]。美しく自然な庭園づくりのために、ロビンソンが積極的に購入と植栽を薦めた外来植物のいくつかが、その本性を現し始めたのも、一九世紀末から二〇世紀はじめにかけてのことであった。

鑑賞用としての価値を見いだした植物の中に、ロビンソンが特に気に入り、強く推奨した植物があった。そのひとつがイタドリ（*Fallopia japonica*）[38]である。赤い茎に、長さ10から15㎝ほどの大きな卵型の葉と、多数の小さな白い花を密につける、通常高さ1・5～2ｍほどの宿根草だ（図3－2）。

この植物は、ドイツ人医師で、オランダ商館医として日本に滞在していたフランツ・フォン・シーボルトが、日本から持ち出したものである。一八二九年に禁制品の持ち出しが発覚、日本を追放され、オランダに戻ったシーボルトは、ライデンに圃場を整備し、日本から持ち出した植物を栽培、育成した。商魂たくましいシーボルトは、これらの植物を欧州各地に販売し、収益を得ようとした。中でもイタドリは、一八四七年、園芸作物協会の金賞を受賞したので、シーボルトはイタドリの売り込みに熱中した。そして英国のキュー植物園にイタドリを送付し、販促をかけたのである[39]。

キュー植物園では、一八五〇年にイタドリの販売を開始したが、英国では当初、あまり園芸用とは認識されておらず、注目もされていなかった。ロビンソンは、一八六七年にキュー植物園がその園芸用価値に気づいていないことを指摘し、「庭園の装飾に推薦できる最高のもののひとつである」[40]と絶賛した。

ところでロビンソンは、記事の読者が特徴や性質をイメージしやすいように、植物の種名を英名で呼び、学名や現産国での名称を使うことを嫌った。そこでロビンソンの流儀に従い、ここではイタドリをその英名である、ジャパニーズ・ノットウィード（Japanese knotweed）と表記することにしよう。

一八七〇年に出版した『ワイルド・ガーデン』でロビンソンは、ジャパニーズ・ノットウィードの特徴や育て方、活かし方を解説し、「樹木や遊歩道の近くに単独で植えてもよいが、前者の方が目立つ。また、葉の良さが売りの丈夫な植物と一緒に植えるとよい[20]」と書いた。さらに別の著書では、「素晴らしい利点をもつ植物であり、栽培されている草本のなかで、間違いなく最も優れたもののひとつ[19]」と評している。

図3–2　上：『ワイルド・ガーデン』第三版（Robinson, W. 1883. *The Wild Garden* 3rd ed., John Murray）のイタドリの挿絵．下：日本のイタドリ．

一八七四年には、雑誌上で「今季は、高さが9～10フィートに達し、葉は根元からよく発達している。羽毛のような花の重さによって、美しい枝は優美な曲線を描いて垂れ下がり、個々の花は小さく目立たないが、全体のアレンジとしてはまさに完璧な美しさである」と称えた。ただし、それが隠しもつ危険性に気づいたのか、後を次のように続けている。「この植物の欠点は、ひどくとりとめがないことだ。ほんの数年で、一本の植物が半エーカーの土地を覆うようになるが、すべての競争相手を駆逐するほどの生命力としぶとさを見せる[41]」

ロビンソン推薦の植物ということで、ジャパニーズ・ノットウィードは、大人気となった。町中の庭にこれを植えるよう呼びかける造園士さえ現れるほどだった[42]。だがまもなく、造園家の間で認識が変わり始める。一八八〇年代にはロビンソンも、それは「成長が非常に早く、ほかの弱い植物を枯らすので、庭園のボーダー植栽用の植物ではない」とし、「芝生や低木林、森林に……優雅にアーチを描く茎をよく見せるため十分なスペースを確保して」植えるよう、雑誌の読者に注意を促すようになった[43]。またロビンソンに私淑していたジェキルも、当初はジャパニーズ・ノットウィードを推奨リストに入れ、熱烈に支持していたが[44]、一八九九年までには危険性を察知し、その植栽は要注意で、むしろ数を減らす必要があると警告した[44]。ロビンソンも晩年の一九二一年には「取り除くよりも植える方が簡単な、雑草[45]」と見放している。

二〇世紀はじめには、ジャパニーズ・ノットウィードが各地で野生化し、繁茂している状況が記録されている。しかしその広がりは当時まだ限定的で、英国政府は対策をとらなかった[39]。一九世紀末〜二〇世紀初頭は、英国社会に排外的な空気が生まれたとはいえ、まだ厳しいものではなく、外来生物に対する警戒感も強いものではなかった。特にこの時代は、排外主義の台頭にもかかわらず、英国社会に空前の日本ブームが訪れており、日本庭園や日本の植物が人気を集めていた。そうした空気もあって、ジャパニーズ・ノットウィードの危険性は、まだ過小評価されていた。

環境学者のイアン・ロザーハムは、外来生物に対する嫌悪感や恐怖感など、否定的な価値観が英国社会に定着したのは、第二次世界大戦後だったと述べている。もちろん一九世紀以降に導入された外来生物の一部による、農業、暮らしや生態系への悪影響がそのころになって顕在化してきたという面もあるが、有害な種だけでなく、外来生物全体に向けられる否定的な価値観は、戦争を契機に英国で高まった外国人への恐怖や反感が背景にあるという。[46]

こうした排外的な空気の中で一九五八年、英国でチャールズ・エルトンが『侵略の生態学』を出版する。「私たちは、世界の動物相と植物相の歴史的な大転換を目の当たりにしている」。そうエルトンは記し、外来生物が地球上の生態系に対する最大の脅威のひとつであると主張した。[47]

エルトンは食物連鎖や生態ピラミッド、集団の個体数変動などの研究により、現代の動物生態学の基礎を築いた生態学者である。一九三〇年代から五〇年代、エルトンの師、ジュリアン・ハクスリーの主導により進化の総合説が確立し、エルトンも生態学に進化学の理論を取り込んでいた。

進化という歴史観を備えていたエルトンは、ウォレスの発見——進化の歴史が創り出した、集団や種の分布域が示す地理的パターン、特に世界の生物相が六つの動物地理区に分けられること——の価値と重要性を理解していた。そして、地域ごとに続いてきた独自の適応進化の歴史から切り離されることが、外来生物の有害化の原因であると考えた。外来生物の拡散により、「生命の六つの大陸の領域のかわりに……世界はひとつだけになるだろう」[47]——このエルトンの警告は、進化の歴史がもつ価値を損ねる脅威として、外来生物が意識されていることを示している。

エルトンは、進化の歴史を「列車の長い旅」に喩え、乗客である他の動植物の旅に干渉しないことを、自然保護の理由のひとつに挙げた。つまり地質学的な時間スケールの歴史観の下で、生態系－自然にとっての価値を想定し、それを外来生物が損なうと考えたのだ。その一方でエルトンは、農業や資源としての生態系の実用的な価値——人間社会の時間スケールの、人間にとっての価値——を損ねることも外来生物の問題としている。またその解決のためには、別の外来生物を導入することも、手段として否定していない。そして外来生物の問題に対応するために、自然中心と人間中心という、時間スケールと主体が異なる価値観の両立が可能なのではないか、と主張したのである。[47]『侵略の生態学』出版を契機として、外来生物の脅威という認識が、英国社会に一気に広まった。

一方、当時の生態学者の多くは、外来生物の研究にあまり関心を示していなかった。[48] しかし『沈黙の春』の出版によりレイチェル・カーソンの主張が実を結んで、一九七〇年代以降、米国を中心に環境保護意識が高まり、生態系の保全に取り組む保全生物学が確立すると、生態学者の間で外来生物の問題が意識されるようになる。一九八〇年代、国際学術連合の環境問題科学委員会（Scientific Committee on Problems of the Environment：ＳＣＯＰＥ）が、外来生物の世界的な影響調査を開始したのを機に、あらためて『侵略の生態学』が注目を浴び、英国でも生態学者の多くが、外来生物の影響を生態系保全の観点から研究し、対策を考えるようになった。[49]

一九九〇年代以降、遺伝子、種、生態系の多様さ、豊かさを表す、生物多様性という概念が確立すると、その主要な脅威のひとつに外来生物が挙げられるようになった。

一九九六年には国連主催の侵略的外来生物に関する会議が開かれ、これを契機に翌年、世界侵入種計画（Global Invasive Species Programme：ＧＩＳＰ）が設立された。ＧＩＳＰが掲げた目標は、「侵略的外来種の拡散と影響を最小限に抑えることにより、生物多様性を保全し、人間の生活を維持する」というものだった。そして二〇〇〇年には、国際自然保護連合（ＩＵＣＮ）が「外来生物による生物多様性の損失防止のためのガイドライン」を可決した。[50]

英国でも、有害な外来生物は政治的にも、社会制度的にも、対決すべきものという認識が広がり、一九八一年に外来生物の放出、移植を取り締まる法律が成立したのを皮切りに、政府による防除対策が進められるようになった。[51] 二〇一五年には、国連サミットで採択された「持続可能な開発目標（ＳＤＧｓ）」の目標15の中で、外来生物の侵入拡散防止が謳われ、[52] 欧州連合（ＥＵ）の外来生物規制も発効、英国政府が他ＥＵ国とともに有害な外来生物拡散防止に取り組むための、制度的枠組みも確立した。[53]

ところが二〇〇〇年以降、英国と米国を中心に、こうした外来生物対策に批判的な懐疑論者の声が目立ち始めた。たとえば英国の生態学者ケン・トンプソンは、「有害さが過度に喧伝されている」「無害な外来生物も否定的に扱われている」「対策コストが利益に見合っていない」「生態系への影響そのものではなく、自然がどうあるべきかという根深いイデオロギーを反映している」と指摘する。[54]

また、マーク・デイヴィスをはじめとする一部の生態学者や保全生物学者のほか、社会学者、哲学者、歴史学者らは、バイブルとも言うべきエルトンの『侵略の生態学』自体が、戦時下から戦後の英国社会に広がった排外主義を科学に持ち込んだものだと断じ、それを受け継いだ現代の保全生物学者が「インベージョン（侵入・侵略）」や「エイリアン」といった排外主義と親和的な用語を使用して、欧米社会に根差す外国人への嫌悪感や反感を外来生物と結びつけている、と批判している。そのため外来生物の〝害〟が過剰に意識されており、それがさらに移民などへの差別意識を助長する危険性があると主張する。[55]

懐疑論者が指摘する「過剰な害の意識」の例として、代表的なものが二つある。

ひとつ目は、外来というだけで根拠なく有害とされていること。たとえば人間生活とは直接関係のない自然界の在来生物に対して負の影響を及ぼすだけの外来生物も有害と見なされ、駆除対象になることである。これについて懐疑論者は、人間にとっての有害さが自明でなく、在来・純血を尊いとするイデオロギーや、外来という属性への嫌悪感を反映したもので、外国人や移民への差別と同質のものだ、とする。またそのため、外来生物が生み出す可能性のある、人間にとって好ましい機能が無視されているという。[55]

この懐疑論者の批判に対して、外来生物対策に取り組む保全生物学者は、外来生物とは、本来の生息地から人為的に移された生物のことで、外国から来た生物の意味ではなく、したがって外来生物対策は外国人差別とは無関係だと反論する。また在来生物を守る外来生物対策は、生物多様性を守る取り組みなのだと説明する。彼らは外来生物そのものと対抗しているわけではなく、生態系や集団や遺伝的な多様性を脅かす外来生物にのみ対抗しており、「過剰な害の意識」という批判は誤解だというのである。[56]

最近五〇〇年間に起きた種の絶滅の原因を、信頼できるデータのある五つの分類群で分析した研究によれば、外来生物は、哺乳類、爬虫類、両生類で最大の絶滅原因であり、鳥類では乱獲に次いで二番目、植物では四番目に大きな絶滅原因となっている。[57] 生態系への悪影響が問題となるのは定着している外来種のうち5〜20%の種とされてきたが、最近の評価では植物と動物でそれぞれ18%、30%の外来種が問題を起こすという。[58] したがって、生物多様性を守るためには、これら一部の外来生物への対策が必要になるというわけである。

では、脅威から守らないといけない生物多様性がもつ価値とは何なのだろう。

エルトンは外来生物を防ぐ理由として、自然中心と人間中心の考えを示したが、伝統的に保全生物学者は、生態系中心主義と呼ばれる自然中心の価値観の下で、多様な野生生物とその生態系を守ろうとしてきた。[59]「保全生物学の父」と呼ばれるマイケル・ソーレは、こう記している――「生物の多様性は善である」「生態系の複雑さは善である」「進化は善である」「生物の多様性には本質的価値がある」[60]

人間にとっての利益や福祉、幸福とは無関係に、生態系と野生生物には本質的に守られるべき価値があると考えるのだ。カーソンの『沈黙の春』を経て、ディープ・エコロジーに至る思想の系譜に繋がる価値観である。実際、一九八五年にミシガン大学で開催された、保全生物学の第二回シンポジウムでは、最初の講演者としてディープ・エコロジーの提唱者、アルネ・ネスが招かれている。

この生態系中心主義の系譜をさらに辿ると、その価値観の中核はアルド・レオポルドの「土地倫理」思想に由来している。人間が自然を支配、搾取するものとみた過去の人間中心の価値観に対する反省に基づく思想である。レオポルドは、「生物群集が完全性、安定性、美しさを維持するとき、それは正しく、そうでない場合は間違っている」[61]と記した。人間の影響を受けていない、より自然度の高い生態系は、より完全で美しく、守られるべき道徳的な義務があるというのだ。それゆえ「健全な在来」の生態系を損ねる外来生物は、「病気」として退治すべき対象なのである。

じつはレオポルドはエルトンと非常に親しく、エルトンの自然観に大きな影響を与えたとされている。皮肉にも、人間による支配と搾取を否定しようとしたこの思想こそが、のちに懐疑論や、差別主義という批判を呼ぶ原点だった可能性がある。[62]

では原生的な在来の生態系を「善」と見るレオポルドの価値観は何に由来するのだろうか。それは、ロビンソンをワイルド・ガーデンの思想に導いたのと同じく、一九世紀の西欧を席巻したロマン主義の価値観だった。ロビンソンが「野生」と「在来種」に特別な価値を与えたように、ロマン主義は手つかずの自然を至高とするとともに、ナショナリズムへの架け橋であった。恐らくそれは源流を古代ギリシャ時代にまでさかのぼる価値観だが、トンプソンが批判する「自然がどうあるべきかという根深いイデオロギー」とは、まさにこの価値観を指している。

生態系中心主義は、その思想的系譜から、外来生物の排除を「善や正義」と見なすため、もともと排外主義という批判を招きやすいのである。

しかも、この価値観を受け継ぐ英国の伝統的な自然保護活動は、熱帯の原生的な森林や野生動物の生息地を守るという「正義」を掲げて、その土地に代々住み続けてきた地域住民を排除するなど、途上国の住民やその生活、文化に対して冷淡な場合が多く、その意味でも差別主義という批判を受けてきた。[63]また米国で一九七〇年代以降活発化した生態系中心主義を掲げる環境保護運動も、非白人や貧困層への差別意識をたびたび指摘されてきた。[64]過去の移民、先住民への迫害や植民地支配の歴史に対する反省の意識が広がる中、いまなお移民や人種差別の問題を抱える英国や米国で、懐疑論者による批判が巻き起こったのは、ある意味必然なのだ。

もっともその一方で、最近の保全生物学者は、伝統的な生態系中心主義から距離を取り始めている。自然か人間か、というような二項対立ではなく、人間中心の価値観を取り入れ、状況により多面的に生物多様性の価値を考えるようになっているのだ。[65]

ではその新たな人間中心の価値観の下で、生物多様性はどのような価値をもつのだろう。

わかりやすく言うと、それは持続可能であるべき〝資源〟である。生物多様性を資源と見なし、その適切な利用と管理を目指すのである。ここで資源とは食料、医薬品、生活資材のほか、害虫の発生を抑えたり環境を安定に保ったりする機能、科学知識や精神的な安らぎ、美的感情の提供などの恩恵、つまり生態系サービスである。天敵を使う生物的防除も、生物多様性が生みだす生態系サービスを利用したものだ。その資源の中には、このように実際に有用なものだけでなく、いまはまだ将来どんな価値や機能をもつかわからないもの、すなわちオプション価値も含まれている。

たとえば二〇一二年に国連が設立した「生物多様性および生態系サービスに関する政府間科学－政策プラットフォーム」（ＩＰＢＥＳ）も、基本的にこの立場から、生物多様性の持続可能な利用を求めている。

しかしながらこれは、野生生物を食糧問題解決のために利用・保全すべき資源と見ていた、フランク・バックランドの人間中心主義と何が違うのだろう。

生態学者エドワード・ウィルソンは、生物多様性の概念を確立する契機となった一九八八年の著書で、人口問題や食糧問題の解決に生物多様性が役立つとしたうえでこう述べている。「野生生物は、じつは地球上で最も重要な資源のひとつであると同時に、最も利用されていない資源でもある。私たちが生きるため完全に利用するに至ったのは、生物種の１％以下であり、残りの生物種は試されもせず埋もれたままである[66]」。これとバックランドが残した以下の言葉をくらべてみよう――「大英博物館の素晴らしい展示室を歩いてみれば、世界がいかに豊富な生命で満たされているか、そして、私たちがいかにその生命を利用してこなかったかがわかるであろう」（第二章）。進化か創造説かという立場の違いを除けば両者に本質的な違いを見いだすのは難しい。

バックランドの失敗――生態系サービスの向上と利用を目的とした取り組みが逆に生物多様性を損なう危険――を避けるために必要なことは何か。それには生態系中心主義の価値観を取り込み、倫理意識や存在価値なども重視するのがひとつのやり方だ。そしてもうひとつは、歴史、つまり生物多様性を生み出した進化の歴史を資源に含めることだ。人文史の裏づけとなる貴重な記録である伝統建築、舞踊、工芸品など文化遺産（歴史文化資源）と同じく、生物多様性の構成要素には人間にとって、自然の歴史を記録した遺産という資源価値があると考えるのである。[67] これは生態系中心主義の価値観を換骨奪胎して取り込んだとも言える。

生物進化は進歩ではなく、無方向の変化なので、地球史と人文史を統合するビッグ・ヒストリーの歴史観のもとでは、自然界における進化の歴史を留めたものなら、あらゆる生物多様性の要素が人間にとって歴史的価値をもつ。遺伝子・種・生態系の多様性が留める進化のあらゆる記録が、保全されるべき価値をもつのである。

それを外来生物が損なうなら、それを防ぐ取り組みは差別ではない。その価値は、国や民族を超えた全人類のものだからである。長い歴史をもつ地域固有の伝統文化や芸術を、押し寄せるグローバル化の波から守ろうとする努力が差別ではないのと同じだ。[67] 地域の伝統文化は地域の人々の財産であると同時に、全人類の貴重な財産だからなのである。

こうした価値観のもとでは、有害生物と見なす対象は、人間生活や農産物を加害するものから、広く資源としての生物多様性を棄損するものにまで拡張される。それゆえ資源としての在来生物に対し、負の影響を及ぼす外来生物は、有害と見なされるのである。

保全生物学者が大前提とする目標は、あらゆる生物的な多様性の喪失を最小化することだ。しかし古ぼけた民家に大きな価値を見る人もいれば、それを洋風建築に建て替えたいと願う人もいるように、その目標は社会的な利害関係とは必ずしも一致しない。歴史的な価値はあるが、人間生活に有害な在来生物もいる。また希少種の脅威となる外来生物が、一方で農業資源としての価値やほかの好ましい生態系サービスを提供する場合もある。[68] したがって価値のすり合わせや、社会的合意が必要になる。

本来は、外来か在来かという二項対立で、それらの価値を判断すべきではない。温暖化の進行で、外来・在来の区別も曖昧になりつつある。外来生物でも、原産地で絶滅した種が、移入先で辛うじて存続している場合には、保全対象となる。じつは一定以上の歴史を備えた外来生物——たとえば北米のユーカリや、ロビンソンが価値を見いだした英国のスイセンなどは、人文史と結びついた歴史的価値をもち、保全対象となりうる。[69] また日本の里山に広く生育し、伝統的な景観や文化に欠かせぬ価値をもつ植物の多くは、江戸時代以前に移入した外来生物である。逆に言えば定着して間もない大半の外来生物は、単にその地で歴史を経ていないので歴史的価値を認めがたいだけ、ということになる。

外来生物だけが有害生物になるわけではないことは、あらためて強調しておきたい。環境改変によって、在来生物が〝侵略的〟になる場合がある。[70] 逆に、外来生物が餌や棲み場所を在来の希少種に提供して、絶滅を防ぎ、生物多様性の維持に貢献する場合もある。[71] 外来生物が形成する生態系が新たな価値や機能をもつこともあるだろう。[72] それゆえ外来生物にどう対応するかは、状況に応じて、そのメリットとリスクの兼ね合いで個別に判断する必要がある。

さて、外来生物対策への懐疑論者は、「過剰な害の意識」の例を、もうひとつ挙げている。それは有害さが判明している外来生物だけでなく、まだ有害かどうかわかっていない外来生物まで、警戒され、検疫対象になったりすることである。[73]

これに対して保全生物学者は、おもに不確実性の存在と、リスク管理の面から反論する場合が多い。第二章で触れたように、外来生物は一般に在来生物より強い効果を生態系に及ぼす。たとえば、定着した外来生物は、在来生物より40倍も高い確率で有害性を示すとされる。[74] また在来の餌生物に対して、外来の捕食者が与える影響は、在来の捕食者が与える影響の約2・5倍に達するという研究がある。[75] ただし、この影響は負とはかぎらない。正の影響――生態系への好ましい効果もあるかもしれない。リスクは大きいが、潜在的なメリットも大きい可能性がある。だが一般的に移入した外来生物がどう振る舞うかは不確実で、正確な予測は難しい。移入リスクが評価できればよいが、もしリスクが未知で、どんなメリットが期待できるのかも不明な場合には、在来生物より有害リスクが大きい以上、安全管理の面から警戒が必要になる。[76]

しかしこうした検疫の考えは、また別の面で、人間社会でおこなわれてきた移民への差別や偏見、排斥と混同される危険をはらんでいる。ある生物種がもつ属性――たとえば分布域や由来、名前、性質と、特定の地域や国、民族、文化を、関連づけてしまうからだ。人間の文化が自然と緊密な関係をもつ以上、これは避けがたい。この問題については、後の章であらためて取り上げることにしよう。

外来生物の問題には科学の問題とは別に、価値観の問題がある。有害さの認識はその例である。価値観は科学的知識に加えて、社会的風潮の影響も受ける。したがって、社会にどう配慮し、一般市民と価値観の共有をどう図るかが、保全に関わる研究者にとって非常に重要な課題となっている。[77] 保全生物学者は自然の中だけでなく、街に出なければならなくなったのだ。

シーボルトが持ち出し、ロビンソンが広めたイタドリ、ことジャパニーズ・ノットウィードは、二〇世紀後半以降すさまじい威力を顕して、英国中を混乱に陥れた。その雑草は、原産地の日本ではありえないようなたくましさで繁茂し、増殖し、英国全土に広がって、草地、森林、牧草地、公園などに大群落をつくった。根からほかの植物の生長を抑制する化学物質を放出して枯死させるため、ジャパニーズ・ノットウィードが進出した土地はほかの植物が排除され、完全にその群生で覆われてしまうのである。[78]

この雑草は特に水辺で増殖が著しく、河岸に群生して川へのアクセスを妨げたほか、視界を完全に封じてしまい、景観上の問題を引き起こした。さらに大量に生い茂って川の水門を塞ぎ、洪水の危険性を高めた。川岸に生えていたほかの植物が消滅したため、冬にこれが枯れると川岸が露出し、浸食が進んで、魚類の産卵場所が失われた。

英国の植物でジャパニーズ・ノットウィードと争えるものはなく、その大繁殖により英国の景観はすっかり変わってしまった。都市では特に被害が甚だしく、その頑丈な根茎で、アスファルト、建物の基礎、コンクリート製の擁壁、さらには排水溝を突き破り、都市インフラに大きなダメージを与えたという。[78]

英国政府はジャパニーズ・ノットウィードの移植を法律で禁じ、薬剤散布などによる駆除を実施したが効果がなく、ついにその駆除のため、年間15億ポンドもの巨費をつぎ込むようになった。そして英国社会のこの雑草に対する反応は次第にエスカレートしていった。[78]

英国のジャパニーズ・ノットウィードはすべて、茎または地下茎断片から栄養繁殖によって増えるクローン個体で、ごく小さな根茎の断片からも再生・繁殖する。土にわずかでもその断片があると繁茂してしまうため、ジャパニーズ・ノットウィードが生えた土地では、専門業者が駆除にあたるとともに、その土地の土壌をまるごと全部入れ替えるようになった。そのため家の敷地や所有する土地にこの雑草が見つかると、不動産価値が大きく下落するようになった。[78]ある新婚夫婦のケースでは、新築した家の敷地内にこの雑草が入り込んだため、30万5千ポンドの資産価値が5万ポンドにまで値下がりしてしまった。[79]

二〇一二年のロンドン・オリンピックでは、開催予定地にこの雑草が発見されたため、英国政府は四年の歳月と7千万ポンドをかけてこの雑草を駆除し、土地を消毒した。[77] さらに内務省が二〇一四年、新しい法律を制定し、土地、住宅を所有する個人や企業が敷地にこの雑草の侵入を許してその駆除を怠ると、反社会的行為として2500ポンドの罰金が科されるなど、刑事上の有罪判決もありうるという状況になった。[80] 二〇一四年には、ジャパニーズ・ノットウィードへの恐怖心から錯乱した医師が、妻を香水瓶で撲殺したのち自殺するという痛ましい事件も起きている。[81]

トンプソンはこうした事態を、外来生物に対する過剰反応だとし、その背景には外国に対する無意識の嫌悪や恐怖、偏見があると指摘している。

さて、二〇一三年、ジャパニーズ・ノットウィードは著名人が数多く住むロンドン北部の高級住宅地ハムステッドに入り込み、大群落をつくった。住民のひとり、映画俳優のトム・コンティはメディアのインタビューに対し、ジャパニーズ・ノットウィードを「トリフィドの日」に登場するモンスター植物に喩えるとともに、こう語っている。

「これは日本の秘密兵器みたいだ。見た目は無害だが、それが危険な部分でもある[82]」

もちろんこれはただのジョークだろう。しかしこのコメントから、コンティが英国陸軍中佐ロレンス役で出演した、第二次世界大戦中の日本軍俘虜収容所を舞台にした映画「戦場のメリークリスマス」を想起した人がいたとしてもおかしくない。さらにこのコメントの後半部分から、映画のラストシーン——ビートたけし扮する凶暴なハラ軍曹が、コンティ扮するロレンス中佐に向かって、人懐こい笑顔で「メリークリスマス、ミスター・ロレンス」と呼びかける場面を思い浮かべたとしても不思議ではない。

現在、ジャパニーズ・ノットウィード駆除対策の切り札として英国で研究が進められているのが、日本から送られてきた天敵を使う生物的防除である。日本では少なくとも30種の昆虫と6種の菌類がその天敵として知られており、中でもカメムシ目の昆虫イタドリマダラキジラミ（*Aphalara itadori*）が、事態のゲーム・チェンジャーとして有望視されている[83]。

薬剤駆除や物理的な排除の場合は、雑草を駆除した後で、その再侵入を許せば、また同じ駆除対策をとらねばならない。しかしこの天敵が定着し機能すれば、永続的に効果が発揮されるので、その後の対策は不要になると期待されている。

日本由来の有害生物を無力化する手段として日本の生物を導入するので、懸念される排外主義による社会的な反感も軽微、と考えられる。安全で、コストもかからず、効き目は永続的。まさに夢のような、解決策ではないか。

さて、実際のところはどうなのだろうか。

第四章　夢よふたたび

金の時計とダイヤモンドのイヤリング

一八六〇年、ロンドン生まれの一七歳の少年が、単身大西洋を越えてアメリカに渡ってきた。裕福な家に生まれ、昆虫と絵が好きで、恵まれた環境で芸術家を目指していた少年だったが、父の急死という突然の不幸に見舞われる。そのうえ母が再婚してしまい、財産も居場所も失った少年は、とある資産家が所有するイリノイ州の農場で、労働者として生活することにしたのである。

三年間の過酷な労働を経たのち、少年は持ち前の画才を生かして、シカゴで農業雑誌の記者兼イラスト画家の仕事に就いた。二〇歳で南北戦争に徴兵されたものの、兵役義務を終えるとふたたび雑誌社に戻り、昆虫部門の編集者を務めた。

この当時、彼は著名な昆虫学者であったベンジャミン・ウォルシュと知り合い、指導を受けていた。ウォルシュはダーウィン進化論の支持者であるとともに、天敵を使った害虫防除に取り組んでいた。彼はウォルシュとともに研究をおこない、昆虫学の雑誌を発行するなどして、次第に頭角を現していった。

このころ、彼らは有毒で捕食者の鳥が嫌う蝶オオカバマダラに、無毒な蝶のカバイロイチモンジが、色と模様を似せて擬態していることに気づき、捕食者に対する適応を示すものだとする論文を発表している。

一八六八年に、ミズーリ州農業委員会の昆虫専門官に任命されると、彼は昆虫の分類、生態、行動など昆虫学の基礎研究に取り組んだ。

一八七二年に彼が米科学振興協会でおこなった講演は、聴衆を驚愕させた。その後立て続けに論文化されたその研究は、リュウゼツラン科の植物ユッカ属と、その受粉を担う蛾であるユッカガ属との巧妙な共生関係の仕組みを解明した研究だった。

産卵のためにユッカの花を訪れたユッカガの雌は、花のめしべに産卵するとき、別の花から運んできた花粉をめしべの柱頭につけて受粉させる。そして卵から生まれた幼虫は、ユッカの若い種子の一部を食べて育つ。ユッカが食料を配分するかわりに、ユッカガは受粉の仕事を引き受ける——彼の発見は、植物と昆虫の間で互いに強く依存しあう関係をつくり出した共進化の最も有名な事例のひとつとなった。

一方、農業への貢献を信条とする彼は、農業者の最大の悩みのひとつである害虫問題を解決するための研究でも活躍した。一八七〇年代に西部で大発生したロッキートビバッタ（*Melanopolus spretus*）（フキバッタ亜科でイナゴと同サイズ、現在は絶滅）に対して、蝗害（こうがい）を予測し防除策を主導した。その際、バッタを食材に利用するという奇策を発表し、塩コショウとバターで炒めるバッタ調理法を考案している。

こうして彼は数々の目覚ましい研究成果を上げ、一躍米国を代表する昆虫学者となった。そして一八七八年、米国農務省昆虫局長に就任した——が、就任直後、南北戦争を率いた将軍でもある農務長官と大喧嘩をして、すぐに辞任してしまった。

しかしその二年後、長官が去ると、ふたたびもとの職に復帰する。そして農業害虫の問題解決のため、政策立案と対策実施の業務に取り組んでいくことになる。

さて、この人物が、第一章に登場した昆虫学者――カリフォルニア州で天敵導入による、柑橘類の害虫イセリアカイガラムシの防除を指揮し、伝統的な生物的防除の歴史上最も鮮やかな成功を導いた、米国農務省昆虫局長チャールズ・ライリーである[1][2]。

「失敗は避けがたく、成功は得がたい」。米国の映画監督スティーヴン・スピルバーグのこの言に類するものが、江戸時代の日本にも残されている。「勝ちに不思議の勝ちあり、負けに不思議の負けなし」――肥前平戸藩主・松浦静山による随筆集『甲子夜話』の一節である。成功や勝利はさまざまな要因がうまくそろわないと実現せず、偶然の重なりや幸運に依るところが大きい、ということであろう。天敵を使って見事な害虫駆除を成し遂げたライリーも、おそらくこのことをよく理解していたに違いない。

オーストラリアから輸入した天敵、ベダリアテントウによるイセリアカイガラムシ防除の成功を、ライリーは二度とない僥倖の産物であると考えていた。そのため、この成功を機に天敵導入を加速することには消極的だった。また病害虫対策として天敵導入だけに過度に依存することは危険だと考えていた[2][3]。

一方、廃業の危機を免れ、この成功に勢いづいたカリフォルニア州の果樹生産者は、別の農業害虫の駆除のため、海外からさらに多種の天敵を導入するようライリーと農務省に要望した。そしてライリーの部下であり、派遣先のオーストラリアで天敵ベダリアテントウを見いだした農務省技師アルベルト・ケーベレを、新たな天敵導入のためにふたたびオーストラリアに派遣するよう要求した。だが、ライリーはこの要求を拒否した。

これに対し、果樹生産者の要望を受けたカリフォルニア州政府は、州園芸協会に対し、ケーベレのオーストラリア派遣のために必要な予算を準備した。さらに果樹生産者の陳情を受けた大物政治家である農務長官からの強い要請に屈し、ライリーはやむなくケーベレの新たな天敵探索のためのオーストラリア渡航を許可した。[2][3]

州の農業経営者からも支援を受けた州園芸協会は、ケーベレに対し渡航費も含め手厚い経済的支援をおこなった。彼らの期待を一身に集めるケーベレの信条は、「あれこれ考えるより、まず行動せよ」だった。彼はベダリアテントウを見いだしたときの報告書にこう記している。「野外調査ではその生活史を調べている暇がなかった。私のモットーはどんな時も、少しでも多く獲れ、である。このテントウムシが上手く定着したら、その生活史はあとでのんびり調べればいい」[4]

このようなケーベレの実践主義は、スポンサーである農業経営者にとって、わかりやすく、受け入れやすいものだった。加えて、農務省の技師としてカリフォルニア州で研究業務にあたっていたケーベレは、現地の果樹生産者やその意向を受けた州園芸協会と良好な関係を築くよう配慮していた。[3]

一方、ワシントンに居住するライリーにはそうした意識が乏しく、折に触れて彼らと対立した。ライリーが貧しい農場労働者の出身で、農業者のために尽くしたいと願っていたことを考えると、これは皮肉な状況であった。[2]

ライリーの予想通り、一八九一年におこなわれたケーベレの新たなオーストラリアでの天敵探索はめぼしい成果をあげることができなかった。[5] にもかかわらず、果樹生産者と州園芸協会は、それを大成功だったと評価した。[6]

果樹生産者はケーベレを救世主として称賛し、その栄誉を称えてケーベレ本人には金時計を、またケーベレ夫人にはダイヤモンドのイヤリングを贈呈した。一方、事業の発案者のライリーは、自分の貢献が一切無視されていることに不満を募らせ、ケーベレにあてた手紙にこう記している。

「あなたは私に感謝しないといけない。どんな専門家の業績も、その人物を使い、その仕事を与えた者がいなければ得られない。ベダリアテントウ関係の記事には、私に対する感謝の言葉がひとつもない[6]」

さらに、栄誉を称えられるべきなのは自分だと考えるライリーと、ライリーの貢献を認めないカリフォルニア州果樹生産者らの関係もますます険悪になった。ついにライリーはケーベレに対し、カリフォルニア州からワシントンへの異動を命じた。しかし、ケーベレを英雄視する果樹生産者とライリーとの確執がさらにエスカレートすることを危惧したケーベレは、一八九三年、農務省の職を辞した。そしてハワイに移り、樹立して間もないハワイ臨時政府のために働く道を選んだのだった[6]。

ケーベレが去ったカリフォルニア州では、州果樹生産者や農務長官とライリーとの間で軋轢（あつれき）が続いていた。ライリーはせっかちで、非効率的なことには寛容でなく、行政のしきたりや制約に憤りを感じていたので、以前から同僚の政府官僚とも確執があった。彼らがライリーの研究活動にまったく理解を示さないことから、彼らとの対立も激しくなり、さらにライリーを苦しめるようになった。そしてついに一八九四年、ライリーは農務省昆虫局長の職を辞した[2]。

農務省を離れた後はスミソニアン博物館に研究員として移ることになった。煩わしい公務や政治的な制約に悩まされることなく、自由な研究を始めようとしていたライリーであったが、翌一八九五年、自転車事故により五二歳の若さで逝去した。一四歳の息子と自転車で坂道を走行中、荷車から落ちてきた石に当たり、転倒して頭を強打、意識がないまま家に運ばれて、その日のうちに息を引き取ったという。

ライリーは農学分野で総合的病害虫管理の基礎を築き、分類や生態、進化など幅広い領域で卓越した業績を挙げ、2418編もの論文を残した。一九世紀を代表する傑出した昆虫学者であった。[2]

ライリーの後任には農務省で一六年間、ライリーの補佐を務めていたリーランド・ハワードが就いた。ハワードは寄生蜂の専門家であり、かつライリーと若干の軋轢があったにもかかわらず、天敵利用については、ライリーの慎重な態度を受け継いでいた。天敵導入によるマイマイガ防除の事業を計画する一方で、ハワードは天敵利用に過剰な期待をかけないよう警告し、米国各州が天敵昆虫を無秩序に導入するのを阻止するため、農務省以外の機関による天敵導入を禁止しようとした。また天敵利用のメリットを誇張して喧伝する人々を厳しく批判し、殺虫剤を使う化学的防除を軽視するべきではないと主張した。[3]

しかし、ベダリアテントウ導入によるイセリアカイガラムシ防除の大成功がもたらした興奮は、ケーベレがカリフォルニアを去った後も収まらず、カリフォルニア州の果樹生産者は新たな天敵導入への期待を膨らませていた。そして果樹生産者の圧力を受けたカリフォルニア州政府は、州独自の天敵導入による害虫防除事業を開始した。事業の中核を担うカリフォルニア州園芸協会は、農業経営者や農産物検査官で構成されていたが、州や果樹産業界からの手厚い経済的支援により、独自に防除事業を進めることができた。[3]

ハワイに移ったケーベレは、それまでロサンゼルスで果樹の検査官を務めていたジョージ・コンペアを、カリフォルニア州における自分の後継者に推薦した。[7] 州園芸協会は一八九九年にコンペアを昆虫専門官として雇用し、アジアやオーストラリアなどに派遣した。検査官になる前は、果樹園の経営や農薬販売を手掛けていたコンペアだが、ベダリアテントウがイセリアカイガラムシを駆逐したのを見て感銘を受け、それ以来果樹の状態や病害虫を検査する仕事に就いていたのだった。

コンペアは精力的に海外各地で探索をおこない、果樹を加害するアカマルカイガラムシ（*Aonidiella aurantii*）やオリーブカタカイガラムシ（*Saissetia oleae*）などの天敵であるテントウムシ類や寄生蜂、寄生バエなどを採取すると、次々とカリフォルニア州に輸送、導入していった。[7]

この時期のカリフォルニア州で進められた病害虫対策について、ある応用昆虫学者は「生物的防除に対する奔放な熱狂」と表現している。あらゆる害虫の問題は、テントウムシ類などの天敵によって解決される——この「テントウムシ幻想」と呼ばれる信念が、ベダリアテントウ導入の成功を契機に、世界的に広まっていた。[8]

農務省のハワードはこうした風潮の中、農業者との摩擦を避けるため、表面的には天敵利用を進める様子を見せていたが、実際にはカリフォルニア州の熱狂を冷ややかに見ていた。ハワードはのちに当時の状況を振り返り、こう述べている。「アメリカ西海岸における有害生物との戦いは天敵導入による防除に過度に依存し、ほかのあらゆる手段や研究を放棄した結果、一〇年以上も後退してしまった」[9]

カリフォルニア州が進める天敵導入事業の最も大きな問題は、十分に科学的トレーニングを積んだ有能な指導者がいないことだとハワードは考えていた。加えてコンペアのように昆虫学の知識が不足した採集人が、海外から野放図に大量の天敵昆虫を輸入して放つ結果、有害な昆虫が紛れ込んだり、寄生者に対して寄生する高次寄生者のような厄介者を導入したりしてしまうと危惧していたのである。[9]

実際ハワードは、コンペアが寄生生物ではない昆虫を寄生生物と間違えて送ってきたり、カイガラムシに寄生する昆虫と間違えて、鱗翅目の幼虫に寄生する昆虫を送ってきたりと、何度も危険な失敗をしでかした、と記している。ハワードは、表向きには送付された昆虫を同定するなど援助はしていたものの、コンペアを「昆虫学の初心者」で「無能かつ不誠実な人物」だと評していた[9]。

このカリフォルニア州と農務省の冷ややかな関係は、ハワードの元部下で生物的防除という用語の提唱者でもあるハリー・S・スミスが、一九一三年設立のカリフォルニア州立昆虫研究所に所長として就任するまで続いた[3]。

不毛な大地

「自分の想像を超えたものが信じられない人ならこう叫ぶだろう――『二人の創造主が別々に仕事に励んだのに違いない』と[10]」

ビーグル号航海の途上にあったダーウィンは、一八三六年オーストラリアを訪れ、探索したシドニーで、カンガルーネズミやカモノハシなどあまりにも奇妙な動物たちと出会ったときのことを、こう書き残している。

しかしオーストラリアで独自の進化を遂げたこれらの生物は、人間による直接、間接の迫害により棲み場所を失い、いまでは多くが姿を消してしまった。その最初のインパクトは、約六万五〇〇〇年前、先住民であるアボリジナルの渡来に遡る。だが動植物に破壊的な結末をもたらしたのは、一八世紀末に始まったヨーロッパからの入植だった。

ダーウィンはシドニーを探索中、元兵士を自称する親切な主が営む宿に泊まり、快適な一夜を過ごしたのだが、じつはこの主は老兵を装った元犯罪者――前科者であった[10]。一七八八年、英国の流刑地となったオーストラリアでは、その初期の植民者のほとんどが、英国から運ばれてきた囚人――資本家の搾取と抑圧を受け、苦しみから罪を犯した都市部の貧困層——だったのだ。だが辺境で更生した彼らは、農地や牧場の開拓を進め、土地と豊かで自由な暮らしを手に入れた。オーストラリア人口の5分の1を占める囚人の子孫たちは、苦難を乗り越え国の礎を築いた人々の末裔として、現在ではそのルーツを誇りにしている[11]。

ただし、その入植者が手に入れ開拓したのは、先住民アボリジナルから奪った狩猟地であった。虐殺と迫害により、アボリジナルは社会の周縁部に追いやられた。一九世紀後半以降、ダーウィニズムすなわち進化の考えが広まると、後の時代に誤りであったことが判明するいくつかの科学的証拠から、彼らは進化的に「滅びゆく人種」と見なされ、迫害は正当化された。二〇世紀半ば以降、こうした優生思想が誤りとして退けられたのちには、今度は彼らを救いたいという善意から、白人社会へ同化させるべきだとして、平等や権利、福祉や保護の名のもとに、彼らの暮らしや伝統に対する迫害が続けられた[12]。

何が正しく、正義で、善で、尊重されるべきなのかは、時を経て入植者の価値観が変わるとともに、大きく変化してきた。価値観の変化と密接に関係する要因のひとつが、入植者が抱く歴史観の変化——歴史のない未開の辺境に住む英国人として、困難を克服したたくましい開拓者として、豪州人として、そして自然や大地、先住民も含めた長い歴史をもつ大陸の住人として——であり、それは自然や動植物に対する価値観にも反映されていた。

オーストラリアの詩人ジュディス・ライトは、「入植者はなによりもまず自然と対峙し、生きるための物理的な戦いに臨まなければならなかった[13]」と述べている。異質な自然に対抗するために入植者がとった手段は、まず風景を変えることだった。オーストラリアの原野に英国式の牧場、街並み、公園が広がった。風景を故郷の英国と同じものに作り替えたのである[14]。

英国式の庭園には輸入されたヨーロッパの植物が植えられた。これらの植物の多くはその後庭園から逸出し、いまオーストラリアの環境に定着している外来植物種の3分の2を占めるに至っている[15]。ただしオーストラリアの場合、北部は熱帯に属し、乾燥地も広がるなど、南部沿岸を除いてヨーロッパとは気候がかなり異なる。そのため野生下で大繁殖して駆除対象になるような外来植物は、南米から持ち込まれた植物が多いという[16]。

ところで、異質な自然と対峙する入植者にとって、もうひとつ解決しなければならない問題があった。それは生活に必要な物資――特に食料の確保である。見慣れぬ動植物ばかりのこの土地では、十分な肉も作物も手に入らない。そこで一八世紀末、初期の入植者は、英国から牛、馬、ヒツジなどの家畜や小麦、ジャガイモなどを持ち込んだ。一九世紀には砂漠の交通手段としてラクダなどのほか、狩猟の獲物用としてアナウサギが運ばれてきた[17]。

一八六〇年、フランク・バックランドが英国で順化協会を設立すると、有用な動植物をオーストラリアに導入し、定着させるという順化活動が一気に拡大、加速した。英国に続いて、ヴィクトリア州やニューサウスウェールズ州をはじめオーストラリア各州に設立された順化協会では、その趣旨に共鳴した熱狂的な支持者により、世界中から大量の動植物が輸入され、定着が試みられた[18]。

こうした順化協会の活動のひとつとしておこなわれたのが、外来の天敵を使って有害生物を駆除する伝統的な生物的防除だった。たとえば一八六〇年代、ヴィクトリア州では州順化協会会長が、農業害虫の天敵として英国からホシムクドリを導入した。だが定着したホシムクドリは二〇年余りのうちに大繁殖し、逆に農作物に被害を及ぼす有害生物になってしまった[17]。

一八五〇年代半ば、毒ヘビと闘う見世物として、少数のマングースがオーストラリアにも持ち込まれていた。一八六〇年代以降、マングースは家屋の周りの毒ヘビを駆除する目的でも飼育されていたが、一八八〇年代はじめに、ネズミ駆除のため、また激増して農業被害を及ぼす有害生物となっていたアナウサギを駆除するため、ヴィクトリア州やニューサウスウェールズ州で、少なくとも千頭ものマングースが放たれた。

マングースは一九世紀後半から二〇世紀はじめにかけて、有毒ヘビや小型哺乳類を捕食する天敵として、日本を含む世界各地で導入されたが、実際には期待された有害生物の駆除には効果が乏しく、逆に生態系に深刻なダメージを与えたことで知られている。しかし幸いオーストラリアでは、放出された大量のマングースは増加せず、定着しなかった。その大きな理由は、気候がマングースの生育に適さなかったことに加え、アナウサギの捕獲と駆除の仕事を請け負っていた作業員が、自分の雇用を守るためにマングースを放した傍から駆除したためだとされている[19]。

一八九〇年、ライリーが指揮し、ケーベレがオーストラリアで使命を果たしたイセリアカイガラムシ防除作戦の大成功を契機に、オーストラリアでは天敵昆虫を利用する害虫防除に注目が集まった。各州の農務省は昆虫学者を採用し、害虫管理対策の司令塔機能を担う昆虫専門官を置くようになった。また博物館に昆虫部門を設置し、分類や生態の専門家の育成にも着手した[20]。

ただし特にヴィクトリア州やニューサウスウェールズ州など東部の州では、それまでの天敵導入の失敗を含め、順化活動による外来生物の放出が引き起こす問題に直面していたため、生物的防除の取り組みはごく慎重に進められていた。ところがカリフォルニアからやってきたひとりの人物によって、この状況が大きく揺さぶられることになる。

これを「自然のバランス」と呼ぶ

カリフォルニア州園芸協会の昆虫専門官ジョージ・コンペアが、農業害虫の天敵を求めてオーストラリアにやってきたのは一八九九年、ちょうどオーストラリア各州が統合し、連邦国家の樹立に向けて準備を進めていた時期であった。道路や鉄道建設が進んで産業基盤が整備されるとともに、電信網が広く構築され、新しい情報通信ネットワークの時代が幕を開けていた。

カリフォルニアでおこなわれたイセリアカイガラムシ防除成功のニュースは、オーストラリアにも伝わり、社会的にも大きな話題となっていた。そこに本場カリフォルニアから、この画期的な技術の専門家がやってきたのである。コンペアのオーストラリア訪問は、マスコミの注目を集めることになった。[20]

コンペアは翌年もオーストラリアで調査をおこなったが、地元の新聞紙上には調査の目的や概要に加え、コンペアへのインタビュー記事が大きく掲載された。コンペア自身の巧みな話術や際立った個性とマスコミの凝った演出によって、彼はたちまち有名人になった。虫を虫で制し、農業者が抱える深刻な悩みを解決する、というわかりやすいメッセージに加え、調査期間中は一切の社会的な関係を断ち、誰にも居場所、連絡先がわからず、音信不通になるという謎めいたポリシーが読者の関心を高めた。[21]

たとえば『シドニー・メール』紙は、紙面をほぼ丸ごと一ページ使って、コンペアの特集記事を掲載した。中央には大きく、ビーティング（樹木の枝を棒で叩き、落ちてくる昆虫をネットや傘で受け取って採集する方法）作業中のコンペアの写真。ジャケットを羽織り、シルクハットを被る洒落たいでたちである。以下、記事から抜粋すると、[22]

「隠密行動の有名人コンペア氏……彼に会いたければ探し出さねばならぬ。『シドニー・メール』の記者は、クラレンスリバーの果樹園で偶然彼に遭遇した。オーストラリアの農業者のために、とコンペア氏はカメラの前に姿を現し、インタビューに答えてくれた」

「驚いたことに、コンペア氏は雨が降っていないのに傘を開いている。(逆さにして) 遊んでいるのか？いやじつは重要な意図がある。テントウムシをそこに集めているのだ……彼は傘とチューブを操りつつこう言った。『オーストラリアには有益な昆虫がたくさんいるよ』。ここで記者はひらめいた。この素晴らしいアイデアで、頭脳明晰な米国人科学者を罠に嵌めてやろう。そう思うと、記者は血が滾り髪の根元までゾクゾクした。有益な虫がたくさん？——後ろにあるオレンジの木をカイガラムシが半殺しにしているのだが、と記者は教えてやった。だが昆虫学者は、記者のアイデアをしっかり丁寧に組み敷いて、こう言ったのだ。『自然は人間のために、オレンジの木においしい果実を稔らせた。だが人間は無知ゆえに害虫にオレンジの木を破壊させた。それは天敵を置き去りにして、害虫だけ連れてきたからだよ』」

その内容は新聞というより、現代のテレビのワイドショーか、ウェブ上に氾濫する広告まがいのニュースを思わせるものだった。

ところで、コンペアの訪問を好機到来ととらえた人々がいた。西オーストラリア州の官僚や政治家、農業経営者らである。当時、西オーストラリア州は新しい金鉱の発見により好景気に沸いており、統合による他州への富の流出への恐れと、政治的な干渉や圧力を厭わない東部諸州への反発から、連邦への加盟反対の声も根強かった。結局、一九〇〇年の国民投票で連邦への加盟を決定したものの、東部諸州への反感はその後も続いた。

西オーストラリア州は東部諸州より順化協会の設立が遅れたことから、順化活動への社会的関心がまだ高かった。天敵昆虫の導入は順化活動の一環としてとらえられ、コンペアの技術は政治的、経済的にも強い関心を呼んだのだ。もしコンペアとの関係を深め、カリフォルニア州との関係を築くことができれば、天敵昆虫を使う防除技術がそっくり手に入る。コンペアとその技術に集中的に投資することにより、西オーストラリア州は労せずして世界最先端の害虫管理技術を獲得し、東部諸州より優位に立てると考えたのである。[20]

西オーストラリア州の政治家チャールズ・ハーパーは、コンペアを西オーストラリア州の州都であるパースに招いた。ハーパーは農産業と関係が深く、また新聞社の共同経営者でもあった。

彼は州農務省の官僚と協力して、コンペアを西オーストラリア州農務省で雇用するよう、州政府に働きかけた。「現在オーストラリアでは、有能な応用昆虫学者を確保することは不可能である。……コンペア氏やケーベレ氏は、この仕事を果たすためのトレーニングを積んでいる……有能で責任感のある昆虫学者以外には、この仕事を任せるべきではない」。ハーパーと官僚は国土大臣宛ての手紙にこう記して、その重要性を訴えた。またこの手紙は西オーストラリア州の新聞にも転載され、大々的に報道された。[23]

要望が通り、コンペアは一九〇一年カリフォルニア州の職を辞し、西オーストラリア州農務省に昆虫専門官として赴任した。州から潤沢な資金を得た彼は、パースを拠点として海外を回り、寄生蜂や寄生バエなどの寄生昆虫やテントウムシ類を中心に、天敵昆虫を次々と輸入した。コンペアはパースに昆虫飼育用の施設をつくり、輸入した昆虫をそこで飼育した。おもにコンペアの助手のほか、州順化協会と農務省の検査官らの手で養殖された天敵が、パースの農場に放たれた。[20]

コンペアは、害虫の原産地には必ずそれを抑えている天敵がいて、個体数の均衡が保たれていると説明し、これを「自然のバランス」と呼んだ。

なぜ害虫の大発生が起きるのか。それは天敵が不在で、「自然のバランス」が失われているからだ。それなら天敵を入れて、自然の力でバランスを取り戻せばよい——これがコンペアの主張だった。そして害虫の原産地から輸入した天敵、特に寄生昆虫を使う害虫駆除の威力を、マスコミを巧みに利用して宣伝した。またカリフォルニア州では、導入した寄生昆虫によって多くの害虫が無力化されており、農産物の管理コストが大きく削減できていると説明した。

寄生昆虫はあらゆる害虫問題を解決する——これがコンペアのキャッチフレーズだった。

一九〇三年、アジア、ヨーロッパ探索の旅から戻ったコンペアは、新聞各紙のインタビューに応じ、調査の成果を発表した。

「今回一番重要な成果は、スペインでコドリンガの寄生蜂を6から8種発見したことだ。スペインでは、これがコドリンガの増殖を抑えていた。寄生蜂はふつう小さくて区別しづらい。しかしそのうちひとつは非常に特徴的で違いが明らか。これがそのスケッチだよ[24]」

コドリンガ（*Cydia pomonella*）は欧州原産のハマキガ科に属する蛾で、幼虫が果実を食害し、特にカリフォルニア州とオーストラリアの東部諸州で、果樹に深刻な被害を引き起こしていた。これを解決する天敵が見つかったのなら、大ニュースである。

ところが記者が、その寄生蜂を見せてほしいと頼むとコンペアは、「持ってこなかった」と答えたのである。理由は、西オーストラリア州にはまだコドリンガが侵入していないからだという。地元では問題が起きていないのだから、この寄生蜂は必要ない、というのだった[24]。

こうした報道は東部諸州の昆虫学者に猜疑の念を呼び起こした。東部における懐疑派の代表が、ニューサウスウェールズ州農務省の昆虫専門官ウォルター・フロガットであった。彼は、天敵を使った防除の有効性に対する見解が、カリフォルニア州とワシントン（米国農務省）で大きく異なることを把握していた。ワシントンは慎重だ――そう知ったフロガットは、コンペアがおこなう無制限な外来天敵の導入に大きな危険性を感じた。[20]

一九〇四年、西オーストラリア州は東部諸州に対し、コンペアの旅費の分担を申し入れたが、東部の昆虫学者が反対し、拒否された。そのため西オーストラリア州はカリフォルニア州との協力関係を強化し、一九〇四年からコンペアは両者の職務を兼務することになった。一方、フロガットは、週刊誌『ガーデン＆フィールド』に、スペインで発見したというコドリンガの寄生蜂は、本当は存在しないのではないか、とコンペアの発表を疑問視する記事を掲載した。[25]

これに対しコンペアはその年、再度ヨーロッパに向かい、スペインで実際にその寄生蜂を採集して、カリフォルニア州に届けた。パースの地元紙『ウエスト・オーストラリアン』紙は、カリフォルニアからの報告として、この寄生蜂の詳細を伝えた。

「この寄生蜂は長い産卵管をもち、それを樹皮の隙間に差し込んで、（蛹化のため果実内から脱出して樹皮下に潜んでいる前蛹段階の）コドリンガ幼虫に産卵する。孵化した蜂の幼虫は、コドリンガ幼虫を食べて成長する……寄生蜂を放飼した場所では、コドリンガはほとんど見られず……何百本もの古いリンゴの木が美しい果実をたくさん稔らせているのに、コドリンガは1匹も見当たらない……これは、自然の偉大な計画に従ったものである。一方が他方を抑制し、大発生しないこと、これを『自然のバランス』と呼んでいる」[26]

一九〇五年、ブラジルを経てパースに戻ったコンペアは、地元紙『デイリー・ニュース』に勝ち誇ったようなインタビュー記事を載せた。

「米国の新聞はコドリンガの寄生蜂の発見で持ちきりだ。雑誌の編集長は、いろいろなところから私に記事の執筆依頼が来ていると言ってきたよ。ある米国人に『コンペアは寄生昆虫を嗅ぎ分ける』とも言われた。しかし、私は忙しくて新聞のことなど気にかけていられない。いずれにしても、これは西オーストラリア州にとって最高の広告になったね[27]」

さっそく西オーストラリア州はカリフォルニア州と共同で、東部諸州に対し、コドリンガの寄生蜂を1千ポンドの価格で提供すると持ち掛けた[27]。ところがこの提案はどの州にも断られてしまった。コンペアはマスコミを利用して、フロガットら東部諸州の昆虫学者に対し批判キャンペーンを開始した。彼らは時代遅れの農薬に固執しているため、自然のバランスを重視する考えや、天敵昆虫を使うわれわれの最新技術についていけないのだと主張したのである[28]。

あれこれ考えるより、まず行動

科学史家のエドワード・デヴソンは、*British Journal for The History of Science* 誌に発表した論文の中で、コンペアが現れてからオーストラリアで起きたことを「地域のアイデンティティや地域対立を背景に、科学が政治的に利用された」と表現している。またデヴソンは、コンペアについて、「巧みなレトリックと誇張された主張により、対立を生み出す」「優れたプロパガンダ活動家」であったと述べている[20]。

コンペアとその取り巻きの政治家や農務官僚、さらにマスコミは、害虫管理をめぐる技術的な問題を単純化して二項対立に落とし込んだ。コンペアを先進的な技術を駆使する「革新派・改革勢力」、一方フロガットら東部諸州の昆虫学者を、効果が覚束ない昔ながらの農薬に固執する「守旧派・抵抗勢力」に仕立て上げたのである。新聞は、フロガットを頭の固い専門家として扱い、頑迷な科学的権威のせいで農業に悪影響が生じていると批判した[29]。

またコンペアは自らを、農業者が抱える問題を解決する「実務昆虫学者」と称する一方、分類学や生態の研究に従事する、伝統的な専門教育を受けた昆虫学者を、無駄な能力が邪魔して実践的な問題を解決できず、役に立たない者たちと見なした[20]。

実際デヴソンによると、西オーストラリア州では分類学の知識や技術が軽視されていて、コンペアとその支援者は、輸入した未同定の天敵昆虫をパースの農場にせっせと放していたという。また西オーストラリア州の政治家や官僚、マスコミ、農業経営者は、コンペアらのやり方に否定的な学者を「博物館で訓練を受けたプロ昆虫学者」と呼んで、軽蔑していたという[20]。

あれこれ考えるより、まず行動してみなければ――まず天敵を採ってきて実際に放してみなければ、害虫の問題は解決しない。これが、ケーベレと同じくコンペアのスタンスでもあった。そしてそれゆえにコンペアは、行動力のある実務家として称賛されていた[20]。

しかし、コンペアらが展開した「自然のバランス派」対「農薬派」ないし「改革勢力」対「抵抗勢力」という二項対立図式による批判は、適切とは言えない。なぜなら「農薬派」で「抵抗勢力」の代表とされたフロガットは、シドニーの研究室に昆虫の繁殖用施設をもち、蛾類など農業害虫に感染する寄生生物の研究もしていたからだ。さらにフロガットは、野外の土着天敵を利用する害虫管理の方法を、農業者に指導していた[20]。

なおフロガットは、オーストラリアで現在大きな問題になっている農業害虫クイーンズランドミバエ(*Bactrocera tryoni*)の命名・記載者であるが、このミバエの種小名は、クイーンズランド州政府の昆虫専門官だったヘンリー・トライオンに、フロガットが献名したものである。じつはトライオンは一八八九年に、害虫防除は殺虫剤よりも天敵の寄生昆虫を利用すべきと主張し[30]、一八九〇年代には、カイガラムシなどさまざまな害虫の天敵導入による防除を提案する論文を発表している[31]。

ところがこうした実情は西オーストラリア州のみならず、東部諸州の新聞でも報道されなかった。西オーストラリア州新聞はもっぱらコンペアの主張と、コンペアに好意的な記者の記事を載せたため[32]、この問題は東部諸州でも「自然のバランス派と農薬派との対立」という図式でとらえられていた[33]。

コドリンガの被害に悩む東部諸州では、西オーストラリア州からの天敵供与の申し出を州政府が断ったことに対する批判が、マスコミと農業関係者から巻き起こった。フロガットが専門官を務めるニューサウスウェールズ州でも、州議会議員など政治家が、州農務省の対応に疑問を示すなど、政治問題化した。ニューサウスウェールズ州果樹栽培者組合は、コンペアが主導する天敵導入の事業に参加するよう州政府に嘆願書を提出した[34]。

東部各州の農務大臣や官僚は、フロガットやトライオンら各州の昆虫学者を信頼し、彼らの意見に従って政策判断をおこなっていたが、社会的な批判の高まりを前にして、対応に苦慮するようになった。そこで一九〇六年、西オーストラリア州を除くすべての州の昆虫専門官が集まり、対応を協議した。会議で議長を務めたクイーンズランド州代表のトライオンは、新聞のインタビューに、「寄生生物の恩恵は無視できない。しかしそれを外国から導入するには、数多くの問題を検討しなければならない」と答えている。またこのときトライオンは、こう釘を刺している。「事業家のコンペア氏がスペインで見つけて大々的に宣伝しているコドリンガの寄生蜂の話を、あまり信用しない方がよい」[35]

会議では天敵導入の可否について集中的な討議がおこなわれ、その結果、カリフォルニア州の実情を詳しく知るとともに、世界各地でおこなわれている害虫管理の現況を把握するため、フロガットを派遣することになった[36]。

一九〇七年、フロガットはハワイ、米国、中米、ヨーロッパ、インドをめぐる世界一周の視察旅行に出発した。

さてコンペアは、世界的な大害虫チチュウカイミバエ（*Ceratitis capitata*）の寄生蜂をインドで発見した、などと相変わらず新聞で派手な発表を続けていたが[37]、足元では、徐々にほころびが見え始めていた。パースで働いていたコンペアの助手が、公然とコンペアの批判を始めたのである。助手は公益事業委員会と地元の新聞社に手紙を送り、コンペアの天敵導入はまったく結果が出ておらず、茶番であること、政府の経費でいろいろな国を見物できるよう仕組まれていること、西オーストラリア州を犠牲にしてカリフォルニア州に奉仕していること、すでに地元に定着している種を海外から輸入したりするなど、コンペアのやり方は非効率なうえに、実用的でもないこと、結論としてコンペアの仕事は無益であり、公的資金の無駄遣いである、と訴えたのだ[38]。

政治家ハーパーが議長を務める公益事業委員会はこの告発を、給与に対する不満によるものと片づけ[20]、新聞は、助手が自分の技術的な未熟さをごまかそうとしたと、コンペアの肩をもち、もみ消しを図った[39]。

疑惑の高まりを背景に、東部の『シドニー・モーニング・ヘラルド』紙は「自然のバランス」と題する記事を掲載し、すべての州の中で西オーストラリア州だけが天敵昆虫による害虫防除に取り組んでいるが、成果が見えないと指摘し、各州の農務省が協力してコンペアの実績を調査すべきではないかと提案した。そして記事の最後を「寄生生物を効果的に導入できると考える根拠がないと判明した場合には、こうした取り組みはただちに中止すべきである[40]」と締めている。

しかしコンペアはまったく意に介さず、インドで発見したチチュウカイミバエの寄生蜂の導入にも成功したなどと、新たな成果のアピールに勤しんだ。そして「少し前まで、私たちとの協力を拒否していた東部の連中は、いま代表者を調査に派遣している。彼らははじめ、ミバエの寄生蜂導入のアイデアを鼻で笑っていたくせに、いま西オーストラリア州の頭脳を掠め取ろうと企んでいる。よって彼らには一切情報を渡さない[41]」と威勢のいい発言を続けていた。

一九〇八年、フロガットが一年に及ぶ海外視察を終えて帰国した。フロガットは、まずハワイを訪れ、日本人が働くサトウキビ農場の様子や、天敵昆虫の大量導入により進められてきた害虫防除の状況を視察した。次にカリフォルニア州で各所の農場を回り、州園芸協会を訪れ、州が進めている天敵導入事業とその成果を調査した。その後、ワシントンに農務省のハワードを訪れ、米国の病害虫管理について情報収集をおこなった。次の訪問地のメキシコでは、天敵調査に訪れていたケーベレに同行し、ジャマイカやキューバを経て、ヨーロッパに渡ると、特にミバエ類について調査した。最後にインドを訪れ、天敵導入の実情やミバエ類の調査をおこなった[42]。

帰国してすぐ、フロガットはパースにあるコンペアの施設を視察に訪れた。コンペアは不在で、かわりに対応した留守役は、実験室で飼育中のミバエ類とその寄生昆虫を見せただけで、ほかには何も見せなかった。たとえば標本庫の鍵がないという理由で標本を見せず、フロガットが一週間滞在できると申し出たにもかかわらず、時期が悪いという理由で農場の見学も拒否した[42]。

一九〇九年、フロガットは一一五ページに及ぶ報告書で、世界各地で進められている伝統的な生物的防除の事例を詳しく紹介し、現状をまとめた[42]。その中で、カリフォルニア州でおこなわれている害虫防除の実態は、州園芸協会の発表やそれをもとにした米国およびオーストラリアの新聞報道の内容とは、著しく異なるものであったと述べた。

コンペアがスペインから導入したコドリンガの寄生蜂（ヒメバチ科の一種、現在は *Liotryphon caudatus* とされる）は、一時的に農場に定着したものの、すぐに消滅し、コドリンガを抑えることはできなかったと、フロガットは報告している。また、スペインでもこの寄生蜂がコドリンガを抑制している証拠はないという。

カリフォルニア州では天敵で害虫問題が克服できると信じて、多数の天敵昆虫が導入されたが、イセリアカイガラムシ防除以外に確かな成功事例は見いだせず、未だに果樹園は害虫で満ち溢れ、結局農薬を使わざるを得ない状況になっている。そしてカリフォルニア州の「寄生昆虫万能主義」は、応用昆虫学の価値を下げただけでなく、果樹生産者にも大きな損害を与えたと彼は批判した。

害虫が増える理由は、天敵からの解放だけではない――自然を改変して創出した農地や農作物のような人工的な環境に、特定の昆虫が大量の餌を見いだしたり、そこに適応したりした結果、増殖して農業害虫になった場合もある、とフロガットは指摘する。

「一度や二度、実験で完璧な結果が得られたからといって、あるいは一度や二度、限られた地域の害虫が導入した天敵で駆除されたからといって、天敵利用だけを誰かに強要する理由にはならない。それを賛美する者は正直でなければならない。成果を期待され、試行錯誤の末、善意で導入された昆虫による制御が失敗に終わった場合には、その旨を正直に述べるべきである。応用昆虫学は素晴らしい実用科学であり、その広範囲に及ぶ利益のために働く人々は、誤解を招くような、あるいは証明されていない言明によって、これ以上の損害を与えてはならないだろう」[42]——このフロガットの記述は、西オーストラリア州とコンペアの取り組みに対し、決定的な評価を下したものと言える。

ただしフロガットは、けっして天敵導入による防除自体を否定したわけではない。「応用昆虫学の研究で最も興味深い課題は、海外から導入した天敵昆虫を使って、外来の有害生物をどこまで制御できるかという問題である……米欧豪の応用昆虫学者は、寄生昆虫を利用した〈防除〉技術の幅は広く、研究を進める意義があると認めている」[42]——むしろ非常に魅力的であるがゆえに、功をあせると健全な発展を阻害する、と戒めているのだ。

またフロガットは、それがいかに効果的な手法であるとしても、それがもつリスクをきちんと評価することが必要だと述べている。報告書では、ハワイでおこなわれた、中南米原産の植物ランタナの駆除——メキシコから23種ものランタナ食昆虫を導入して、その制圧を試みた事業を紹介し、導入された昆虫が在来の植生も破壊する危険性があることを指摘している。仮に標的となる有害生物が制圧できたとしても、その結果として在来の自然林や農地に被害が及ぶのであれば、そうした事業を許容することは「犯罪的である」と断じている。

だがおそらくフロガットが報告書で最も強調したかった点は、以下の記述かもしれない。「害虫と寄生昆虫の〈防除の〉問題に入る前に、また自然のバランスを操作する前に、私たちはまず害虫と寄生昆虫両方の習性や生活史をよく知らなければならない[42]」

コンペアは一年ほど行方不明になったのち、一九一〇年パースに現れ、そのまま西オーストラリア州の職を辞して、米国に去った。

ハワードによれば、その後しばらく西オーストラリア州の害虫防除は、昔ながらの旧式の農薬だけを使う方法に戻ってしまったという[9]。技術革新が進むどころか、「先祖返り」してしまったのである。皮肉なことに同じ時期、東部諸州ではそれまでの地道で目立たぬ基礎研究の積み重ねを土台として、天敵導入による害虫防除が目覚ましい進展を遂げ、一気に花開くことになる。

第五章　棘のある果実

ブリスベンでの出会い

さて、話はいったんチャールズ・ライリーがアルベルト・ケーベレをオーストラリアに派遣したころに遡る。

一八八九年一月五日、クイーンズランド鉄道のフリーパスを手に入れたケーベレは、クイーンズランド州内の町トゥーンバを出発し、ブリスベンに向かった。

イセリアカイガラムシの天敵を見つけて採集し、米国に送る――これがライリーから彼に課されていたミッションだった。当面の狙いは、幼虫がそれに寄生する微小なハエ。寄生されているカイガラムシを見つけて、宿主ごとハエを米国に送ることである。それにはまずたくさんのイセリアカイガラムシを捕獲せねばならなかった。

ヴィクトリア州の州都メルボルンでは、コリンズ通りのフェンスに囲まれた教会の庭で、シマトベラの樹上にイセリアカイガラムシのとびきり大きな群れを見つけたが、教会に入る許可をくれそうな人が見つからない。通りかかった警察官に相談してみると、彼は「フェンスから庭に飛び降りるのはやめてくれ。私が逮捕されてしまうよ」と忠告した。

やむなくそこは諦めて、ほかの場所を回り、結局メルボルンでは、政府庁舎の庭や、万国博覧会会場に隣接する公園、ホテル前の生垣、セント・ギルダの公園でぽつぽつ採集できたのだが、そこから寄生昆虫を確保するには、数が少なすぎた。ただ最後の場所で、働き者のテントウムシを見つけられたのは幸運だった。(1)

次はニューサウスウェールズ州、シドニーに移動しようと準備をしていたところで、ケーベレは手紙を受け取った。それはずっと北のクイーンズランド州、ブリスベンで、イセリアカイガラムシが大発生しているという知らせだった。またトゥーンバでも大発生を見た人がいるという。そこでケーベレは予定を変更し、クイーンズランド州まで足を延ばして、トゥーンバ経由でブリスベンを訪れることにしたのである。

ブリスベンに到着後、宿泊先のホテルで通路の観葉植物にイセリアカイガラムシが付いているのを見つけて採集したのち、市内にあるクイーンズランド博物館に向かった。そこの昆虫学者に、手紙で事前に訪問を伝えておいたのである。ケーベレを迎えた昆虫学者は、ヘンリー・トライオンであった。

トライオンは初対面にもかかわらず、ケーベレを手厚くもてなし、採集を支援するために何人か知人を紹介した。そして飼育中のイセリアカイガラムシと、それに寄生していたヒゲブトコバエ科の一種をケーベレに手渡した。「その小さなハエは繁殖させたもので、寄生することは間違いない。論文にしようとしているところだ」とトライオンは言う。(1)

ケーベレは、ホテルにあった観葉植物の上でもイセリアカイガラムシを見つけたことを報告した後、その天敵を求めてはるばるオーストラリアにやってきた理由を説明した。トライオンはイセリアカイガラムシが中国から持ち込まれたものだと思っていたので、在来の種だという話は意外だったらしい。しかしケーベレの話を聞いたトライオンは、事業を指揮するライリーの着想と、それを実行に移すケーベレの行動力に強い感銘を受けた。彼らに感化されたトライオンは、執筆した論文の中で、さっそくライリーとケーベレの寄生昆虫導入による防除計画を紹介した。[2]

以後、生物的防除に強い関心を抱いたトライオンは、病害虫にどのような天敵がいるのか、野外で天敵はどれだけ病害虫を抑えているのかを調べる研究に取り組むようになった。トライオンとケーベレはその後も親交を深め、ケーベレがオーストラリアを訪問するときはいつもトライオンが支援した。[3]

それから一〇年後の一八九九年、トライオンはクイーンズランド州農務省の会議で重要な発表をおこなう。このときトライオンは州農務省の昆虫専門官に就任しており、病害虫対策の司令塔を務めていた。彼の提案は、当時雑草化して大きな問題になっていた外来植物ウチワサボテンを、その原産地由来の天敵昆虫を利用して駆除するというものであった。[3][4]

一八世紀末以降に持ち込まれた中南米原産のウチワサボテン(扁平で団扇(うちわ)状の大きな葉のように見える茎節をもつサボテンの総称、オーストラリアのものはおもにセンニンサボテン *Opuntia stricta*)は、クイーンズランド州を中心に大繁殖し、広大な土地にはびこって人も家畜も追い出され、深刻な問題になっていた。燃やす、皆伐するなどの方法で対処してもまったく手に負えず、拡大を阻止する対策が求められていた。

サボテン類だけを加害する天敵の導入なら、オーストラリアには在来のサボテン類はないし、農産物としても対象外なので、在来の自然林や農業に影響を及ぼすリスクも低いだろう。そうした天敵としてトライオンが目を付けたのは、ウチワサボテンに寄生する中南米原産のカイガラムシの仲間であった。

じつはインドへは、このカイガラムシがウチワサボテンとともに持ち込まれ、帰化していた。それを天敵として利用しようというのがトライオンの提案だった。[5]

当時、天敵導入による防除と言えば、駆除対象は昆虫などの害虫であった。それを雑草――植物相手に試みようというのは、きわめて大胆かつ斬新な着想だった。

そしてこれが、その後三〇年にわたって進められる、ウチワサボテン類に対する生物的防除事業の始まりであった。

赤い染料

一六世紀、エルナン・コルテスがアステカ帝国に侵攻したとき、スペイン人の兵士たちは市場で大量の赤い染料を見つけた。メキシコから送り出された赤い染料は欧州で大流行し、輸出を独占したスペインに莫大な富をもたらした。スペインは産地や原料、製法など、この染料についてのあらゆる情報を国家機密としたため、英国やフランスは、スペインのガレオン船団を襲撃させたり、スパイを送り込んだりと、あらゆる手を尽くして秘密を奪おうとした。[6]

一八世紀、長らく秘匿されていた染料の正体がついに暴かれ、それがウチワサボテンに付くカイガラムシの雌成虫から抽出された色素だと知れると、英国はこのカイガラムシ――コチニール種――を手に入れ、産業化して富を奪おうと目論んだ。

インドに染色産業の一大拠点を築こうと考えた英国・東インド会社は、ウチワサボテンの農場をインドにつくり、そこにメキシコからコチニール種を持ち込んで繁殖させようと計画したのである。問題はどうやってこの昆虫を手に入れるかであった。

メキシコのコチニール種は良質の染料が取れるよう品種改良した飼育種で、非常に弱く、人間の世話が必要で、環境の変化にも脆弱だった（飼育種は人間の飼育下で性質が変化したもので、野生種とは本質的に別の種）。また現地の監視も厳しく、生きたコチニール種をインドに持ち込むのはきわめて難しかった。

ところが東インド会社は、メキシコだけでなく中南米に広く野生のコチニール種が分布していることを知る。野生種の色素生産量は飼育種の半分と劣ったが、頑健で長期の輸送にも耐えられる。そこで、これを使えば染料生産ができると考えた[7]。

まずはロンドンのキュー植物園からウチワサボテンを運び、繁殖させてインドに農場を造る計画だったが、じつはこのころインドではすでにウチワサボテンが南米から持ち込まれて広がっていたので、農場はすぐ完成した。次は野生のコチニール種である。一七九五年、東インド会社の意向を知る英国陸軍将校が、ブラジルで偶然ウチワサボテンの上に野生種を見つけた。将校はそれを採取し、木箱に宿主のウチワサボテンを入れて飼育しつつブラジルからインドに輸送した。長旅を生き延びた個体からインドでの繁殖に成功し、ウチワサボテンの農場で養殖が始まった[7]。

しかし野生種がつくる色素は量が少ないばかりでなく、質も悪かった。生産された染料は市場で見向きもされなかったのだ。結局、この事業は一九世紀半ばまでに頓挫し、放棄されたウチワサボテンはインドに帰化して広がった。それとともに、野生のコチニール種も農場から逸出し、野外に定着した[7]。

さて東インド会社と同じことを、ほぼ同時期に思いついたのが、オーストラリア入植時に、ウチワサボテンと野生のコチニール種をブラジルから運んできたのである。一七八八年のオーストラリア最初の植民船団を率いたアーサー・フィリップ提督であった。ただし、インドとの違いは、野生コチニール種の繁殖に失敗したことであった。[6] これがのちの厄災の発端でもある。

ちなみに一八二一年にメキシコが独立すると、スペインがカナリア諸島に飼育種を持ち出し、一八二八年にオランダがジャワ（当時オランダ領）で飼育種の養殖を開始するなどしたため、産業化の独占という意義は薄れた。[7]

現在では、飼育種はコチニールカイガラムシ（*Dactylopius coccus*）とされ、一千年以上前からメキシコとアンデスを中心に、染料を採るため養殖されてきたことがわかっている（図５－１）。一方、野生種は複数の種（メキシコに4種、南米に5種）を含むが、インドに導入されたものは南米産のセイロニカス（*Dactylopius ceylonicus*）という種である。[8]

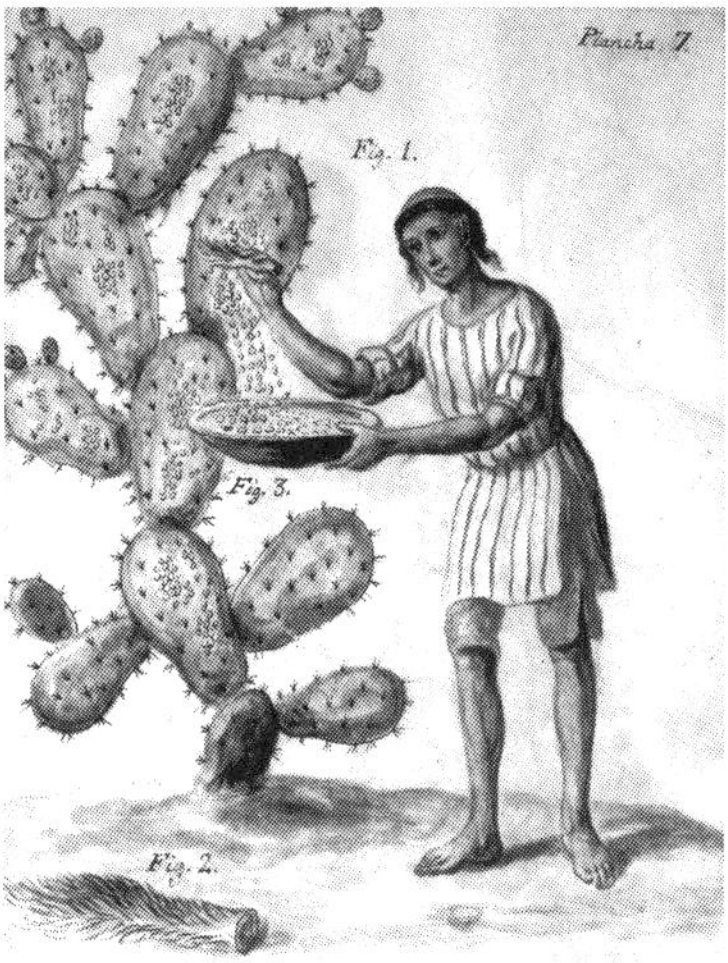

飼育種、複数の野生種、どれも形態は酷似し、雄成虫は2～3㎜で翅があるが、雌成虫は翅がなく体長約５㎜で扁平な楕円形である。体表面を覆う白い蠟状の分泌物が野生種では厚く綿状になるが、飼育種では薄く粉状になる。ウチワサボテンの平たい茎節に群れを成して付着し、吸汁する（図５－２）。１世代に要する期間は約二から三か月である。

なお、雌成虫を乾燥させたのち粉砕してから染料を抽出する。これが一六世紀から一八世紀にかけて、王や貴族の衣装を深紅に彩り、欧州を席巻した赤い染料コチニールである。[6]

図5–1　18世紀メキシコでのコチニールカイガラムシ採取の様子．［José Antonio de Alzate y Ramírez 1777, Newberry Library より］

由緒ある家柄に生まれ、ロンドン大学医学部に進み、何事もなければ首尾よく医師になっているはずだったトライオンが、なぜ急に大学を辞めたのか、実のところ理由ははっきりしない。ロンドンを去ると、敬愛するリンネの足跡を辿ってスウェーデンを旅し、昆虫や植物を採集している。その後、単身ニュージーランドに渡り、しばらく牧場の管理人をしていたが、砂糖産業で賑わうクイーンズランド州の話を聞き、何か新しいことをしたいと移ってきたらしい。北部のサトウキビ畑を見学して回った後、博物館の手伝いをするようになったという。彼が二六歳のときであった。それから三年後の一八八五年、トライオンは正式にクイーンズランド博物館の学芸員となった。(9)

その年、トゥーンバで未知のミバエが大発生して、桃などの果実が壊滅的な被害を受けるという事件が起きた。このミバエはその三年前にトゥーンバで突然出現したものだった。トライオンは州農務省の依頼を受け、調査に乗り出した。ミバエを駆除するため、灯油、硫黄、煙の燻蒸、アンモニア水、パリスグリーンなど、農薬が大量に投入されたが、効果がなく、被害は甚大で多くの農業者が廃業した。トライオンは衝撃のあまり、報告書を書くのに三年かかったという。(10) ちなみにこのミバエが、その後フロガットによってトライオンの名を種名に冠された、クイーンズランドミバエである。

以後トライオンは、学芸員として昆虫の分類や生態の研究に取り組む一方、州農務省の仕事——家畜の疾病の調査やアナウサギ駆除などにも従事するようになった。

一八九三年、人間関係の軋轢がもとで、トライオンは一〇年務めた博物館を解雇されてしまう。彼は短気で気難しく、毒舌家でもあったため、博物館では同僚とひと悶着起こすことが多かったのだという。しかし一八九四年、それまでの実績が評価されてクイーンズランド州農務省に招かれ、昆虫専門官に就任した。(9)

図5–2　コチニール野生種．(1) 左：雄，右：雌，(2) 白い綿状の分泌物で覆われたコチニール野生種，(3) ウチワサボテンに群生して枯死させるコチニール野生種．［写真はすべてセイロニカスの近縁種 *Dactylopius opuntiae*．画像は Zvi Mendel 氏の厚意による］

農務省の職に就いてからは、州外からの病原体や害虫の侵入を阻止するため、植物検疫法の制定を進めるなど、病害虫に関わる幅広い政策立案に力を注ぐようになった。だが八九年にケーベレと出会って以降の彼が特別な情熱をもって取り組んだのは、天敵による防除の可能性を追求することだった。[9]

たとえばトライオンは、クイーンズランド州の果樹園で、カイガラムシ類に感染している4種の昆虫病原菌を分離した。一八九四年に発表した論文では、そのうち糸状菌の一種（*Microcera coccophila*）が、主要なカイガラムシ類の防除に使えるかもしれないと述べている。[11] またケーベレが、草食昆虫を導入して雑草のランタナの駆除を試みたのに影響されて、イネ科雑草を草食昆虫で駆除する方法も検討している。[11]

ただしこのころ、トライオンを特に悩ませていたのは、サトウキビの害虫だった。根を食害するコガネムシ類は被害も大きく、対策が求められていた。そこでトライオンは、サトウキビ害虫の視察に訪れたケーベレから助言を受けて、天敵の導入によるコガネムシ防除の案を披露した。[11]

さて、その間にもウチワサボテンは驚くべきたくましさで増殖し、畑や牧草地が次々と、群生する緑の雑草に飲み込まれていった。クイーンズランド州では一九〇〇年までに400万haの面積が、この雑草に覆われてしまった。甚だしい場所では木本化し、数メートルの高さまで成長したウチワサボテンがひしめく森ができた[12]（図5－3）。

伐採には、鋭い棘が体に刺さる危険があり、伐採しても切り方が荒いと切端から再生し、燃やしても焼け残りから再生して元通りの群生に戻ってしまう。これに占領された土地は放棄するしかなかった。

押し寄せるウチワサボテンの大群に打つ手がない州政府は、懸賞金をかけて駆除する装置の発明を募った。そこである発明家が、ウチワサボテン・デストロイヤ（Prickly pear destroyer）なる新発明の機械

図5-3　オーストラリアで大発生してできたウチワサボテンの森.
［Queensland State Archives より］

を投入して応戦した。これは、前進しながら縦と横に回転する巨大な刃が、ウチワサボテンを根元から縦に裂き横に切断して、最後は微塵切りにして排出するという凄いマシンだったが、実際にウチワサボテンの群れに突入した途端、土地の起伏や岩に刃が当たり、壊れてしまったという[13]。

とはいえ当時は、物理的な除去がウチワサボテンを駆除するための唯一の方法であり、減らすことも押しとどめることもできず、土地をぎっしり埋め尽くした植物になすすべがない状態であった。

農務省の専門官としてこの事態への対策を求められ、トライオンは天敵を使う防除の対象をサトウキビ害虫からウチワサボテンに変えたのである。

彼は膨大な文献と、海外の研究者らとの頻繁な文通を通じて、インドやケープ植民地（南アフリカ）、そして原産地である中南米のウチワサボテン、およびそれに付くコチニール種についての情報収集に努めた。[14]

インドの状況をトライオンに詳しく教えたのは、英領セイロン（スリランカ）の農務省昆虫専門官エドワード・グリーンだった。グリーンは著名な進化学者トマス・ハクスリーのもとで学んだ後、セイロンの農務省に勤務しつつ、インドとセイロンの昆虫を精力的に研究していた。コチニール野生種のうち、セイロニカスが未記載種（正式な分類学的記載がなされていない種）であることに気づき、論文で記載したのもグリーンである。[15]

グリーンの話や文献情報からわかったのは、これまでにインドに持ち込まれたコチニール種はすべて野生種で、過去に合計3回輸入されたこと、また現在インドで見られる野生種はすべてセイロニカスであること、そしてこれはウチワサボテンとともに、セイロンにも移された、ということであった。

特に重要な情報は、宿主に対するセイロニカスの攻撃能力についてのものだった。グリーンによれば、導入されたセイロニカスは、過去にウチワサボテンを激しく加害して、減少させたという。また増えすぎたウチワサボテンを駆除するために、インドとセイロンでセイロニカスが天敵として使われ、成果をあげたこともあるという。[14]

一八世紀のメキシコの記録を調べたトライオンは、じつはメキシコでも、種は不明ながらコチニール野生種がもつ強い攻撃力が認識されており、ウチワサボテンに大きな被害を及ぼす害虫として、警戒されていたことを知る。

ただ、グリーンからの情報に気になる点もあった。それは、セイロンとインドでは、セイロニカスがいまは減っていて、ウチワサボテンがまた増えてきている、ということだった。その理由はわからないという。セイロニカスを狙うなんらかの天敵が現れたのかもしれない。[14] セイロニカスの導入を図るなら、早いほうがよさそうだった。

そこでトライオンは一八九九年、セイロニカスを使ったウチワサボテン防除作戦を提案する。そして州農務省の事業として、セイロンから野生種——セイロニカスをクイーンズランド州に導入することを決めた。トライオンにとっては初めての天敵導入への挑戦だったが、必要かつ得られる情報はすべて得たと、成功させる自信はかなりあったらしい。[5][14]

一九〇三年、グリーンの協力のもと、多数のセイロニカスが宿主のウチワサボテンとともにブリスベンに送られた。ところが、輸送中に想定外の理由——おそらくなんらかの病気により、あるいは餌の問題により、ほとんどの個体が死んでしまった。かろうじて生き残った４、５匹の幼虫から繁殖させようと試みたものの、結局すべて死滅してしまった。作戦は完全な失敗であった。[5][14] この失敗は、州の有害生物管理の責任者であり、計画立案から実施まで指揮を執ったトライオンにとって、この失敗は大きな痛手であったと思われる。

結局それ以後の一〇年間、トライオンは天敵導入をふたたび試みることはなかった。そのかわり彼は、この失敗について報告した論文の中で、コチニール野生種の有効性をあらためて検討し、課題を洗い出したうえで、今後、それを天敵として導入し、防除を成功させるために必要な措置として、一〇項目からなる指針を提案している。[14]

指針ではまず、国内外の専門家による事業実施体制を構築すること、そして天敵候補であるコチニール野生種の土着地ないし帰化している国に専門家を派遣し、現況を調査することが必要だとしている。ほかに重要な点として、天敵が宿主とする植物の種類を確認すること、それから天敵導入の際、誤って寄生虫など随伴生物が混入し逃亡するのを防ぐことが必要だと指摘する。そのためには、事前に導入候補のコチニール野生種に、どのような寄生虫、捕食者、病原体があるかを調べる必要があるという。輸入した天敵の検疫と繁殖試験をおこなうための検疫施設の設置も提案している。また天敵導入後にはモニタリングを実施し、個体数の変動や導入先のさまざまな土着生物との関係を評価するよう提案している。

天敵を導入する前に、天敵の食性や生活史、非標的種への影響やほかの生物との関係、導入にともなうリスクなどを、野外調査と実験で調べておくこと、しっかり検疫をおこなうこと、そして導入後は事後モニタリングをおこなうことが必要だというのである[14]。

ウチワサボテン駆除を任せる天敵として、トライオンが最も期待を寄せていたのはやはりセイロニカスをはじめとしたコチニール野生種だったが、一度それで失敗したこともあり、彼はほかの天敵候補にも目を向けるようになった。世界にはもっと適性のある天敵がいるかもしれない。優れた可能性を秘めた天敵をほかにも見つけようと、海外の文献や研究者から膨大な情報を得て、地道に探索を続けていた。

トライオンは一九〇八年、アルゼンチンの農業雑誌 *Chronica Agricola*（クロニカ・アグリコラ）に掲載された、匿名の筆者による記事に目を留める。そこにはウチワサボテンを食害する蛾のことが記されていた[16]。

この蛾の幼虫はウチワサボテンの茎節に集団で穿孔し、植物体に破壊的なダメージを負わせるという。ウチワサボテンの被害があまりにも深刻なので、この蛾への対策が急務であると、その匿名の筆者は警告していた。[16]

残念ながら、記事には蛾の種名も、それがわかる特徴も記されておらず、蛾の正体は不明だった。しかしこのような恐るべき蛾が南米にいるというのは朗報だった。トライオンはこの蛾の正体を突き止めねばならないと考えた。

サボテン旅行委員会

一九一〇年ごろになると、ウチワサボテンの勢いはひときわ激しくなった。一年で100万haの土地が新たにウチワサボテンの群れに飲み込まれ、肥沃な地域の大部分が完全に占領されていた。「たくさんの入植者が土地を追われ、放牧地は放棄され、家屋は荒れ果てた。見渡すかぎりウチワサボテンが群生し、車一台分の幅しかない幹線道路の両側には何kmにもわたって、高さ1〜2mの緑の壁が立ちはだかっていた」――対策に携わったある専門家は、その凄まじさをこう報告書に記している。[17]

クイーンズランド州政府は一九一一年、ウチワサボテンの科学的研究を、州政府の全面的な支援のもとに進めることを決め、三つの施策を打ち出した。ひとつ目は「ウチワサボテン審議会」の設立である。審議会は、クイーンズランド大学教授で化学者のバートラム・D・スティールを議長とし、トライオンを含め、昆虫学、植物学、微生物学、化学、土木工学などの専門家七名で構成される。科学的な視点から駆除計画を立案し、状況をふまえて対策の進め方を提言する役割を担っていた。[18]

施策の二つ目は、各種の試験をおこなうための、「ウチワサボテン実験所」の設立である。実験所はブリスベンから250kmほど西にある、小さな田舎町の、ウチワサボテンがとりわけ密に繁茂している場所に建設され、一九一二年に開所した。実験所長には、植物学者のジーン・ホワイトが就き、ウチワサボテン駆除に関わる試験をおこなうことになった。[19]

のちに彼女は当時のことを振り返り、こう語っている。「私はまだ若く、やや神経質になっていた。しかし女性だからと、特別扱いをしないようにお願いした。私は小さな公共住宅に住み、始まりは小さくても、大きな結末を迎えられるよう、情熱をもち、魅力的な仕事に取り組んだ」[20]

そして三つ目が、「ウチワサボテン旅行委員会」の設置だった。メンバーは、トライオンともうひとり、クイーンズランド大学講師で、微生物学および寄生虫学の専門家トマス・H・ジョンストンだった。[21]

二人のミッションは、世界中のウチワサボテンの自生地と帰化した地域をすべて訪れ、各地の状況を調べて情報収集するとともに、ウチワサボテン駆除に有望な天敵候補を見つけ出すというものであった。自生地だけでも南北アメリカ大陸に加えてカリブ海の島々があり、帰化した地域は東南アジアからインド、南アフリカ、北アフリカ、欧州、カナリア諸島、ハワイと世界中に及んでいる。たった二人で、このすべての国と地域をくまなく回って調査するという、空前のプロジェクトであった。

一九一二年一一月一日、二人の仕事が始まった。まずはシドニーに立ち寄り王立植物園を訪ねて、紹介状を手に入れた。これがあれば、世界中のたいていの植物園を訪問することができる。準備が整った彼らは汽船に乗り込み、最初の目的地、ジャワに向けて旅立った。夢の天敵を求めて、世界一周の旅が始まったのである。[21]

トライオンは有望な天敵を見つけることを旅の最大の目的としていたが、二人に期待されていた仕事はそれだけではなかった。そもそもウチワサボテン審議会は、生物的防除だけを駆除手段に選んでいたわけではない。農薬を使う化学的防除や従来の物理的な伐採による駆除も、等しく解決の手段として技術開発を求めていた。

さらに審議会は、ウチワサボテンを有効利用する手段も模索していた。資源として利用できるようになれば、邪魔者は宝に変わり、駆除の必要がなくなるかもしれない。それが無理でも、利用して得た利益で駆除コストを補塡できれば、高額な駆除手法も投入できるようになるだろう。

こうした背景から、旅行委員会の用務には、駆除手段に加え、資源としての利用法について情報収集をおこなうことも含まれていた。それゆえ、オランダによるコチニール染料生産地のジャワを訪れた二人の関心事は、ウチワサボテン農場と、そこで養殖されるコチニール飼育種であった。

ところが彼らがそこを訪れてみると、農場は荒廃し、ウチワサボテンさえあまり残っていなかった。オランダの養殖事業は一八六七年に中止されたのだという。オランダ政庁のボイテンゾルフ(Buitenzorg)植物園（現在はボゴール植物園）でも飼育しておらず、かつて養殖されていた飼育種は絶滅したらしい。そもそも多雨、高湿度で、ウチワサボテンがあまり増えない環境であった。[21]

二人は早々にジャワを去り、途中シンガポールで情報収集したのち、海路セイロンに向かった。そこは天敵の有力候補、セイロニカスが帰化している土地である。

ところでトライオンとペアを組んだジョンストンは、シドニー大学にて寄生虫学の研究で博士号を取得、新設のクイーンズランド大学に着任したばかり。フィールドワークが大好きという、まだ三〇歳の血気盛んな若者であった。[22]一方、トライオンはこのときすでに六〇歳近く、しかもかなりの難聴になっていた。[23]

自分の父親より年上で、しかも短気で気難しい性格のトライオン相手に、若いジョンストンは苦労したのではないかと推察される。しかし彼らはこの旅行について、のちに報告書を著し、詳細な記録を残しているにもかかわらず、調査に直接関係すること以外の記録はほとんど残していない。ジョンストンも直言を厭わない自己主張の強い若者だったので、語られていない数多くの逸話が二人の間にはあったのかもしれない[22]。

さて、セイロンに到着した彼らは、農務省のグリーンと会って話を聞き、島内の調査に着手した。意外なことに、ウチワサボテンは生垣で目立つのに、目的のコチニール野生種・セイロニカスは少なかった。彼らは島の南部で、ようやく一部のウチワサボテンにセイロニカスが群がっているのを見つけた。大きな団扇形の茎節に、白い綿毛のような無数の虫がびっしりと張り付いている。大半の株は衰弱して変色し、周りには枯死して腐った茶色の塊が目立った[21]。

これに対して、北部ではウチワサボテンが非常に多いにもかかわらず、セイロニカスはまったく見つからなかった。住民によると、以前は該当する種類のカイガラムシがたくさんいたが、なぜか消えてしまったという。また、かつて増えすぎたウチワサボテンを減らすためにセイロニカスが放されたことがあり、その結果、ウチワサボテンは一時ほとんど見かけなくなったが、最近になってまた増えてきた、という話を聞く。

もしかするとセイロニカスは、ウチワサボテンのうち、一部の種にしか寄生しないのかもしれない——彼らがそう考えた理由は、北部に多くて現在も増えているウチワサボテンは、すべてセンニンサボテン（*Opuntia stricta* var. *dillenii*）であり、セイロニカスが寄生しているウチワサボテンは、すべてタンシウチワ（*Opuntia monacantha*）だったからだ。さらに彼らは、過去にセイロニカスの宿主を調べたグリーンが、ウチワサボテンの種の同定を誤っていたことにも気づく。

彼らはセイロン農務省の施設を借り、異なる宿主への感染実験をおこなって、セイロニカスがやはりタンシウチワにしか付かないことを確認する。何が起きたのか、これで説明がついた。セイロニカスはかつて隆盛を誇っていたタンシウチワを攻撃し、特に北部ではそれをほとんど絶滅に追い込んだが、その後セイロニカスが寄生できないセンニンサボテンが増えて、置き換わったのである。

この2種は原産地も異なる。タンシウチワはブラジルなど南米中南部原産だが、センニンサボテンは北米南部から南米北部が原産である。オーストラリアのウチワサボテンは、センニンサボテンが最も多いが、場所によってはタンシウチワも優占していた。これは最初に植民したフィリップ提督が持ち込んだ種類だったからである。

セイロニカスをオーストラリアに導入すれば、少なくともタンシウチワは駆除できそうであった。グリーンらセイロン農務省の協力を得て、現地の農業試験場にセイロニカスの飼育施設を造り、寄生虫や病原体のチェックをしたのち、輸送する個体数を十分増やす準備を整えた。

この施設が稼働を開始したところで、調査を先に進めることにした。二人はセイロンを後にし、次の訪問地であるインドに渡った。

インド東部のマドラス（現チェンナイ）に向かう鉄道の車窓から、彼らは道沿いや生垣に生える多数のウチワサボテンを目にする。調査に時間がかかりそうだと踏んだ二人は、時間節約のため二手に分かれ、トライオンは南部を、ジョンストンは北部をそれぞれ手分けして調査することにした。

彼らはウチワサボテンがインドで住民にどう利用されているかにも注目した。肥料として使われるほか、含まれる粘液が漆喰の原料になることを記録している。粘液の利用価値はさまざまにあるはずで、今後もっと検討されるべきだと記している[21]。

約二か月間にわたりおこなわれた調査は、踏破距離にして、トライオンは6500㎞、ジョンストンは1万1000㎞、二人合わせて1万7500㎞に及んだ。この精力的な調査でわかったのは、インド南部と中部に分布するウチワサボテンは、センニンサボテンとベニバナウチワ(*Opuntia elatior*)で、タンシウチワはまったく見られず、セイロニカスも発見できない、ということだった。ただし聞き取り調査や過去の記録から、かつてはこの地方でもタンシウチワが広く分布していたこと、そしてそれらは、いまは姿を消したセイロニカスによって滅ぼされたことがわかった。

タンシウチワを求めて、インド最北部、ヒマラヤ山麓まで足を踏み入れたジョンストンは、カングラ渓谷の雪山を望む標高1000m地点で、ようやくタンシウチワの群生を見つけることができた。それには大量のセイロニカスが付着しており、ほとんどの株が変色して枯れかけていた。一方、同じ場所に混成していたセンニンサボテンとベニハナウチワは生育状態もよく、まったくセイロニカスが付いていなかった。

インドの調査から得られた結論は、セイロンの調査で得た結論を支持するものだった。彼らはふたたびセイロンに戻り、インド滞在中に飼育施設で増えて育ったセイロニカスをタンシウチワとともに箱に収め、クイーンズランド州のウチワサボテン実験所に向けて発送した。[21]

送付された試料は実験所長のホワイトが受け取り、検疫をおこなったのち、あらためて駆除対象のウチワサボテン各種に対する効果や、ほかの非標的種の植物に対する影響を調べるための試験が開始された。[24]

トライオンとジョンストンは、調査時間節約のため、時に別行動をとることがあった。何を基準に各自が受けもつ調査地域を決めたのか、記録は残っていないが、海岸部や島嶼域はトライオン、険しい山岳地帯はジョンストンが担当する傾向があったようだ。若いジョンストンに体力勝負の場所を任せたのかもしれないが、ジョンストンが小船を頻繁に利用する調査を嫌がった可能性もある。彼の弱点は、船酔いすることだったからだ[22]。後年、荒海の航海で知られる南極域調査に誘われたとき、彼が二つ返事で引き受けたので、周囲がひどく驚いたという逸話も残っている。

さて二人を乗せた汽船は、インド洋を西に向かいアフリカ東岸に達すると、いくつもの港に寄港しながら南下した。彼らは船が港に着くたびに下船して、ウチワサボテン調査に励んだ。タンザニア東岸のザンジバル島や、モザンビークの港街ベイラの郊外で、タンシウチワが野生化していることを記録に残している[21]。

ジョンストンはモザンビークの中心地ロウレンソ・マルケス（現在のマプト）で下船、トライオンは南アフリカ東岸の港湾都市ダーバンで下船して、それぞれ鉄道を利用して南アフリカ北部の都市プレトリアに向かった。合流後は、政府の昆虫学者らの支援を受け、南アフリカ東部を中心に調査を進めた。

ここで繁茂して問題を引き起こしているウチワサボテンは、イチジクウチワ（*Opuntia ficus-indica*）であった。この果実を牛やダチョウが食べて、種子を運び、拡散させていた。だがトライオンは、その果実が人間にとっても食用となり、有益な農産物としての可能性をもつことにも注目している[21]。

彼らはここでもコチニール野生種を発見するが、それはコンフュサス（*Dactylopius confusus*）という種であった。文献によれば、一九世紀はじめにドイツを経由して持ち込まれたものらしかった。この種もタンシウチワに寄生し、衰弱させていた。

ほかにウチワサボテンを食害する昆虫が数種と、感染する病原体が見つかったが、どれも防除効果は期待できないものだった。結局彼らは、南アフリカからコンフュサスをクイーンズランド州に向けて発送し、次の目的地である英国に向けて出発した。(21)


ケープタウンを出港した汽船はアフリカ西岸を北上、途中で二人はアフリカ北西部沖合のカナリア諸島に立ち寄った。グランカナリア島には、コチニール染料産業の拠点がある。彼らはそこで養殖されているコチニールカイガラムシを見学したのである。この飼育種は宿主にほとんどダメージを与えない。しかし染料用に導入できないかと期待したが、宿主のウチワサボテンは、オーストラリアにはない種であった。


カナリア諸島を後にして、船は北に向かい、ようやく二人がロンドンに到着したのは一九一三年六月初旬、ブリスベンを出発してから七か月が過ぎていた。

彼らは何度かキュー植物園に足を運び、収蔵庫の標本や栽培されているサボテンコレクションを調査した。また数多くの著名な植物学者に会い、情報収集に努めた。

地中海地域、特にスペインやイタリアでは、複数種のウチワサボテンが昔から植栽されてきたにもかかわらず、雑草化するような広がり方をしていない。それにはなんらかの抑制因子が働いているのではないか——そう考えた二人は、スペインに向かった。その後手分けしてイタリア、シチリア島、マルタ、アルジェリア、シリア、エジプトを調査し、英国に戻るコースである。

だが調査の結果、この抑制要因はおもに気候や地質だったようで、導入する天敵候補は見つからなかかった。むしろ彼らが注目したのは、利用価値についてだった。堆肥として使われるだけでなく、イタリアではイチジクウチワの果実が食用として流通し、果汁から蒸留酒が製造されていた。オーストラリアに多いセンニンサボテンも果実が可食なので、同様な利用が可能かもしれないと、報告書で指摘している。(21)

欧州での調査を終えたトライオンとジョンストンを乗せた客船は、英国を後にして大西洋を西へ向かった。そしておよそ六日後の一九一三年一〇月一〇日、ニューヨークに到着した。

さっそくワシントンに米国農務省を訪れた二人は、昆虫局長リーランド・ハワードや、植物産業局長のデヴィッド・グリフィスと会い、彼らから全面的な支援を取りつけた。ハワードは、クイーンズランド州への天敵導入を成功させるため、あらゆる協力をすると約束した。

二人はハワードとグリフィスの提案に従い、セントルイス経由でテキサス州ダラスに移動して、サボテン研究の中心地であるテキサス州で情報収集と調査を開始した。農務省はテキサス州に実験所を開設しており、そこでは数多くの昆虫学者や植物学者がサボテンの病害虫、生理、品種改良、利用など多彩な研究に従事していた。彼らはとびきりの寛大さと親切さで二人の調査に協力した。米国の研究者たちから支援を受けた二人は、テキサス州を拠点に調査を進めた。一時メキシコ入国を試みて、その後、アリゾナ州、ニューメキシコ州、カリフォルニア州など、米国南部を調査した。(21)

ちなみに米国の研究者たちは、トライオンとジョンストンのコンビを、ウチワサボテンの英名――Prickly pear（棘だらけの梨）をもじってPrickly pair（棘々しい二人組）と呼んでいた。彼らのことは、その後長らく米国の研究者の間で語り草になっていたという。(23)

ウチワサボテンの自生地である米国南部では、ウチワサボテンは駆除するものではなく、むしろ保護して利用するものである。おもな用途は家畜の飼料だが、農務省は干ばつ時の緊急用飼料としてそれを植えるよう農業者を指導していた。だがウチワサボテンを利用しているのは人間だけではない。自然界の多種多様な生物がそれを利用していた。数多くの捕食者や寄生者が盛んに利用し、消費するため、新大陸のウチワサボテンはオーストラリアのようには増えないのだ。

二人は、米国のウチワサボテンを加害する既知の病原体や昆虫、哺乳類などのリストから、餌がサボテンに限定される、生態や生活史の詳しい知見がある、オーストラリアの種類を食害する、強い攻撃力をもつ、などの条件を満たす種をリストアップした。そしてそれを野外調査で確認し、導入する天敵候補を絞り込んでいった[21]。

彼らが特に注目したサボテン食の昆虫は、蛾の仲間――メイガ科のメリタラ属（*Melitara*）で、米国南部のウチワサボテンに最も深刻な被害を及ぼしているものだった。この蛾の幼虫は茎節の中に侵入し、食害しつつ深く穿孔し、サボテンに穴を開けて弱らせてしまう。ほかに甲虫のサボテンフトカミキリ属（*Moneilema*）は、後翅が退化して飛べなくなった特異なカミキリムシで、成虫、幼虫ともにウチワサボテンを食害する。また、チェリニデア属（*Chelinidea*）のサシガメは、大群をなしてウチワサボテンに集まり吸汁し、衰弱させる。

米国南部は在来のコチニール野生種が生息する地域である。二人は在来の野生種オプンティアエ（*Dactylopius opuntiae*）がセンニンサボテンなどのウチワサボテンに群がっているのを見た。ただし、群れは大きなものではなく、加害の程度も低かった。理由は、それを攻撃する捕食者や寄生者が多いからであろう、と彼らは記している[21]。実際、少なくとも3種の昆虫にこの種が攻撃されていることを、過去にチャールズ・ライリーが報告している。[25]

最終的に彼らは9種の昆虫と、1種の真菌を導入すべき天敵候補に選んだ。問題はこれだけ多くの種が果たしてうまく輸送できるかである。梱包した荷物を鉄道でサンフランシスコに送り、検疫所で各種手続きを経てから船に乗せ、発送する必要があった。ハワードは農務省の権限で、各機関に手配を進め、トライオンは検疫や輸送について協力を求めるため、カリフォルニア州滞在中に州園芸協会を訪れた。

応対した州園芸協会の主任検査官ジョージ・コンペアともうひとりの検疫官は、候補となっている昆虫の導入は十分可能だと述べ、支援を約束した。前章で見たように、コンペアは西オーストラリア州の昆虫専門官として害虫防除を混乱させた末、その職を辞してカリフォルニアに引きあげてきたのだったが、トライオンはコンペアについて、「寄生生物の利用や導入を非常に幅広く経験している人物である」とさりげなく記している。[21]

トライオンは、最後にハワードと再度話し合い、候補に選んだ天敵を導入することと、その際は米国側の支援を最大限受けることで一致した。ただし、クイーンズランド州側がまだ多種の昆虫を飼育する体制が整っていなかったため、受け入れ態勢が整い次第、州の承認を得て、あらためて米国からの天敵導入を実施に移すことにした。また事前の各種試験や輸送の準備をおこなうため、テキサス州にこの事業の拠点となる施設を設置することで合意した。[21]

トライオンとジョンストンのメキシコ入国に対しては、国境の政府機関職員のみならず、農務省に加えてワシントンの駐米英国大使までが、猛反対していた。

一九一〇年に始まったメキシコ革命は、一九一三年ウェルタ将軍の反革命クーデター勃発を機に、政府軍と革命軍による内戦に突入していた。特にメキシコ北部では激しい戦闘が起き、銃弾が飛び交う戦場と化していた。しかし世界一豊かなウチワサボテン相をもつメキシコ北部高原に、何がなんでも足を踏み入れたい二人は、制止を振り切ってテキサス州から国境を越えてメキシコに潜入した。

しかしすぐにメキシコ政府軍当局に見つかり、強制的に国境外に退去させられた。それでも諦めきれない彼らはふたたび侵入、しかしまた排除される——これを三度繰り返し、ついに四度目。国境の街シウダーフアレスに潜入していたところを、またもや見つかって追い出された数時間後、街で政府軍と革命軍の戦闘が始まり、革命軍が街を制圧した[21][26]。

さすがの彼らもメキシコを諦め、その後の調査予定をアリゾナ州やニューメキシコ州に切り替えたのだった[21]。

アメリカの調査を終えると、二人は別ルートでカリブ海西端の島、バルバドスに向かった。途中ジョンストンは、キューバ、ジャマイカ、トリニダードに加え、南米大陸側にも立ち寄り、コロンビアを訪れた。

バルバドスで合流後、トライオンはカリブ海の島々——グアドループ、アンティグア、セント・キッツ、ヴァージン諸島、ドミニカ、キューバなどの調査に向かった。一方、ジョンストンはブラジルに向かい、そこからアルゼンチンとチリに行くことにした[21][26]。

トライオンが訪れた島々では、米国と同じくメリタラ属の蛾がかなり強い影響をウチワサボテンに与えていた。また、たびたび見かけたコチニール野生種の影響は、あまり目立たなかった。そのほかいくつか独特の菌類の感染による病気を確認したが、サボテン以外への影響が不明だった。残念ながら追加候補は見いだせなかった。

トライオンが特に大きな期待をかけていたのは、一九〇八年にアルゼンチンの農業雑誌に載っていたサボテン食の「謎の蛾」であった。彼がずっとこの蛾に注目してきたことは、報告書にも記されている。時間節約の必要から、トライオンはカリブ海の島々を引き受けたので、この蛾の探索はアルゼンチンに行くジョンストンに託された。

リオデジャネイロに上陸したジョンストンは、市内の植物園を訪れた。そこの研究員からの助言をもとに、ブラジルでは東部のバイーア州を中心に調査をおこなった。ウチワサボテンはサンフランシスコ川流域の叢林が点在する乾燥地帯に豊富で、これに病気を引き起こす真菌のほか、カメムシ類やハエ類、コチニール野生種を含むカイガラムシ類など、茎節を食害する昆虫が見つかった。しかし南米から持ち出すのに必要な労力を考えると、導入天敵の候補としては不足だった。「謎の蛾」も発見できなかった。

一九一四年一月、ジョンストンは、アルゼンチンの首都ブエノスアイレスに着くと、その近郊にある街ラ・プラタ在住の植物学者カルロ・L・スペガッツィーニのもとを訪れた。トライオンがこの植物学者を欧州滞在中に知り、事前に連絡をとっていたのである。

スペガッツィーニは、アルゼンチンでサボテンを害するさまざまな病原体や昆虫の情報を提供した。その中にひとつ、「謎の蛾」に当てはまりそうな種が含まれていた。それは、カクトブラスティス・カクトラム（*Cactoblastis cactorum*、当時は *Zophodia* 属）、一八八五年に新種記載されたメイガ科の蛾であった。原記載論文にも幼虫がサボテン食であると記されており、アルゼンチン北部だけから記録のある蛾だった。

なんとかこの実物を探し出し、調べてみたい――ところがジョンストンは、幸運にもラ・プラタの植物園を調査中に、これを見つけたのである。さらにブエノスアイレスのパレルモにある植物園でも見つけることができた。[21]

成虫は開長25〜40㎜ほど、上翅は灰褐色で暗色の斑点と波状の黒線がある。地味で目立たぬ蛾である。ところが、その幼虫の破壊力は目を見張るものだった（図5-4）。

成熟した幼虫は体長約25〜30㎜、オレンジがかった赤色に黒の縞模様という派手な芋虫で、群れをなしてウチワサボテンを食害する。100個ほどの卵が一列に繋がった卵塊から孵化した幼虫の群れは、ウチワサボテンの茎節に穴を開けて内部に穿孔し、茎節の柔らかい多肉質を食い荒らす。食べた部分は糞として茎節の穴から外に排出されるので、大きな茎節はたちまち潜り込んだ幼虫でいっぱいになり、多数の赤い幼虫が蠢（うごめ）く様子が茎節の外側からも見えるようになる。まもなく内部は食べ尽くされて空洞になり表皮だけが残る。幼虫は茎節から茎節へと群れで移動して、肉質部を次々食い尽くし、最後に地面に脱出して蛹化、白い繭をつくる。そして植物体は完全に破壊される。[21]

ジョンストンはこの蛾、カクトブラスティスの生態を調べ、サボテン以外は食べない一方、センニンサボテン近縁種を含む多種のウチワサボテンを襲うことを確認した。間違いなくこれが「謎の蛾」の正体だった。「匿名著者による一九〇八年の記事に記されたサボテン害虫は、この生物のことである」――彼らは報告書にそう記している。[21]

さて、蛾の発見に成功したジョンストンは、次にブエノスアイレスとチリ中部の港町バルパライソを結ぶ大陸横断鉄道（現在は廃止）を利用して、チリに向かった。アンデス山脈が近づくと、荒涼とした岩だらけの風景が広がる車窓に、さまざまなサボテンが現れた。しかし標高2000mを超えると、サボテンは車窓から姿を消した。

アンデス山脈を越えて、チリの首都サンティアゴに着いたジョンストンは、市内の植物園を訪ねた。

そしてサンティアゴを中心に、中部チリで調査をおこなった。これといった有力な天敵候補は発見できなかったが、この地域では、果実を採るためイチジクウチワが盛んに栽培されていることを知り、それを報告書に記している。

チリでの調査を終えたジョンストンは、ブエノスアイレスへの帰路、鉄道を途中下車してウチワサボテンの調査をおこなった。アンデス最高峰アコンカグアを望む高原都市メンドーサ近郊では、多様なサボテン類が繁茂し、ウチワサボテンを食害する昆虫も見つかった。カクトブラスティスには出会えなかったが、別のサボテン食の蛾が見つかった。その幼虫も茎節に穿孔するが、宿主の範囲や影響の詳細は不明だった。

図5–4　カクトブラスティスの幼虫（左）と成虫（右）．［画像はUSDA Agricultural Research Serviceの厚意による］

ブエノスアイレスに戻ったジョンストンは、ラ・プラタとパレルモの植物園で、カクトブラスティスの幼虫を採集した。餌のウチワサボテンとともに、自分たちでそれをクイーンズランドまで運ぶことにしたのである。そして彼は一九一四年三月初旬、ブエノスアイレスを発ち、ニューヨークに戻った。そこから米国を横断し、同じくニューヨーク経由で来たトライオンと、サンフランシスコで合流した。

一九一四年三月末、二人はサンフランシスコを発ち、太平洋を西に向かった。ハワイに到着後、そこで最後の調査をおこない、同年四月二七日シドニーに帰着、ウチワサボテン旅行委員会の一八か月に及ぶ調査は、全行程を終了した。[21]

最初の一撃

「海外で私たちがした仕事について、話す気はない」。トライオンがブリスベンに戻ってきたことを知り、新聞社が彼のオフィスに押し掛けた。トライオンは、話は来週ブリスベンに戻ってくるジョンストンに聞いてくれ、とつれない応対であったというが、「せめて、どこに行って、何を見てきたのか教えてくださいよ」と、しつこく粘る記者に最後は根負けしたのか、旅の行程や目的を説明した。「訪れたどの国でも政府当局者は親切で、あらゆる配慮をしてくれた。おかげで私たちはともに健康で、旅を楽しいものにできた」

「それで成果は？」と間髪入れずに質問する記者に対し「正式な報告をするまで説明を控えたい」とトライオン。

食い下がる記者に、やむなくトライオンは、一つか二つの昆虫を持ち帰ったこと、そしてその昆虫がウチワサボテンを駆除するのに適しているかどうか、また、その昆虫が農作物に害を与えるかどうかを調べる実験がおこなわれていることを話した。

その際に記者が「ほかの植物を襲うかどうかわからない（昆虫をもってきた）のか」と聞くと、トライオンは怒り出して、「私はそんな昆虫を持ち込むような愚か者ではない」と声を荒げたという。[27]

そのころ、ウチワサボテン実験所では、トライオンたちがインドと南アフリカから送ったコチニール野生種を、ジーン・ホワイトが繁殖させて実験を進めていた。

ホワイトは当初、化学メーカーと協力して、薬剤を使うウチワサボテン駆除手法の開発に取り組んでいた。利用可能なあらゆる化学物質の駆除効果を、数千回に及ぶ実験で調べて、ヒ素の酸化物、特に五酸化二ヒ素（As_2O_5）の噴霧が最も有効という結果を報告した。[24][28] しかし当時ヒ素は価格が上昇しており、ウチワサボテン審議会は経済的コストの面からその実施に難色を示した。当時はまだヒ素の毒性に対して現在ほど知識がなく、この判断に環境面の問題はあまり考慮されていない。[19]

そこでホワイトはトライオンたちと協力して、天敵を利用した防除の研究に注力するようになったのである。彼女は、農作物を含む非標的種の植物を食害する可能性を調べるため、セイロニカスとコンフュサスを飢餓状態などさまざまな条件に置いて、多種の植物に対する摂食試験をおこなった。その結果、これら2種はどんな条件でもウチワサボテン以外の植物には害を与えないことを確認した。一方、ウチワサボテンなら条件によってはタンシウチワ以外にも寄生するのではと期待して実験をおこなったが、2種ともタンシウチワ以外には付かなかった。[24][28]

一九一四年七月、ホワイトはクイーンズランド州北部のタンシウチワ群生地に2か所、試験区を設置し、そこでセイロニカスの導入試験を始めた。各試験区には約7m四方、高さ約4mの麻布製の巨大なテントが設置され、内側のタンシウチワ群落を完全に覆って外部から隔離した。そしてテント内のタンシウチワに、25匹のセイロニカスが放飼された。[28]

試験開始三か月後、両試験区ともセイロニカスは順調に繁殖し、タンシウチワの株がいくつか枯れ始めた。四か月後、大型株も枯れ始め、翌月ついにどちらの試験区でもタンシウチワの株すべてが枯死した。ホワイトは天敵の驚くべき威力を、こう報告書に記している――「実験の結果は満足できるものだった。……発芽したタンシウチワは一例もなく、完全に破壊されたと思われる」[28]

この結果を受けて、タンシウチワが多いクイーンズランド州北部を中心にセイロニカスが導入された。繁殖させた多数のセイロニカスが協力者に配られ、放飼された。その結果タンシウチワの群生は、瞬く間にクイーンズランド州から姿を消していった。ひとつの種を対象にしたものとはいえ、これまでまったくなすすべがなかったウチワサボテンの攻勢に対して、初めて効果的な一撃を与えることができたのである。[19][29]

タンシウチワは消えた。が、これで問題が解決するわけではない。最大多数を占めるセンニンサボテンをはじめ、ほかのウチワサボテンは無傷だったからだ。

だがトライオンたちには切り札があった。サボテン破壊魔――カクトブラスティスをアルゼンチンから連れてきていたのである。輸送中に多くの幼虫が死んだものの、その間に一部が繭を作って蛹化し、繭から羽化した成虫の1匹が卵を産み、そこから孵化した40匹ほどの幼虫を実験所まで持ち帰ることに成功していた。[21]

一年に少なくとも2世代繰り返すことや、センニンサボテンはもちろん、クイーンズランド州に生育しているほかの主要なウチワサボテンも食害することが実験からわかっていた。しかも、サボテン以外の植物は一切食べない。

ところが、まさかの事態が起きた。実験所で飼育していたカクトブラスティスの幼虫が、蛹化に失敗し、全滅してしまったのだ。温度管理に失敗した、というのが彼らの見立てであった。[30]

そのとき彼らにはまだ勝算があった。セイロニカス導入の効果を目の当たりにして、生物的防除の有効性は審議会も認めるところとなっていたからである。セイロニカスが果たした防除戦略上の貢献は、ウチワサボテン駆除そのものへの貢献より、はるかに大きかったのだ。これを機に実験所の設備と人員を拡充して、天敵の受け入れ態勢を整え、ハワードと設置を合意した米国の拠点施設が稼働を開始すれば、米国産の天敵が導入できる。飼育環境さえ整えば、カクトブラスティスもきちんと繁殖して、実戦投入できるだろう。

しかし一方で、そんな見通しに暗い影を落とす事態が進行していた。一九一四年七月二八日に第一次世界大戦が勃発。八月四日英国の参戦により、否応なくオーストラリアも戦争に巻き込まれることになったのだ。戦線の拡大とともに軍事費が膨張、ウチワサボテン防除に割ける州の予算も乏しくなってきたのである。

そしてついに一九一六年、実験所は閉鎖された。戦争で資金が枯渇したためだった。審議会も解散となった。ホワイトは実験所が提出した最後の報告書で、ウチワサボテン防除は国家レベルの問題であること、生物的防除の研究をいっそう推進すべきであること、オーストラリア連邦政府主導の事業化と経済的支援が必要であることを訴えている。(29)

彼らの夢は、実現まであと一歩のところで、暗礁に乗り上げてしまった。

赤い大群

戦後の一九二一年、クイーンズランド大学教授ヘンリー・ジョンストンは、農務省に対し、定年退官を迎えるトライオンの職務延長を申し立てる嘆願書を提出した。深刻化を増している害虫問題を解決するためには、素晴らしい功績と卓越した専門知識をもつトライオンに、このまま昆虫専門官として職務を継続してもらわないと困ると主張したのである。クイーンズランド州農務大臣は、ジョンストンらの要望を受け入れ、特例としてトライオンを定年後も昆虫専門官として雇用することにした[31]。

だが、トライオンが敷いたレールの上には、新世代の手による大規模な駆除計画が、すでに走り始めていた。

第一次世界大戦が終結した一九一九年には、戦時の無策によりウチワサボテンの勢いは一層高まり、群生地の面積は2600万haに達した。その脅威は州を越えて国家‐連邦の問題になりつつあった。クイーンズランド州とニューサウスウェールズ州は一九一九年、科学産業研究評議会（Council for Scientific and Industrial Research：CSIR。ただしこのときは前身のAdvisory Council of Science and Industry）の支援のもと、合同でCPPB——ウチワサボテン対策連邦委員会を立ち上げ、その委員長にジョンストンを指名した[3]。

一九二〇年、ジョンストンはふたたび米国を訪れ、戦争で中断していた米国からの天敵導入計画を実行に移した。米国での拠点施設は、テキサス州ユヴァルデに設置された。そこで予備的な研究をおこない、導入天敵として有望なサボテン食昆虫が飼育され、食性などの試験がおこなわれた[30]。

米国から輸送された天敵は、ブリスベン近郊に設置された検疫施設に運ばれた。ここでは、天敵輸送時に誤って持ち込まれた寄生虫などの随伴生物の混入や逃亡を防ぐために、1世代以上にわたって飼育がおこなわれた。また、導入された天敵が農作物など非標的種の植物を攻撃しないことを確認するため、追加のテストがおこなわれた。このテストに耐え、有望と判断された種だけが繁殖施設に送られ、そこで初めて野外に放飼された[30]。

一九二一年以降、ウチワサボテンを攻撃する１５０種の米国産昆虫のうち、予備試験を通過した約50種がオーストラリアに輸入された。そのうち実際に放飼されたのは、最終テストに合格した12種であった。一九一四年にトライオンとジョンストンが導入候補として選んだ種のほとんどが、この12種の中に含まれていた[30]。

さっそく威力を発揮したのは、テキサス州とカリフォルニア州からやってきたコチニール野生種・オプンティアエであった。放飼されたクイーンズランド州とニューサウスウェールズ州のいくつかの地点で、センニンサボテンを枯死させ、激減させた。タンシウチワで起きたことと同じことが、センニンサボテンでも起きたのである。

ただしオプンティアエには特定の宿主を好む度合いに関して種内変異があり、放飼した系統ごとに駆除効果にばらつきがあることがわかった。飼育実験で高い駆除効果をもつ系統を選び出す必要が生じ、それには時間がかかった[31]。

また、ほかの導入天敵は効果があまりはっきりしなかった。ウチワサボテンの勢いを止めるには力不足だったのである。そのため生物的防除に勝機を見いだそうとするＣＰＰＢの戦略を疑問視する人々もいた。クイーンズランド州が独自に設立した別の対策委員会は、ヒ素化合物を使った駆除を主張し[32]、それを支持する新聞は、ヒ素化合物の大量散布を勧める記事を掲載した[33]。

ＣＰＰＢは、コチニール野生種をアシストする別の強力な天敵を必要としていた。切り札は、アルゼンチンで見つかったサボテン破壊魔こと、カクトブラスティスである。ところがジョンストンは一九二一年にこの蛾を求めてふたたびアルゼンチンを訪れたにもかかわらず、見つけることができなかったのである。再訪したラ・プラタの植物園では蛾が見つからず、パレルモでは植物園自体がすでになくなっていたらしい。サボテンの多いアンデス山麓でも採集を試みたが、目的を果たすことはできなかった。[31]

一九二四年、ふたたびこの蛾を求めて二八歳の若者がアルゼンチンにやってきた。アラン・ドッド——CPPB所属の研究員である。標本商を父にもつドッドは、幼少期から昆虫採集と収集に熱中しただけでなく、少年時代には採集品を海外向けに販売していたという筋金入りの昆虫マニアであり、叩き上げの昆虫学者であった。彼はその凄腕と知識を見込まれて、一九二一年にCPPBに採用されていた。[34]

彼はまず、ラ・プラタの植物園を訪れた。一九一四年にジョンストンがカクトブラスティスを採集した場所である。しかし植物園はすでに閉園し、サボテンもなかった。採集に執念を燃やすドッドは、地元アルゼンチンの昆虫学者の助けを借り、この蛾を求めてアルゼンチン北部一帯の探索を開始した。[35]

ブエノスアイレスからおよそ360km北、ウルグアイ川に沿う国境地帯を探索中、ドッドは破壊されたウチワサボテンの痕跡をみつける。近くにいる、と確信したドッドは、それを手掛かりに追跡、ついに付近のウチワサボテン上に、カクトブラスティスの赤い幼虫を再発見したのだった。[35]

その後の調査から、カクトブラスティスは、アルゼンチン北部からウルグアイとパラグアイにかけての狭い地域に生息していることがわかった。

彼は採集した幼虫を、地元の昆虫学者の協力を得てブエノスアイレスで飼育し、繁殖に成功して、計3千個の卵を得た。課題はオーストラリアへの輸送であった。天敵はすべてまず米国の施設で予備的な研究をおこなってから、オーストラリアに輸送することになっていた。しかしこれだけ大量のカクトブラスティスは、米国に送るには危険すぎた。米国ではウチワサボテンは大切な資源である。もし万一、これがテキサス州の施設で外部に逃げ出したら、その恐るべき破壊力からみて、米国のウチワサボテンが壊滅することは容易に想像できた。少なくとも米国農務省は、米国内への持ち込みを拒否するだろう。

そこでドッドは、米国を通さず、南アフリカを経由して、直接クイーンズランド州の検疫施設に輸送することにした。一九二五年五月、最初の幼虫サンプルが検疫所に到着した。その後数度にわたって輸送された幼虫から、施設での飼育にも成功。さまざまな実験により食性、生活史、行動などが調査された。天敵としての適性や、非標的種への影響を評価するテストがおこなわれたのち、大量飼育が始まった。[35]

CPPBの委員長に就任したドッドの指揮の下、一九二六年から一九二七年にかけて1千万個の卵が、土地所有者を中心とした協力者に配布され、ウチワサボテンの群生地61か所に放飼された。ひとつの卵塊は100個ほどの卵が繋がった細長い紐のような形で、それぞれ紙に包まれ、協力者が紙ごとピンでウチワサボテンに留めるようになっていた。

野に放たれたカクトブラスティスは期待通り、凄まじい破壊力を発揮した。赤い幼虫の大群が緑の群れに襲い掛かり、文字通り粉砕したのである。[35]

各地でウチワサボテンの崩壊が起こり始めた。それまで数十kmにわたって、びっしりとウチワサボテンが繁茂していた群生地が、二年後にはほとんど消え失せ、腐った塊だけになった。

一九二八年から一九三〇年にかけてさらに30億個の卵が協力者に配布された。繁殖施設は工場のようだった。生産された卵の入った箱を七台のトラックと一〇〇人の従業員が州全体に配って回った。ひとつの箱の中には計10万個の卵と、協力者に正しい卵塊の設置法を伝えるための説明書が入っていた。

カクトブラスティスの猛攻撃はさらに激しさを増し、一九三三年にはクイーンズランド州最大の群生地が消滅した。この年までに、クイーンズランド州で80％、ニューサウスウェールズ州で50〜60％のウチワサボテンが消滅した。[35]

そしてここで異変が起きた。あまりにも急にウチワサボテンが減ったため、カクトブラスティスは餌を使い果たしたのだ。幼虫が大量に餓死して、個体数が激減してしまった。その結果、ウチワサボテンは息を吹き返し、増加に転じた。

だがカクトブラスティスは、餌の増加にすぐ反応し、一年後には繁殖力を回復、一気に数を増した[35]。そして起き上がったウチワサボテンにふたたび襲い掛かって、叩きのめしたのである。

カクトブラスティスの容赦ない攻撃を受けて、大半の地域でウチワサボテンは死滅したが、乾燥地帯や北部の高温地域は、カクトブラスティスが苦手とする環境だったため、ウチワサボテンが受けたダメージは小さかった。そこでここには、コチニール野生種・オプンティアエが放たれた。飼育下でチューンアップされたオプンティアエは、生き残ったウチワサボテンを虱潰しに潰して、とどめを刺した[35][36]。

夢の天敵は、無敵を誇ったウチワサボテンの95%を死滅させた。かつて人を一切寄せつけなかった群生地は、耕作地や牧場、住居など人の暮らしの場に姿を変えた。一九三七年、駆除事業の成功を確認したCPPBは役目を終え、解散した。ドッドは一九四〇年、駆除成功までの過程を振り返り、一七〇ページに及ぶ報告書を発表した[35]。この報告書により、ドッドの仕事は世界に知られることとなり、伝統的生物的防除の歴史上、イセリアカイガラムシ防除以来の完璧な成功事例として、大きな賞賛を浴びた。ドッドはこの偉業を称えられ、引退後の一九六二年、大英帝国勲章を授与されている[34]。

勝利の美酒、という言葉があるように、成功は人々を酔わせ、心地よく麻痺させる。だが鮮やかな成功の果実には、ちょうどウチワサボテンの果実がそうであるように、鋭く危険な棘がこっそり隠れているものである。そのことを人々が知るのは、それからずっと後の時代のことであった。

「南米のウチワサボテンを食するカクトブラスティスの存在に気づき、それがもつウチワサボテン防除の能力を最初に見抜いたトライオン氏――その先駆者としての仕事を、けっして忘れてはならない」[37]

これは一九三九年に、ブリスベンのローカル紙に掲載された記事の一節である。筆者の知るかぎり、同じ時期に類似の主張を載せた新聞記事はほかに見当たらない。逆説的に言えば、もうこの時代、トライオンの存在は社会からほぼ忘れ去られていたということであろう。

定年後も特例で引き続き官職に就いていたトライオンだが、一九二三年、夜間ひとりで通りを歩いているところをいきなり三人の若者から暴行を受け、重傷を負った。一時は重体に陥ったが、入院治療により回復し、職に復帰した[38]。しかし結局一九二五年に農務省を退官、その後は相談役を引き受けていたが、一九二九年に一切の職務から引退した。その記念式典は華々しくおこなわれたとされている[39]。

一九三〇年以降、トライオンは表の舞台から完全に姿を消し、その後の記録はほとんど残っていない。妻に先立たれ、娘と二人で暮していたが、その娘も一九四〇年に亡くなったという。オーストラリア人名事典には、「その後、トライオンは州の準年金受給者として貧しい生活を送っていたが、一九四三年一一月一五日にブリスベン病院で死去した」と記されている[40]。

第六章　サトウキビ畑で捕まえて

旅する昆虫学者

今度は、一八九一年、ケーベレの二度目のオーストラリア調査旅行の時点に戻ろう。一月、チャールズ・ライリーの反対を押し切り、カリフォルニア州園芸協会に派遣されてオーストラリアにやってきたアルベルト・ケーベレは、製糖会社の研究員とともに、ニューサウスウェールズ州北端、クラレンス川とツイード川流域のサトウキビ農場を視察に訪れた。害虫の被害に悩まされていた製糖会社が、イセリアカイガラムシの生物的防除で名をはせたケーベレに、助言を求めていたのである。(1)

見渡すかぎり緑の海原のように広がるサトウキビ畑。高く伸びた茎の間に分け入って、根元の土を掘り返してみると、出てくるのはいくつもの白い芋虫。ケーベレが見つけたのは、サトウキビの根を食害する数種の昆虫であった。そのときのことを、彼は昆虫関係の雑誌に、次のように書き留めている。

「これらの中では、一般にクリスマス・ビートルと呼ばれるアノプログナサス属（*Anoplognathus*）のコガネムシ類が最も多く、幼虫と成虫の両方を捕まえた。ほかにも、大きなコガネムシ類の幼虫が2種見つかった……。もしヒキガエルを導入することができれば、間違いなく、これらの昆虫やほかの多くの有害な昆虫の数を大きく減少させる効果が得られるだろう」[1]

この記事はその後長くにわたり、オーストラリアでサトウキビ害虫に悩む数多くの昆虫学者の目を引いた。アラン・ドッドもそのひとりである。ドッドは一九二〇年、彼がまだクイーンズランド州砂糖試験場局（Bureau of Sugar Experiment Stations：ＢＳＥＳ）の研究員だったとき、ヒキガエルを導入してサトウキビの害虫を駆除するというアイデアを、試験場の報告書にケーベレの言を引用する形で紹介している。[2] ただしドッドはその後まもなくウチワサボテン対策連邦委員会にスカウトされたため、このアイデアを試してみることはなかった。

一八九三年、カリフォルニア州を後にしたケーベレは、新任地ハワイにやってきた。この年ハワイでは、経済の9割を占める砂糖生産に携わる製糖業経営者を中心とした白人入植者が、ハワイ先住民の王政を倒して臨時政府を樹立した。製糖業経営者はハワイを米国に併合し、ハワイ産の砂糖を無関税で米国市場に輸出する計画を立てていた。しかし米国の次期大統領が併合に反対し、併合派の目論見は暗礁に乗り上げた。

併合が認められないおもな理由は、ハワイではごく少人数の白人経営者が所有するサトウキビ農場で、多数の貧しい非白人の労働者が酷使されており、そうした非民主的で遅れた土地の住民に米国の市民権を与えるのは、人種的にも文化的にも不適切だから、というものだった。実際一九世紀末、ハワイのサトウキビ農場で働く労働者のほとんどが非白人であり、その7割が日本からの移民であった。当時の製糖業経営者は大量の労働者を必要としていた一方で、「もしこのまま白人労働者が増えず、併合にも失敗すれば、日本はさらに農場労働者を移民させることで、いずれハワイへの平和的侵略を成し遂げるだろう」と主張する者もいた[3]。

米国への併合を熱望する製糖業経営者は白人の農民をハワイに移住させようとしたが、彼らは米国の当時一般的な農園とはあまりに異質なサトウキビ農場で働くことを嫌った。また、柑橘類、小麦、コーヒーなど白人農民が好む多様な農作物の農園を経営しようにも、ハワイの生態系は単純なため外来の農業害虫による被害が著しく、その栽培が困難だった。そこでハワイの製糖業経営者は、なんとか害虫問題を解決して、多様な作物を生産できる農場を経営できるようにしたいと願っていたのだ。彼らが注目したのが、ライリーとケーベレが成功させた天敵導入によるイセリアカイガラムシの防除——古くから知られる原理に新しい手法を取り入れた最先端技術であった。この技術を導入すれば、白人農民の誘致に必要な多様な農作物の生産が可能になる、しかも最新技術の活用をアピールすることで負のイメージを払拭し、ハワイが米国の一員にふさわしい土地であることを示せる、と考えたのである[3]。

臨時政府と製糖業経営者らは、必要な経費の支出を折半し、破格の待遇でカリフォルニアからケーベレを研究員として招き寄せた。ハワイに移住したケーベレは、さっそくオーストラリアや日本、中国を訪れ、テントウムシ類を中心に200種以上の捕食者や寄生生物を採取し、ハワイに導入した。当時ハワイの砂糖産業は活況を呈し、製糖業経営者は莫大な利益を得ていたため、ケーベレは潤沢な資金を得て、天敵を求めて世界各地を旅して周ることができた。まさしく旅する昆虫学者であった。

その後ハワイの米国併合が成立して、多様な農産物生産の必要性が薄れると、ケーベレはハワイ砂糖生産者協会の研究員に就任して、サトウキビの害虫を中心に、天敵導入による防除に従事した[3]。

ケーベレのやり方は、害虫の原産地で、それを捕食、寄生する天敵を見つけたら導入してみて、うまく行かなければ駆除効果が出るものに行き当たるまで新しい天敵を導入し続けるという、一種の力業だったので、もともと天敵の乏しいハワイでは、結果的に害虫はある程度制御できたものの、非標的種や生態系に対する天敵導入の影響はあまり考慮されていなかった[4]。ハワイではこのスタイルが、一九四四年に防除計画の妥当性を審査するシステムが導入されるまで続けられたが、のちの分析によれば、一八九〇年から一九四四年までにハワイで導入された天敵の45・３％は、駆除対象の害虫以外も攻撃する種であった[5]。

一八九一年、英国学術協会はひとりの若い昆虫学者を、学術調査のためハワイに派遣した。ロバート・パーキンスである。彼はそれから一〇年にわたり、ハワイの昆虫相を精力的に調査した。彼は一八九七年、ハワイの状況について紹介した論文を *Nature* 誌に発表し、ケーベレの仕事に触れて、「その防除の方法は高く評価できる」と述べている。だが同時にパーキンスは、論文にこんな不吉な記述も残している――「私は、この状況の暗い側面にも目を向けざるを得ない[6]」

傑出したナチュラリストでもあったパーキンスは、大陸から遠く隔離されたハワイで、動植物が独自の進化を遂げた結果、多様で風変わりな固有種が生まれ、息づいていることを誰よりもよく知っていた。パーキンスは、約３千種に及ぶ昆虫をハワイで発見、記録する一方、世界中でハワイだけにしかいない固有の動物が、農地開発や非意図的に持ち込まれた外来生物だけでなく、天敵として導入された外来生物の影響を受けて、次々と絶滅しつつあることに気づき、憂慮していたのである[7][8]。

パーキンスはこう記している。「天敵を輸入した結果、固有の動物はどうなってしまうだろう。多種の寄生生物と捕食者が導入されてきたし、今後も導入されるだろう。その仕事は間違いなく成功するだろう……だが在来の動物相への配慮がないのは確かである[6]」

パーキンスはケーベレの天敵導入の仕事を評価しつつも、「あれこれ考えるより、まず行動」という彼のやり方を懸念していた。パーキンスはケーベレが導入したテントウムシ類との競争に敗れて、ヒメカゲロウ科のハワイ固有種が姿を消していることを惜しみ、「ケーベレがしている天敵導入の仕事は、私の仕事と対立するようだ」と述べている[8]。

彼は、ナチュラリストとして自分が誰よりも高い価値を認める存在を、ケーベレが傷つけ、消滅させていることを知っていた。ところがいつしかパーキンスは、ケーベレの仕事とそのやり方に引き込まれてしまう。自らケーベレの仕事に手を貸すことになったのである。一九〇二年には、ハワイ農業局に昆虫学者として採用され、ハワイの農業を病害虫から守ることがパーキンスのミッションになった。彼の仕事は、海外で有望な天敵を探索し、ハワイに導入することになったのである[9]。

葉の上を跳ぶもの

一九〇〇年、パーキンスはハワイのサトウキビ農場で、これまで見たことのないウンカの一種を見つけた。そのウンカは二年後には、オアフ島で大発生してサトウキビに被害を及ぼすようになった。パーキンスはその調査に当たることになった。

一九〇三年にはウンカがハワイ諸島全体に広がり、サトウキビの収穫量が激減した。それまで年２万トン近い生産量があった砂糖が、一九〇五年には１６２０トン、一九〇六年には８２６トンしか生産できなくなってしまった。事態を憂慮したハワイ砂糖生産者協会は、昆虫学研究所を新たに設置、パーキンスを所長に任命した。製糖業界からの豊富な資金援助を受けたパーキンスは、その天敵による防除対策に着手した[10]。

パーキンスはこのウンカが、オーストラリアのクイーンズランド州から輸入されたばかりのサトウキビ苗に付いているのを発見、それを契機に情報収集を進めて、これがクイーンズランド州に生息する種であることを突き止める。また現地では、サトウキビに被害を与えるような、大発生する種ではないことも確かめた。クイーンズランド州にはその発生を抑制する天敵がいると睨んだパーキンスは一九〇四年、ケーベレとともに寄生昆虫探索のため、オーストラリアの同州を訪れた[11]。

このウンカは、クロフツノウンカ（*Perkinsiella saccharicida*）で、体長5㎜ほど、セミを小さくしたような姿で、触覚が太く、翅には褐色の斑点がある。サトウキビの葉、茎を吸汁し、衰弱させるほか、病気を媒介して枯死させる。ちなみにクロフツノウンカの属名パーキンシエラは、一九〇三年にパーキンスに因んで名づけられた[12]。彼の任務は、自分の名前を属名に抱く種を抹殺することだったのである。

パーキンスとケーベレは、クイーンズランド州を訪れてすぐ、クロフツノウンカやそれ以外のウンカ科の種から、多種の寄生昆虫を発見した。

そのうち彼らの目を引いたのが、ウンカ類に外部寄生するセミヤドリガ科の蛾であった。彼らは情報収集のため、州北部キュランダ在住の標本商でアラン・ドッドの父、フレデリック・ドッドの元を訪ねた（アランがまだ八歳のときである）。ドッドはウンカに寄生する蛾ならよく知っていると言い、飼育中のセミヤドリガ科の蛾を彼らに見せた。宿主であるウンカの一種の体に1、2匹の白い繭のように見える幼虫が張り付いていた。終齢幼虫は糸を出して宿主からぶら下がって脱落し、葉上などで白い繭をつくり蛹化する。成虫は開長1㎝ほどの黒い翅をもつ蛾である。ドッドが見せたものは未記載種であった[11]。

次にパーキンスとケーベレは、クイーンズランド農務省にヘンリー・トライオンを訪ねた。ウンカ類に外部寄生する蛾のことを尋ねると、トライオンは、「クイーンズランド州で、この蛾の不思議な繭をずっと前に発見していた」と言った。実際、ケーベレはクイーンズランド州北部のケアンズで、多数の繭が葉に付着しているのを見つけている[11]。

しかし結局この蛾は、クロフツノウンカの発生を抑えることはできないとわかり、候補から外れている。

最終的にハワイのクロフツノウンカの防除に利用されたのは、ケーベレがクイーンズランド州で得た寄生蜂で、クロフツノウンカに寄生する、ホソハネコバチ科の一種（*Anagrus optabilis*）であった。この寄生蜂の輸送は困難を極めたが、クイーンズランド州で人工繁殖して増やしたもののうち、辛うじてごく一部が生きてハワイに到着したので、パーキンスはそれを増やして放飼した。

これは功を奏して、クロフツノウンカの個体数が一時減少した。しかし、地域によっては十分な効果が得られず、クロフツノウンカによるサトウキビへの被害はその後も続いた[13]。

ところで、ケーベレは次第に健康が悪化し、調査にしばしば支障をきたすようになっていた。彼は一九〇五年、カリフォルニア州に行き、それからしばらくの間メキシコに滞在していたが、その後、健康状態を理由に故国ドイツに引き揚げてしまった。そして彼がハワイに戻ることは二度となかった[8]。

ケーベレの代役には、英国出身の昆虫学者フレデリック・ミューアが就き、パーキンスとともにサトウキビの害虫防除の研究に取り組むことになった。

だがパーキンスも長期の野外調査がたたって病を患い、砂糖生産者協会での仕事を続けるのが困難になっていた。一九一二年、パーキンスはハワイを去り、英国に帰った。ミューアとともにその後を引き継いだのが、シリル・ペンバートンであった[13]。

一八八六年、ペンバートンはカリフォルニア州の小さな果樹農家に生まれた。イセリアカイガラムシが果樹園で猛威を振るっていたころである。一家は悪魔のようなイセリアカイガラムシに苦しめられていたが、それをケーベレが運んできたベダリアテントウが、瞬く間に退治した。おかげで一家は経済苦から解放され、ペンバートンは、スタンフォード大学に進んで応用昆虫学を志し、卒業後は米国農務省で働いたのち、ハワイに渡ってきた(14)。

一九一〇年代以降、クロフツノウンカの大発生は激しさを増すようになっていた。原因を調査したペンバートンは、この大発生のサイクルが雨量と関係していることに気づく。湿度の高い環境では、寄生蜂の寄生率が下がって、ウンカの発生が抑えられなくなっていたのだ。そのため、降雨量の増加とともにサトウキビ被害が深刻化し、砂糖産業は危機的な状況を迎えていた。クロフツノウンカを抑えるには、別の天敵が必要だった。

それまでサトウキビの茎を食害するゾウムシ類やコガネムシ類の防除のため、天敵を求めて海外を旅して周っていたミューアは、ペンバートンの調査結果を受け、クロフツノウンカの対策に着手した(15)。

一九一九年、新しい天敵を求めてミューアはクイーンズランド州に向かった。彼には狙いがあった。以前の調査で、クロフツノウンカを捕食するオサムシ科の甲虫を見つけていたのである。それを詳しく調べて、利用しようと目論んだのだ。

ところがクイーンズランド州はこのときたまたま異常な乾燥が続き、狙っていた甲虫がまったくいなかった。仕事が進められず、やむなく別の研究をしていたところ、クロフツノウンカが産んだ卵の8割が死んでいることに気がついた。なんらかの天敵の存在を疑ったミューアは、一年間に及ぶ現地での調査と観察、実験の結果、その犯人は小さなカメムシであることを突き止めた。カスミカメムシ科に属する、ホソムナグロキイロカスミカメ（*Tytthus mundulus*）である。体長3・5㎜、体が黒く前翅が半透明の細長いカメムシで、細長い口吻をクロフツノウンカの卵に突き刺して、中身を食べる。じつはこの種の存在自体は以前から知られていたが、卵食とは気づかれず、それどころかサトウキビを食害する害虫だと思われていたのだった。[15][16]

一九二〇年、ミューアはホソムナグロキイロカスミカメをハワイに持ち帰った。食性に関する試験をおこない、サトウキビなど植物を食害することがないか、なんらかの影響を農作物に及ぼすことがないかテストした。この仲間は草食性の種が多く、環境条件によって餌が卵から植物に変わり、天敵から害虫へと容易に変化する可能性があったからだ。この種の導入は、非常に危険な賭けであった。[13][15]最終的に放飼を決めたミューアは、しかし別の問題に直面した。もともと少なかった放飼個体が減り、ほとんど消滅してしまったのである。この窮地を救ったのは、ペンバートンであった。

ホソムナグロキイロカスミカメは、フィジーにも生息していた。そこでペンバートンがすぐにフィジーに行って、この天敵を大量に捕獲し、送り届けたのである。これを繁殖させて十分な数まで増やしたものを放飼した。その結果、ホソムナグロキイロカスミカメはハワイに定着し、クロフツノウンカは激減、一九二三年までにその被害はハワイからきれいに消滅した。[13][15]ハワイの砂糖産業は危機を脱し、ハワイ全体で数百万ドル（当時の貨幣価値で）もの経済的利益をもたらした。[17]

それまでハワイでおこなわれた天敵導入で成功例とされてきたものは、効果が不完全か長続きしないものや、その効果に対してきちんとした検証がなく、実際にどれだけ効果があったのか立証できないものが多かった。しかしクロフツノウンカの防除は、数十年来の懸案を解決した点で、確かに見事な成功と言えるものであった。

ちなみにミューアはのちに当時のことを回想して、「もしもホソムナグロキイロカスミカメの食性が、卵食から変わりうるものだったらどうしよう、と、その導入リスクを考えて、何日も眠れぬ夜を過ごした」と語っている。[15]

少しでも多く獲れ

映画「ジュラシック・パーク」には、奇怪な姿の巨木が林立する、幻想的な森が登場する。サム・ニール演じるアラン・グラント博士と子供たちがそこで恐竜の卵を発見し、子供たちがティラノサウルスから逃れるために、その巨大な剝き出しの根の陰に身を隠す場面である。これが撮影された場所は、ハワイ・カウアイ島にある庭園アラートンガーデン、そしてこの巨木は、モートン・ベイ・フィグ・ツリーと呼ばれるオーストラリア原産のイチジク科の樹木である。

一九二〇年代、ハワイ砂糖生産者協会は、家畜の放牧などで裸地化した土地に、成長が早く巨木になるイチジク科の樹木を植栽して、森林を回復させようと考えていた。ところがイチジク科の受粉は特定のイチジクコバチ類のみによっておこなわれるため、それを欠くハワイでは受粉結実せず、天然更新（自然に落ちた種子等から樹木が育つこと）しないという問題があった。そこでペンバートンがオーストラリアに行き、モートン・ベイ・フィグ・ツリーを受粉させる蜂を採集して、ハワイに導入する仕事を引き受けたのである。[18] ちなみにモートン・ベイ・フィグ・ツリーの受粉を担う蜂は、プライストドンテス・フロガッティ（*Pleistodontes froggatti*）――第四章に登場したオーストラリアのニューサウスウェールズ州農務省・昆虫専門官ウォルター・フロガットに献名された種である。
フロガットはこの蜂が捕獲できる場所や採集法を誰よりも熟知していた。ペンバートンはニューサウスウェールズ州をたびたび訪れ、フロガットに協力を依頼し、蜂の採集と輸送に努めた。彼の試みは成功し、フロガットの名をもつ蜂はハワイに定着、モートン・ベイ・フィグ・ツリーは結実するようになった[19]。

これが縁でペンバートンとフロガットは親交を結び、ペンバートンがオーストラリアを訪れたときは、必ずフロガットに会いに行き、シドニーにある彼の自宅を訪問した。ペンバートンは、砂糖生産者協会長宛ての手紙に、「フロガット氏は私のベストフレンドのひとりである」と記している。一九二七年にフロガットが州農務省を退官したのちも、彼らの親交は続いた[14]。

一九〇八年、オアフ島ホノルルの農場でサトウキビの根元から、Cの形に体を曲げた白い芋虫が大量に見つかるという事件が起きた。それ以来この白い芋虫――セマダラコガネの幼虫は、ハワイのサトウキビ産業にとって大きな脅威となっていた[20]。

セマダラコガネは日本各地でごく普通に見かける種で、成虫は体長10㎜ほど、淡褐色と黒のまだら模様のコガネムシである。この幼虫は暖地ではサトウキビの根を食害し、地下部に食い込んで、サトウキビを弱らせ、しばしば枯死させる。

オアフ島ではその生息地が次第に拡大し、一九一二年にはパールハーバーに出現、急速に増加してサトウキビを攻撃し、パールハーバーの農場に深刻な被害を与えた。対策に当たったたミューアは、セマダラコガネが日本からやってきたことを知り、日本から天敵を導入してこれを防除しようと考えた。彼は一九一三年と一九一四年、日本に行ってコッチバチ属（*Tiphia*）の寄生蜂を輸送、放飼した。また、日本でその有力な捕食者と考えられているという理由で、一九一五年にオサムシモドキ（*Craspedonotus tibialis*）を輸送、放飼した。しかしこれらは定着せず、作戦は失敗に終わった。[20]

ハワイに気候が近い地域にすむ天敵でないとうまく定着しないと見たミューアは、次にフィリピンからハラナガツチバチ属の寄生蜂（*Campsomeris marginella*）を導入し、これが功を奏して一九一九年にはセマダラコガネの個体数が減り始めた。その後フィリピン産の別の寄生蜂も追加放飼され、制御は成功したように見えた。

ところが、一九二〇年代末、オアフ島のサトウキビ農場で、セマダラコガネが大量に再出現し、制御が失敗したことが明らかになった。ミューアは健康を害して一九二八年に英国に帰国したため、ペンバートンが協会の主任研究員という立場で、駆除対策に当たらなければならなくなった。[20]

一九三二年、プエルトリコで国際甘蔗糖技術者会議（International Society of Sugar Cane Technologists）の大会が開催された。ペンバートンは、オアフ砂糖会社社長――ハワイ砂糖生産者協会会長を兼任――とともに、大会に参加し、参加者による講演の司会進行役である座長を務めた。このとき、地元からの参加者、プエルトリコ大学のラケル・デクスターによる講演は、それを座長として聞いていたペンバートンの関心事に直結するものだった。デクスターは聴衆に向かって、サトウキビの根を食害するコガネムシの幼虫を防除するには、オオヒキガエルを導入するのが効果的である、と説いたのである。[14][21]

オオヒキガエル（*Rhinella marinus*）はテキサス州南部から中南米原産、時に体長20㎝を超える大型のヒキガエルであり、地表性動物を貪欲に捕食する（図6－1）。プエルトリコにはもともとオオヒキガエルは分布していなかったが、一〇年ほど前に地元の農業試験場が害虫駆除を目的として輸入したものが定着していた。[22]

ヒキガエルの仲間が自然分布する地域では、それを有害な昆虫を捕食して減らしてくれる動物と見なす考えは古くからあった。実際にデータから裏づけられた事例も多く、たとえばインドネシアではセレベスヒキガエル（*Ingerophrynus celebensis*）が有害な外来アリを捕食して、在来アリ群集の維持に貢献していることがわかっている。この効果により、カカオなど農産物の収穫量を高めている可能性があるという。[23]

図6–1　オオヒキガエル．［画像は森英章氏の厚意による］

しかし、ヒキガエルによる害虫管理がうまく行くかどうかは、農地の生態系やヒキガエルの生態に依存する。ヒキガエルは小型の動物ならほとんどなんでも捕食するので、もしなんらかの天敵昆虫が害虫の発生を強く抑制しているような場合には、大きな抑制効果をもつ少数の天敵昆虫が捕食されることによる負の効果が、害虫が捕食されることによる正の効果を上回って、ヒキガエルの導入により逆に害虫が増えてしまう。また、ヒキガエルが害虫よりもその天敵を好むような場合も、ヒキガエルの導入は害虫管理には逆効果である。

もうひとつの大きな問題は、ヒキガエルの仲間には毒があること――耳の後ろにある耳下腺や皮膚の毒腺から毒素を分泌することである。中でもオオヒキガエルがもつ毒は特に強力で、卵嚢や幼生も毒をもつ。家畜がそれに触れたり、食べたりすれば中毒を起こす、かなり危険性の高い動物だ。したがってこれを導入するには、そのリスクを上回るどれだけのメリットが得られるかを、きちんと検討しなければならない。ではそのメリットを実証したというデクスターの発表内容はどのようなものであっただろうか。

そこで示された研究結果は、プエルトリコのサトウキビ農場で捕まえた301匹のオオヒキガエルの胃の内容物を調べたところ、捕食された昆虫の総個体数のうち、51％がフィロファガ属（*Phyllophaga*）のコガネムシ類など有害な昆虫で、有益な昆虫は7％、それ以外は有害でも無害でもない昆虫だった、というものだった。[21][24]

農場の昆虫群集がどのような種構成と個体数の分布をもつか、どのような種間関係が存在するか、コガネムシ類の増殖率や死亡率は全体としてどのくらいなのか、またどのような季節変動があるか、そもそもオオヒキガエルが導入されたこの一〇年で、コガネムシ類が減っているというデータがあるかどうかで、この結果の意味は大きく変わるはずだが、そうしたデータは一切なかった。

あらためて説明するまでもなく、この結果だけからは、オオヒキガエルがサトウキビ農場のコガネムシ防除に貢献しているというデクスターの結論は導けない。[24]

示された結果からは著しく飛躍した結論であったにもかかわらず、会場で聴衆としてデクスターの講演を聞いていたオアフ砂糖会社社長は、この話にすっかり心を奪われてしまい、講演終了後ペンバートンに対し、オオヒキガエルを捕まえてきてハワイに放つよう強く要求した。社長はペンバートンが勤務する砂糖生産者協会の会長も兼ねている。潤沢な研究資金や旅費のスポンサーでもある社長の要求を、無下に断ることはできない。とはいえ、残された記録によれば、実のところペンバートンがまったく乗り気でなかったわけではないようである。

部下の意見を聴くなどしてある程度課題を検討したのちは、これがギャンブルであることを意識しつつも、それに賭けてみようという期待が勝ったらしい[14]。ケーベレ以来、ハワイで引き継がれてきた「あれこれ考える前に、まず行動」の精神が発動したとも言える。

ペンバートンは学会終了後、プエルトリコの実験所にあるサトウキビ畑で、オオヒキガエルを120匹ほど捕まえた。3個の木箱の中に、食料品店で入手したウッドウールを詰めて湿らせ、そこにそれぞれ30〜60匹ずつ入れて蓋を閉じ、ハワイに向けて送り出した。その後追加で捕まえた36匹は、スーツケース二つに湿らせた木屑を入れ、その中に詰め込んで、自分でハワイまで運ぶことにした[14]。

当時はプエルトリコからロサンゼルスまで、マイアミなどを経由してプロペラ機が運航を開始しており、三日で着くことができた。手荷物でロサンゼルスまでオオヒキガエルの空輸に成功したペンバートンは、36匹の生きたオオヒキガエルが詰め込まれたスーツケースとともに、ホノルル行きの船に乗り込んだ。

プエルトリコで捕獲されてからホノルル到着まで、木箱の輸送日数は約二〇日。到着後は検疫があったが、ペンバートンと砂糖生産者協会にとって検疫はないも同然だった。カエルたちは狭い空間で水も餌もない過酷な旅を経たにもかかわらず、輸送中に死んだのはわずか5匹。恐るべき生命力を発揮した[14]。

長旅を終えて新天地に連れてこられたオオヒキガエルは、産卵用の池を設けた飼育場に放された。オオヒキガエルの雌は一度に8千から3万5千個の卵を産む。しかも年に2回産むうえに、最長で五年生きる。この旺盛な繁殖力により、オオヒキガエルはたちまち増えて、飼育場とその周りはカエルでいっぱいになった[25]。

そこでペンバートンは翌年までに、ハワイ各地のサトウキビ農場に千匹ずつ、合計20万匹のオオヒキガエルを配布した。数年のうちにオオヒキガエルはハワイ全体に広がり、農場だけでなく、人家の周りにもたくさん棲みつくようになった。[14]
リスクはすぐ現実のものとなった、飼い犬が頻繁に中毒するようになった。一九三五年には、うっかりオオヒキガエルを口にした二歳児が中毒死するという事件も起きた。[26] しかしペンバートンが中毒を危惧していた様子はなく、むしろ有毒な外来の衛生害虫（人に衛生上の害を与える虫）を減らしたと、導入で得られたメリットのほうを強調している。[14]
害虫駆除の効果が大いに期待できるというわけで、オオヒキガエルはハワイから他島にも移され、一九三七年にはハワイ砂糖生産者協会の手で、グアムにも送り届けられた。[27]
さて、では目的のサトウキビ農場のセマダラコガネ対策としてはどうだったのだろう。ペンバートンの意見は「すぐに効果が出るわけではない」というものだった。[14]
問題は、この太平洋を越えたカエル輸送が、まだその先にあることのステップに過ぎなかったことである。

グレイバックの災い

ケーベレが二度目にオーストラリアを訪れた翌年の一八九二年、サトウキビの根を食害するコガネムシ類の対策に悩んだクイーンズランド州農務省は、イセリアカイガラムシの生物的防除で名をはせたチャールズ・ライリーに手紙を出し、助けを求めた。「私たちの国のサトウキビ農場はいま、恐ろしい災いに悩まされています……もし、少しでも実行可能なヒントを与えていただければ、オーストラリアでの素晴らしいあなたの評判は、これ以上ないほどのものになることをお約束します[2]」

これに対してライリーは次のように答えている。「クイーンズランド州沿岸のサトウキビ農園に深刻な被害を与えている昆虫は、ご指摘の通りその性質上、対策が非常に難しいものです……米国では石油乳剤を芝に染み込ませることで、コガネムシ類の幼虫を駆除することに成功しており、おそらくこの虫に対する唯一の実用的な駆除法になると思います……食性を調べればもっと良い方法が見つかるかもしれません。たとえばパリスグリーンを散布可能な植物を食べていれば、それが使えます。ぜひこの昆虫の全段階の標本を見てみたい。また習性について詳しく説明してください[2]」

コガネムシ類がオーストラリアのサトウキビ産業にとって最大の脅威であることに最初に気づいた昆虫学者は、ヘンリー・トライオンである。この害虫は一八七〇年代以来、クイーンズランド州を中心に大発生し、サトウキビ農場主を苦しめていた。トライオンは、「農業者にとってこれは最も有害な生物のひとつである……農業者は虫が発生した畑のサトウキビを、何度もすべて植え替えなければならなかった」と報告書に記している[28]。

オーストラリアでサトウキビの根を食害し、被害を及ぼしていた昆虫は20種近くあったが、最も影響が大きいのはグレイバック（Greyback Cane Beetle）と呼ばれるコガネムシの一種（*Dermolepida albohirtum*）であった。成虫は体長約35㎜、体は褐色だが灰白色の鱗片に覆われ、コフキコガネに近い仲間である（図6－2）。幼虫は白い芋虫で、サトウキビの地下部に集まって根などを食害する。株の根元を激しく食われる結果、サトウキビは弱るだけでなく、最後には倒れてしまう。

これらの害虫は、じつはこれまで本書に登場してきた害虫や雑草とは、かなり異質な存在だ。本書で対象としてきた有害生物の多くは外来生物だったが、オーストラリアのサトウキビ害虫は、ほとんどが在来種なのである。グレイバックもオーストラリア固有種である。サトウキビはニューギニア起源だが、

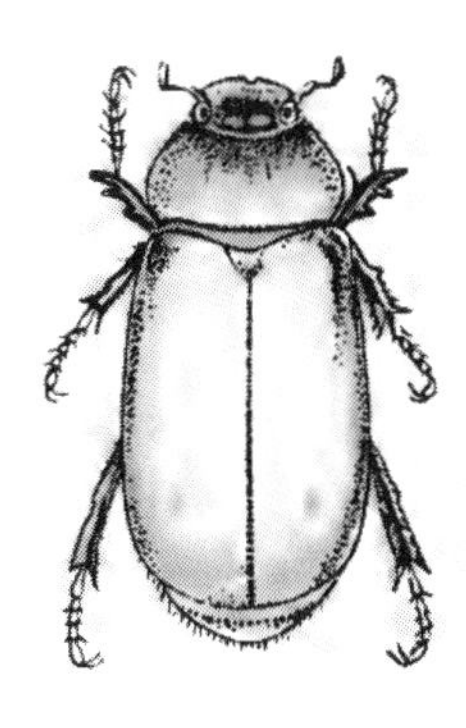

図6–2　アラン・ドッドらが描いたグレイバック（*Dermolepida albohirtum*）の成虫（左）と幼虫（右）．［Illingworth JF, Dodd AP 1921. Australian Sugarcane Beetles and Their Allies. *Division of Entomology Bulletin* 16, BSES より］

その単一作物が大量に栽培された単純な系ができたため、在来植物からサトウキビに餌を変えた在来昆虫が大量発生し、害虫化したと考えられる。

したがって、本来存在していた捕食者－被食者、寄生者－宿主の関係を回復して害虫を制御するという、それまでの伝統的生物的管理の基本となる考えが、これには適用できない。

農業者はもっぱら苗の植え替えをしたり、人手をかけてグレイバックを捕まえて畑から取り除いたりという、気の遠くなるような作業で対処していたが、被害を抑えることはできず、一九一〇年代には、ケアンズだけで年間2万5千～3万トンのサトウキビが失われ、クイーンズランド州全体での損失額は、年間10万ポンド（現在の通貨価値で12億円）に上ると推定された[2]。

ヒ素化合物やパリスグリーンなどの薬剤も駆除に使われたが、目ぼしい効果は得られなかった。一九二〇年代以降に、畑をパラジクロルベンゼンと二硫化炭素の混合物で燻蒸する方法が考案され、これはかなり効果のある駆除法ではあったものの、非常に高価で、そう簡単に使えるものではなかった。[29]

サトウキビ病害虫の防除戦略を策定する役目を担っていたのは、一九〇〇年に設立された砂糖試験場局（BSES）だった。アラン・ドッドが一九二〇年までの一〇年間所属していた組織である。クイーンズランド州政府は一九三〇年ごろから世界恐慌の余波で財政難に陥り、多くの組織で予算が徹底的に削減されていた。そうした中で、BSESは砂糖業界からの強力なバックアップがあったおかげで、州政府から潤沢な予算を確保していた。だがそれゆえに、BSESは短期間に目に見える成果をあげなければならないというプレッシャーに晒されていた。[30]

一九三三年のクイーンズランド州は雨が多く、グレイバックが大発生した。サトウキビがことごとく枯れ、株を抜いてみると、下には悪魔の紋章のような白いC字形の芋虫が無数に埋まっていた。収穫量が激減し、サトウキビ農家も砂糖産業も窮状を訴えていた。

BSESの所長は、これといった新しい駆除法を見つけてこない所員に不満をぶつけた。所長に次ぐ地位にあった植物学者アーサー・ベルの焦りは、相当なものであっただろう。とにかくアピールになることをして、社会的なインパクトを見せなければならなかった。だから出版されたばかりのハワイ砂糖生産者協会の年報に、ベルの目が留まるのは当然だった。

一九三三年末、ベルはペンバートンの報告——サトウキビ害虫を駆除するため、ハワイにオオヒキガエルを導入したという記事を読んだのである。じつは二年前、プエルトリコの学会に参加していたものの、用事があってデクスターの発表を見なかったベルは、あらためて学会発表の要旨を読み、「探し物」を見つけてしまった——オーストラリアにオオヒキガエルを連れてきて、サトウキビ畑のグレイバックを捕まえてもらうというアイデアである。[14]

そのころ、ウチワサボテン対策連邦委員会ＣＰＰＢが成功させた天敵導入によるウチワサボテン駆除事業は、社会的に大きな注目を浴びていた。天敵を使う生物的防除はこの時代のトレンド技術であった。ベルは部下であった若い昆虫学者レジナルド・マンゴメリに、ヒキガエル導入案について意見を求めた。ところがマンゴメリはあっさり否定した。[14]

残されているメモによると、このときのマンゴメリの意見は、幼虫は地中にいるのでオオヒキガエルには捕食できず、成虫は夜間の活動時間と場所から見て、「捕食できる機会が少ないので、オオヒキガエルでは制御できない」というものであった。しかも在来のカエルがこれらの昆虫を捕食しているにもかかわらず、ほとんど昆虫に影響を与えていないことを指摘し、「オオヒキガエルを導入する前に、まず在来のカエルの生態を研究すべきであろう」と主張している。[14] マンゴメリは、在来種であるグレイバックの駆除に、伝統的生物的防除の考えは使えないことを、正しく認識している。

じつはＢＳＥＳに来る前、マンゴメリはＣＰＰＢの研究員であった。そこでトライオンから引き継がれた、天敵導入によるウチワサボテン防除事業に関わっていたのである。マンゴメリはオオヒキガエルについての上述のやりとりをベルと交わした翌年の一九三四年、サトウキビ生産者向けの会報にこう記している。「華やかな経済的成功の部分だけ見ても、害虫の生物的防除の全体像はわからない。成功までの道筋には、楽観的な試みが絶望的な失敗に終わった事例が、ほかの何よりもたくさん横たわっている。生物的防除とは、急に外国に行って、たくさん寄生生物を持ち帰り、害虫に向けて放つようなものではない……、こうした事業は、軽い気持ちで着手してはいけない。時間をかけてじっくり検討を経て初めて着手しなければならない。なぜなら、誤った一歩を踏み出すと、生物学的なバランスを崩して、最も悲惨な結果を招く可能性があるからだ[31]」

ところがその数か月後、なぜかマンゴメリは前言を翻し、ほとんど思い付きでしかないオオヒキガエル導入案に賛同する。翻した理由は、表向きデクスターの要旨を読んだから、となっているが、あまり説得力がない。はっきりしているのは、マンゴメリの意見などお構いなしに、ベルが所長に相談、所長がベルの案を気に入って、予算を確保し、トップダウンでマンゴメリをハワイに派遣することを先に決めてしまった、ということである[14]。

マンゴメリの心変わりの理由は謎が多く、科学史家の間でも意見がわかれているが、ハワイに行けるという「交換条件」に惹かれたから、あるいはハワイのペンバートンの話を信じたから、という説が有力である[14]。ハワイはケーベレ以来、生物的防除の中心地であるとともに、さまざまな天敵を次々導入してみて、その効果を調べる「実験場」であった。公費でそんなところを見に行けて、そこでおこなわれているのと同じ仕事ができるというのは、大きな魅力であっただろう。もしそうなら、マンゴメリもまた、「あれこれ考えるより、まず行動」の魅力に引き込まれたひとり、ということになるかもしれない。なにはともあれ、マンゴメリはオオヒキガエルの運び屋として、一九三五年ハワイに向けて旅立った。

海を渡ったカエルたち

ペンバートンが全力で支援したおかげで、ハワイでマンゴメリは首尾よくオオヒキガエルを手に入れた。親切なペンバートンはカエルの捕獲も手伝った。なおマンゴメリがオオヒキガエルに毒があることを知ったのは、ハワイに来てからだったという。

マンゴメリはスーツケースに湿らせた木屑を入れ、そこにオオヒキガエルを詰め込んだ。そしてシドニー行きの船にそれを積み、自分も乗り込んだ。こうして一九三五年六月、合計101匹のオオヒキガエルが、オーストラリアに到着した。

この輸入はオーストラリア連邦保健省も承認ずみ、検疫もパス、実験所に連れてこられたカエルたちは、繁殖用に造られた野外施設に放された。オオヒキガエルはすぐ人工池に産卵、たちまち増えて、その年の八月末にはもう2400匹のカエルがクイーンズランド州北部の農場に配布された。長年の苦悩を解決してくれるという、この新しい天敵は農業者に歓迎され、ボランティア活動に熱心な少年たちの手で畑に放された。ただし、それが毒をもつことは伏せられていた。[14]

そのころ、ブリスベンで国際甘蔗糖技術者会議が開催された。ペンバートンもハワイから参加し、講演ではハワイでおこなっているオオヒキガエル導入事業について紹介した。学会終了後、ペンバートンはハワイへの帰途、いつものようにシドニーに立ち寄り、フロガットに会いに行った。そしてこれが親友を訪ねる最後の機会になった。

クイーンズランド州でオオヒキガエルの導入が始まったという話をペンバートンから聞いたフロガットは、愕然とし、その頭の中は激しく響くアラートが鳴り止まない状態だったはずである。

フロガットはすぐ連邦政府に、オオヒキガエルの放飼を禁止するように働きかけた。新聞には、この事業に抗議し、すぐに中止するよう訴える手記を寄せた。連邦保健省はフロガットの要請を受けて、ただちにそれ以上のオオヒキガエルの放飼を禁止する通達を出した。この通達は電報で砂糖試験場局BSESに伝えられた。[14]

フロガットからの厳しい抗議に対し、BSESの所長は反撃を開始した。製糖業者で構成される協議会に状況を伝え、会員に対し、保健省による禁止措置を解除するよう、連邦政府に対して強く働きかけることを要請したのである。さらに所長は州農畜産大臣や、製糖業界を支持基盤とする州首相を通じて、連邦首相ジョゼフ・ライオンズの支持を取りつけ、連邦首相から保健省に圧力を掛けてもらうよう依頼した。連邦首相ライオンズの鶴の一声で、保健省はオオヒキガエル放飼禁止措置を一部解除した。[14]

翌年、フロガットはBSESの事業に抗議する論文を *Australian Naturalist* 誌に執筆し、こう警告した。

「敵がなく、雑食性で、一年中繁殖するこの巨大なヒキガエルは、アナウサギやウチワサボテンと同じくらい深刻な有害生物になる可能性がある」「あらゆる固有の地上性動物が彼らの餌となり、特異で無害で有用でさえある固有の昆虫はすべて滅ぶであろう……最も有益な昆虫食の動物である固有のカエルやトカゲは、生存の危機に立たされる」[32]

一方BSESはフロガットへの反論として、ペンバートンから送られてきた書簡をクイーンズランド州農畜産省に提出した。ペンバートンは次のように記していた。

「フロガット氏のようなナチュラリストが、オオヒキガエルのような有益で無害な生物に対し、こんな過激で生物学的にありえない懸念を抱くことに驚いている……このヒキガエルが一定以上に増殖することはない。生物間のバランスが必ず働くからだ」[14]

ペンバートンは、「自然のバランス」が害虫を減らすとともに、オオヒキガエルの増加も抑えるので、心配する必要はないと説明したのである。

さらにBSESは、実験所のサトウキビ畑で捕まえたオオヒキガエルの胃内容物の調査結果を保健省に提出し、ほとんど害虫しか食べていない、と主張した。

BSESは新聞などメディアも利用し、フロガットを新しい生物的防除の考えについていけない「守旧派・抵抗勢力」に仕立てて批判した。時代遅れの頑迷な科学的権威が、革新的な害虫防除技術を妨害し、問題の解決を阻んでいるというのである。[33]

生物的防除がウチワサボテン駆除で成功を収めていたことは、フロガットの立場に不利に働いた。一部の昆虫学者はフロガットを支持したものの、連邦政府の科学政策を主導する連邦科学産業研究機構（Commonwealth Scientific and Industrial Research Organisation, 当時）は製糖業界と密接なつながりがあったため、フロガットを批判し、ＢＳＥＳを支持した。

保健省は一九三六年、オオヒキガエル放飼を全面的に解禁した。

ＢＳＥＳはその後三年間、オオヒキガエルの養殖を続け、何千匹ものカエルをクイーンズランド州北部のサトウキビ農場に配布した。[14]

オオヒキガエルはどの場所でも驚くべき勢いで繁殖し、サトウキビ農場はたちまちオオヒキガエルでいっぱいになった。ところがグレイバックはいっこうに減る気配がなく、時に大発生し、サトウキビ農場主や製糖会社の悩みはいっこうに解消されなかった。一九四〇年、ＢＳＥＳは、農場に棲むグレイバックのうち、オオヒキガエルに捕食されるのはごく一部でしかないことを報告書で認めた。[34] 皮肉なことに、マンゴメリの最初の判断は、まったく正しかったのだ。

オオヒキガエルは農場からあふれ出して、森から牧場、人家の周りまで、あらゆるところに棲み着くようになった。そのため犬がオオヒキガエルに噛みついて、中毒死する事件が相次ぐようになった。また巣箱のミツバチを襲い、養蜂業に被害を与えた。

増殖して増えすぎたオオヒキガエルは群をなして南下を始めた。

一九四九年には、ブリスベン市街にオオヒキガエルの大群が到達した。市当局は、北から洪水のように押し寄せてくる大群の駆除を、早くから連邦首相に要請していたが、手遅れだった。群れに飲み込まれた市内はどこもかしこも、ひょこひょこ跳ねる、じっと蹲る、そんなカエルたちで溢れかえり、道路は至るところ、踏みつぶされたカエルの死体が張り付いていた[14]。

生息範囲は年々拡大を続け、一九七〇年代末には生息域南側の前線がニューサウスウェールズ州に達した。そして現在では、北側の前線が西オーストラリア州まで到達し、オーストラリア北西部の100万平方km以上の地域に定着している[35]。

クイーンズランド州へのオオヒキガエル導入がサトウキビの害虫防除に与えた効果について、現在では詳細な解析がなされている。結論は、オオヒキガエルの導入は砂糖生産量の増加に、ほとんど寄与しなかったというものだ。オオヒキガエルは一部のサトウキビ害虫を捕食して減らしたものの、害虫を捕食するアリ類を食べたり、害虫の有力な捕食者であるオオトカゲ類を中毒死させたりして、害虫を増やしてしまい、結果として効果が相殺されてしまったのである[36]。

オオヒキガエル導入は目的が果たせなかっただけでなく、それをしなければ起きなかったはずの問題も引き起こしている。

第三章でふれたように一九八〇年代から九〇年代以降、在来生物を重視する価値観が広まり、生物多様性の価値と機能を守ることの重要性が認識されるようになると、有害生物の対象も変わってきた。農業や人間生活に直接被害を及ぼす生物だけでなく、自然の価値や機能を損ねる生物にも拡張されたのである。その意味では、オーストラリアに定着したオオヒキガエルは、有害生物である。

オオヒキガエルがもつ強い毒性のため、オオヒキガエルが侵入した地域では、それを餌と認識して捕食した在来の爬虫類や有袋類がことごとく中毒死して激減し、独自の進化を遂げてきたオーストラリアの生物相にとって危機的な事態が進行していることがわかってきたのである。

特に問題なのは、オオヒキガエルの侵入によって生態系が崩れつつあることだ。たとえば西オーストラリア州でおこなわれた調査では、オオヒキガエルの侵入後五年間で、それを捕食したことによる中毒死のため、2種のオオトカゲ類の個体数が約半分まで減った。一方、オオトカゲ類の餌となるクリムゾンフィンチの繁殖成功率は1・6倍に増加した。オオヒキガエルが、生態系の最上位の捕食者を減らした効果が、その餌である下位の捕食者に波及しているのである。この影響はさらにその餌や別の捕食者に波及するので、そこで強い競争が働いたり、捕食圧が高まるなど、生態系はいっそう不安定化する。[37]

オオヒキガエルを捕食する在来種のうち一部の種は、中毒を避ける性質を獲得した。たとえばオオヒキガエルと共存して世代を経たヘビの一種は、オオヒキガエルを餌として避けるようになり、また頭が小さくなって、誤食の危険性も低くなった。[38] 一方、オオヒキガエルも侵入後、新しい環境で急速に進化が起きている。たとえば幼生が共食いする習性が強まったほか、[39] 運動能力が向上して、長距離移動に有利な性質を獲得した。その結果、ますます侵入速度が上がっているという。[40] 在来種もオオヒキガエルも、あたかも軌道を外れた衛星のように、変化が加速しているのである。

このようにオオヒキガエルの導入は、生態系の安定性を崩し、オーストラリアの生態系に不可逆的な、取り返しのつかない人為的影響を与えてしまった。ダークサイドに墜ちる前のマンゴメリが正しく予見していたように、「誤った一歩を踏み出すと、生物学的なバランスを崩して、最も悲惨な結果を招く」のである。

かくして、もともと有害生物を駆除するためにオーストラリアに持ち込まれたはずのオオヒキガエルは、自らが有害生物となって駆除対象になった。

オーストラリア連邦政府は、２千万オーストラリア・ドル（１４００万ＵＳドル）以上を投じてオオヒキガエル対策をおこない、フェロモンや化学物質による誘引など、さまざまな対策を進めてきたが、いまのところ効果的な手は打てていない[41]。

ところで、きわめて優秀な応用昆虫学者だったマンゴメリを闇墜ちさせるのに一役買ったハワイのペンバートンだが、彼がハワイでおこなったオオヒキガエル導入の方は、セマダラコガネの駆除にどんな効果があったのだろう。ペンバートンは、「すぐに効果が出るわけではない」という意見を述べてから三〇年もたって、ようやくこのときのハワイのオオヒキガエル導入の結果を振り返り、次のように述べている。

「セマダラコガネの防除に、果たしてオオヒキガエルが役立ったのか疑問である[20]」

さて、話をもとの時代——一九三〇〜四〇年代に戻そう。この問題は、もともとサトウキビの害虫グレイバックなどを駆除しようとして起きたものであった。オオヒキガエルは事態を悪化させた一方、農業者が抱える苦悩は解決せず、そのまま先送りされてしまった。ではその後、サトウキビの害虫対策はどうなったのだろうか。

じつは一九四〇年代後半になって、害虫問題はほぼ解決した。あくまで一時的な、幻の解決ではあったが。サトウキビ農場と製糖産業を八〇年に及ぶ苦しみから解放したのは、新世代の有機合成農薬——ＢＨＣやＤＤＴであった。これらの農薬は、それまでどうしてもサトウキビにとり付いて離れなかった害虫を、簡単に、安価に、しかもヒ素などにくらべればはるかに安全に消滅させてくれたのである[42]。

『沈黙の春』に至る道は、薬剤と自然のバランス、どちらが良いかという単純な視点でとらえることはできない。そのいずれかが夢の技術のように見えたとしても、リスクを見落とせば、さらには社会の価値観が変われば、不幸な結末が待ち受けている点において、どちらも違いはないのである。

第七章　ワシントンの桜

旅の始まり

一八九五年四月六日、箱根は桜の季節を迎えていた。庭園や山肌は満開の桜が、薄紅色の化粧を施したかのように咲き誇る。しかしハワイからやってきたアルベルト・ケーベレの関心は、桜の花よりも、桜の枝や幹、それ以外の樹木に付くカイガラムシ、それに寄生する小さな蜂、そしてその捕食者であるテントウムシだった。

ケーベレは宮ノ下温泉の庭園や林縁を歩きながら、ビーティングの作業を繰り返した。手にした傘を下向きに開き、茂みの枝を棒で叩いて、下に落ちてくる昆虫を傘で受けて捕獲する。これが彼のいつものやり方である。イヌツゲの葉裏には、白い綿毛のような見慣れないカイガラムシがいて、アカマツの葉には小さな牡蠣殻のような形のカイガラムシが付着していた。これらのカイガラムシを採集する一方、ケーベレはハワイに導入する天敵を探していた。

彼が目をつけた天敵はナミテントウ。宮ノ下には無数にいる、と記録に残している。ほかにも数種のテントウムシを見つけて採集した。[1]

この時代、箱根を訪れる外国人旅行者は横浜から鉄道で国府津まで行き、そこから小田原馬車鉄道で馬に引かれて湯本まで行き、その先は人力車で宮ノ下温泉に向かうというのが一般的だった。宮ノ下温泉には当時外国人専用のホテルもあり、調査しやすい場所だった。ケーベレの採集記録を見ると、箱根では宮ノ下温泉以外の記録がないので、比較的狭い範囲を重点的に採集していたものと思われる。三日後、採集したカイガラムシ類の標本を、宮ノ下郵便局から米国やオーストラリアなどの専門家宛てに発送してから、ケーベレは箱根を発った。

次の調査地、熱海では、黒地に6個の黄紋をもつウスキホシテントウや、褐色地に白い10個の紋があるシロトホシテントウ、そのほかカイガラムシ類や寄生蜂の仲間を採集した。そして数日後、三月に来日して以来拠点にしている横浜に戻ってきた。

横浜では目当ての昆虫を採集したほか、それらを飼育し、大量の生きたテントウムシ類をハワイに送付した。また昆虫のほかに、ツチガエルも日本からハワイに輸送している。六月と九月には鉄道を利用して日光を訪れ、そこでカメノコテントウ——赤と黒の亀甲紋で彩られた体長1㎝もある大型のテントウムシ——を捕まえたという。[1]

「夏の間、横浜でテントウムシを採るためにハンノキやブナ科をビーティングしていると、よくこのコガネムシが傘の上に落ちてきた」。ケーベレは、褐色で全身を白い微毛で覆われた体長1㎝ほどのコイチャコガネを横浜で見つけたときのことを、こう知人に語っている。[2] 当時これとよく似た種がハワイで大発生し、害虫化して問題になっていた。

米国でのちにジャパニーズ・ビートルと呼ばれた害虫はマメコガネのことだが、この時ハワイではコイチャコガネによく似た種のほうをジャパニーズ・ビートルと呼んでいた。しかし農務省のチャールズ・ライリーとリーランド・ハワードは、ハワイでジャパニーズ・ビートルと呼ばれている種が、じつは日本に分布しない種だと論文で指摘していたのだが。[3] 一方ケーベレは、自分が日本で見つけたコイチャコガネはハワイで発生しているのと同じ種だと判断し、これが日本からハワイに持ち込まれたのだろうと結論した。そしてその後、駆除のために日本から寄生蜂が輸送されている（ただしずっとのちに、ハワイの種は、じつは中国に分布する別の種だと判明している[4]）。

ケーベレの調査を誰が支援し、誰がガイドを引き受けたかなど不明な点が多いが、日本滞在中に岐阜を訪れ、昆虫学者・名和靖に会って、試料の提供や助言を受けている。また東京帝大の箕作佳吉（みつくりかきち）、札幌農学校の松村松年（まつむらしょうねん）が、飼育、採集した昆虫をケーベレに渡すなどして協力したことがわかっている。[1]

このケーベレの日本訪問にとりわけ強い関心を抱いた、米国の若い昆虫学者がいた。米国農務省のチャールズ・マーラットである（図7－1）。

昆虫採集が趣味という母親の影響で、早くから昆虫好きだったマーラット少年は、ライリーが一般向けに開いた講演会と昆虫観察会に参加して、すっかり昆虫学の虜になった。[5]

カンザス州立農業大学を卒業後、同大学で助教授をしていたマーラットを一八八九年、農務省昆虫局に引き抜いたのは、局長のライリーだった。農務省に送られてきた大学紀要に載っていた素晴らしい昆虫のイラストに感銘を受けたライリーは、それを描いたマーラットをさっそくワシントンに連れ出したのである。

当初、マーラットにはイラストを描く仕事を頼もうと考えていたライリーだったが、すぐにマーラットの優れた研究者としての能力に気づき、農業害虫の研究を任せるようになった。たちまち頭角を現したマーラットは、一八九四年にハワードが昆虫局長に就任すると、昆虫局ナンバー2にあたる局長補佐の職についた。[6][7]

マーラットの傑出した研究のひとつは、周期ゼミについてのものだ。米国東部には一三年または一七年という周期で一斉に地上に出て羽化する周期ゼミと呼ばれるセミがいる。マーラットは一八九八年に発表した論文で、これを分布域と成虫が出現する年に基づいて年級群（同じ年齢の集団）に分け、それぞれにローマ数字で番号を振った（I–XVIIが一七年周期の年級群、XVIII–XXXが一三年周期の年級群）。[8]マーラットが見いだした年級群とその番号は、現在でもそれらの識別法としてそのまま使われている。

図7–1　チャールズ・マーラット（Charles L. Marlatt, 1863–1954）．［F.B. Johnston 撮影，Library of Congress より］

マーラットのもうひとつの重要な研究は、カイガラムシの防除に関するものである。一八七〇年ごろ米国に持ち込まれ、一八八〇年にカリフォルニア州サンノゼで正式に生息が確認されて、米国で「サンノゼのカイガラムシ」と呼ばれるようになったナシマルカイガラムシ（*Quadraspidiotus perniciosus*）は、一八九〇年以降大発生して急速に広がり、ロッキー山脈を越えて、一八九五年には東部諸州に定着、果樹園に大きな被害を与えていた。[9]

発見当初から、ナシマルカイガラムシは日本から持ち込まれたものではないかと疑いをもたれていた。当時日本から米国に数多くの植物苗が輸入されており、それに付着して移入する害虫を、米国の昆虫学者は警戒するようになっていた。しかしナシマルカイガラムシが日本由来だとする確かな証拠はなく、信憑性の低い目撃例に基づく噂の類だった。ところが一八九七年以降、局面が変わる。日本から輸入された苗や果実に確かにこれが付着していたという報告が相次いだのである。[10] そのため昆虫学者はこのカイガラムシの起源は日本であろうと考えるようになった。[11]

厄介な害虫が日本から持ち込まれたのを問題視した西部の州からは、日本からの植物と農産物の輸入禁止を求める声が上がり始めた。すでに独自の検疫制度を導入していたカリフォルニア州では、日本からの植物輸入に対する規制が強化された。またこの害虫の起源を民族的な問題と結びつけ、日本からの移民への差別に利用されるようになった。[12]

この害虫への対策に乗り出したマーラットの強い関心を引いたのが、一八九五年にケーベレがおこなった日本での調査であった。じつはこのとき、ケーベレはハワードから、ナシマルカイガラムシを日本で調べるよう要請を受けていたのである。[13] ところがケーベレは、それを日本では見かけなかったと報告していたのだ。もし本当に日本が原産地なら、ケーベレほどの優れた採集家がそれを見逃すはずがない――マーラットは、ナシマルカイガラムシが日本原産であるという定説に疑問を抱く。[10]

マーラットは上司のハワードとともに過去の日本の調査記録を調べた。じつは、遡る一八九二年に、ライリーはコーネル大学で昆虫学を専攻するひとりの日本人を雇用し、有害昆虫の調査のため日本に派遣していた。その採集品にも、やはりナシマルカイガラムシは含まれていなかった。[10]

一八九九年には、岐阜の名和靖から農務省宛てに手紙が送られてきた。そこには次のように記されていた。

「ナシマルカイガラムシについての情報は、日本にはほとんどなく、被害の程度もわからないが、梨やリンゴ、梅の樹上で見かけることがある」[10]

つまり一八九七年以降の情報で判断するかぎり、確かにナシマルカイガラムシは日本に生息し、日本から送られてきた果樹に付いている。しかし一八九七年以前には、疑わしい目撃例を除き、それが日本に分布するという証拠や、日本からの輸入品に付いていたという証拠はまったくない。これを先入観や偏見を排して合理的に考えれば、話は逆になる。マーラットは一八九九年に発表したハワードとの共著論文の中で、こう記している――「それは日本から米国に輸入されるより先に、米国から日本に輸入されたものだと考えたほうが自然である」[10]

ところがその翌年、ついにナシマルカイガラムシが日本原産であることを確認した、とする発表がおこなわれた。この結論に達したのは、スタンフォード大学で助手を務めていた桑名伊之吉であった[14]。桑名は一八歳のとき、ほぼ密航同然でハワイに渡航、二年間ほど農場労働者として働いた後、米国本土に渡った。サンフランシスコの中学で教育を受けた後、コーネル大学を経てスタンフォード大学を卒業、新進の昆虫学者として活躍中だった[15]。

桑名は日本でおこなった調査から、ナシマルカイガラムシが日本に広く分布することを突き止めた。この結果から桑名は、ナシマルカイガラムシが日本の在来種であり、輸入苗とともに米国に持ち込まれたと結論づけたのである[14]。桑名の発表により、ナシマルカイガラムシの起源については決着したように思われた。

だが桑名の調査は、その年、一九〇〇年におこなったものだった。現在のおおざっぱな分布情報だけでは、マーラットの仮説は棄却できない。原産地であると断定するには、もっと細かい情報――たとえば、頻繁に苗が運ばれてくる果樹園だけでなく、他所と苗の行き来のない古い庭園の古木にも付着している等——が必要である。

マーラットは自分が日本に行って、その目で日本が原産地か否かを確かめようと思い立った。もし調査の結果、やはり日本が原産地であるとわかったとしても、調査は無駄にはならない。なぜなら、この害虫の問題を解決する天敵が手に入るからだ。

じつは名和からの手紙には、次のような話も書かれていた。「ナシマルカイガラムシを飼育していたところ、寄生蜂と思われる種が羽化した。また観察によれば、テントウムシ類がその発生を抑えている天敵のひとつである」(10)

もし名和の観察が正しければ、日本でその寄生蜂やテントウムシを捕獲し、米国に導入すれば、ナシマルカイガラムシを駆除できる——ちょうどかつてケーベレが、オーストラリアから輸入したベダリアテントウで、イセリアカイガラムシを駆除したように。

財政難の昆虫局に、資金を頼れないことを誰よりもわかっていたマーラットは、渡航資金は自費で工面すると宣言して、ナシマルカイガラムシとその天敵の海外調査を局長のハワードに申し出た。この提案はすぐ承認され、農務省の正式な調査官の立場で調査にあたることが認められた。農務長官と国務長官は、外国の政府関係者と自国の外交官や領事に宛てた書状を、マーラットのために作成した。

ハワードが昆虫局の予算から多少の支援をしてくれたものの、旅費はほぼマーラットの自費だった。もっともマーラットには、かえってそのほうが自由な旅の時間を使えて都合が良いという理由があった。じつはこの旅行、妻のフローレンスとの新婚旅行を兼ねていたのである。(16)

当時米国ではカリフォルニア州を中心に、日本人を含むアジア系移民に対する差別と排斥運動が始まっていた。しかしその一方で、白人上流階級を中心に空前の日本文化ブーム(ジャポニズム)が起きていた。[17] だから、新婚旅行の行き先が日本というのは、冒険心と好奇心にあふれる二人の刺激的な思い出づくりには、格好の選択だったのだろう。

一九〇一年二月二三日、マーラットは妻フローレンスをともないワシントンを出発、その二週間後サンフランシスコから蒸気船に乗り込んで、一年に及ぶ夫妻の旅が始まった。目的地は日本。それに加えて中国といくつかのアジアの国々も訪れる計画だった。[16]

日本への途上、マーラット夫妻は中継地のハワイで下船し、ホノルルに一〇日間ほど滞在した。この期間に、マーラットはたびたびハワイ砂糖生産者協会にケーベレを訪ねて話を聞き、これからやろうとしているナシマルカイガラムシの由来探索と天敵導入による防除について助言を受けた。またケーベレの指導により進められている天敵導入による害虫防除事業を視察した。

さて、ケーベレ訪問や事業視察のほかは、ハワイ州政庁を訪ねたり、一八八九年に設立されたビショップ博物館を見学したり、パンチボウルの丘に登ったりと、のんびり時を過ごしてから、いよいよ日本に向けて旅立つ日がやってきた。

三月二二日、マーラット夫妻を乗せた快速豪華客船アメリカ丸は、ホノルルを出港すると、一路横浜を目指し、太平洋を西へ、快調に走り出した。[16]

異国の旅

「あらゆるものが不思議な体験で、まるで別の惑星に降り立ったかのようだった」――四月二日、横浜に到着し、初めて日本の地を踏んだ時のことを、マーラットはこう日記に書き残している。[16]

その日、夫婦はさっそく人力車に乗って横浜の街を探索、元町百段の茶店で初めて本格的な日本料理を味わった。それからの一週間、東京のアメリカ公使館や日本の農商務省を訪問した以外に、夫婦が経験したことは何かというと——

東京の桜祭りに参加。四十七士の墓や芝公園、寺院などを見学。帝国ホテルで昼食。桜が満開の上野公園で花見。芝公園の勧工場や商店街でショッピング。夜は夫婦で人力車に乗り吉原を見物。

野毛山公園でお花見、神社と寺を見学、茶店で昼食、横浜の街でショッピング——七宝細工、木彫り、漆器など購入。劇場で切腹と喜劇を鑑賞。

鎌倉に小旅行——大仏や鶴岡八幡宮を見学後、鎌倉海浜院ホテルで一泊。翌日、由比ガ浜で地引網を見物、親切な漁師たちと交歓、彼らと日本のビールを飲む（なかなかいける！と日記に記す）。

上野公園でお花見、不忍池と寛永寺を見学。精養軒で昼食。満開の桜の下、華やかに着飾ったたくさんの花見客や、赤毛氈敷きの縁台、茶店、屋台で賑わう隅田川提・向島でお花見。東本願寺と浅草寺を見学。お菓子、土産物、仏像など無数の商品で混沌としたたくさんの小店が並ぶ仲見世を散策。

築地で朝のショッピング、足袋を購入。午後は市川團十郎の歌舞伎を鑑賞。

——等々といった具合で、調査には程遠く、夫婦で観光と桜の花見に興じるばかりであった。新婚旅行なので、当然と言えば当然なのだが。しかしマーラットが日記に綴ったこの旅行の様子には貴重な記録が多く含まれているうえに、彼と日本の因縁（本章の後半でとりあげる）について考えるうえで興味深い材料にもなるので、以下少し詳しく見ておく。

四月一一日になって、ようやくナシマルカイガラムシの調査活動が始動した。東京西ヶ原（現・北区滝野川公園）の農事試験場を訪れ、堀健（ほりすぐや）ら昆虫学者と会った。堀はコーネル大学などに留学経験があり英語が巧みだったので、マーラットの通訳を引き受けた。その後、東京帝大に立ち寄り、生物学教授の渡瀬庄三郎を訪ねた。渡瀬はジョンズ・ホプキンス大学で学位を取り、シカゴ大学教授を務めた後、この年ちょうど帰国したばかりだった。渡瀬はマーラット夫妻と上野公園で昼食をともにしたり、彼らを日本橋の三井呉服店へ案内したり、ホテルで夕食の席を囲むなど、親交を深めた。

数日後、マーラットは渡瀬、堀とともに農商務省を訪れ、農商務次官の藤田四郎ら省高官と面会した。彼らはマーラットの調査目的の重要性をすぐに理解し、強い関心を示した。それからわずか三日のうちに、藤田は農商務省の各部局から資金を確保し、マーラット夫妻の西日本をめぐる四〇〜五〇日ほどの旅に、補佐役兼通訳として堀を同行させることを決めた。

西日本への出発までの期間、マーラットは西ヶ原の農事試験場や東大の小石川植物園をたびたび訪れた。東京帝大教授で、桜の研究で知られる植物学者、三好学とも会い、昼食をともにしつつ、日本の植生について三好から説明を受けた。また三好の案内で、小石川植物園を調査したが、ナシマルカイガラムシは見つからなかった。

しかし駒場の農学校を訪ねたとき、教授の佐々木忠次郎が日本のいくつかの県から集めたナシマルカイガラムシの標本を見せ、「このカイガラムシは日本では一般にまれだが、時に大発生して梨を枯らすことがある」と話した。

マーラットは、すでに日本に優秀な昆虫学者が多数育っていることを把握していた。佐々木、渡瀬や、札幌農学校の松村（当時ドイツ留学中）はもちろん、名和や高千穂宣麿（たかちほのぶまろ）のように民間の研究施設を設立した昆虫学者のこともよく知っていた。この翌年、帰国して高千穂の実験所に職を得るスタンフォード大学の桑名は、カイガラムシの研究ですでに米国でも著名であり、日本の昆虫学が目覚ましい勢いで進歩していることを、マーラットはいくつもの記事や報告に書き留めている。

さて、調査と観光に勤しむマーラット夫妻に驚きの知らせが来た。浜離宮で開催される、皇室の観桜会（現在の春の園遊会）に招待されたのである。よほど印象に残ったのか、マーラットは観桜会に出席したときの様子を克明に記録している。――「天皇、皇后両陛下と侍従の方々が登場し、砂利道をゆっくりと歩きながら、表向きには満開の桜や並木道を眺めつつ、しかし実際には、日本人や外国人の招待客の頭上を見渡すことはほとんどなく、時折、威厳をもってうなずいていた……招待客は、皇室一行の席に向かいあう、小さなテーブルに自由に着席し、食事やワインが振る舞われた。食膳の間や後で、帝国のさまざまな名士が恭しく皇室のテーブルに近づき、天皇陛下の個人的な挨拶を受けた」

この観桜会には、著名な神経学者で作家のウィアー・ミッチェルも招待されていたが、その様子を「彼はほかの人たちと違って、天皇陛下に長々と語りかけ、立ちっぱなしの天皇陛下を困らせていた」と記している。

四月二三日、マーラット夫妻と堀は、西日本への旅に出発した。東海道線の車窓からは、雲に隠れて富士山の頂は見えなかったが、山麓の森林地帯を抜けると、水田と麦や菜の花畑の景色がよく見えた。時折、列車は海沿いを進み、漁業の様子を垣間見ることができた。

最初の調査地、静岡に到着すると、人力車で宿泊先の葵ホテルに向かった。ここは徳川最後の将軍・慶喜の邸宅を買い取り、ホテルにしたものである。マーラット夫妻には三つの部屋が用意され、そのうち応接室はかつて将軍が使っていた部屋だった。床の間などの壁は、緑色など自然な色の砂壁で、屏風、畳も最高のものだった。

ちなみにその元将軍・徳川慶喜は、彼らが訪れたときには一般市民になっていて、自転車の練習をしているところが見物人の笑いを誘っていた、とマーラットは記している。

静岡は柑橘類の栽培が盛んであり、マーラットは興津にある農事試験場の研究員の案内で、果樹園を中心に調査をおこなった。久能山東照宮では、表参道の千段を超える石段を登り、社殿のところまで来ると、そこに梅の古木がたくさんあるのを見て、カイガラムシを探すことにした。神社から配られた甘酒や徳川家の家紋入りの飴で疲れを癒しつつ調査をおこなったが、土着の種は生息していたものの、ナシマルカイガラムシは見つからなかった。「樹齢や庭の孤立性を考慮すると、ナシマルカイガラムシが生息しないことは重要な意味をもつ」と彼は書いている。

静岡を発ち、次の訪問地、岐阜に到着すると、駅ではマーラット夫妻を名和とその弟子たちが出迎えた。彼らに案内されたのは、由緒ある旅館の、六部屋を備えた賓客用の別棟であった。岐阜の街の印象をマーラットは、いまなお西洋の野蛮さに侵されていない内陸の都市、と表現している。

マーラットと堀は、名和が一八九六年に開設した名和昆虫研究所を訪れた。

「中庭を囲む建物の中に、実験室、作業室、博物館などからなる昆虫学専門の研究所が設立されている。ここでおこなわれている名和氏自身の研究も、所員たちの応用昆虫学や昆虫分類学の研究も、最も信頼できるものであり、米国の農業大学や試験場の研究と比較しても、遜色ないレベルである」と、この私設の研究所を、マーラットは高く評した。

研究所では名和や所員と昆虫学や害虫防除の議論をおこない、収集資料や研究の様子を視察した。なおマーラットは帰国後、*Entomological News* 誌に「日本の一流昆虫学者たち」と題する記事を掲載し、その中でこの研究所を詳しく紹介している。[18]

名和は夫妻を食事に招き、親交を深めた。名和からイナゴやコオロギをはじめ多彩な昆虫の料理を供され、その調理法も学んだ。イナゴについて、「日本で最も一般的な昆虫食は、ロッキートビバッタとほぼ同じ大きさのバッタである」と記している。イナゴの粉末でつくった菓子を米国に送り、昆虫学者たちに試食させたところ、たいへん好評だったという。

名和家は家族ぐるみで昆虫研究に勤しんでおり、特にひとり娘のタカは、父の研究を補佐し、雑誌などに掲載する精密な挿絵も描く、とマーラットは記している。彼女が描いたさまざまな昆虫のスケッチに感銘を受けたマーラットは、スケッチのいくつかを貰い、お返しに後でウィンザー&ニュートン製の最高級の水彩絵具セットを送ったという。

岐阜に滞在中マーラットは、岐阜市内の教員や中学校（旧制）生徒五〇〇人と、研究所員らを前に、米国の応用昆虫学について講演をおこなった。また、市内で開催中の農商務省主催の博覧会に参加して、日本の園芸や農業について情報収集をおこなった。

岐阜県知事の川路利恭(かわじとしあつ)からは、マーラットとフローレンスそれぞれに料亭での夕食会への招待状が届いた。夫妻にはこの伝統的な座敷での宴会形式の晩餐が非常に新鮮で楽しかったようで、マーラットはその詳細な記録を残している。日本の宴会のルールやマナー、酒の飲み方、お酌とお酌まわりの仕方、酒に強いことの意義、上座下座などのルール、各料理、酒、芸者に至るまで、事細かに説明を書き残している。宴会の前に振る舞われた抹茶や、茶道についての記述もある。宴の終盤には主賓とホストがスピーチをする習慣がある、とも記している。ちなみに、知事の川路は流暢なフランス語を話していたという。

マーラットにとって川路はよほど印象に残る人物だったらしく、川路が説明した一八六八年の革命（明治維新）、一八七七年の内戦（西南戦争）、そして西郷隆盛の話などを、詳細に書き留めている。西郷隆盛については、内戦（西南戦争）で旧来の勢力からなる反乱軍を束ねた将で、敗退して自害したが、優れた改革者として、また革命（明治維新）の功績により大きな尊敬を集めている、と記し、敵の総大将なのに敬愛されるという顚末に、かなり驚いている。

ちなみに宴は実に素晴らしく、食事も最高だったにもかかわらず、川路のスピーチが「粗末な食事と宴席しか用意できず、誠に申し訳ない」と謝罪に終始したことにマーラットは興味をもち、自分がした贈り物やもてなしを卑下して謝罪するのが日本の習慣なのだ、と記している。

さて、五日間の滞在ののち、礼状を名和、川路らに送ってから、マーラット夫妻と堀は岐阜を出発、京都に向かった。

京都御所での調査は許可されなかったが、西本願寺や金閣、知恩院、北野天神など見学し、庭園の古木でカイガラムシを調査した。茶道を体験し、夜は都をどりを見物するなど夫婦で京都観光も楽しんだ。琵琶湖にも足を延ばし、三井寺を訪れた。しかしナシマルカイガラムシはわずかに1匹、幼体を見つけただけであった。

京都の次は、奈良のいくつかの古刹で老木を調べた後、大阪を訪れ、大阪城で調査をおこなった。ナシマルカイガラムシは、寺などの老木にはまったくいなかったにもかかわらず、大阪城内のごく最近植栽された桃の木上には、点々と見つかった。

次の訪問地、岡山では、後楽園の広大な庭園で、調査をおこなった。桜や桃の老木から在来種のクワシロカイガラムシを採集し、ロウカイガラムシ属の一種を園内の茶畑で見つけたが、ナシマルカイガラムシはやはり見つからなかった。

岡山でマーラットは果樹園の所有者から、当時の害虫駆除法を聞き出している。桃や梨のカイガラムシを駆除するため、冬季に幹や枝をくまなく調べ、竹製のヘラで木の表面を徹底的に擦り、塩水で洗浄するという方法である。この作業は女性たちがおこない、一日に約30本の木をきれいにすることができる。「安い労働力が使える日本では、この方法は間違いなく安価で、かなり効果的である」と記している。

岡山まで来ると、もう西洋の影響を感じることはほとんどない、とマーラットは述べている。食事にもおおむね満足し、日本の生活にもずいぶん慣れた夫妻だったが、それでも彼らを悩ますものが二つあった。ひとつは茶代（チップ）の習慣、もうひとつは蚊の多さだった。蚊が感染症を媒介することを、当時の日本人は十分認識していなかった。ただし、おかげで蚊の防除研究を始めていた上司ハワードのため、労せずして蚊のサンプルを集めることができた。西日本で採集した多数のハマダラカ属の標本を、ハワード宛に送付したという。

彼らの旅は西へと続き、途中、宮島に立ち寄って厳島神社を見学した後、裏手の山で、桜などの樹上でクワシロカイガラムシなど多種のカイガラムシを採集した。

次に徳山からは船で下関を経て九州の門司に渡った。当時の九州鉄道を利用し、門司から鳥栖を経て、さらに西に向かうと、列車の車窓からは、違う作物で彩られた畑や点在する森が、丘の上まで美しい市松模様を描いているのが見えた。長い鉄道の旅を終えて長崎に着いたのは、五月九日の夜であった。

翌日彼らは鹿児島行の船に乗った。船には長崎から鹿児島に戻る一五〇人の中学生が同乗しており、学校で学んでいる英語を試したくてたまらない学生たちに、ずっと密に取り囲まれていた。

十数時間後、船は湾に入り、右舷に桜島を見ながら、鹿児島港に到着した。マーラットは人力車に乗り、県庁を訪問した後、堀とともに県の農事試験場を訪れた。そこで、最近東京から取り寄せたという梨の苗木上に、大量のナシマルカイガラムシを見つけた。その苗は米国産の品種を接ぎ木したものだった。一方、近隣の果樹園や庭園の古い梨や梅の木には、ナシマルカイガラムシはまったく見られなかった。これは、ナシマルカイガラムシが米国から日本に持ち込まれた可能性を示していた。

市内の庭園でも、桜の、やはり若木にナシマルカイガラムシを発見した。その後、彼らは桜島に渡って果樹園を回り、柑橘類からヒメクロカイガラムシやミカンナガカキカイガラムシなどを採集している。

鹿児島に戻ったのち、彼らは西郷隆盛と戦死した薩軍兵士の墓所を参拝した。「そこは西郷が最期を迎えた場所と思われる高台にあり、鹿児島の街と湾、そして遠くに桜島を見渡すことができる……日本の紳士たちが墓に近づき、帽子をとり、頭を下げて祈りの言葉をつぶやくのを見て、非常に心を動かされた」とマーラットは記している。

彼らはのちの時代に桜島の噴火で消滅する（旧）有村も訪れた。そこの海岸には温泉があり、人々が入浴している様子を綴っている。ただし、ここに限らず日本式の入浴には抵抗があったようで、そうしたプライバシーのない習慣を「エデンのような無邪気さ」と表現している。

船で長崎に戻り、長崎市内の果樹園の調査を終えると、マーラット夫妻と堀は次に熊本を訪れた。市内の水前寺公園で多種の昆虫を採集したのち、熊本農学校と農事試験場を訪れて養蚕を見学し、先進的な日本の養蚕研究に感銘を受けている。また、そこでふたたび本州の種苗場から最近運ばれてきた苗木だけにナシマルカイガラムシが付着しているのを見つけた。

五月二〇日朝、熊本を発ち、鉄道で北に向かい、その日の午後、博多に到着した。彼らは人力車に乗り、「そこからとても美しい海が見える」と記した筥崎八幡宮と、「そこからの街と湾の眺めは、ほかのどこよりも壮麗」と記した西公園を訪れた。またもやそこで、本州の種苗場から二、三年前に送られた若木に、ナシマルカイガラムシを見つけた。また、これを捕食しているヒメアカホシテントウ——黒い上翅の左右にひとつずつ、日の丸のような赤い紋のある小ぶりな種——を見つけて採集した(図7-2)。

翌日は昆虫学者の男爵・高千穂の案内で、太宰府を訪れた。太宰府天満宮に祀られる菅原道真について、「この地に追放され亡くなった後、神格化され、書道の神として崇拝されている」と記している。

九州探訪を終えた夫妻と堀は、「美しい島々と海岸の眺めが、非常に心地よい」「海の向こうに雲や霞を通して本土の山々が浮き上がる景色は、絵のように美しい」とマーラットが絶賛する瀬戸内海の船旅から、鉄道を乗り継ぎ、神戸に着いた。

兵庫県農事試験場長・小野孫三郎の案内で、神戸近郊の大きな種苗場も訪れた。そこでは果樹苗の大半が、ナシマルカイガラムシに寄生されていた。やはりこうした種苗場が、その拡散源になっていたのだ——マーラットは、ナシマルカイガラムシが日本原産でないことを確信する。

次の目的地は四国である。もうこのころには、マーラットは旅に慣れ、日本語も上達して、堀の通訳は必要ないと思うようになっていた。

彼らは船でまず淡路島に渡り、島内のミカン畑を回ってカイガラムシとテントウムシを採集した。途中、陶芸家の家を訪れ、お茶を頂き、素晴らしい陶器の作品を見せてもらった、と記している。

淡路島で見た農村の光景——非常によく手入れされた畑や、丁寧な刈り取り作業、収穫後の大麦、小麦の束を男女が天秤棒の先にぶら下げたり、馬の背に括りつけたりして農家の前の空き地に運び、殻竿

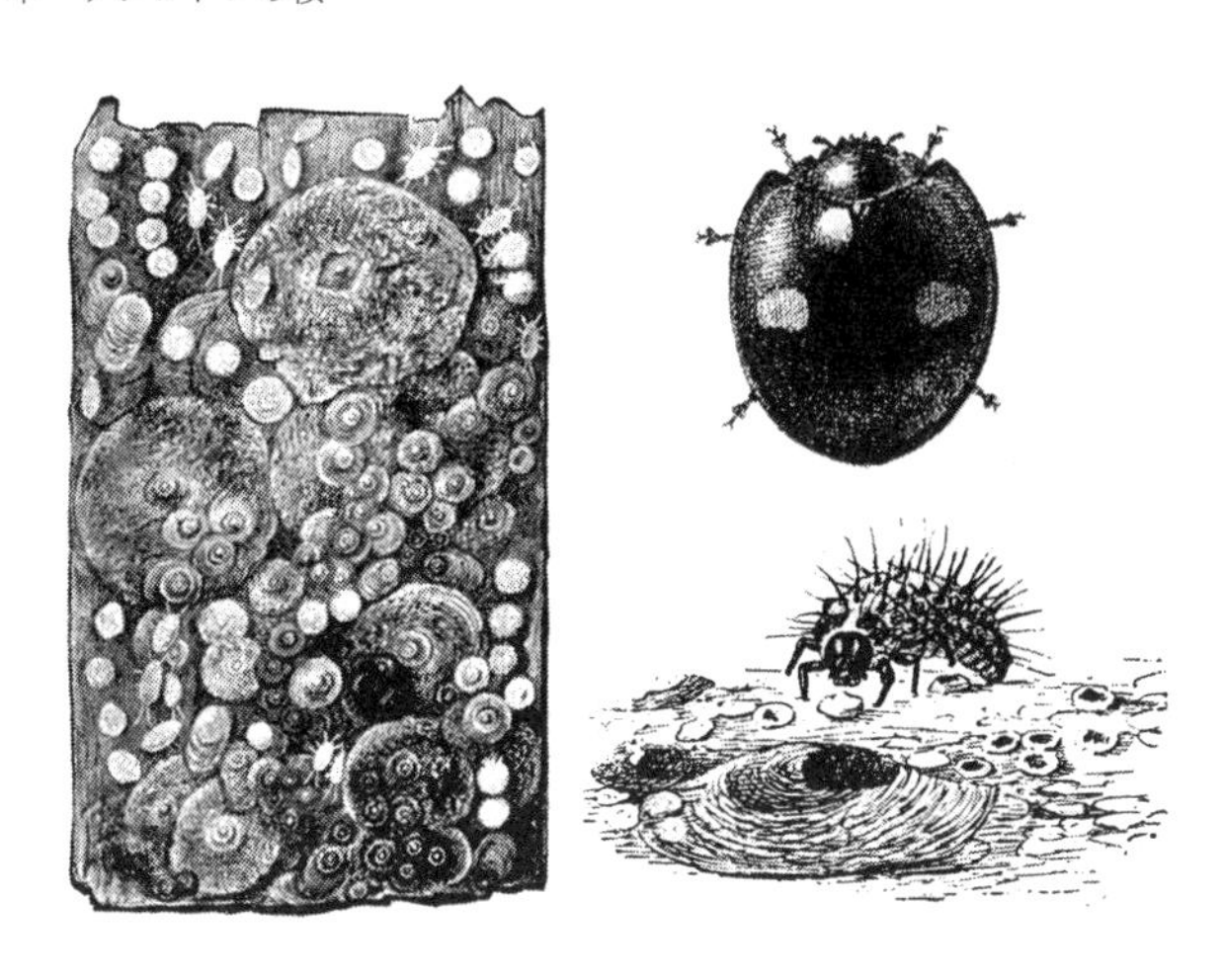

図7–2　チャールズ・マーラットが描いたナシマルカイガラムシとヒメアカホシテントウ．左：樹木に付着するさまざまな成長段階のナシマルカイガラムシの群れ，右上：ヒメアカホシテントウの成虫，右下：ナシマルカイガラムシを攻撃するヒメアカホシテントウの幼虫．［Marlatt, C 1906. "The San Jose or Chinese scale," *Bull. U.S. Bur. Ent.* 6, USDA より］

で打って脱穀している様子――をマーラットは記録に残し、その仕事の丁寧さこそ、この国の穀物の収穫量を高めている理由である、と綴っている。

また、「手が空いているときはとても親しみ深く、好奇心旺盛で、すぐわれわれに近寄ってくるほどなのに、仕事中、作業中は、われわれに対してまったく無関心で冷淡」――農民や職人が示すこうした二面性に、マーラットは強い興味を抱いたと記している。

彼らは船で鳴門海峡の渦潮を見物してから（当時、軍が要塞を建設中で、カメラの所持や、要塞を指さすことは禁じられていたという）、徳島県の撫養港に到着した。そこから徳島まで人力車でたどり着き、一泊して寺社や城跡で調査したのち、人力車で高松に向かうことにした。

瀬戸内海を臨む壮大な景色を目にしつつ山道を登り、時に急坂を徒歩で進んだ。美しい谷間を辿り、峠を越えると下り坂となり、やがて麦と藍の畑が広がる土地に出た。丘の頂まで金色に輝く麦で彩られた段々畑が続き、小さな神社や池が点在していた。しばらく進み、海に面した白鳥村に着いたところで、素朴だが奇麗な旅館を見つけた。

彼らはそこに宿を取ったが、マーラットはこの質素な旅館が非常に気に入っていた。「清潔で整然としていて、部屋からは、瀬戸内海を背に壮麗な松林や公園を見渡すことができる」と記している。しばしの休憩後、夫妻は海岸と近くの白鳥神社を訪れた。マーラットは、神社と村の名前について、「この神社に祀られている日本で宗教上の意義をもつ鳥、白鷺に由来する」と記し、「白鳥神社への入り口は、海側からも道側からも、巨大な石の鳥居で示される。……神社を囲む古代の森は、手つかずの状態で保存され、素晴らしい美しさである」と称えている。

さらに彼はこうも述べている。「日本を旅していると、誰もがすぐに樹木の神聖さに気づかされる」旅館に戻ると、おいしい夕食を楽しみ、夜は桜の花の絵柄をあしらった蚊帳に守られて、心地よい一夜を過ごした。

翌日は雨で、夫妻は旅を中断し、旅館で過ごすことにした。朝食には、旅館の主人と従業員全員が同席した。彼らは、夫妻へのもてなしに何か問題点がないか、いつも気にかけていたという。マーラットによれば「皆、とても愛想がよく、気さくで、初めて見た米国人に興味津々だった。小扇(こせん)という一番小さな女中は、私たちに敬意を表して最高の衣装を身にまとい、唇をルビーのように赤く染め、小さな顔に化粧をして、三味線の伴奏と唄に合わせてとても可愛らしい舞いを見せてくれた」

その日、堀はずっと自分の部屋で寝ていて姿を見せなかった。マーラットは朝食後、雨の中を散歩して神社に行ってみることにした。降りしきる雨の中、境内を見学し、生えている植物を見ていると、宮司が同情して彼を家に招きお茶を入れてくれた。ほかにも六人の神職者が来たので、マーラットは彼らに旅の目的と範囲を大雑把に説明した。すると彼らは神社の中を案内し、大太鼓や装飾品、額縁入りの絵など、普通なら見ることのできない内部の様子を見せた。マーラットは「彼らの方も興味津々で、私を解放するのは不本意だったようだ」と、記している。

午後、マーラットはふたたび散歩に出かけ、海辺や森、桑畑を一通り見た後、宿へと続く道を歩いていると、彼を呼ぶ声がする。振り向くと、朝、舞いを披露した小扇が必死に彼を追いかけてきた。彼女はマーラットが道に迷うのではないか、ケガをするのではないか、と心配したのである。そこで彼女といろいろ話しながら歩くうち、マーラットは植物や農業、庭園について多くの価値ある情報を得ることができた。彼はこう記している。「思いやりのある彼女はとても聡明で、私の少ない語彙と下手な言い回しにもかかわらず、ほとんど瞬時に意味を理解してくれた」

宿に向かう途中、彼らは大きな牛に出くわした。そのとき危険を感じた小扇は、マーラットを必死で守ろうとした。彼はそれを、小扇がもつ強い責任感と自らの職務への忠実さの表れと解釈し、強く印象に残ったことを記している。

旅館に戻ると、マーラットはフローレンスを連れ出し、小扇に加え、朝、三味線と唄を披露した女中も一緒に、散歩をすることにした。賢い彼女たちから農作業などの説明を聞き、樹木や作物の名前を教えてもらいつつ、一時を過ごした。夜は、旅館の主人が夫妻に毛筆のレッスンをした。「自分の名前や仕事の内容などを日本語で書かなければならない私にとって、とても有益だった」とマーラットは記している。

翌日、天候が回復。夫妻たちは別れを惜しみつつ、小扇を含めた旅館の人々の「さようなら」の大合唱の中を出発、旅を再開した。

　彼らを乗せた人力車は、やや内陸の道を行き、いくつかの川を渡った。山裾には水田が広がり、神社や寺とそれを取り囲む森が点在し、棚田の斜面では繁茂する草を牛が食んでいた。集落の家々では、竹の棒に結ばれたたくさんの鯉幟が、風に乗ってはためいていた。少年、特に少女たちは、夫妻らの一行を見ると皆近寄ってきて、ずっと一緒についてきた。すべてが、「絵のように美しい光景だった」と記している。

　その日の夕刻、彼らは高松に着いた。

　市内の栗林公園や、金刀比羅神宮を見学、観察したのち、地域の農業関係者に取材するなどして、四国での最後の調査を終えた。四国では至るところにクワシロカイガラムシがおり、また多種の在来のカイガラムシを採集したが、ナシマルカイガラムシは苗が最近持ち込まれた場所以外では見つからなかった。

　四国の旅を終えた一行は、船で神戸に戻った。予定していた調査がほぼ終了したことで、堀は夫妻と別れ、先に東京へ戻った。

　夫妻は京都で銀閣や南禅寺、清水寺、平安神宮、金戒光明寺などを見学した。東本願寺では、信徒に混じって広間に座り読経を聞いた――その雰囲気や声の印象、精神面に及ぼす効果が、キリスト教牧師の祈禱とそっくりである、と記している。観光と同時にショッピングに励み、着物や足袋、袱紗、織物、陶器、根付、盃、並河靖之の七宝花瓶など諸々購入、ただし京都は観光地のせいか、法外な値段を吹っ掛けられたり、紛い物を押しつけられたりすることが多い、と苦情を述べている。

　次は岐阜にふたたび立ち寄り、再会した人々と親交を深めたり、採集品の種同定のため、名和が収集した標本を閲覧したり、木曽川に鵜飼の見学に行ったりした。

その後、完全に新婚旅行モードの夫妻は、名古屋を経由して伊勢を訪れ、二見浦（ふたみがうら）で荒縄に結ばれた夫婦岩を眺めた。それから伊勢神宮を参拝し、その由来や歴史、位置づけ、式年遷宮の行事、仏教と神道との関係や、日本の宗教の実情を日記に綴っている。

現在の神道は、古事記・日本書紀の神話が基礎にあり、イザナキ・イザナミの国生みを経て生まれた皇室の祖神アマテラスを祀るのが伊勢神宮である、と述べている。その一方で、次のようにも記している。「本来神道は厳密には宗教ではなく、祖先への敬意と崇拝であり、穏やかな自然崇拝と組み合わさったものだ。……天と地、すべての自然のなかに神は現れている——つまり、神と自然は一体なのである」

六月二五日——東京への帰路、夫妻が乗った列車は、静岡を過ぎ、富士山の麓にさしかかっていた。その日は素晴らしく晴れていて、車窓から富士山の美しい姿がはっきりと見えた。山にはまだかなりの雪が残っていた。

午後七時ごろ、そろそろ御殿場というあたりでのこと。地平線から天空まで、彩を変えながら広がる夕焼け空を背景に、雪を頂いた富士山が神々しく聳え立っていた。マーラットはこう書き留めている「いままで見た夕日の中で、最高の夕日のひとつだった。この光景を忘れることは今後けっしてないだろう」(16)

さまざまな人や文化、自然との幸せな出会いと豊かな交流の日々。ところがそんな彼が、いずれ外来生物の検疫をめぐって、思いもよらぬ役回りを日本に対して演じる機会が来ることになる。だが、それはまだ少し先の話だ。

悲しい成功

西日本の探索を終えた後、しばらくの間マーラットは横浜を拠点に、採集記録の整理、情報収集、米国への昆虫標本や生体の輸送に時間を費やした。農事試験場の協力で、過去の苗の輸入記録を調べ、横浜にある種苗業者を訪れて、扱っている植物の種類、輸出入取引の記録、苗に寄生するカイガラムシの有無などを調べた。こうした調査から得られた情報と、西日本の調査結果から彼が導いた結論は、日本のナシマルカイガラムシは米国から持ち込まれた、というものだった。

米国から日本への植物の輸出は一八七〇年ごろから始まり、一八七五年にはカリフォルニア州からレモンやホップなどの苗が大量に送られ、一八七六年にも3600本のリンゴなどの果樹が米国から送られている。その後も多くの果樹が送られていることから、苗に付いて日本に渡った可能性は高いと考えられた。彼はさっそくこの結果を論文にまとめ、農務省の紀要に発表するため、原稿をハワード宛てに送った[19]。この論文はすぐに出版されたが、論文を読んだ桑名とその同僚は、マーラットの調査結果に納得せず、その考えを厳しく批判するコメントを残している[20]。

さて、多彩な人々との交流も、マーラット夫妻の貴重な時間だった。渡瀬と再会して自宅に招かれたほか、東京帝大教授の箕作佳吉とたびたび会い、自宅に招かれ、真珠養殖などの話のほか、日本人の思想や習慣、宗教観について詳しく話を聞いた。箕作に強い感銘を受けたことを、のちに記している。

マーラット夫婦は、女子英学塾（現在の津田塾大）の設立を進めていた津田梅子の自宅も訪れている。日本の女子教育について津田と延々と議論した、と記している。また親日家で、のちに日本の桜をワシントンに植えることを着想した人物のひとり、エリザ・シドモアと会っている。シドモアはフローレンスを誘い、人力車で観光に出かけた。またシドモアはマーラットに、感染症を媒介する日本の蚊の問題に関心があると語っている。

ところで、マーラットは日本人がコオロギやキリギリスなど、鳴く虫を好むことに注目している。夏になるとどの家でも、鳴く虫を竹製の小さな籠に入れて飼っているので、街のどこからでも虫の音が聞こえる、と記している。夜、ある通りを歩いていたとき、彼は説明のつかないような大音響を耳にした。何かと思って見てみると、業者の店先で客寄せに、さまざまな種類の昆虫が何百匹も一緒に騒々しく歌っていたという。

その中で彼が「最高の歌い手」と評価したのは、スズムシとクツワムシであった。クツワムシの鳴き声は、非常に大きくて、古いミシンがガラガラいうような音である、と表現している。彼はスズムシとクツワムシを購入して、それぞれ竹籠に入れて飼っていたが、夜、音がうるさくて眠れず、籠を部屋の外に出さざるを得なくなり、結局、虫は日本人の友人に進呈したという。ただし竹籠は米国に持ち帰った。

七月の横浜と東京の高温多湿に辟易したマーラット夫妻は、避暑も兼ねて日光に行くことにした。鉄道で宇都宮を経由して、日光に到着。金谷ホテルに宿をとると、東照宮を訪れ、さらに人力車で中禅寺湖や華厳の滝まで足を延ばした。「自然と日本の工芸が生み出した美しい夢」――マーラットは日光をそう形容する。

中禅寺湖が気に入った夫婦は、湖畔のホテルで過ごすことにした。マーラットは馬に跨り、フローレンスは人力車に乗って、山道を辿った。二人でボートに乗って湖にこぎ出し、散歩をし、ホテルでくつろいだ。確かに若い二人にとっては、夢のようなひとときであっただろう。それから昆虫採集をしたり(もちろんナシマルカイガラムシはいない)、ハワードとケーベレ宛てに手紙を書いたりして、三週間が過ぎた。

東日本の調査旅行に向かう時が来た。農商務省はふたたび堀を同行させると提案した。マーラットはかなり日本語を習得し、旅にも慣れたので、堀の支援や通訳は不要だと思ったが、好意を受け入れることにした。もっともそれは堀も感じていたようで、西日本の旅の時とくらべると、堀の対応はかなりあっさりしたものだった。

八月一三日、夫妻は日光を発ち、仙台で堀と落ち会ってから鉄道で青森まで行き、船で津軽海峡を函館へと渡った。函館八幡宮を訪れ、数千の提灯が灯された街の夜景を眺めた後、船で室蘭へ向かい、そこから原野を鉄道で抜けて、札幌に到着した。マーラットは街の印象を、「初期のワシントンのようだ」と述べている。夫婦が宿泊したのは、豊平館の貴賓室だった。

まず札幌農学校を訪れて、校長の佐藤昌介から北海道の歴史や自然の説明を受けた後、農場や果樹園を視察した。道庁を訪問後、市内の果樹園や円山公園で調査したが、ナシマルカイガラムシは見かけず、カイガラムシ相自体が貧弱で、おそらく寒冷な気候のためであろう、と推測している。

帰路は小樽から船で函館を経て、青森に戻り、そこから弘前、盛岡と周って、各地の果樹園や庭園、農事試験場などで調査をおこなった。

マーラットは特にリンゴに注目していた。東北地方のリンゴは、日本が開国して以降、米国から輸入された品種がほとんどである。だからリンゴを栽培している果樹園で、より頻繁にナシマルカイガラムシが見つかれば、それが日本原産でなく、逆に米国から日本に輸入されたことを示すことになる。

予想通り、青森と弘前のリンゴ園では、ほとんどのリンゴにナシマルカイガラムシが寄生していたのに対し、古来の桃畑や梅園にはいなかった。また、盛岡の桃の果樹園と樹齢二〇年近い古いリンゴの果樹園では、それは見つからなかった。

麗しい土地――そうマーラットが記した、北上川の谷間へと続く田園地帯を通り、八月二八日、彼らは仙台に戻った。

仙台では、ナシマルカイガラムシは愛宕山や瑞鳳殿の庭園には見られず、樹齢二五－四〇年あるいは一〇〇年という梨の果樹園でも見つからなかったが、若いリンゴの木を栽培する果樹園には多かった。すべて期待通りの観察結果であった。

仙台から常磐線のルートを通り、途中水戸で偕楽園を見学したのち、八月三一日、夫妻は東京に戻った。

マーラットは日本での調査結果を総括し、日本のナシマルカイガラムシは在来種ではなく、米国から持ち込まれたものである、と結論した。彼は、日本に対する「濡れ衣」を晴らしたのである。なおこのマーラットの結論に当初は批判的だった桑名だが、この二年後、より詳細な調査をおこない、マーラットと同じ結論に達している。[21]

しかしこれで新たな謎が生まれた。日本原産ではないなら、いったい米国のナシマルカイガラムシはどこから来たのか――この謎解きが、残りの旅の目的になった。

ところでマーラットの旅にはもうひとつ目的があった。ナシマルカイガラムシの天敵探索である。彼は日本での調査から、ヒメアカホシテントウがこのカイガラムシの有力な天敵だと判断し、生きた個体を餌のカイガラムシとともに米国に輸送した。

それ以外にも、多種の昆虫を採集し、標本を米国に送っているが、そこには後で大きな意味をもつものが含まれていた。それは札幌と日光で採集したマメコガネである。彼はこの甲虫が梅やブドウの葉を食い荒らしていることを確認していたものの、それが農業害虫であるとはまったく認識していなかった。ましてそれがのちに米国に持ち込まれて、深刻な被害を米国の農業に与えるとは思ってもみなかったのである。

九月九日、マーラット夫妻は、日本での最後の旅先――箱根に向かった。鉄道と人力車を乗り継いで、箱根・宮ノ下温泉に到着、富士屋ホテルに宿をとった。それからのおよそ一週間を、箱根での昆虫採集と観光に費やした。芦ノ湖をボートで横断し、大涌谷を訪れ、乙女峠までハイキングをするなど、箱根を満喫して、横浜に戻った。

日本での旅の多くをともにした堀と最後の夕食をとり、残りの標本を米国宛てに送ると、九月二一日、夫妻は上海行の蒸気船に乗り込み、横浜を後にした。

九月二四日、蒸気船は長崎に寄港、夫妻は長崎市内で少々の観光とショッピングをしてから、ふたたび乗船、半年間の日本滞在を終えた彼らを乗せて、船は長崎を出港した。そして「開国以来の三〇年で驚異的な発展を遂げた国。人々はみな友好的で、田舎のホテルでも、道端の農家でも、いつも親しみに溢れた挨拶で迎えられ、あらゆる親切が尽くされる」――そうマーラットが絶賛した日本を、彼らは去った。

「その日、長崎の海はとても静かで、水面はまるで鏡のようだった」と記している。[16]

義和団事件の余波が残る清朝中国では、外国人への反感が強く、自由な旅や、住民との情報交換は困難だった。兵士から銃を向けられたり、敵意をむき出しにした民衆に追いかけられたりと、身の危険に晒された。結局夫妻は、中国での一か月間の旅のうち、天津と北京で過ごした五日間以外は、危険を避けるため、船上を宿泊場所に選んだ。また、安全のため、ほとんどの滞在期間を、ほかの米国人や英国人とともに過ごした。この制約にもかかわらず、マーラットはこの地の調査で大きな成果をあげた。

彼は北京の市場で、中国梨や小玉リンゴ（中国の在来品種）などの果実に、ナシマルカイガラムシが付着しているのを見つけた。市場で売られていた野生種の果実にもそれは付いていた。この市場の農産物は、すべて中国東北部から送られてきたものだった。過去の記録では、この地方に海外から苗が輸入されたことはなかった。

ナシマルカイガラムシは天津の公園の果樹からも見つかった。当時、李鴻章（りこうしょう）が新設したいくつかの果樹園を除き、天津でも過去に海外から果樹が持ち込まれた記録はなかった。ほかの都市の市場でも、このカイガラムシが付いた野生または在来の果実が見つかった。これに対して、長江流域やそれより南の都市では、このカイガラムシは見つからなかった。

一九世紀半ばまで清は中国東北地方への漢人の立ち入りを禁止していたため、この地域の農作物が他地域や国外に持ち出されることはほとんどなかったが、一九世紀後半、清は植民と農地開拓を進める方針に転換し、東北地域の農作物が流通するようになった。そして一八七〇年ごろ、園芸に関心のある宣教師が桃などの苗を持ち出して以来、この地域の果樹が米国に輸入されるようになっていた。これは米国にナシマルカイガラムシが持ち込まれた時期と整合する。

マーラットはついにナシマルカイガラムシの原産地を突き止めたのだ。それは中国東北部から果樹の苗とともに米国にもたらされたものだった。日本のナシマルカイガラムシは、おそらくそれが米国を経由して輸入されたものであろう。[16][22]

夫妻の中国旅行は危険な冒険の旅になってしまったが、調査は大成功だった。彼は謎が解けたことに満足した。

彼は天津などで天敵であるヒメアカホシテントウを見つけて採集し、米国に送った。日本でも見つかったこのテントウムシを米国に導入できれば、ナシマルカイガラムシの発生は抑えられるだろう。目的を達成したマーラットは、妻とともに中国を離れた。残りの旅は、新婚旅行であることを除けば、彼にとって付録のようなものだったかもしれない。

夫妻はシンガポールとマレーシアなどで数日すごしてから、ジャワを訪れ、昆虫採集や観光をしながら、一か月ほど過ごした。次にセイロンに行き、そこで農務省昆虫専門官エドワード・グリーンの協力を得て、カイガラムシの採集をおこなった。グリーンは、その後ヘンリー・トライオンに協力し、オーストラリアのウチワサボテン駆除のため、セイロンからコチニール野生種を導入するのに大きく貢献した人物である。

だが、ジャワ滞在中に妻フローレンスが感染症にかかってしまい、体調が思わしくなかったため、セイロン中部高原の避暑地でしばらく療養することにした。

約一か月後、彼らはセイロンを離れ、帰国のため西に進路をとった。途中、エジプトで三週間ほど過ごしたのち、地中海を通り、大西洋を横断して、一九〇二年四月、ニューヨークに到着しワシントンに戻った。[16]

フローレンスの病状はジャワで感染して以来、大きくは改善せず、米国帰国後に治療を受けても治癒しなかった。それどころか病状はさらに悪化、彼女は次第に弱っていった。そして一年後、彼女はこの世を去った。[6]

マーラットは調査目的を達成できたが、彼らの新婚旅行は悲しい結末で終わった。

最愛の妻の死に接して、彼の外国観は根本的に変わった――そう見立てる科学史家もいるほどの痛ましい幕切れであった。

友好の証

さて、マーラットが日本を訪れる一〇年ほど前――ちょうどマーラットがカンザス州立農業大学から農務省に移った一八八九年に、同じカンザス州立農業大学の卒業生がもうひとり、農務省に入省している。農務省植物病理部門の植物学者として着任した、デヴィッド・フェアチャイルドである。彼はマーラットの少年時代からの親友だった。[23][24]

一〇歳のとき、大学学長に就任した父の赴任先のカンザスに移り住んだフェアチャイルドは、そこで五歳上のマーラットと出会った。二人はともに自然や生き物が好きで、すぐ親しくなった。当時のフェアチャイルドは、マーラットの弟のような存在だったらしい。

一八八七年、大学生だったフェアチャイルドに、人生を大きく方向づける出来事があった。英国の進化学者、アルフレッド・ウォレスがカンザスを訪れることになり、そのとき助教授だったマーラットが、ウォレスの講演会を企画したのである。[25]

「ダーウィニズム」と題されたその講演に、フェアチャイルドは強い感銘を受けた。その後ウォレスは、学長だった父の客人としてフェアチャイルド家に招かれたという。この経験がフェアチャイルドに多様な動物、豊かな植物に溢れた熱帯、特に東南アジアへの強い憧憬を抱かせることになった。[26]

こんな経緯もあり、二人は同じく生物学を志し、アジアへの関心を抱き、同じ大学で学び、同じ農務省に職を得た、無二の親友であった。フェアチャイルドの結婚式では、マーラットが新郎フェアチャイルドの付き添いと世話役の代表を務めるほどだった。ただし、二人の進路には違いも生じていた。それはフェアチャイルドが植物学を、マーラットが昆虫学を専攻したことである。[23][24]

フェアチャイルドは四年ほどで農務省を退職し、欧州で菌類の研究に従事していたが、イタリアで旅行家バーバー・ラスロップと出会い、植物探検家になるよう勧められた。それ以降、フェアチャイルドは、ラスロップとともに有用な植物を求めて東南アジアをはじめ、世界の熱帯地域を探検するようになった。そしてさまざまな熱帯植物を米国に持ち帰った。[26]

順化協会の設立によって加速した、有用な動植物を海外から輸入し、定着させようという活動は、米国ではまだ勢いを保っていた。フェアチャイルドはこの順化活動を植物で強力に推し進めたのである。彼の使命は、世界中から輸入した有用植物を使って、米国の食生活を豊かにし、産業を発展させ、輸入した美しい観賞用植物を使って米国の景観をより魅力的なものにすることであった。

面白いことに、ウォレスから進化を知ったフェアチャイルドは、進化に過去の歴史ではなく、未来を見ていた。将来、世界は混じりあい、ひとつになると考えていたのである。[27]

一八九八年、フェアチャイルドは農務省に新設された外国植物導入局（Section for Foreign Seed and Plant Introduction）の初代局長に就任した。海外から有用植物を米国に導入する順化事業の責任者となったのだ。彼は植物の国際取引をする種苗業者と連携して輸入植物の流通網をつくり、数多くの新しい経済的価値をもつ植物を導入した。また、食生活や産業の向上に役立つ植物を選び出すための設備をつくった[26]。

一九〇二年、マーラットとほぼ入れ違いに日本を訪れたフェアチャイルドは、公園や川沿いに立ち並ぶ、美しい桜の虜になった。結婚後、フェアチャイルドの植物探査には、いつも妻のマリアンが助手として同行していたが、彼女も桜に心を奪われた。夫妻はミズーリ州チェビー・チェイスに、日本から桜の木を輸入して植えるための土地を購入した[26][28]。

一九〇五年、フェアチャイルド夫妻は横浜の種苗会社から１００本の桜を輸入し、若い日本人庭師に手伝ってもらって植樹した。さらに夫妻は日本の桜をワシントンの街路樹にしたいと考えて、桜の素晴らしさを宣伝することにした。ワシントンＤＣの公立学校に協力してもらい、桜の植樹会を企画したのである。

フェアチャイルド夫妻は志を同じくする知人と相談し、植樹会に親日家で知られるシドモアを招いて意見を交わした結果、ワシントンのポトマック川畔に桜を植えるという案が浮上した。これがシドモアを通じて、ちょうどそのころポトマック公園の整備計画を考えていた、ウィリアム・タフト大統領夫人のヘレン・タフトに伝わり、計画が具体化していった。フェアチャイルドは整備計画の担当者に、日本の川岸に並ぶ桜並木の写真を添え、自分が日本から桜を輸入するための必要な手続きをとる、と綴った手紙を送った[26][28]。

このポトマック公園の美化計画は、シドモアを通じ、在米日本人の纏め役であった化学者の高峰譲吉と、ニューヨーク総領事に伝えられた。彼らは、日露戦争以降、米国で移民排斥など反日感情が高まりつつあるのを危惧しており、友好関係の意思表明になるとして日本政府に強く働きかけた。この要請に答えたのが東京市長の尾崎行雄であった[28]。

一九〇九年六月のワシントンの新聞には、東京市長がタフト夫人に桜の木を寄贈するという記事が掲載された。そして一九〇九年八月、東京市が2千本の桜を米国に寄贈する意向であることを日本大使館から国務省に正式に報告した。この話は日米両国で大きく報道されたため、社会的な関心を呼んだ[28]。

東京周辺から選ばれた2千本の桜が、米国に向けて送り出され、一二月一〇日シアトルに到着した。フェアチャイルドは、農務省による公式の輸入品として、木の受け取りや米国内の輸送、植栽など、細心の注意を払い、万全の手配と準備をした[28]。

一月六日、ついにその桜がワシントンに到着した。

農務省の施設に運ばれた桜の前に、木を検査する検疫官のチームが現れた。チームを率いるトップとしてその場に立ったのは、マーラットだった。

検査の後、マーラットは2千本の桜すべてを焼却処分するよう勧告した。

ナシマルカイガラムシなど、海外から持ち込まれた害虫への対策に手を焼いていた米国農務省昆虫局は、一八八〇年代から州間や海外との植物取引に対し、検疫や制限を設けることを主張していた。害虫対策の現状は、底に穴の開いたボートのようなもので、どんなに水をくみ出しても、水が流入する元を止めなければ無駄、というわけである。しかし輸入規制を強化する法案は議会を通らず、米国では、海外からの植物の輸入とそれに付随する害虫の持ち込みは、ほとんど野放しになっていた。

一九〇五年、米国議会は有害昆虫の輸入を禁止する法律を制定したが、この法律は、害虫が潜む植物の輸入を禁止するものではなく、検疫についても明記されていなかったので、外来昆虫の持ち込みを阻止する実質的な機能はないに等しいものだった。

日本を訪れてから九年後の一九〇九年、マーラットは野放し状態の植物輸入を規制する制度づくりの責任者となった。彼は検疫の法案を策定し、議会に提出した。すると下院で可決されたものの、輸入種苗業界の代表が反対、上院で否決された。海外と苗や球根、種子など植物の取り引きをする輸入種苗業者は、園芸業界と連携して強い政治力をもっており、それまでも検疫制度の導入をことごとく阻止してきた。(7)(16)

そこでマーラットは、輸入された苗木がもつ危険性を広く社会に知らしめ、政府関係者や政治家、有力者に検疫の必要性を気づかせるという戦略を考えた。ちょうどそんな折に、最高のアピールができる千載一遇の機会がやってきた。

米国民の注目が集まる中、フェアチャイルドが農務省の立場で日本から桜を輸入したのである。農務省昆虫局は、個人輸入の植物に対する検疫の権限はもっていなかったが、農務省が公式に輸入した植物を検疫する権限をもっていた。(24)

日本から友好の証として送られ、ワシントンにある農務省の倉庫に移された2千本の桜が、マーラットにとって単なる検査の対象だったのか、それとも、崇高な目標を達成するための生贄であったのか、歴史家の間で意見は分かれているが、少なくとも彼は自らの使命に忠実だった。

フェアチャイルドは、これまで多くの植物を輸入してきた経験から、桜についても検疫上の問題をまったく意識しておらず、検査も彼自身の手で済ませるつもりだったので、マーラットが乗り出してきたことに驚いたという。それにまさか親友が自分と日本を「裏切る」などとは思ってもみなかったであろう。

マーラット率いる昆虫局と植物産業局の検疫チームは、徹底的な検査をおこなった。マーラットは検査結果を農務長官に報告し、桜にはナシマルカイガラムシやクワシロカイガラムシ、未知のスカシバガ類など害虫の寄生が認められ、線虫や未知の菌類による感染も生じている、と述べた。「想像しうるかぎりのあらゆる害虫が存在する。農業保護のための検疫がおこなわれている国では、このような木の輸入は許されない」――そう結論したマーラットは、「このような有害な害虫を排除するためには、ただちに焼却処分すべきである」と勧告した[28]。

この検疫結果は農務長官を通してタフト大統領にも伝えられた。頑として譲らぬマーラットの勧告に、大統領も同意、2千本の桜は、梱包材も含めてすべて焼却された。

桜を焼却する前には、東京市長、駐米大使、国務長官など関係者の間で電報が飛び交った。この時期は、米国の日本人移民に対する差別的な措置に対して、日本政府が抗議し、日米関係は戦争の可能性さえ囁かれるような、緊張した局面に差し掛かっていた。そのため事態を日本政府に伝えるには細心の注意と外交的配慮が必要だった。

「友好の証」として日本側が送った贈答品を、米国が焼却処分したことを知れば、誇り高く、礼儀を重んじる日本人たちは、それを敵対的な行為と見なして態度を硬化させるだろう――米国は日本が開戦に踏み切る可能性も想定し、電報は米陸軍長官にも送られた[28]。

国務長官は、駐米日本大使に宛てた公式声明の中で、この不幸な出来事に対するタフト大統領夫妻の心情を説明し、外国の植物を導入する際の農務省の責任や、新しい害虫の持ち込みによる甚大な農業被害を防がなければならないという米国の立場を説明した。

ところがこれに対して日本側はまったく意外な反応を示した。「大切な贈り物として欠陥品を届けてしまい、申し訳ない」という態度を示したのである。実際、のちに尾崎市長はワシントンの公園管理官に宛てた手紙で、こう述べている。「あの木が悩みの種になってしまっては、私たちの心が痛み続けるので、燃やしていただき満足している」[26]

なお、日本が激怒すると予想した米国大使が、沈痛な面持ちで尾崎市長に説明に来たので、尾崎は「初代大統領ジョージ・ワシントン以来、米国では桜を伐採するのが伝統だから、何も心配することはない。誇りに思うべき[29]」とジョークを飛ばして元気づけたという。

すぐに新たな桜を輸送することが決まった。日本政府は、二回目の桜の出荷に対し、万全の態勢で臨むため、日本のエース級の応用昆虫学者と植物学者、技術者を起用した。厳しい検査の目を光らせるマーラットに対峙したのは、かつてナシマルカイガラムシの由来をめぐって対立した、桑名伊之吉であった[28]。

桑名はスタンフォード大学から高千穂昆虫実験所に招かれたのち、農事試験場技師を務めていた。世界的に知られる昆虫学者であり、奇しくもマーラットが天敵として米国に導入したヒメアカホシテントウは当時、イタリアの研究者により桑名に献名された *Chilocorus kuwanae* の名で呼ばれていた[30]。

桑名を中心に害虫対策が立案された。桜の選抜と栽培は、マーラットの訪問先でもあった、東京帝大教授の三好と、静岡県興津の農事試験場長らが担当した。出荷される桜の苗には、殺菌剤と殺虫剤が散布され、梱包前に二回の燻蒸がおこなわれた。

一九一二年一月に、6千本の桜が米国に輸送された。その半分はワシントンDC向け、残りはニューヨーク市向けに贈られたものである。西ヶ原農事試験場長は、ハワードに書簡を送り、今回の桜の出荷がいかに慎重に準備されているかを伝えた。

一九一二年三月、ワシントンDCに到着した3千本の桜は、ふたたび検疫を受け、農務長官は「検査の結果、害虫や病気の感染はないと思われる」と報告した。

翌日、ポトマック公園でタフト大統領夫人や日本大使も参加し、植樹式がおこなわれた。ほとんどの木は計画通りポトマック川畔に植樹され、また一部はホワイトハウスなどに植えられた。[28]

さて二回目に送られた桜には文句をつけなかったマーラットだが、偶然か意図的かはともかく、彼のもくろみはすでに達成されていた。桜の検疫の顚末は米国の新聞で大きなニュースになっていたからである。『ニューヨーク・タイムズ』紙は、一回目の桜が焼却されたとき、「われわれは何年も前から膨大な量の観賞用植物を日本から輸入してきたが、今回の桜に新たな病害虫が含まれていたことは驚くべきことだ[31]」という社説を掲載した。これを機に社会の流れと、法案を審議する議会の趨勢は変わった。

マーラットは雑誌に記事を掲載し、植物検疫制度の必要性を説いた。

「米国の害虫の約50%は外国産であり、毎年のように新しい害虫が発生している。したがって、輸入植物を検査する検疫法を制定することが急務である[32]」

フェアチャイルドは激しく反発した。彼は雑誌上で「外国産の植物は米国の食卓や暮らしを豊かにする、その素晴らしい可能性を奪ってはならない」と訴えた。[33]

彼らは同じ農務省内で、また雑誌上で激しく互いを批判した。

マーラットは、検疫法制定に賛成していたカリフォルニア州を支援し、州独自の検疫部門をより強化させた。フェアチャイルドにより派遣された探検家が、30トンの外国産植物をカリフォルニア州にある農務省の施設宛てに送ったとき、この部門は昆虫局の承認を得てそれを押収、すべての植物の上部を裁断除去し、残りを薬剤で消毒した[24]。

結局、マーラットが提出した検疫法案は議会を通過し、一九一二年、植物検疫法が制定された。植物の検疫と輸入規制の権限は、マーラットを長とする連邦園芸委員会に与えられた。

検疫制度の導入により、個人輸入の植物はすべて検査を受けなければならなくなり、輸入種苗業者は大きな打撃を受けた。フェアチャイルドの順化事業は危機に陥った。

だがマーラットはまだ満足していなかった。より強力な規制を、と画策していたのである。一九一七年、マーラットは米国林業協会の大会でこう説いた。「目新しくて珍しい植物を増やすより、我が国の普通の植物を守るほうが重要である[34]」

国内にはまだ入っていないが、その脅威が認識できていない害虫や病気も標的だった。最も危険なのは、危険性がわからないことだ、というのである。

「まだ見つかっていない未知の危険から、この国を守らなければならない[34]」

マーラットは、未知の害虫や病気から米国の農業を守るには、海外からの生物の輸入を制限するしかないと主張した。

「あらゆる輸入品に対し、事前にリスクを判断する調査をおこなわねばならない。植物の敵の進入を阻止するため、あらゆる規制措置で輸入品を包囲しなければならない[34]」

これに対しフェアチャイルドは、「海外から持ってきた苗を、病気にかかっているかどうかわからない、という理由で排除するのは不当である」と抗議した。そして、「検疫の壁を築いて我が国の農産物を守るぞと言い聞かせたところで、世界はいまやさまざまな土地の物が交流し、どんどん混じりあう方向に進んでいる。世界からの孤立を選ぶのは時代に逆行している」と訴えた。[27]

それからまもなくして、マーラットは、検疫第37号——ほぼ全面的な苗木や球根（土付きでなく十分な処理を施した一部の植物を除く）の個人輸入の禁止——を提案した。

一方フェアチャイルドは、第一次世界大戦の勃発のため、輸入事業がさらなるダメージを受けており、もはやそれ以上抵抗する余力はなかった。

一九一八年、検疫第37号が公布された。

輸入種苗業界は致命的な痛手を被り、フェアチャイルドが構築した輸入植物の流通網は崩壊してしまった。

フェアチャイルドは、「外国植物導入局がだめになったのはマーラットのせいだ」[26]と糾弾した。二人の関係は完全に破綻した。

フェアチャイルドは農務省を辞職し、世界を巡る旅に出ていった。

退く天敵

ところで、マーラットが一九〇一年に日本と中国で採集し、米国に輸送したヒメアカホシテントウは、どうなったのだろうか。彼が送り届けた個体は繁殖に成功し、米国各地に放飼された。だがいったんは定着したものの、まもなく姿を消してしまった。当時使用されていた石灰硫黄合剤などの農薬の影響を強く受けたためと考えられている。結局、ナシマルカイガラムシを制することはできず、マーラットのヒメアカホシテントウによる生物的防除の試みはうまくいかなかった。[35]
マーラットが非情にも桜を焼却し、親友の事業を破綻に追い込み、検疫の壁を築くのに執念を燃やすに至った背景を考える前に、ここで当時の米国農務省の害虫防除対策の推移を見てみよう。
一九〇四年に農務省昆虫局の組織改変がおこなわれ、マーラットは薬剤による防除事業を担当することになった。一方、局長ハワードは、一九〇五年からニューイングランド（合衆国北東部の六州）で、天敵導入による大規模なマイマイガの生物的防除事業を開始した。一八六九年にヨーロッパから持ち込まれたこの蛾は、北米東北部の森林で大発生し、駆除対策が求められていた。
成果を期待する農務省とマサチューセッツ州など地元州政府は、昆虫局に豊富な資金を提供したため、昆虫局が全力を挙げて臨む大事業となり、一九一一年までの六年間で、ヨーロッパとアジアから輸入したマイマイガの寄生昆虫や捕食者、約30種、計200万個体が放飼された。[36]
この事業を進める中でハワードらは、生態学上の非常に重要な概念である「密度依存」――単位面積あたりの個体数（個体密度）が増加すると、死亡率も上昇すること――の概念を導いた。たとえば個体密度が高いほど、それを餌とする捕食者や寄生者が増えるため死亡率は上昇する。また個体密度が高いほど競争も高まるので、やはり死亡率は上がる。したがって自然界では、個体数が増えすぎると、逆に個体数を減らす方向にフィードバック機構が働く、と考えたのである。[36]
ハワードはこの生物学的なプロセスによる密度依存の死亡を、天敵が害虫の個体数を調節する「自然のバランス」と見なした。そして個体密度とは無関係に起こる、気温、旱魃など物理的要因による死亡と区別した。これは生物的防除に理論的な基盤を与える重要な着想であった。
また、事業に従事した応用昆虫学者から、のちにカリフォルニア州で生物的防除事業を率いるハリー・スコット・スミスや、英国とカナダで生物的防除を推進するウィリアム・トンプソンら優れた人材が育った。

しかし肝心のマイマイガは、想定通りには減らなかった。成果を出すには基礎研究の蓄積が必要で、それには時間を要すること、また長期にわたる継続的な資金供給が必要なことを知った農務省と州政府は、この事業に関心を失い、三年ほどで支援規模を縮小した。また第一次世界大戦のため海外からの天敵輸入も困難になり、マイマイガの防除は新しい殺虫剤の開発、利用へと移行した。[37]

ほぼ同じ時期、ハワードはメキシコから移入した綿花の害虫、ワタミハナゾウムシ（*Anthonomus grandis*）の防除事業をテキサス州で展開していた。当初はこのゾウムシの習性や生活史を利用して、収穫後に畑を焼き、豚を放牧し、輪作をおこない、部分的に綿花の栽培禁止区を造るという方法と、メキシコからの天敵導入を組み合わせた防除対策を試みた。[38][39] だが農業者の理解を得られず、強硬な反対にあい、対策を進められなかった。一九一八年、ハワードの部下がヒ酸カルシウムの散布による駆除法を開発すると、この方法は簡易で効果もわかりやすかったため、農業者に歓迎され、定番のゾウムシ対策として広く利用されるようになった。そして需要の高まりを受け、ヒ酸カルシウムを大量生産した化学企業に多大な収益をもたらした。[37][39]

マラリア対策、つまり蚊の防除もハワードの防除事業のひとつだった。ハワードは天敵による防除のほか、ケロシン（灯油）を使う蚊の駆除法を開発し、成果をあげていた。[40]

一九一七年、米国が第一次世界大戦に参戦すると、蚊やシラミなど兵士に感染症を広げる衛生害虫への対策が急務となり、即効性のある薬剤を使った防除が求められるようになった。軍の要請に応じ、害虫対策に協力したハワードは、化学的防除への傾斜を強めていった[39]。

少年時代、昆虫が大好きで昆虫採集の趣味に熱中したハワードは、昆虫局長への就任当初、昆虫の美しさや生態の面白さを社会に紹介する仕事に力を注いでいた[41]。ところが昆虫学を専門とする政府機関を率いるうち、昆虫学に対する一般社会のイメージが「役に立たない趣味」であることを懸念するようになっていた[42]。それに加えて昆虫局の資金不足と組織維持のプレッシャーに悩むハワードは、昆虫学と害虫防除の重要性を社会に訴えるため、第一次世界大戦中から、それを軍事作戦に喩えるようになった。昆虫学者は昆虫と戦う軍隊であり、次の世界大戦は、人類と昆虫との戦いになり、害虫駆除には、化学兵器、飛行機、火炎放射器が使われるだろう、と述べた[43]。化学的防除は兵器の比喩と相性が良く、技術革新のアピールにもなった。

ハワードは、企業、研究者、農業者の連携を図り、第一次世界大戦後も強力に化学的防除を推進した。戦争で衛生害虫防除に効果を発揮した殺虫剤は、社会に広く受け入れられた。産学官連携により農薬産業は戦後、飛躍的な発展を遂げ、新しい化学農薬が開発されて、農業者の間に普及した[39]。

じつは当時の化学農薬の大半は、人体への危険性が高いうえに、防除効果もけっして優れたものではなかった。だが、簡単に使えて効き目がわかりやすいため、実際の効果に見合う以上に農業者や社会から歓迎された。当時の農務省は短期間に事業の成果を求める仕組みになっており、うまく行けばすぐに成果が得られて、農業者や社会に向けて貢献をアピールしやすい化学的防除は理想的だった。企業も化学農薬の開発はすぐ収益につながる可能性が高いため、潤沢な研究資金を提供した[37][39]。

若手の応用昆虫学者が、昆虫の研究ではなく殺虫剤の研究に熱中するようになった。一九二三年には米国応用昆虫学会会長が講演の中で、若手が化学薬品を使う研究に傾斜しすぎて、昆虫学の基礎研究を軽視していることを懸念する発言をしている。「昆虫学者に開かれたこの巨大な分野は、必然的に化学の分野とならざるを得ない。昆虫学者が昆虫を見失うのはよくない。昆虫は主であり、副ではない[44]」

農務省昆虫局は生物的防除から撤退したわけではなく、ヨーロッパや南アフリカ、日本などに支局を置いて、天敵導入の効率化を図ったり、マメコガネの防除に効果的な乳化病菌の利用に成功するなど、一定の成果は残していた。しかし長期にわたる地道な研究が不可欠な生物的防除は、農務省の体制下ではうまく機能しなかった。こうした体制に不満をもつ昆虫局の生物的防除の専門家は、次々と農務省を去っていった[45]。

一九二〇年代以降、昆虫局に残留したほぼ唯一の生物的防除の実力者、カーティス・クラウセンは、キューバに移入した柑橘類の害虫ミカンクロトゲコナジラミ（*Aleurocanthus woglumi*）の天敵防除に成功するなど、健闘していたものの、つねに資金不足と短期の成果主義に悩まされていた。クラウセンは、どの生物的防除にも慎重で長期的な取り組みが必要だと主張していたが、実際には事業期間一年のプロジェクトで成果をあげなければならなかった。そのためクラウセンの事業もうまく行かなくなり、次第に生物的防除は農務省の主力事業から消えていった[45]。

科学史家のトマス・ダンラップは、こう記している。「米国農務省の実用研究偏重、応用昆虫学者の年次資金への依存、予算獲得を正当化する圧力、そして彼らが奉仕する一般社会の風潮が、彼らの研究内容を形づくった[37]」

かくして、ハワードが昆虫との戦争を掲げ、薬剤を武器にした駆除に邁進したのに対し、昆虫局ナンバー2として采配を振るったマーラットの害虫対策は、防衛ラインの構築——「検疫による新たな害虫の持ち込み阻止」——が最優先であった。また検疫の監視を突破され、害虫はもちろん、安全性が確認できない外来生物の進入を許した場合には、「初期の、まだ生息場所が狭い範囲にとどまっている段階で、薬剤や物理的な手段で、集中的にコストをかけて一気に根絶する」という対策をとった。国内に入り込んだ外来生物を、早く確実に発見するためにも、検疫による監視が欠かせないと考えていた。[34][46]

特に危険性が高い農業害虫が国内に進入したときには、分布拡大を抑えるため、国内に防衛ラインを築く。進入地域の農産物の破棄、移動の禁止など、強力な検疫を実施するほか、進入地域の周りを、餌となる作物を強制的に除去した広い進入防止ゾーンで包囲して、封じ込めを図るのである。こうして進入地域を隔離したうえで、そこにいる害虫を薬剤などで迅速かつ徹底的に駆除する。[46]

防衛ラインの構築とともに、被害が出る前に叩く――「検疫」「早期発見」「早期駆除」がマーラットの方針だった。こうしたやり方の場合、短期間で害虫を確実に根絶する必要があるため、生物的防除は不向きだ。

長年にわたりハワードを補佐し、一九二八年から一九三三年まで農務省昆虫局長の座を引き継ぐマーラットは、ハワードと二人三脚で米国の害虫防除戦略を主導した。その結果一九三七年までに、カリフォルニア州とハワイを除いて、米国ではほぼ全面的に化学的防除に移行し、農業者は化学農薬を使うのが標準になっていた。[37][45]

そして一九四〇年代、ＤＤＴの登場と、第二次世界大戦での軍事的利用を経て、「化学物質の戦争」とカーソンが呼んだ時代に至るのである。

とはいえ、彼らが残した論文からは、化学的防除への特別な執着は感じられない。生物的防除の退潮は、戦争など社会的要請と企業の影響力の拡大、そして資金不足に加え、短期の成果主義のため長期的な戦略が許されない体制に対応しようとした努力が導いた結果であったように思われる。合理的な判断は、制約がなければ好ましい結果を導くが、不適切な体制に縛られた組織内では、短期的に最適な判断が、長期的に好ましくない結果を導くのである。

高まる敵意

生物的防除が米国で縮小した時代は、植物検疫が強化され、海外から生物の流入を防ぐ制度が確立した時代でもあった。この時代はまた、米国が排外主義に向かい、アジア系移民に対する差別が高まる時代でもある。たとえば一八八二年までに中国人の移民が禁止され、一九〇七年には日本人の移民が制限された。一九二四年にジョンソン・リード法（Johnson-Reed Act）が制定されると、アジアからの移民は全面的に禁止された[47]。

第二章と第三章で紹介したように近年、欧米の研究者を中心に、外来生物問題に対し、外国のものに対する嫌悪感、民族差別、排外主義を科学に持ち込み、差別を助長するものだとする批判がある。特に外来生物対策に使われるレトリックは、人間の移民に対して使われる言葉と類似しており、「脅威としての外国人」という差別的なイメージが利用されている、と指摘する。

批判の中心的存在である生態学者マーク・デイヴィスは、かつて米国でマーラットによって進められた植物検疫の強化は、排外主義と外国人嫌悪を反映したものであり、その後の米国社会に外来生物は排除すべきものという価値観を植えつけた、と述べている[48]。

確かに、特定の地域に分布する動植物は、その地域に住む人々を象徴するものとして扱われやすい。地域の人々への印象は、そこに棲む動植物への印象と結びつく。桜はまさにそうした例のひとつだ。一九一〇年代に米国の日系俳優・早川雪舟が演じて人気を博した「美しく、優しそうで、じつは狡猾な悪党」のように、一九世紀以来の「見た目は無害だが、じつは凶悪」という日本人に対する偏見[49]は、アジアにおける日本の侵略拡大とともに、桜のイメージに重ねられた。そして日米友好の象徴だったワシントンの桜は、太平洋戦争の勃発とともに、裏切りの象徴となった。

米国では一九世紀から、日本や中国からの移民が危険な伝染病の感染元であるという偏見が存在し、それが差別や排除の理由にされてきた。歴史学者のジーニー・シノヅカは、一九一〇年ごろまでに、特にカリフォルニア州で農業者として成功し、経済的な地位を高めつつあった日本人移民を排除するために、この偏見が利用されたと述べている。そしてこれが、植物検疫により、特にアジアの植物を排除する理由とよく似ていることを指摘している。[12]

特定の国民への敵意が、その国から渡来した害虫への敵意と同一視されることもある。たとえば、「人類と昆虫の闘いは、文明の夜明けのはるか以前に始まり、現在まで途切れることなく続き、間違いなく人類が存続するかぎり続くだろう」――この有名な一文は、生態系の概念を確立した「米国の生態学の創設者」スティーヴン・フォーブスが一九一五年のエッセーに記したものだが、じつはこのエッセーの後段には次のような文章がある。「（ナシマルカイガラムシは）日本が戦艦や小さな褐色人の軍隊を使ってするかもしれない侵略よりも、はるかに成功し、おそらく破壊的でもある」。ナシマルカイガラムシは日本原産でないことが明らかにされていたにもかかわらず、その誤解は根強く残り、日本の脅威と同一視されたのである。[50]

一九一六年、日本から米国に持ち込まれたマメコガネ（*Popillia japonica*）はジャパニーズ・ビートルと呼ばれ、大発生して農産物に甚大な被害を及ぼしたが、日本人に対する敵意と恐怖心は、この害虫に対する敵意や恐怖心と結びつけられたことを、シノヅカは指摘している[12]。

日本から導入された天敵ではマメコガネの被害を抑えることができず、その対策は化学的防除に頼ることになったが、特に一九三〇年代以降、土壌汚染を引き起こすほど大量の殺虫剤が、マメコガネ駆除のために散布された。太平洋戦争中、米海軍の雑誌は、日本人を昆虫と見なし、〝*Louseous japanicas*〟すなわち〝負け組〟属のジャパニカスと学名を付けて、「東京周辺の繁殖地は完全に消滅させなければならない」と書いたが[51]、これは米軍の本土空襲や原爆投下に、マメコガネ——ジャポニカ——とその駆除のイメージが重ねられた可能性を示している。

科学史家のフィリップ・ポーリーは、マーラットがおこなった検疫制度の策定と推進を、一九〇〇年代初頭に起きた、日本人などアジア系移民に対する排斥運動と同じと見なし、外国人恐怖症と言うべき排外主義に陥っていたと批判する。さらにポーリーは、一九一二年の植物検疫法は不要であり、有害さが不明な外来生物まで想定した検疫は不当であったとしている。デイヴィスらもこの見方を支持し、検疫の強化が受け入れられたことは、外国人恐怖症が米国社会に広がったことを反映している、と述べている[24]。

ポーリーによると、当初マーラットは、外来生物の進入・拡散を抑えるのは不可能で無駄な努力、という放任主義をとっていたが、アジアの旅行中に起きた病原体の感染によって最愛の妻を失い、それから中国を旅行中、義和団事件の影響で中国人から激しい敵意を見せつけられたのが契機となって、彼の外来生物に対する態度が大きく変わってしまったという。それ以来、排外主義と外国人嫌悪に陥ったマーラットは、海外の生物を米国に対する大きな脅威と見なすようになり、それを敵視し、その持ち込みの徹底的な阻止を目指すようになった、というのである[24]。

歴史学者のホイットニー・スノウは、フェアチャイルドを融和的な国際人、マーラットを排外的なナショナリストとして対比し、「米国人が外国の植物に対して人種的、民族的な偏見をもつことはよくあるが、マーラットは有害生物の問題に対して同じことをした……マーラットは、固定観念や恨みを利用して、その国への憎しみや国民への民族差別を植物にまで拡大しようとした」と述べている[52]。サイエンスライターのダニエル・ストーンは、フェアチャイルドを、米国に豊かさをもたらした英雄と称える一方、マーラットについては、「フェアチャイルドはとても恵まれていたが、自身は違った……農場で研究活動に専念したせいで結婚が遅れ、その妻さえも失った。マーラットにとって、外来生物との戦いは私的なものになった」と記し、彼を、資産家令嬢を妻に迎えて公私に順風満帆なフェアチャイルドへの嫉妬と復讐心に突き動かされた、外国人嫌いの狂信者として描いている[53]。

つまり、デイヴィスや、これらマーラットの批判者らの考えに従えば、きっかけが不幸な旅の経験であれ、嫉妬であれ、マーラットは自らの排外主義や差別、外国人嫌悪を外来生物問題と結びつけて、米国に外来生物への嫌悪感を植えつけたキープレイヤーということになる。そして日本からワシントンに送られ、炎に包まれた桜は、米国が外来生物を歓迎する価値観から、外来生物を敵視する価値観へと移行する、重要な転換点だった、ということになるだろう。

だがさて、本当にそうなのだろうか。

危機を未然に防ぐとヒーローになれない

生物学に排外主義や差別を持ち込んではならない、生物学が排外主義や差別を助長してはならない、というデイヴィスらの指摘は正当である。たとえば、有害さが自明な外来生物に、新たな一般名（和名や英名など）をつける際は、中立さを心掛け、差別につながらないよう配慮が必要だろう。ジャパニーズ・ビートル（マメコガネ）が日本人に対する米国人の嫌悪感と結びついてしまったように、有害な外来生物を特定の人々や場所にちなんで命名することは、恐怖や差別を助長する戦略となりうる。

新型コロナウイルスの場合、当初発見された国や地域の名で呼ばれていた変異株を、のちにギリシャ文字で呼ぶようになったが、差別を生み出す危険性に対するこうした配慮は、外来生物への対策でも必要なものだ。

ただし、模式産地（種の基準となる標本が採集された場所）の地名を学名に含めるのは、分類学ではごく一般的な習慣である。一般名も学名に倣う場合が多いので、特に意図せず、ジャパニーズ・ビートルのように模式産地や原産地の名前がつけられた有害生物は珍しくない。

難しいのは、ジャパニーズ・ノットウィード（イタドリ）のように、当初は好ましい印象を与えていた外来生物が、後で有害生物に転化しうることである。変更が許される一般名とはいえ、一定の歴史をもち、すでに社会に定着している生物名を、社会的な影響や価値観の変化に応じて変えることには慎重さも必要だろう。

これは広く定着している科学用語についても同じである。たとえば外来生物の「侵入／侵略」という用語は、別の土地から生物が移入し、それが実際に、または潜在的に移入先の生物や環境に負の影響を与える現象を意味するが、第三章で示したように、外来生物の「侵入／侵略」が民族間・国家間に起きる侵入／侵略と重ねられたり、その暗喩として使われた歴史がある。しかしだからといって、排外主義や差別、偏見を想起するという理由から、安易に用語を否定したり、変更したりすることには慎重であるべきだろう。その語が科学の中立的な用途で使われている場合、逆に科学に差別を持ち込み、中立性を損ねることになるからだ。

むしろ、科学者や専門家は、生物学の文脈ではこれらの言葉が中立的な意味でのみ使用されると説明し、外来生物対策で使う場合では、差別に繫がらぬよう、悪意を含む語と混同されぬよう努力したほうが賢明だ。またマスメディアは、外来生物の有害さを、国家や民族的な偏見と結びつけて煽るような報道の仕方を慎んだほうがよい。そのほうが、安易な「言葉狩り」による解決より好ましい場合が多いだろう。

では「外来生物問題そのものが、排外主義や外国人嫌悪を生物学に持ち込んだもの」という批判についてはどうだろう。すでに第三章で説明したように、外来生物問題とは、人間生活、農業、そして生物多様性に対して有害な外来生物に対処することである。しかしデイヴィスらは批判の理由として、「外来生物のうち、有害かどうかまだわからない種まで——もしかしたら本当は無害かもしれない種まで、脅威として警戒されたり、排除の対象になったりすること」も挙げているのである。

たとえばマーラットがしたように、未知の外来生物をリスクと見なして、検疫を強化したり、発見されたばかりで有害さが未確認の外来生物を駆除したりするような対応のことだ。もしデイヴィスが言うように、これが「あまり害のない外来生物の管理に無駄な労力を費やしている」[54]ことを意味するなら、有害生物の管理として合理的なやり方ではなく、外国人嫌悪のようななんらかの「情」に支配された対応だということになる。

マーラットの批判者が、彼の検疫制度への執着を、排外主義、外国人嫌悪、さらには嫉妬によるものだ、と断じる最大の理由はここにある。

しかし生態学者のダニエル・シムバロフは、このデイヴィスらの批判に対し、次のように反論している。「何年もの間、無害な状態を保っていた外来生物が、その後広がって有害なものに変化する例は多い。非常に有害な外来生物でも、当初はその危険性を認識できないものだ。だから外来生物が有害かどうかわかるまで待つ前に、駆除しやすい初期の段階で根絶するべきなのである」[55]

確かに本書で紹介したイタドリやオオヒキガエル、ウチワサボテン等は、いずれもこの例であり、駆除が容易な定着初期の段階で対処していれば、のちの被害は防ぐことができた。

生態学者のジュディス・マイヤーズは、移入後に有害さが判明して、あわてて対策を取るよりは、移入自体を防ぐほうがコストもかからず、被害も出さずに済むとして、「有害な外来生物による問題の一番の解決策は、検疫により外来生物の持ち込みを防ぐことである」[56]と結論づけている。

外来生物の移入が避けられない場合でも、検疫は移入の早期発見と拡散防止に欠かせない。環境生物学者のピーター・カレイヴァは、「早期発見、早期駆除が外来生物による被害を軽減するための最も費用対効果の高い方法である」[55]と述べている。たとえば、フロリダ州で一九二九年にチチュウカイミバエが発生したとき、マーラットはただちに検疫を実施して他州への農産物等の輸送を禁止、また発生地を隔離して封じ込めを図った。発生地では宿主になりうる果実などをすべて廃棄、一定期間果実をつけさせない等の措置をとったうえで、薬剤散布と毒餌を使った駆除を徹底しておこなった。この電撃的な措置により、約一年半で根絶に成功、被害を最小限に留めた。農業者への多額の補償金など含め、７６０万ドルを費やしたとされるが、防除に失敗していれば、被害額はこれをはるかに上回るものになっていた。[57]

実際、国際自然保護連合ＩＵＣＮのガイドラインでは、検疫、早期発見、早期駆除を、有害な外来生物対策の基本としている。[58]また、外来生物の検疫にかける労力も、進入予防にかかるコストと、進入を防いで得られる利益の兼ね合いで決め、無駄な労力は避けるのが原則だ。[59]

現在ではデータが蓄積し、リスク評価の標準的なツールも開発されて、事前にリスクの高い外来生物をある程度特定することが可能になった。[60]しかし情報不足でリスクが未知の生物は依然として多い。また事前の評価では低リスクとされていた外来生物が、定着後に想定外の有害さを示すケースも報告されている。[61]それゆえ、「最悪の事態に備える」「安全側に倒す」というリスク管理の原則に従って、危険性が不明で、安全性が確認できない外来生物の輸入は阻止するのが原則となっている。〝予防にまさる治療はない〟のである。

マーラットの時代には、まだ経験も情報も乏しく、農業への危険性が把握できない外来生物が大半であった。つまり当時の状況をふまえれば、マーラットがおこなった検疫強化や、外来生物の早期発見と早期駆除の方策は、動機が何であれ、農作物への害虫対策としては科学的に最も重要な方策であり、かつきわめて合理的なやり方なのである。

予防のための検疫や隔離といった、自由を制限する措置は、誰からも嫌われるし反感を招く。また、問題の予防に成功した人は、予防を怠ったがゆえに生じた問題を解決した人にくらべて、評価を得ることが少ない。

マーラットは植物輸入による利益を奪ったとして、輸入種苗業者から強い反感を買い、あまりにも執念深く法律を通そうとしたために議員からも不評で、つねに強い批判にさらされていた。[23]またマーラットの親友でありかつ最大の敵でもあったフェアチャイルドが、数多くの新しい農産物を提供した功績で米国民に感謝され、また親しみやすい性格と豪放なイメージのおかげで大衆的な人気があったため、マーラットはその敵として憎しみの対象になりやすかった。

日本でもフェアチャイルドは親日家として有名だが、マーラットは昆虫学者や進化学者以外にはほとんど無名である。知られていたとしても、日米友好の邪魔をして桜を燃やした日本嫌いの官吏、という程度だろう。

マーラットは真摯で信頼できる科学者であったが、確かに少し強引かつ付き合いにくい人物で、他人の意見を気にしない性格であったとされ、自分の私的な感情を吐露した文書も少ないことから、良い印象をもたれにくい(5)。

こうした背景や、少なくともマーラットの施策が害虫対策として妥当なものであったことをふまえると、彼らの対立を単純な善悪の二項対立の話に仕立てるのは、あまり適切とは言えないだろう。フェアチャイルドが重視した、植物の輸入により新品種を増やすことのメリットと、昆虫局が重視した、植物の輸入が招く随伴生物による農業被害のリスクの、どちらが重要かは、経済的なメリットとリスクの優劣やバランスをふまえて合理的に判断すべき問題であり、単純な正誤や善悪の二項対立で考えることのできない問題である。またこれを国際主義と排外主義、さらには平等と差別という二項対立的な価値観の問題に帰することにも慎重さが必要だろう。

じつは一九一六年にマメコガネが最初に米国の老舗の種苗業者の農場で発見されたとき、マーラットはすぐに農場を焼却するなどして壊滅したうえで消毒し、徹底的にマメコガネの根絶を図るよう主張したのだった。ところが、マメコガネのリスクは当時十分認識されていなかった。そのため州の防除担当者は、予算不足に加え、種苗業者の農場を潰すことによる損害の大きさを恐れ、十分な防除を怠った(62)。その結果が、のちの大発生による莫大な農業被害と、日本人に対する敵意と差別の深刻化であった。

もしこのとき、検疫第37号が制定されていたら、あるいは防除担当者がマーラットの指示を守っていたら、これらはすべて防げたのである。差別的と批判される防除対策が、結果的に差別を防ぐという可能性を見落としてはならないだろう。

人間の感情はきわめて複雑であり、差別意識によらない行為や言動が、相手には差別と感じられる場合もあれば、その逆もある。文化的な背景や価値観が変われば差別の基準も変わる。したがって、自らの行為や言動が差別的なものにならぬよう、細心の注意が必要だが、一方で、明確な根拠なく、誰かの行為や言動を差別であると断定することは避けたほうがよい。

民族差別や偏見を解消するための基本は、相手の文化を理解し、習慣や歴史、言語を学び、考え方を知ることだ。これをふまえて本章の前半部、マーラットの日本紀行をあらためて辿ってみれば、そこに彼の外国人嫌い、排外主義、民族差別の要素を見いだすことは容易でなかろう。ではポーリーが指摘するように、中国人から浴びた敵意とジャワで感染した妻の死が、彼をまったく別の人間に変えてしまったのだろうか。

じつはマーラットは中国滞在後に書き留めた記録の中で、中国人に対する批判的な言葉はほとんど残していない。それどころか、彼らは本来とても友好的で親切な人々なのだと述べている。彼らが外国人に向ける反感は、西欧諸国による収奪や強制的なアヘン取引がもたらした当然の結果だというのである。彼はこうも記している――「外国の支配から解放されれば、孔子の黄金律、節制、誠実さ、強い家族主義など、伝統的な中国の良さを多く残した新しい中国が生まれるだろう。そうすれば私たちとの関係は、友好的な隣人関係に置き換えられるかもしれない[16]」

加えて、米国社会に日本への差別感情と反感が高まっていた一九二九年、マーラットはハワードに宛てた手紙の中で、こう綴っている。

「私は日本で、どこへ行っても昆虫学者たちから親切にされたことを鮮明に覚えています。あの素晴らしい日本の教授たちから受けた厚意や、親しみに満ちた私への関心や援助は、私にとって特別な思い出です……教えてもらった日本人の考え方と礼儀作法を、いつでも楽しく思い出すことができます[7]」

マーラットが親友として新郎の世話人代表を務めたフェアチャイルドの結婚式は、マーラットの帰国から三年後の一九〇五年であり、その結婚式の数週間前、マーラットは新郎新婦のフェアチャイルド夫妻を自宅に招き、庭に植えた日本の八重桜を眺めつつ、二人にお茶を振る舞い、日本流にもてなしている[26]。

確かに妻の死は、その後の彼の考え方に影響を与えたかもしれない。しかしそのせいでマーラットが幸福なフェアチャイルドへの嫉妬心に駆られたと憶測するなら、マーラットが一九〇六年、資産家の令嬢と再婚し、生まれた娘のひとりをフローレンスと名づけていることも説明に入れないと[6]、公平とは言えないだろう。

危険な生物が生息する自然環境と、そこに居住する人々を同一視して、その人々を危険視し、恐れることは外国人嫌悪であり、偏見・差別である。だが、自然と人間を区別して、生物の輸入だけを検疫のふるいにかけようとしたのなら、それ自体は外国人嫌悪や偏見・差別によるものとは言えない。もし検疫実施の意思決定が科学的に見て合理的なものであった場合、そして意思決定者の外国人に対する偏見や差別が自明でない場合、その意思決定を外国人嫌悪によるものだとする批判は、逆に人間がもつ偏見の科学への介入となる可能性があり、注意が必要だ。

もともと植物検疫法の制定と強化は、ライリー以来の農務省昆虫局の悲願であり、マーラットの着想ではない。マーラットは自分の検疫法案起草に関わる話が始まるのは一九〇八年からだと述べている[16]。

その一〇年前、一八九九年にマーラットは「放任主義」と題する講演で、広く定着している害虫の根絶はほぼ不可能で、無駄な駆除はやめて放任すべきと主張していた。また外来生物の進入を完璧に阻止しようと思ったら、「万里の長城」を築いてほかの世界から完全に切り離すしかなく、それよりは通商の利益と害をともに受けると決めて、無駄な検疫にエネルギーを注がないほうがよい、とも述べた。

だが講演録を仔細に読むと、その真意は別のところにあるのがわかる。「手に負えない大きな問題は放任主義をとり、十分な成果が期待できる小規模で局所的な問題は、管理と予防に積極的に取り組もうという主張」であり、「不必要な努力の浪費を防ぎ、実行可能で利益が得られる仕事を優先すること」と述べている[63]。つまりマーラットの真意は、害と利益の兼ね合いを考えて、コストパフォーマンスを重視した合理的な害虫防除をすべき、という主張だとわかる。

すでに広域に蔓延している害虫の根絶を目指しても、コストがかかる割に成功する可能性が低く、利益が努力に見合わない。それより低コストで成功する可能性が高く、相対的に利益が見込める狭い地域での局地的な害虫防除にリソースを集中させたほうが良いというわけだ。

また、「必ずしも外国産株の検査をすべて放棄することや、検疫規制を放棄することを意味しないし、あらゆる外国の害虫に対して門戸を開くことを意味するものでもない」とも述べている[63]。検疫も実効力と合理性を重視すべきという主張なのである。

それゆえのちにマーラットが採用した、検疫、早期発見、早期駆除の戦略とは矛盾していない。むしろ合理性を追求してその戦略に至るまでの、思考実験による試行錯誤の過程と考えられる。またこのような主義なら、状況の変化に応じて仕事の優先度が大きく変わるのは不思議でない。

このころ、植物検疫制度の導入に取り組んでいたのはハワードであった。一八九〇年代末、欧州諸国は次々と検疫により米国産植物を締め出したため、ハワードは危機感を感じ、検疫法の制定を急いだ。一九〇〇年代になると苗の輸入量が急増し、それに随伴移入する害虫の増加により、農業に深刻な被害が及び始めた。次々出現する害虫に苦しむ農業者や対応に追われる現場の技術者の批判は無視できない状況だった。ただしハワードは種苗業者との合意形成を重視しており、これがうまく行かなかった。特に一八九七年に起草した検疫法案は、その後修正を続け、また種苗業者と討議を重ねたものの、議会に提出するたびに輸入種苗業者の反対で成立せず、ついに一九〇八年、ハワードは議会での扱いに落胆し、投げ出してしまった。

ちょうどこの年、害虫の蛾の幼虫と卵が大量に付いた果樹苗が欧州から輸入され、それが全米各地に運ばれるという事件が起き、昆虫局に激震が走った。この事態に、失意のハワードに代わって、マーラットが検疫法制定の役目を引き受けたのである。[7][16]

マーラットは当初、輸入種苗業者の協力を信じて、ハワードがやったように合意形成を試みたことを記している。しかしすぐ種苗業者代表の強硬な反対姿勢に直面する。[16] この経緯をふまえると、ハワードのやり方では埒(らち)が明かない、と合意形成を諦めて腹を括り、敢然と植物検疫法制定に邁進したと考えるほうが自然だ。

実際、マーラットが一九一二年に検疫法案を議会に提出したとき、議会の反対意見にはマーラットに対する脅しや罵倒が並び、それに恐れをなしたハワードが、今度はマーラットが燃えて火だるまになる番だと危惧し、「もう指先に火がついている。撤退しよう」と法案の取り下げを指示したが、マーラットは頑として退かず、農務長官を説き伏せ、議員の説得を続けたという[16]。

先入観や偏見を排して考えるなら、検疫制度を導入して新しい害虫の流入を防ぐことが、農業被害を防ぐのに最も効果的で、かつ米国の利益になるとマーラットが判断し、その職務についた官僚として自らの使命と組織に忠実であろうとしたというのが、最も合理的な解釈だろう。

実際、マーラットの植物検疫は、新規の農業害虫の発生を抑えるのに成功した。植物検疫法が制定された一九一二年以降、米国では外来の草食昆虫の定着率が、大きく減少したことが過去の記録から示されている。定着率は一八〇〇年から一貫して上昇し、一九〇〇年ごろからは急増していたが、マーラットが検疫制度を導入した一九一二年以後の一〇年間で、4分の1に激減したのである[64]（図7－3）。

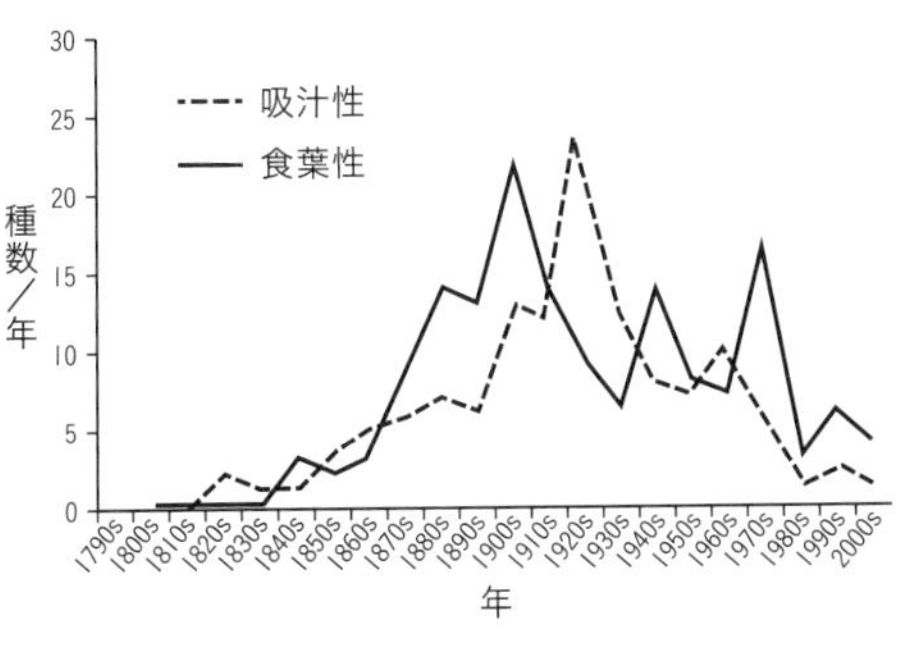

図7–3　米国で新規に発見された吸汁性昆虫と食葉性昆虫種数（新規に定着した外来昆虫の指標）の年変化．10年ごとの平均値．［Liebhold AM, Griffin RL 2016. *Amer. Entomol.* 62: 218–227の図を改変］

マーラットが一九一八年に導入した検疫第37号は、その後国際関係の変化や新規の外来昆虫の減少にともない、一部に緩和措置が取られるなどの修正を経つつ、現在も有害生物の防除に重要な機能を果たしている。

国際的な植物検疫措置の枠組みとしては、一九五二年に国家間の検疫をめぐる条約であるＩＰＰＣが発効し、一九九四年に終了したウルグアイ・ラウンド交渉では、検疫措置に関するＳＰＳ協定が締結された。その結果、貿易への悪影響を最小限にしつつ、科学的証拠に基づく検疫措置——適切なレベルで保護できる最低限の制限措置――が求められるようになった。完全な開放を避ける一方、過度の保護や制限、貿易障壁や、政治的な動機づけによる規制を防ぐのである。開放と規制の調和、利益と害のバランス、マーラットとフェアチャイルドの妥協点とも言えるだろう。

現在も米国では特定の植物の輸入が禁止され、すべての輸入植物に検査を課しているが、一定の緩和措置がなされた結果、植物の商業輸入は近年着実に増加している。マーラットが引退するまで、激しく彼を攻撃し続けた種苗業界とその関連の園芸団体も、今日では検疫活動に協力する農務省の重要なパートナーだ。またたとえば、米国園芸・造園協会（ANLA）は、安全な繁殖用植物を生産するため、病原体を診断・除去する機関と共同で防除対策を進めている。[23]

昆虫学者アンドリュー・リーブホールドらは、マーラットの功績について次のように述べている。「マーラットが議会で植物検疫法を成立させ、機能させるために尽力したことが、米国に多大な利益をもたらしたことは間違いない……もし議会が植物検疫法を制定していなかったら、米国の農業や森林に甚大な被害が出ていただろう……この素晴らしい功績にもかかわらず、彼が英雄として認識されることはほとんどない」[23]

大義の前に情を捨て

関係者の利害が対立する問題を解決するには、合意形成が必要だ。しかしそれがつねに可能とは限らない。合意形成が不可能と判断した意思決定者に何が必要で、何を覚悟しなければならないかを、マーラットの逸話は示している。施策の合理性と、適切な事後評価、そして結果への責任である。

動機はともかく、マーラットの並外れた推進力と非情さがなければ、検疫法は制定できなかっただろう。だがそれゆえに、長い年月を経たいまもなお、非合理的で、差別や嫉妬に駆られた人物だと糾弾されているのは皮肉だ。

たとえばマーラットが、日本からの大切な贈り物である桜を強引に検疫し、焼却勧告をしたことは、社会の流れを変える大きな契機になった一方で、彼が日本との戦争さえ厭わぬ、排外主義の狂信者のように見なされる大きな理由となっている。

ただし、これに対して日本が示した、怒るどころか申し訳ないと言ってもう一度やり直すという反応のほうも、米国人にとっては意外で非合理的なものだった。当然マーラットにとってもこの反応は想定外だったというのが、彼に対する批判者の多くの見方である。輸入植物の危険さをアピールするのには成功したものの、桜並木の計画自体を台無しにしようという彼の排外主義者としての目論見は外れた、というわけである。

もちろんマーラットの真の動機はわからない。しかし、単に自分の職務に忠実だっただけ、という解釈も同じように成り立つ。それに、明治の日本人から、じかに彼らの考え方と作法を学んだマーラットにとっては、じつは日本の反応は想定通りで、そこまで見越した対応だったという憶測も可能だろう。

日本の文化や自然を愛好し、そこで暮らす人々に敬意を払っていたとしても、科学的に見て日本の自然は危険だと判断されるのなら、その動植物の受け入れは阻止しなくてはならない。親友フェアチャイルドに示した冷酷さと同じく、目的を達成するため私情を一切挟むことなく、冷徹に、戦略的に必要性を判断した結果であると推理することもできるであろう。

しかし、仮にそうだとすると、米国に利益をもたらすという「大義」のためとはいえ、少年時代からの友情を捨てて、親友のライフワークを破綻に追い込むまで、マーラットが非情に徹することができたのはなぜだろう。

そもそも真摯な科学者や官僚とは、そういうもの——自分の職務や合理的な判断に忠実でありたいと願い、そのためには一切の「私情」を捨てることも厭わない——というのがその最も穏当な答えかもしれない。それに彼には、良くも悪くもそうした気風のある人々が築いた世界に、触れた経験があった。

マーラットは日本滞在中、科学者、官僚、政治家といった指導者から、農民、職人、宿の従業員など庶民に至るまで、さまざまな人々の話を聞き、彼らの考え方や振る舞いに共感している。

特にマーラットが強く惹かれた川路利恭は、明治維新と西南戦争、西郷隆盛の話を詳しく彼に話した。そのときに、川路の義父・川路利良のことも話した可能性は大いにありそうである。西郷隆盛を大恩人と敬愛しつつ、西南戦争で政府軍を指揮し、西郷を討った、日本の警察制度の創設者のことだ。「大義の前には私情を捨て」——この義父の言葉を伝えたうえに、川路利良の上役で、西郷の盟友にして敵・大久保利通の話を含めたとしても不思議ではないだろう。

マーラットが西郷と薩軍兵士の墓所を訪れ、そこで心を動かされたのは、革命と内戦の名残がまだ色濃く残る時代、彼が「驚異的」と表現した日本の発展の、原動力が備えていた苛烈さに、何かを感じたからかもしれない。

マーラットとフェアチャイルドは、奇しくも同じ一九五四年に没したが、マーラットは死の前年、五〇年以上も昔の日記や資料から、若かりしころの日本と中国、アジアをめぐる新婚旅行を兼ねた調査旅行の話を思い出し、それを回想録にまとめた。彼は当時の日本を「平和と産業の時代」と表現し、一番幸せな時代に訪れることができて幸運だったと記している。[16]

マーラットの記憶に残る、最高の親切さと好意に溢れていた日本人はその後、ぞっとするような侵略者となって他国を蹂躙し、米国人を鬼畜と罵る敵に姿を変え、無謀な戦争の果てに、良くも悪くもすでに何か別のものになっていた。しかし日本の社会や文化、思想に対する彼の知識は、五〇年間まったく更新されていなかった。その脳裏に浮かぶ日本は、一九〇一年の世界そのままで、いまはもうこの世にない自然や人々の暮らしが、あたかもまだそこに実在しているかのように、生き生きと描かれている。

この回想録の終盤に、マーラット夫妻が日本の旅を終え、中国とジャワを経て、シンガポールに着いたときの思い出が書かれている。[16]

夫妻はシンガポールで、正午発のセイロン行きの船キング・アルバート号に乗り換える予定だった。ところが船が遅れて、夫妻がシンガポール港に到着したのは午前一一時。

じつは、彼らはジャワに行く前、シンガポールに立ち寄って、余分な荷物や買い物、デッキチェアなどを、港から5㎞ほど離れたラッフルズ・ホテルに預けていた。そしてジャワから戻ったときに、それをセイロン行きのキング・アルバート号に積み込む予定だったのだ。しかし出港まで一時間しかない。ホテルへの支払いも済ませなければならないので、とても時間が足りなかった。

そこでマーラットは、キング・アルバート号の船長に掛け合って、出港を遅らせてもらうよう頼んでみることにしたのである。下船して埠頭に降りるとすぐ、マーラットは停泊しているキング・アルバート号に駆け寄り、急いで船内に入った。

マーラットは、そこで出会った思いがけない偶然のことを回想して、こう書いている。

「私は甲板に出るため、長い梯子を登っていった。そして梯子の一番上まで来たときである。1万分の

1の確率のことが起きた。

そこに、デヴィッド・フェアチャイルドが立っていたのである」

フェアチャイルドは植物を集めるため、バーバー・ラスロップと一緒に世界を旅しているところだった。船長は彼らの友人だった。彼らがマーラットの窮状を船長に知らせたので、船長は荷物の積み込みが終わるまで、船を待機させた。マーラット夫妻は無事キング・アルバート号に乗船し、船はシンガポール港を定刻より少し遅れて出港した。

そのあと、船上でフェアチャイルドとともに過ごしたしばしの時のことを、マーラットはこう回想している。

「私たちはいま、セイロンとインドに向かっている。少年時代からの親友であるフェアチャイルドと、彼を通じて家族が知り合いのラスロップも一緒に、全員が船長のテーブルにつき、南十字星の下、互いの冒険について深く語り合っている。私たちは熱帯の楽しい一週間の航海を、こうして仲良く過ごしたのである[16]」

第八章　自然のバランス

分類学なくして防除なし

アルベルト・ケーベレが天敵を求めて最初にオーストラリアを訪れてから、およそ四〇年後の一九二七年、カリフォルニア州からオーストラリアに派遣されてきたひとりの米国人の若者が、そこにケーベレが残した足取りを追っていた。コンペアというこの若者は、ケーベレがイセリアカイガラムシとその天敵を、どこでどのように見つけて採集したのかを知ろうとしていたのである。コンペアは、ケーベレの採集記録と自分の観察から、イセリアカイガラムシはどこにでも均一に分布しているわけではなく、局所的に多くの個体が集中して分布する場所があること、またそのような高密度の生息場所（パッチ）には、あまり天敵がいないパッチと、天敵がたくさん見つかるパッチがあることに気がついた[1]。

この不思議なパターンができる理由は、こう解釈できた――イセリアカイガラムシがどこからか移動してきて棲み着いた場所には、まだ天敵がいないので、増加して高密度になる。やがてそのパッチを見つけた天敵がやってきて数を増やすと、イセリアカイガラムシは減り、それとともに天敵も減る。

したがってイセリアカイガラムシの天敵を見つけるには、適切なタイミングのパッチを見つけ出す必要がある――コンペアはこのプロセスと分布パターンを、自身の目的であるコナカイガラムシ科の害虫ガハニコナカイガラムシ（*Pseudococcus calceolariae*）と、その天敵の採集に利用しようと考えた。[1]

この若い昆虫学者――コンペアこと、ハロルド・コンペアは、第四章に登場したジョージ・コンペアの息子である。父と同じく、カリフォルニア州の害虫を防除するため、その天敵を海外で見つけて移送するのが、彼の任務だった。

コンペアにその任務を与え、オーストラリアに派遣したのは、カリフォルニア大学柑橘類研究所（後のリバーサイド校）のハリー・S・スミスであった。[2]

一九一三年、カリフォルニア州園芸協会がリバーサイドに昆虫研究所を設立すると、スミスは、上司の米農務省昆虫局長リーランド・ハワードの推薦で、所長に就任した。一九一九年にカリフォルニア州が独自に農務省を設立すると、害虫制御部門の部長となり、一九二三年には研究室ごとカリフォルニア大学に移管されて、柑橘類研究所に所属することになった。[3]

元上司のハワードが、殺虫剤の使用に傾倒していったのに対し、スミスは天敵を使った害虫防除の推進に努めた。ハワードが「人類の敵である昆虫」と社会を煽っていたころ、スミスはラジオ番組に出演し、「カリフォルニア州農家の友である昆虫」というタイトルで講演をした。[4]

カリフォルニア州には、イセリアカイガラムシ防除に成功した余韻が残り、天敵による防除が依然として農場主らの支持を受けていた。昆虫学者は、その仕事を趣味、などと揶揄される心配をすることなく、研究に集中できた。またカリフォルニア州は農務省とは独立に研究資金を提供できた。そのためこの頃のスミスは、長期的な視点で研究を進めることが可能だった。
スミスは一九一九年に発表した論文で、天敵を利用する害虫防除に生物的防除という名前を与えた。スミスによれば生物的防除は、「新しい天敵を導入すること」、「すでに存在している天敵の数を人為的に増やして害虫の死亡率を高めること」という二つのプロセスからなっていた。[5]
前者に必要なのは、「どのような結果が得られる可能性があるのか、正しく理解しておこなわれる導入」であり、「ほかの防除手段の使用を妨げる効果があるため、楽観的で性急な宣伝は慎重に避けなければならない」と述べている。また後者については、「この方法は、（害虫に対する）自然の抑制力を人為的な操作により永続させることができるという考えに基づいている……この手法には基本的な原理があると信じる。（成功する）可能性が低く、これが効かない害虫の場合もあるが、条件によってはそれも変わりうるのが真実であろう」と記す。[5]
試行錯誤に頼るそれまでの方法では、成功率が上がる見込みはなく、限界があった。スミスはこれを打開するために、背景にある情報を正確に知り、仕組みを理解し、法則性や原理、予測に基づき手法を決め、計画を立てていくべきだと主張する。理論をベースにした技術に発展させようと考えていたのだ。[5]
スミスはそれまでの経験から、どの害虫も天敵で制御できるとは考えていなかった。薬剤を使わなければ駆除できない害虫がいることを認めていた。過去のデータから生物的防除が有望な害虫を選び出し、その防除に集中的に取り組んだのである。柑橘類に寄生するカイガラムシ類とコナカイガラムシ類は、有望な駆除対象だった。
一九一三年、カリフォルニア州に出現したガハニコナカイガラムシは、雌成虫が体長４・５㎜で楕円形、白い粉状のロウ物質で覆われ、体の周りに多数のロウ物質でできた突起があり、宿主の葉、茎、果実に群がる。沿岸部を中心に急速に分布を拡大し、柑橘類に大きな被害を与えるようになった。一九二〇年代には広範囲に生息地が広がり、大発生して果樹産業への被害が深刻化した。ガハニコナカイガラムシの由来は不明だったので、スミスはまずその原産地を解明するため、調査員をアジアに送り続けた。しかしこの種は見つからず、探索は徒労に終わった。そこで次に、オーストラリアを調べようと考えたのだった。[6]

ところで、スミスが州園芸協会の昆虫研究所長に就任して間もない一九一五年、彼が立ち上げた研究室は人手が足りず、研究活動を進めてくれる優秀なスタッフを求めていた。そんな折、彼の目に留まったのがコンペアだった。[2]

幼少期から父のような探検家になることを夢見ていたコンペアは、学校生活に馴染めず、高校を退学してしまう。その後、船員を経て庭師見習いや現場監督の仕事をしつつ、独学で昆虫学を学んでいたが、一九一五年、サンフランシスコ市の園芸委員会の求人を知り、資格試験を受けることにした。試験の成績は受験者中の最高点だったが、資格取得に必要な年齢に達していなかったことがわかり、落ちてしまった。

ところがこの試験を担当していたのがスミスだった。その成績に感銘を受けたスミスは、コンペアを自分の研究室のスタッフとして採用したのである。それ以来、軍役に服した第一次世界大戦中の二年間を除き、コンペアはスミスの片腕として、その研究活動を支えた。[2] 彼のおもな役目は、父と同じく、海外を旅して害虫の天敵を見つけ、カリフォルニア州に送ることだった。

コンペアは独学で昆虫学者になったものの、スミスの研究室で研究を進めるうち、分類学の深い知識と技術を身に着けていた。またその知識に裏づけられた正確な種の同定能力をもっていた。彼は自分で調べた博物館の標本をつねに同定の基準として用い、外国の調査には必ず高性能の顕微鏡を持参した[2]。

一九二七年、ガハニコナカイガラムシの原産地とその天敵を発見するため、コンペアはオーストラリアに向かった。まもなく彼はそこでガハニコナカイガラムシを見つける。当初この発見に対し、ほかの分類学者から別種ではないかと疑義が出されたが、すぐにコンペアの同定の正しさが証明され、原産地がオーストラリアだと判明した[1]。

次にコンペアはシドニー周辺で、クロヤドリコバチ属の一種（*Coccophagus gurneyi*）やトビコバチ科の一種（*Tetracnemoidea peregrina*）など、ガハニコナカイガラムシに寄生する計6種の寄生昆虫を発見し、それらを現地に設置した飼育施設で養殖、カリフォルニア州に輸送した。

一九二八年から二九年にかけて養殖され、放飼された上記のクロヤドリコバチ属の一種とトビコバチ科の一種は、カリフォルニア州に定着し、ガハニコナカイガラムシに寄生して、それを完全に抑え込んだ。それまで大発生して柑橘農家を苦しめていたガハニコナカイガラムシは激減し、一九三〇年ごろにはほぼ姿を消した[6]。

コンペアが発見して送り届けた寄生蜂は、見事な成功を収めたのだ。それまでカリフォルニア州でおこなわれた天敵による防除は、イセリアカイガラムシの防除以外は、ほとんどうまく行かず、成功しても一時的、あるいは部分的で、これほど完全に害虫を抑え込んだことはなかった。ガハニコナカイガラムシの防除は、ケーベレとライリーによるイセリアカイガラムシ防除以来の鮮やかな成功事例となった。

なお、ガハニコナカイガラムシを抑え込んだ上記2種の寄生蜂は、コンペア自身が新種として記載したものであった[7]。

さて、ほかにスミスが防除に取り組んでいた対象に、アカマルカイガラムシ（*Aonidiella aurantii*）という、厄介な種があった。アジアから持ち込まれた種で、雌成虫は2㎜ほど、体が赤く、柑橘類に多数が付着して被害を与える。

これには体が黄色い変異が知られていた。当初これはキマルカイガラムシ（*Aonidiella citrina*）という別種として記載されたが、どちらとも言えない体色の個体もいて、当時はアカマルカイガラムシの個体変異とされていた。ただし農業者は、赤い個体の方が薬剤への耐性が高く、柑橘類に対する被害もはるかに大きいことを知っていた。[8]

スミスはアカマルカイガラムシの防除のため、アジアから天敵を導入しようと考えた。その有力な候補が、フタスジトビコバチ（*Comperiella bifasciata*）で、これはアカマルカイガラムシの寄生蜂として報告されたものだった。コンペアは一九二〇年代から三〇年代はじめにかけて、インドや日本からフタスジトビコバチを採集して、カリフォルニア州に送った。[9] ところが不思議なことに、フタスジトビコバチは黄色の個体（キマルカイガラムシ）には寄生するのに、赤い個体には寄生できなかったのである。[10]

まもなく謎が解けた。アカマルカイガラムシとキマルカイガラムシは、同じ体色の個体もあって、外部形態ではうまく区別できないが、生態や生活史と解剖学的特徴から区別でき、かつ両者は交配できないことがわかった。完全な別種だったのだ。[11] コンペアが外部形態からアカマルカイガラムシと同定した外国産の宿主は、すべてキマルカイガラムシだったのである。

では、フタスジトビコバチはアカマルカイガラムシの寄生蜂だという、最初の記録も誤りだったのだろうか。じつは中国から輸入したフタスジトビコバチによって、その謎も解けた。こちらのフタスジトビコバチは、アカマルカイガラムシに寄生して生育したのである。驚くべきことに、宿主を異にする2

系統のフタスジトビコバチは、解剖学的特徴も含め、形態でまったく区別がつかないばかりでなく、飼育室では互いに交配し、子孫を残すことができた[12]。

同一の種に含まれる集団のなかに、天敵として防除に使えるものとそうでないものが存在しているのである。

こうした経験からスミスは、類型的な「種」の考え方——形態形質で定義され、それに含まれる個体はすべて同じ性質をもつ、と暗黙裡に想定する伝統的な「種」の考えは、天敵による害虫防除を進める上で障害になると考えるようになった[13]。

スミスは一九三〇年代には自然選択を主とする進化の考えを支持しており、一九四〇年代には、集団遺伝学を中心に分類学、古生物学を統合して発展していた進化の総合説を取り入れた。彼は一九四四年、総合説の旗手のひとり、ジュリアン・ハクスリーの著書に書評を寄せ、「種という言葉に過度の期待をかけてはいけない。厳密な定義も期待してはいけない。なぜなら進化は連続的で、区別できないものをつくるからだ」という文を引用し、「自然選択により変化し適応し続ける集団としての種、という考えは、応用生物学者にとって非常に重要である」と述べている[14]。

同じく総合説の立役者、セオドシウス・ドブジャンスキーは、集団間で交配を妨げる性質が進化して、ほぼ交雑しなくなったとき、つまり生殖的隔離が成立したとき、それらの集団は異なる種と見なされる、と考えた。そして有性生物の種を、生殖的隔離の有無に基づいて定義し、それを生物学的種と呼んだ[15]（生殖的隔離が成立して別種と見なせるほど異なる集団へと分化することを「種分化」という）。

ドブジャンスキーと交流のあったスミスは、集団の分化や種について、この考え方を支持していた[13]。

またコンペアは、伝統的な分類体系の利便性を強調しつつも、「生物的防除では、形で分類できないレベルの単位をいっそう考慮するようになっている。形態形質よりも機能的・生物的形質の方が重要な場合があるため、そうした低次の系統や、変種、亜種、同胞種、あるいは生物学的種を無視するわけにはいかない」と述べている[16]。

コンペアが導入したフタスジトビコバチの、宿主を異にする二つの集団は、交配可能であるにもかかわらず、野外に放飼された後も混ざらずに維持されていた。これらの交雑で生まれた個体は、いずれの宿主に対しても寄生後の生存率が低下するので、これが交雑個体を集団から除去する自然選択として働き、集団の融合が阻害されているのだろうと推定される[12][13]。

このような集団は、生殖的隔離が不完全で種分化の途上にある、と考えることができる。もし生存・繁殖に不利な交雑個体をつくる交尾——つまり宿主の異なる集団の個体との交尾——を避ける性質が自然選択により進化すれば、これらの集団は生殖的に隔離された別種となるであろう。

スミスの研究室では、フタスジトビコバチのように宿主の異なる集団や、宿主が変化する集団をもつ寄生蜂を使った実験がおこなわれ、それはのちに「生態的種分化」と呼ばれる、環境への適応を主要因とした種分化メカニズムの研究が進展する基礎となった。

このように、スミスと彼の研究スタッフが取り組んだ天敵による害虫防除の研究は、基礎研究である進化生物学や分類学の発展にも大きく寄与する一方、彼らは進化生物学の知識や、それに裏づけられた新しい分類学の知見を、害虫防除の基礎として用いた。

さて、父に憧れ、父の志を継いで、父と同じ仕事に就いたコンペアだが、彼がその仕事を通して辿り着いた結論は、父の主義主張とはずいぶん異なるものだった。彼は論文にこう記している。

「有害な昆虫を生物学的に防除しようと思えば、すぐに二つの問いが湧く——それは何か？　どこから来たのか？　この問いに正しく答えなければ、事業は失敗する……適切な分類学はすべての生物学の基礎である。加えて、適切な分類学なくして、適切な理論も、計画も、事業もないのである」[17]

密度依存

新しい天敵の導入をめぐるもうひとつの課題は、寄生昆虫の飼育方法の改善だった。コンペアが海外から送ってきた寄生昆虫は、実験室で繁殖させ、放飼できるように大量生産しなければならなかった。ところが飼育中に繁殖が進まなくなったり、性比が極端にずれたりしてすべて死滅し、系統が絶えてしまうという問題が頻繁に起きた。その解決には、寄生昆虫の繁殖と宿主選択のルール、仕組みを理解する必要があった。

飼育担当のスタンリー・フランダースを特に悩ませたのは、オリーブカタカイガラムシの防除のために海外から送られてきた、クロヤドリコバチ属（*Coccophagus*）の寄生蜂であった。これを飼育していると、世代を経てすぐに雄ばかり、あるいは雌ばかりになって、飼育集団が絶えてしまうのだ[18]。

一九三〇年代、フランダースは飼育実験から、その驚くべき繁殖様式を解明した。雌と雄で宿主が違っているうえに、雄は雌に寄生していたのである。

クロヤドリコバチ属は他のハチ目と同じく、受精卵から生じる二倍体の個体は雌、未受精卵から生じる一倍体（半数体）の個体は雄となる。つまり雄と交尾した雌は、雌を生むことができるが、未交尾の雌は雄を生む。

フランダースが調べた南米産のクロヤドリコバチ属の種は、交尾済みの雌と未交尾の雌では、卵を産む宿主が違っていた。交尾済みの雌は、ほかの寄生昆虫が寄生していないオリーブカタカイガラムシに卵を産む。孵化した幼虫はほぼすべて雌で（ただし、のちの研究から、受精雌は子の性比をコントロールできることがわかっている）、宿主のオリーブカタカイガラムシを食べて育つ。一方、未交尾の雌は、オリーブカタカイガラムシに寄生している、自分と同じ種の幼虫か蛹に産卵する。孵化した幼虫はすべて雄で、仲間（雌）を食べて育つのである。[18]

自然界では、この仕組みによって、寄生蜂が増えすぎて宿主が不足した場合などにうまく対応できるが、飼育下では繁殖のタイミングや宿主を適切に設定しないと、蜂の性比が偏りすぎて世代交代できなくなってしまう。フランダースはこの性質を考慮することにより、ようやくクロヤドリコバチ属を安定的に繁殖、維持できるようになった。

なおその後の研究で、このグループの蜂の未交尾雌から生まれた雄は、一般に寄生昆虫に寄生する超寄生者で、種により、あるいは個体により、自種も含めさまざまに異なる種に寄生することがわかっている。[19]

一九二五年、スミスは別の事業として、コドリンガの防除のために、蛾の卵に幼虫が寄生するタマゴバチ類を利用しようと考えた。そしてフランダースにタマゴバチ類の量産技術を開発するよう指示した。一九三〇年までにフランダースが確立した飼育技術は世界中に広がり、欧州でも害虫防除に利用されるようになった。[20]

この技術開発のため、宿主卵のサイズや、同一卵に対する複数個体の寄生が、タマゴバチ類の成長や繁殖にどう影響するかを調べていたフランダースは、タマゴバチ類の雌が宿主の卵を選んで産卵しているのに気がついた。

雌は周囲の環境の違いを利用して、産卵する昆虫の卵を選んでいる、というのが彼の考えだったが、一九三〇年代半ば、英国の研究者により、雌が直接卵の大きさの違いも利用して宿主の卵を識別していることが明らかにされた。(21)

また英国で一九三〇年代におこなわれた研究から、タマゴバチ類はすでに別の個体に卵を産み付けられている蛾の卵を避けて産卵しており、化学物質をシグナルとして、すでに寄生されている卵とそうでない卵を識別していることが示された。(22)

この発見は昆虫でフェロモンによる情報伝達の研究が進む端緒となった。さらに後の時代には、たとえば害虫が食害する植物から発される化学物質に天敵が誘引されるなど、巧妙な生物間コミュニケーションの分子機構の解明につながり、それを利用した多彩かつ緻密な害虫防除技術を導いた。

このように伝統的な生物的防除に欠かせぬ繁殖技術の開発を進める過程で、宿主選択の仕組みが解明され、昆虫の環境認識やコミュニケーションのプロセスが理解された。そしてこうした基礎知識が新たな害虫防除の技術開発を促進したのである。

生物的防除という用語を導入したときスミスは、天敵を増やして害虫を減らし、害虫を永続的に管理するという手法には、それを支える原理がある、と述べた。その原理とは、「自然のバランス」のことであった。

生物間の相互作用が個体の過剰な生産や消費を抑えるという「自然のバランス」の概念は、古代ギリシャ時代から存在していた。

一八世紀から一九世紀はじめは、第二章で触れたバックランドが信じたように、それは神－創造主によって設計された精密な生態系の秩序を意味していた。ダーウィンの進化論はその意味を大きく変えたが、ダーウィンは自然選択による調整の結果、競争や捕食・被食などによる生物間の相互作用で生態系が均衡のとれた状態になると考え、「自然のバランス」の概念を支持した。[23] 概念の器はそのままで、中身だけが神から自然に置き換わった、とも言えるだろう。

一方、ウォレスは、ある種が別の種を絶滅に追いやったり、大発生したバッタが植生を荒廃させたりすることがあるという事実から、逆に「自然のバランス」に対し、疑問を抱いていた。[24]

一九世紀末、生態学の草創期、スティーヴン・フォーブスは生態系を自己調節機能が備わった平衡系(つねに変化しているものの、全体としては一定の範囲の状態を保持している)と見なした。また二〇世紀はじめにはそこから、生態系を、生物個体のように組織化され、生物同士の緊密なつながりにより高度にバランスのとれた〝超有機体〟と見る考え方が生まれ、これを「自然のバランス」ととらえるようになった。だがこの〝超有機体〟の考え方は、二〇世紀半ばには生態学者の支持を失い、ほとんど顧みられなくなる。

ところがそれと入れ替わるように、まるで概念の器だけ乗っ取った寄生生物さながらに支持を広げた新しい「自然のバランス」論が、スミスの元上司ハワードが着想した「密度依存過程による調節」だった。

ハワードの考える〝バランス〟は、超有機体論のような全体論の意味ではない。個体数の恒常的な調節の意味である。数の均衡を「自然のバランス」と見なしたのだ。

第七章で紹介したように、農務省のマイマイガ防除の研究から、密度依存——集団の個体密度が増えると死亡率が増えて個体密度が減少する——の効果に気づいたハワードは、「自然のバランス」の本質が、この密度依存の効果であると考えた。ハワードは次のように記している。「昆虫がより多くなるにつれて、より多くの個体を死ぬようにする任意の作用によってのみ、『自然のバランス』は維持できる」[25]ハワードは、集団中で次世代を残せず死亡する個体の割合のうち、競争や捕食、寄生という生物間相互作用で起きる死亡の部分を密度依存の死亡率とした。それ以外の要因――気温や旱魃、農薬など非生物的な要因で起きる死亡は、個体数とは無関係に起きるので、これを密度非依存の死亡率とした。[25]

スミスはハワードの密度依存の考えを取り入れ、これが害虫を低密度に抑える「自然のバランス」である、と見なした。じつはハワードは密度依存という言葉を使わずにその関係を説明していたのだが、これを「密度依存（density dependent）」と名づけたのはスミスである。

またスミスは、密度依存の死亡が個体数の増加を抑える効果を「環境抵抗」と呼んだ。ある生物種の潜在的な繁殖能力が通常、ほぼ一定であると考えると、その種の個体数の変動は、食料供給、病気、寄生、捕食などで生じる「環境抵抗」の変動に大きく左右される。[26]

スミスの想定は次のようなものだ――自然界では面積あたりの集団の個体数が増えると、競争により餌が不足したり、捕食者や寄生者など天敵が増加したりして死亡率が上昇し、個体数が減る。密度非依存の死亡が無視できるとき、最終的に集団の個体数は、繁殖による増加率（寿命による死亡を差し引いた増加率）と天敵や競争の効果による減少率がほぼ等しい「平衡状態」になる。自然界ではこの増減のバランスにより、草食昆虫の個体数はごく少ないレベルに抑えられているだろう。[5]

これに対して、単一作物の農場のように、餌が豊富にあり、捕食者や寄生者という天敵がいない場合には、密度依存的な調節が働かず、集団個体は爆発的に増える――これが農場で昆虫が害虫化する理由だというわけである。生物的防除が目指すのは、自然界で達成される平衡状態のように、草食昆虫の個体数が経済的な被害を及ぼさないレベルに持続的に抑制されている状態ということになる。[5]

スミスは密度依存を想定した概念的なモデルから、生物的防除に最適な天敵の性質を導き出した。それは宿主である害虫を、〝見つけ出す能力〟が最も高い寄生生物であった。また、より多くの種の天敵を導入するほうが、害虫の防除効果はより高くなると推測した。スミスはこうした予測をもとに防除事業を進めようと考えたのだ。[5][27] だがそのモデルはあくまで定性的なもので、野外や実験室で得られた昆虫の個体数や分布のデータから、その妥当性を検証できるような性質のものではなかった。

さて一九三一年、自分もコンペアのように海外で天敵を探してみたいと思ったフランダースは、カンキツカタカイガラムシ（*Coccus pseudomagnoliarum*）の天敵を見つけるため、オーストラリアに向かった。ところがフランダースは、オーストラリアで天敵はおろかカンキツカタカイガラムシさえ見つけられず、しかも事故にあって大怪我したうえ、重い船酔いに苦しむなど、さんざんな目にあって帰国した。

あまりに酷い思いをしたため、その後二〇年以上、米国から一歩も外に出ようとしなかったフランダースだったが、じつはこのとき彼は非常に重要な仕事をしていた。オーストラリアで彼は、科学産業研究評議会（CSIR）の研究員だった生態学者、アレクサンダー・ニコルソンと会い、スミスに紹介したのである。[4] ニコルソンは、数理モデルを使って宿主と寄生生物の関係を記述する研究に取り組んでおり、「自然のバランス」について、スミスとほぼ同じ結論に到達していた。

一九二〇年代、捕食・被食と種間競争による集団の個体数変化が、ロトカ＝ヴォルテラのモデルにより定式化された。ロトカ＝ヴォルテラの捕食・被食関係を表す式には、被食者の死亡率に密度依存が仮定されており、またその種間競争を表す式には、種間競争（異なる種の個体間で起きる競争）と種内競争（同じ種の個体間で起きる競争）の効果で、個体数が増えるほど増加率が下がる関係が仮定されていた。[28] しかしロトカ＝ヴォルテラのモデルは、当時まだ生態学者の間であまり知られていなかった。ニコルソンはロトカ＝ヴォルテラのモデルとは独立に個体数変化のモデルを着想したのだった。

一九三三年、ニコルソンは、数理物理学者ヴィクター・ベイリーの力を借りて、集団の個体数が競争と寄生生物によって制御されることを示すモデルを完成させると、「動物集団のバランス」という論文に纏めて発表した(29)。また一九三五年にはベイリーと共著で、その数理モデルの詳細を含めた同じタイトルの論文を発表した(30)。

その理論は、ハワードとスミスが想定した密度依存過程による「自然のバランス」を、数学を使って記述したものであった。

動物集団のバランス

寄生昆虫は特殊な捕食者である。雌の寄生蜂は、獲物をすぐに殺して食べてしまうのではなく、特定の成長段階の宿主に卵を産み付ける。卵から孵化した幼虫は、時間をかけて宿主を食べ、最終的には殺してしまう。そのため、産卵と次世代の出現のタイミングには、時間的な遅れがある。また寄生昆虫は一般に、決まった種の宿主だけに寄生するので、そのライフサイクルを宿主のライフサイクルに合わせなければならない。つまり両者の世代が同期する。こうした理由から、ニコルソンとベイリーは、寄生昆虫と宿主の変化を数学的なモデルで記述するとき、1世代目の個体数、2世代目の個体数、というように世代ごとの変化で表した(29)(30)。

寄生蜂の雌は宿主をランダムに探索し、見つけた宿主に産卵する、というのがモデルの仮定だ。

寄生蜂が非常に少なければ、1匹の探索範囲が他個体の探索範囲と重なる可能性は低い。だが寄生蜂がたくさんいる場合、互いの探索範囲に重複が出る。すでに他個体が産卵した宿主には産卵できない、あるいは産卵しても育つ可能性が低い場合、探索範囲の重複が大きいと、産卵に適した宿主は乏しくなる。したがって寄生蜂が増えて混雑し、探索範囲の重複が増すと、その分、次世代の増殖率が下がってしまう。そこでニコルソンは、この探索範囲の重複を、寄生蜂間で起きる競争の大きさと見なし、競争があるせいで次世代の増殖率が個体数によって制御されると考えた（図8-1）。

当初ニコルソンはこの個体数調節のプロセスに対し、密度依存という言葉は使わず、単に「制御」と呼んでいた。ニコルソンの「制御」は、個体数が増えると死亡率が上がる関係だけでなく、個体数が増えると出生率が下がる関係も含む。つまりそれは個体数と増殖率との関係だった。のちにはこの増殖率との関係も、「密度依存」と呼ばれるようになる。

では次に、寄生蜂と宿主の相互作用で、両者の個体数はどんな変化を見せるのか、モデルの想定と、その予測を見てみることにしよう。なおここでは単純化のため、寄生蜂はすべて雌で、雌だけで繁殖できるとする。

1回の産卵で、寄生蜂は宿主に卵を1個産み付けるとしよう。また寄生蜂は、見つけた宿主に自分あるいは他個体がすでに卵を産み付けているかどうかを区別せず産卵するものとしよう。

このとき、寄生蜂の個体数に、寄生蜂が宿主を発見する効率（探索効率）を乗じたものが、宿主1匹あたりに産み付けられる卵の数の平均値となる。また、探索と産卵がランダムなので、その確率分布は、ランダムに発生する事象の発生回数の統計的分布を表すポアソン分布を仮定できる。するとこの分布から、産み付けられた卵数がゼロ——つまり寄生蜂雌に見つからず卵を産み付けられていない〝健康な宿主〟の割合を求めることができる。

1匹の宿主からは1匹の寄生蜂しか羽化できないとしよう。すると次世代の寄生蜂の数は、その世代で寄生された宿主の数、つまり全宿主数から、健康な宿主の数を差し引いた数になる。一方、次世代の宿主の数は、その世代の健康な宿主の数に、宿主1匹当たりが残す子の数（宿主1匹当たりから生まれて成虫まで生き延びる子の数）の平均値を乗じたものになる。

寄生蜂が増えて寄生率が飽和してくると、1匹の宿主に複数の寄生蜂が産卵してしまう割合が増えるので、羽化に至らない卵の比率が増し、寄生蜂の増加率は下がる。寄生蜂が増えると、もうひとつ、寄生蜂にとっては困ったことが起きる。健康な宿主が減るため、次世代で寄生可能な宿主が減ってしまうのである。その結果、寄生に成功して子孫を残せる寄生蜂も減ってしまう。

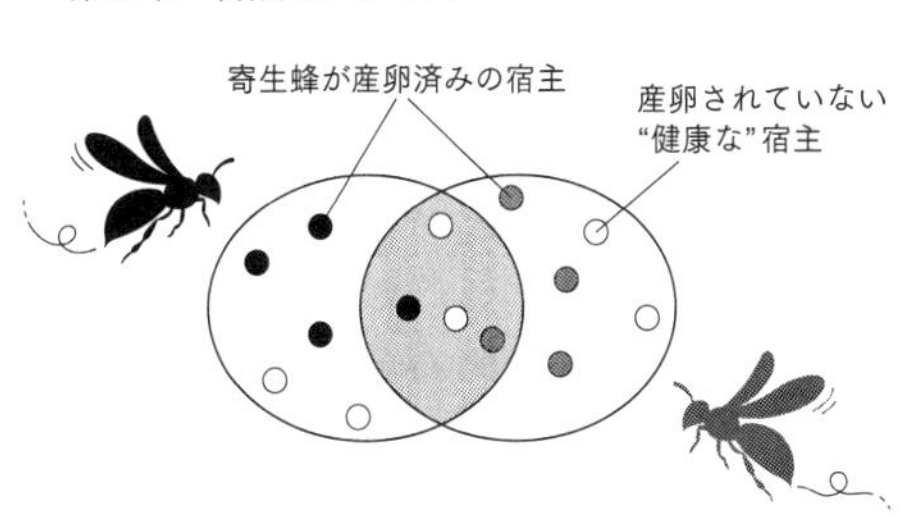

図8-1　探索範囲の重複が大きいと，産卵に適した宿主は乏しくなる．寄生蜂が増えて寄生率が飽和してくると，産卵に適した宿主が減り，産み付けた卵のうち羽化に至る数も減るなどして，寄生蜂の増加率が下がる．

一方、宿主が増えると、それに寄生する寄生蜂も増えるので、宿主が高頻度で寄生されて死亡し、宿主の増加が抑えられる。これが競争で起きるものとはまた別の密度依存——寄生による密度依存の抑制効果である。

ところで宿主－寄生による密度依存は、1世代遅れて働くため、宿主が十分減っても寄生蜂はすぐにはそれに反応せず、数が多いままなので、宿主はまだ減り続ける。この反応の遅れのために、宿主と寄生蜂は増減を繰り返す。ニコルソンとベイリーのモデルでは、宿主も寄生生物も世代が進むとともに個体数の増減の振幅が大きくなり、最後は絶滅が起きてしまう（図8－2）。

だがニコルソンは、この不自然な挙動は、モデルの仮定が単純すぎるためのもので、野外の生態系では絶滅は起きないと述べている。たとえば、このモデルには寄生蜂間の競争は含まれているが、宿主間の競争は含まれていない。宿主の個体数が競争により一定以上にならないよう制限されている場合、増減の振幅が抑えられるので、絶滅は起こらない。寄生蜂の餌選択の仕方によっては、個体数が一定値に収束する場合もある、というのがニコルソンの考えだった[29]。

またニコルソンは、野外には複数の集団があり、一定数の個体が毎世代移住してくるうえ、異なる場所の集団の間では、増加－減少のタイミングが同期しないので、全体としては増減のバランスがとれて、宿主も寄生蜂も恒常的に維持されると考えた[29]。

このプロセスのため、宿主と寄生蜂の集団は、局所的に増減を繰り返す個体の群れ――パッチが、いくつも散在して分布するようなパターンになるだろう、とニコルソンは予測した。もし同時にいくつかのパッチを見れば、それらはそれぞれ図8－2に示す宿主と寄生蜂間に起こる一連の時間的推移のうち、いずれかの段階を示しているだろうという[29]。

じつはスミスやコンペアにとって、この分布パターンはなじみ深いものだった。定量的なデータはなかったものの、それは彼らが野外で観察していた害虫とその天敵の分布パターンとよく合致していたのだ。

ニコルソンの理論では、気温や雨量など気象要因の変化がなくても、競争と宿主－寄生の相互作用によって、宿主と寄生者の個体数が調節され、規則的に一定の増減を繰り返す、動的なバランスが保たれた状態になると予想する。宿主の個体数が増加すると、競争や、寄生による制限が強くなって、個体数

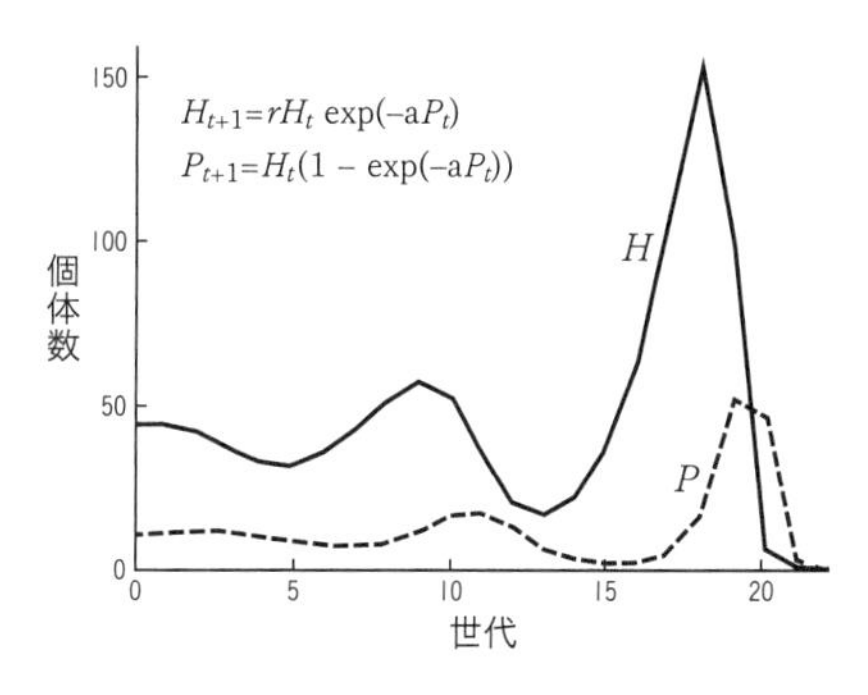

Ht：世代 t の宿主の個体数，Pt：世代 t の寄生者の個体数，r：宿主の平均出生率，a：寄生者の探索効率．計算に用いた変数の値は，$r = 2$，a = 0.035.

図8–2　ニコルソン＝ベイリーの宿主・寄生者モデルの計算結果．図中のHとPで示す曲線は，それぞれ宿主と寄生者の個体数の変化．宿主と寄生者が関連して増減を繰り返すが，両者の動きにはある程度のタイムラグがある．ただしこの単純なモデルでは，最後には絶滅が起きてしまう．［Nicholson AJ 1933. *J. Anim. Ecol.* 2の図を改変］

が減少し、その結果今度はこれらの制限が弱くなるため個体数が増加するからだ。この恒常性のあるバランスにより、集団は絶滅や大発生を免れ、安定的に維持される(29)。これはスミスの生物的防除が立脚する「自然のバランス」に理論的な根拠を与えるものであった。

さらにニコルソンは、宿主の個体数を少なく抑えるのに重要な寄生蜂の性質を導いた。それは雌の探索効率の高さ――たとえば探索範囲の広さや探す速度であり、より一般化すると、宿主を発見して寄生する能力の高さであった(29)。これは生物的防除で最も優れた効果を発揮できる天敵の性質として、スミスが想定していたものであった。ニコルソンはスミスが推測した、防除に最適な天敵の性質を、数学的に裏づけたのである。

当然のことながらスミスは、ニコルソンらのモデルの最初の支持者であった。彼らのモデルを詳細に紹介した論文の中で、スミスはこう予言している――「『動物集団のバランス』は、ニコルソンとベイリーによる驚嘆すべき仕事であるが、これには今後二〇年間いくつもの研究室を多忙にさせるのに十分な課題が見つかるだろう(31)」

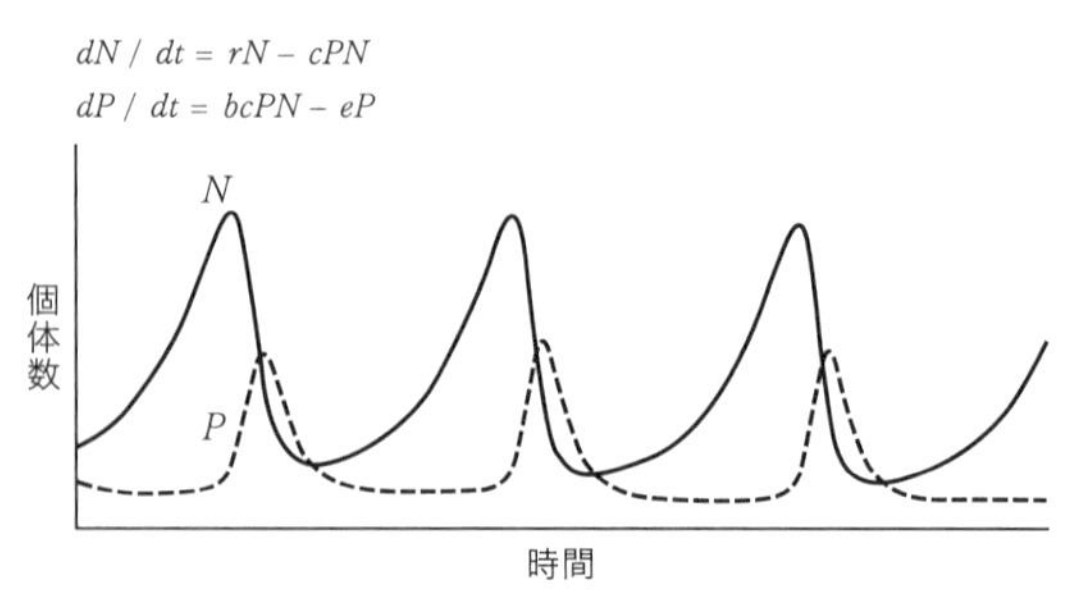

N：被食者の個体数，P：捕食者の個体数，r：被食者の出生率，c：捕食者の捕獲率，b：捕食者1頭増えるのに何頭の餌の被食者が必要かを示す転換効率，e：捕食者の死亡率．

図8–3　ロトカ＝ヴォルテラの捕食者・被食者モデルとその解の挙動．被食者と捕食者の個体数が規則的に増減を繰り返す．

被食者が減ると食物不足になって捕食者が減り、捕食が減る結果、被食者が増え始める——寄生生物と宿主の関係と同じく、食う食われるの関係が個体数を調節し、規則的に増減を繰り返す動的なバランスを示すことは、ロトカ＝ヴォルテラのモデルでも予測されていた（図8－3）。しかしスミスにとってそれを実験で検証することは、モデルの仮定が単純すぎて難しかった。一方、ニコルソン＝ベイリーのモデルは、寄生昆虫を使った実験で検証が可能だった。

ニコルソン＝ベイリーのモデルが予測する宿主－寄生昆虫の振る舞いを飼育実験で確かめるため、スミスは、研究室の学生であったポール・デバックとともに、イエバエ（*Musca domestica*）とそれに寄生するキョウソヤドリコバチ（*Nasonia vitripennis*）を飼育して、個体数の変化を調べた。彼らは一九四一年、7世代までの飼育実験から、モデルの予測と整合する結果を得ると、「生物的防除は生態学の原則を実用上の問題に応用したものである」——スミスはそう記し、ニコルソンの理論がその基礎となりうることを強調した。[32]

一九五〇年代には京都大学の内田俊郎が、アズキゾウムシ（*Callosobruchus chinensis*）とそれに寄生するコマユバチの一種（*Heterospilus prosopidis*）を用い、実験室で長期にわたり宿主－寄生昆虫が個体数を振動させつつ共存することを実証するなど、理論予測を確かめる実験結果が示された[33]。

ニコルソンは生態学の基礎研究を志向していたにもかかわらず、一九三六年以降CSIRの昆虫学部長として、オーストラリアの生物的防除事業の中核を担った。ウチワサボテン防除の成功後、CSIRの昆虫学部門が事業を引き継いだからである。スミスはニコルソンを数度にわたってカリフォルニア州に招き、協力関係を深めた。

一九四四年には、ニコルソンの協力で、オーストラリアからセイヨウオトギリソウ（*Hypericum perforatum*）の天敵である2種のヨモギハムシ属をカリフォルニア州に導入し、当時牧場を占拠して牧畜業に大きな被害をもたらしていたこの外来植物の駆除に成功している[34]。

自然のバランス論争

ニコルソンの理論は、スミスの生物的防除に生態学的な根拠を与えた一方で、その後数十年にわたって続く、「自然のバランス」をめぐる激しい論争の幕開けをもたらした。

スミスとニコルソンの主張と鋭く対立したのは、ハワードの元部下で、スミスとともにマイマイガの防除事業にも関わったウィリアム・トンプソンであった。

一九二〇年代、米農務省のフランス支部で生物的防除に取り組んでいたトンプソンは、宿主と寄生昆虫の動態を記述する先駆的な数理モデルを発表していた[35]。そのモデルは、ニコルソン＝ベイリーのモデルとよく似ていたが、仮定にひとつ大きな違いがあった。それは寄生蜂雌1匹が産む総産卵数についてであった。

ニコルソンらがそれを、寄生蜂雌の探索効率と宿主の密度によって変わると仮定したのに対し、トンプソンはそれを一定と仮定したのである。言い換えると、ニコルソンは、寄生蜂雌が宿主を見つけるのに苦労する状況を想定しており、そのため宿主の寄生率は寄生蜂雌による発見率で制限されるが（図8－4aのA）、トンプソンは、寄生蜂雌が宿主を容易に発見できる状況を想定していて、宿主の寄生率は寄生蜂雌の卵数で制限されるのである（同図のB）。

この違いのためにトンプソンのモデルでは、寄生蜂雌の卵数がある閾値以上の場合、宿主と寄生蜂はともに絶滅するが、それ以下の場合、宿主は無限に増殖する[35]（図8－4b）。ニコルソンらのモデルが予測するような、個体数の増減を繰り返す変動は起きないうえに、寄生蜂の卵数が少ない、つまり増殖率が低い場合には、宿主の増加を抑えられない。つまり密度依存の効果は一切働かないのだ。この場合、生物的防除に「自然のバランス」は役立たない。

このモデルで明らかなように、トンプソンが害虫を抑える天敵の性質として重要だと考えたのは、増殖率の高さであった。天敵が増える数の力で、害虫を圧倒するのである。この結論は、天敵の宿主探索能力を重視するスミスとニコルソンの考えとは対照的だった[35][36]。

トンプソンのモデルでは、宿主と寄生昆虫の個体数がなんらかのバランスの取れた状態に達することはない。宿主は絶滅するか、無限に増加するか、のいずれかだ。ではなぜ野外で宿主と寄生昆虫の個体数がある範囲内に抑えられているのか——トンプソンの答えは、温度変化や旱魃など気候変化が、死亡率を高め、繁殖を阻害しているから、というものだった。スミスとニコルソンの主張とは逆にトンプソンは、野外の集団に密度依存の制御が働くことはなく、その個体数はおもに気候など物理的効果で一定の数を超えないよう制御されていると説いた[35][36]。天敵が与える効果は、物理的効果と本質的な違いはなく、

A:宿主が見つけづらいので，寄生率は発見率で制限される．探索範囲が狭いと宿主が見つからない．

B:宿主は容易に見つかるので，寄生率はむしろ卵数により制限される．

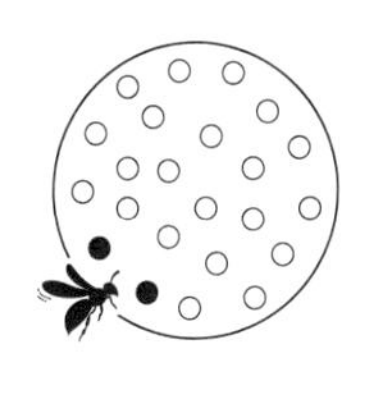

図8-4a ニコルソン＝ベイリーのモデルとトンプソンのモデルの前提の違い．ニコルソン＝ベイリーではAのような状況，トンプソンではBのような状況が中心的になる．

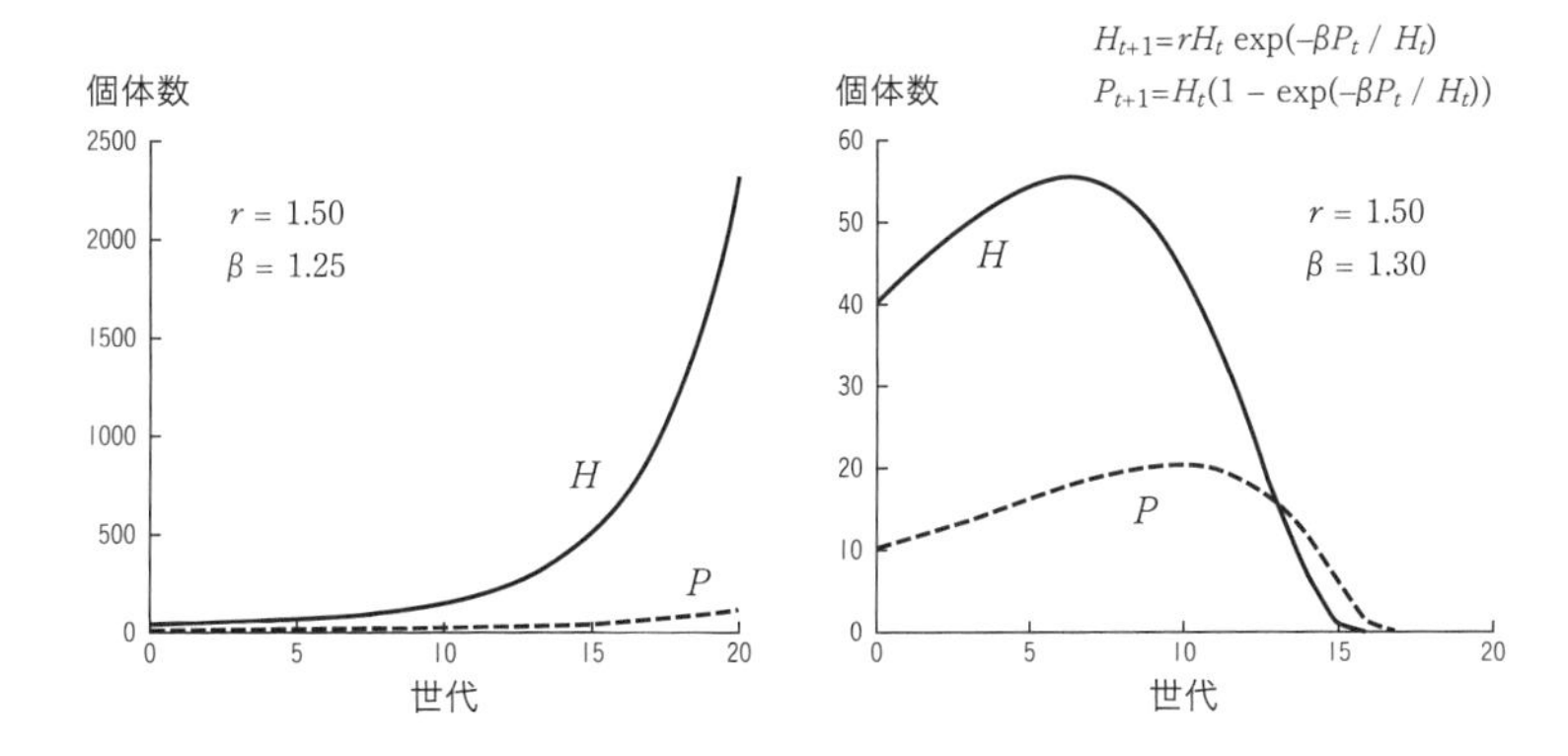

図8-4b トンプソンの宿主・寄生者モデルとその計算結果．図中の H と P で示す曲線は，それぞれ宿主と寄生者の個体数の変化．2つのグラフは，寄生者1匹あたりの産卵数について，異なる数値を仮定しているが，どちらの場合も，図8-2，8-3のような，個体数がある範囲で増減を繰り返すパターンは現れない．(Ht：世代 t の宿主の個体数，Pt：世代 t の寄生者の個体数，r：宿主の平均出生率，β：寄生者1匹当たりの平均卵数．) $r=1.50$，$\beta=1.25$の時（左）は宿主，寄生者とも無限に増えるが，$r=1.50$，$\beta=1.30$の時（右）はどちらも絶滅する．

その補助的な役目を果たすに過ぎないのである。
この考えはトンプソンの害虫防除の経験からも裏づけられていた。たとえば暖冬の翌年には、天敵の個体数は変わらないのに害虫が大発生することがあり、これは競争や天敵の働きでは説明できない、と主張した。[36]
トンプソンは一九二九年から一九四七年まで、英国昆虫学研究所の副所長として英国の生物的防除を主導したが、自然界で天敵が密度依存的に害虫の数を調節しているという考えを一貫して批判した。実験室でモデルの予測が支持されても、それを野外に当てはめることはできないと考えた。トンプソンは「自然のバランス」という概念に根本的な不信感を抱いていたのである。
トンプソンは一九三九年に出版した著書の中で、ニコルソン＝ベイリーのモデルとロトカ＝ヴォルテラのモデルを批判し、「数学的モデルは非常に優雅で印象的であるため、その価値を過大評価し、自然界で実際に起こっていることの説明として安易に使われがちである」と記している。[36]
トンプソンは一九四七年、英国からカナダに移った。カナダでは一八九〇年ごろからおもに林業を守るため、樹木を食害して森林に被害を及ぼす外来昆虫の駆除のため、伝統的生物的防除が盛んにおこなわれていた。
スミスとニコルソンの主張に対するトンプソンの批判は、カナダの応用昆虫学者に引き継がれた。彼らは野外で草食昆虫が大発生する際の、捕食者や寄生生物の変動と制御効果を調べた研究をもとに、「害虫の大発生は、天敵による制御ができていないために起きる」というスミスの考えを否定した。そのかわり彼らは、害虫の個体密度は、環境に存在するさまざまな要因が複合的に作用することによって決まる、と論じた。[37]

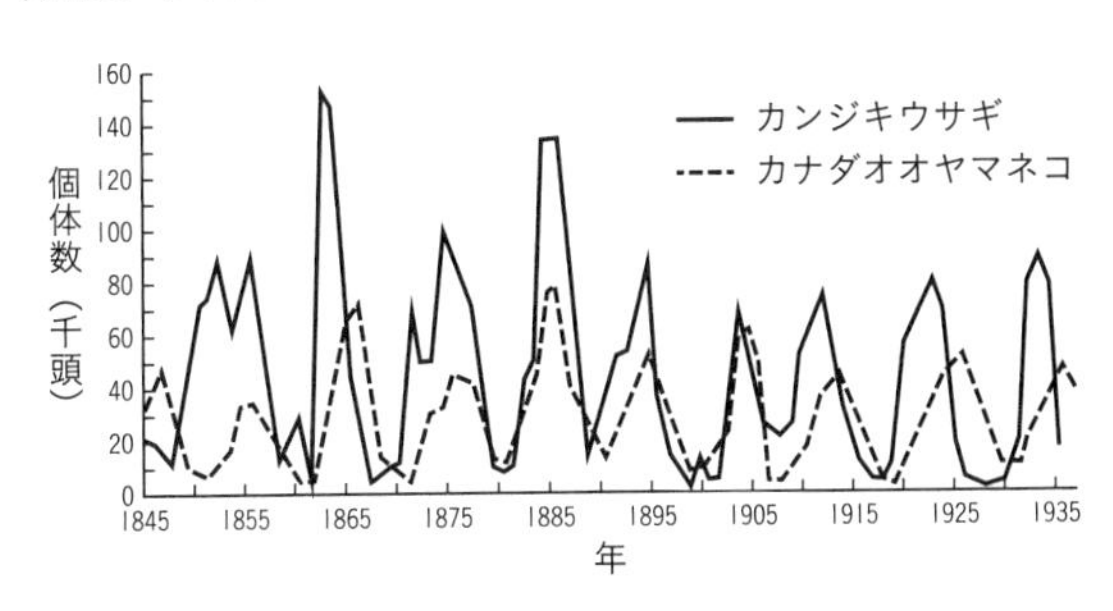

図8–5　カンジキウサギとカナダオオヤマネコの個体数変動．ロトカ＝ヴォルテラのモデル（図8–3）に近い変動が見られる．［MacLulich DA 1937. “Fluctuations in numbers of the varying hare,” *Univ. Toronto Studies, Biol. Ser.* 43の図を改変］

現代の動物生態学の基礎を築いたチャールズ・エルトンも、密度依存のようなプロセスの調節により、生態系がバランスの取れた状態にあるという考えに否定的なひとりだった。エルトンは一九三〇年に出版した教科書の中で、野生動物の個体数はつねに不規則に変動し、互いに独立した変動も多いと指摘している。そしてこう断言した。

「自然のバランスは存在しないし、存在したこともない[38]」

じつは、ロトカ＝ヴォルテラのモデルが示す捕食者と被食者の周期的な個体数の増減と非常によく似た変動パターンを、北米のカンジキウサギ（*Lepus americanus*）とその捕食者であるカナダオオヤマネコ（*Lynx canadensis*）の約一〇〇年に及ぶ個体数の年変動の記録から明らかにしたのはエルトンだった。カンジキウサギはおよそ一〇年の周期で増減を繰り返し、オオヤマネコはその増加、減少を追うように、ほぼ同じ周期で増減を繰り返していた（図8–5）。

ところがエルトンは、一九四二年に発表した論文で、オオヤマネコの個体数変動が、餌であるカンジキウサギの増減によって生じた可能性を認めたものの、カンジキウサギの周期的な個体数変動は、おもに気候変動によって生じたと結論したのである[39]。

自然集団を制御しているのは密度依存のプロセスによる「自然の

バランス」か、それとも密度非依存の環境要因かという論争は、一九五〇年代半ばから一九六〇年代にかけてさらにヒートアップした。

ガラパゴス諸島のダーウィンフィンチの研究で、競争が異種間の餌利用や棲み場所の違いを生む主要因であることを見いだした生態学者デヴィッド・ラックは一九五四年、鳥類の研究成果をまとめた著書で、自然界で働く密度依存的な調節の普遍性を訴え、こう記した。「密度依存過程による個体数の調節は、おそらく死亡率の変動によってもたらされる。重要な死亡要因は、食料不足、捕食、病気であり、そのうちのひとつが最も重要である場合もあるが、それらが同時に作用することも多い[40]」。ラックはおもに競争による密度依存的な調節のため、自然集団は平衡状態にあると考えていた。

一九五〇年代からヒツジキンバエ（*Lucilia cuprina*）を対象に、種内競争の実験研究に着手したニコルソンは、その後のすべての研究で、密度依存は自然集団が自らを調節する唯一の仕組みであると強く主張するようになった。

密度依存による調節メカニズムのほとんどは種内競争である、としたうえで、「密度変化が引き起こす調節反応により、変動する環境下でも集団はバランスを保ち、維持される[41]」と述べ、自然下の生物集団は、繁殖による増加圧とその修正力である密度依存のバランスで、多少揺れ動きつつも平衡を保つのだと説明した。

ニコルソンはこれを空中で上昇と下降を繰り返しながらバランスをとる熱気球に喩えた。このプロセスで集団の個体数はつねに調節され、絶滅することなく、一定の範囲内で増減するような動的な平衡状態に維持されている、という。一方、気温変化など非生物的な要因には、個体数のバランスを維持する働きがなく、集団の個体数変動を調節する役割をほとんど果たしていない、と強調した。

ニコルソンにとって自然集団が示す一定範囲内の個体数変動は、競争により集団が持続的な平衡状態にあることの反映であり、「自然のバランス」の存在を示すものだった。

このニコルソンの主張を痛烈に批判したのが、オーストラリアの生態学者、ハーバート・G・アンドリューアーサとルイス・C・バーチだった。彼らは一九五四年に出版した総説で、「昆虫集団をおもに制御しているのは、気温など物理化学的な環境要因であり、競争や捕食・被食など生物的な要因による調節は証明されていない」と指摘した[42]。

彼らは野外のデータから、草食昆虫の個体数の年変動が密度ではなく、ほとんど気温や雨量の変化で説明できることを示し、また同一の資源を利用する草食昆虫が共存している事例を挙げ、競争による密度依存の効果は働いていないと結論した。そして彼らは論文の中でこう断言した。「自然界の集団に関するかぎり、『密度依存過程による調節』についての一般論は、理論でも仮説でもなく、ドグマである[42]」

密度依存か、密度非依存か——この問題をめぐる対立は深まる一方であった。

一九五七年、コールドスプリングハーバー研究所で、集団の個体数変動をテーマとしたシンポジウムが開催された。一五〇人の参加者を集めておこなわれた講演会の場で、ニコルソンとアンドリューアーサが激しく対立した[43]。彼らはさらに雑誌上でも応酬を続けた。それぞれを支持する生態学者らも次々と誌上で論争に参入した。

害虫に手を焼いたハワードとスミスが点火し、ニコルソンが煽った論争の炎は、こうしてますます勢いを増し、二〇世紀後半の生態学を舞台に、激しく燃え上がった。

「なぜ世界は緑なのか?」

この意表をつく疑問に答える形で、「自然のバランス」をめぐる新たな論争に火をつけたのが、ネルソン・ヘアストンら、ミシガン大学の三人の生態学者が一九六〇年に発表した「緑の世界仮説」であった。[44]

ヘアストンらの論文はこう始まる――「自然集団の制御機構について、この三〇年間、特にここ数年、激しい論争が戦わされてきた。ニコルソン、バーチ、アンドリューアーサ……そしてコールドスプリングハーバーでのシンポジウム記事を参照されたい。……この問題はもっぱら単一種の集団に注目して議論されてきたが、2種以上が関与する状況でも同様に重要である」

ヘアストンらは「自然のバランス」をめぐる問題を、たくさんの種からなる群集レベルの問題にふたたび拡張させたのだ。

「自然のバランス」など存在しない、と断言したエルトンは、無機窒素やリンなどの資源と、植物など生産者が、消費者である動物の個体数や量を決定すると考え、餌となる下部の生物が、それを食べる上位の生物を支える栄養ピラミッドの概念を着想した。つまり栄養ピラミッドの一番下に位置する生産者の植物が餌となって、その上位の草食動物の量を決め、次に草食動物が餌となってピラミッドの最上位に位置する肉食動物の量を決める、というボトムアップの考えである。[45]

しかしピラミッドの一番下にいる植物は、その上位の草食動物にどんどん消費されてなくなってしまうはずである。草食動物の貪欲な摂食にもかかわらず、実際には植物がなくならず、それどころか世界が植物の緑で溢れているのは、なぜなのか。

ヘアストンらの答えは、草食動物の天敵である捕食者、寄生虫、病原体によって、その個体数が抑えられているからだ、というものだった。

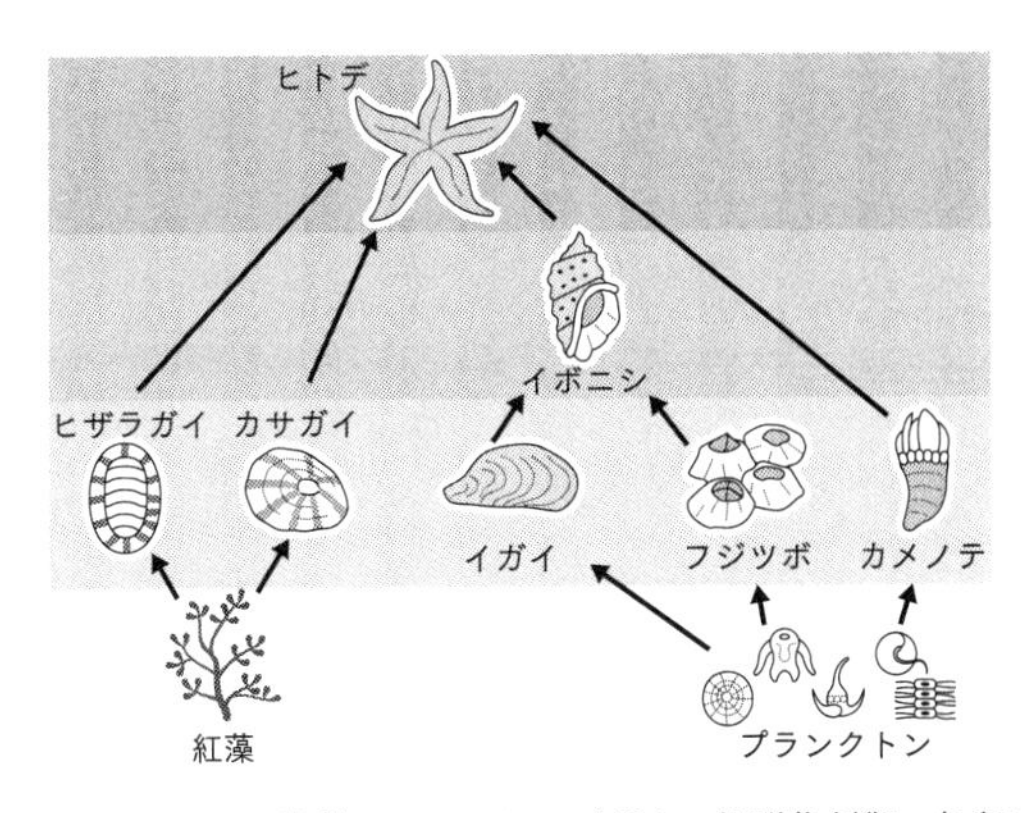

図8–6　ペインの見いだした，岩礁におけるトップダウン的群集制御．矢印は，矢印の先の生物に食べられる関係を示す．この系では，上位のヒトデが，イガイなどの無脊椎動物の数を抑え，群集全体のバランスに決定的な影響を及ぼしていたことが注目された．だがこのような関係性は必ずしも一般的とは言えず，岩礁の例も特定の条件のもとでのみ成り立っていたことが，のちに明らかになった．

この緑の世界仮説（三人の論文著者の頭文字をとってHSS仮説とも呼ばれる）は、エルトンの考えと上下が逆であった。つまり栄養ピラミッドの最上位に位置する肉食動物が、下位の草食動物を食べてその量を決め、そして草食動物が最下部の植物を食べてその量を決める、トップダウンの制御を考えたのだ。彼らは、植物と肉食動物は、競争により密度依存的な制限を受けるが、草食動物はもっぱら肉食動物の捕食によって数を制限され、競争の効果は弱められていると予測した。[44]

この仮説が発表された後の状況について、ある生態学者はこう記している――「ミシガン大学の三人の生態学者が、この『自然のバランス』仮説を提唱した……その考えは大きな注目を集めた。大量の反論が出たが、無視はできなかった[46]」

群集がトップダウンで制御されているという考えを、海岸の生物群集の実験で検証したのが、生態学者ロバート・T・ペインであった。一九六六年、ペインが北米太平洋岸の岩礁の一区画から、上位捕食者のヒトデを除去したところ、二枚貝のイガイが大発生し、藻類やカサガイ類やフジツボ類などが消滅してしまった。これはヒトデが草食（プランクトン食または藻類食）の無脊椎動物を捕食し、特にイガイの個体数を減らして、イガイに有利な種間競争の効果を弱め、多種を共存させ、藻類を繁茂させることを示していた[47]。つまり最上位捕食者のヒトデが、群集のバランスを保つ機能を果たしていたのだ（図8－6）。

またペインは、オーストラリアのグレートバリアリーフで、オニヒトデが天敵のホラガイ類を乱獲した地点で激増し、サンゴ礁を食害して破壊した例を挙げ、上位捕食者がトップダウン的に群集を制御すると主張した[48]。

ただし、ペインがおこなったヒトデ排除の実験は、ほかの種を取り除いた場合はどうなるかを調べておらず、実験結果が再現できるかどうかも確かめていない[47][48]。したがってこれで原理の一般性が示せるわけではなかった。実際、その後別の実験で、ヒトデの捕食が群集を制御するのは、波当たりの強い岩礁に限られることがわかった[49]（なお、イガイは多様な小型の節足動物などの棲みかになるので、それが占有したからといって種多様性が減ったとも言えない）。またグレートバリアリーフで起きたオニヒトデの大発生も、その後の研究で、ホラガイ類の乱獲ではなく、海水の富栄養化とほかの動物の捕食とが組み合わさって起きたものだとされている[50]。

「緑の世界仮説」と「ペインの実験」が、栄養段階という縦の関係に挑んだのに対し、よりフラットな関係――種数と個体数が示すパターンから「自然のバランス」を、たくさんの種からなる群集レベルに拡張した生態学者がいた。現代群集生態学の創始者とも呼ばれる、キャリントン・B・ウィリアムズである。

ウィリアムズは一九六四年に刊行した著書『自然のバランスにおけるパターンと定量生態学の問題』

で、種数や種ごとの個体数に見られる、さまざまな関係やパターンに、統計学的な規則性があることを示した。そしてそれらのパターンは、相互作用する多種の間でバランスの取れた平衡状態を示すものだと説明した。またウィリアムズは次のようにも述べた。「もし物理環境の攪乱がなければ、集団は理論的に安定な平衡状態に達する。新しい種が進入するなど急な変化が起きれば、集団は不安定化し、さまざまな作用の結果、集団は別の安定な状態に移行する。この有名な実例が、偶然進入した外来昆虫が大発生し、害虫になるケースである。そこで天敵を導入して、以前のバランスを取り戻すわけである」[51]

ところが他方、生態学者のフランク・エガートンにとって、これは「ほとんど憶測の域」の主張であった。エガートンはいまなお名著とされるこのウィリアムズの著書を、「自然のバランス」を検証可能な仮説ではなく自明な原則と見なして問題解決の手続きに使っており、古代ギリシャ時代以来西欧に伝わる伝統的な先入観に囚われたものだ、と批判した。均衡のとれた〝平衡状態〟は科学の仮説ではなく、根拠のない世界観に過ぎないと断じたのである。[52]

自然はたいてい複雑である

さて、ニコルソン＝ベイリーのモデルは一九七〇年代以降、より現実的な仮定を加えたモデルに修正され、その挙動が詳しく研究された。

たとえば、宿主はある環境下で個体数が増えて一定の個体数（環境収容力）に近づくと、競争のために増加率が落ち、さらにそれを超えると減少に転じる、という仮定を加えた場合、確かにニコルソンが考えたように、宿主と寄生者の個体数が一定の個体数に収束したり、一定の振幅と周期で恒常的に増減を繰り返す均衡のとれた状態に至ることが示された。だが、その振る舞いは、探索効率や繁殖率など変数の値によって劇的に変化した。同じモデルで、宿主、寄生者とも絶滅したり、不規則で予測不能な変動を続けたりする場合があることがわかったのだ[53]（図8－7）。

ニコルソンとベイリーは、モデルの中で、個体数を世代ごとに区切り、飛び飛びの数値を与えたが、じつはこの性質のため、条件により密度依存的な反応が極度に強まり、系にカオス（初期条件のわずかな差が時間とともにねずみ算式に拡大するため予測不能なふるまいを示す系の性質）が発生して、個体数に不規則な変化が生じていた。彼らが想定した密度依存のプロセスは、系を調節して安定な平衡状態に導くだけでなく、逆に絶滅や大発生を引き起こす役目も果たしうるのである。

計算機の利用が一般的になると、ニコルソン＝ベイリーモデルの拡張により、移動や分散がある場合、宿主の個体数がどのような空間分布を示すか、数値計算で調べられた。その結果、ニコルソンが予想したようなパッチ状の安定な分布や、規則的で恒常性のある動的分布パターンだけでなく、カオスの発生による不規則でランダムな変動を示す分布パターンが、条件によってはつくり出されることが明らかになった[54]。

寄生・捕食時に動物が示すより現実的な行動や反応をモデルに含めると、さらに多くの条件下で、集団が不安定化し絶滅が起きることがわかった。また適応進化がなく、種と種が競争、捕食、寄生、共生関係で緊密に結びついている場合、種数が増えれば増えるほど、個体数や種構成は激しく変動し、絶滅が起きるなど不安定化する場合があるという、意外な予測も得られた。

野生下の集団・群集も、気候など物理的要因の攪乱を絶えず受けて変動しており、平衡状態から程遠い事例が、多くの研究で示されるようになった。たとえば森林生態系はつねに自然攪乱の影響を受け、

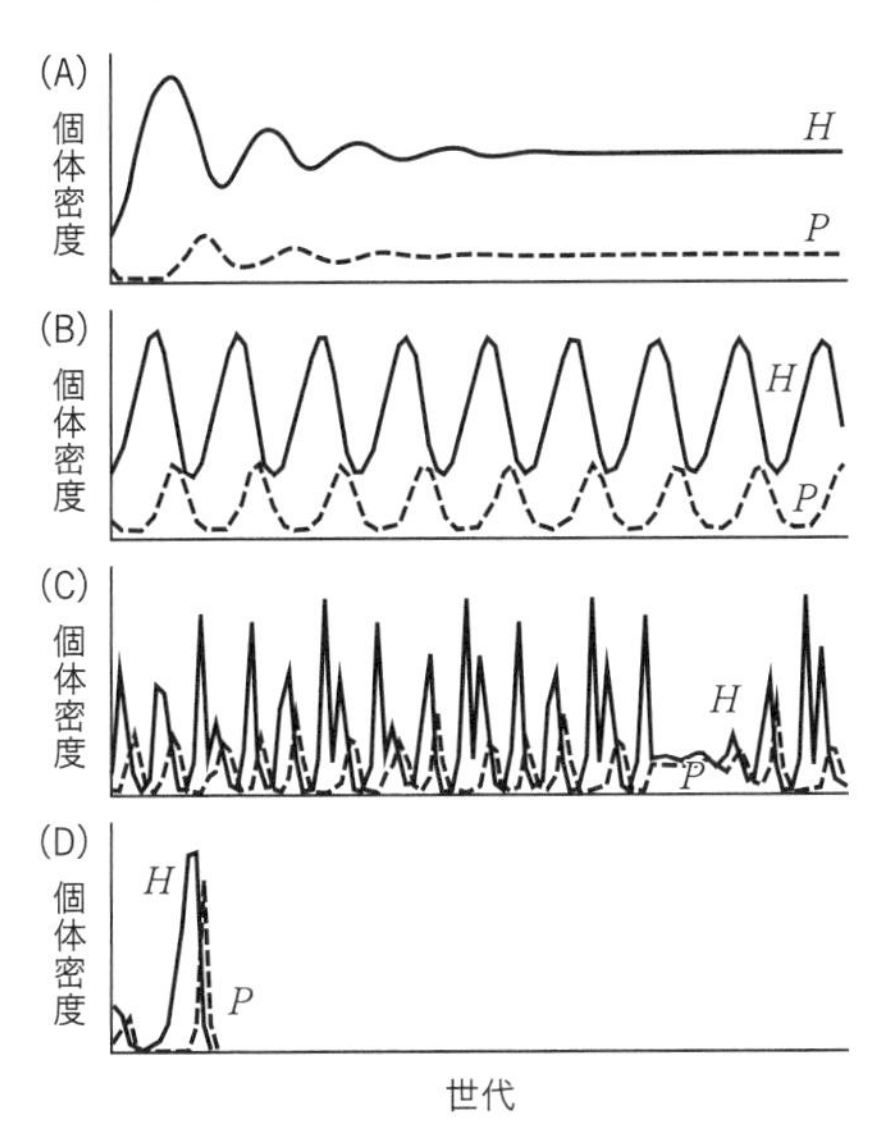

図8–7　ニコルソン＝ベイリーのモデルに環境収容力（K）を含めることにより，宿主に競争による密度効果を加えた場合の計算例．寄生者の探索効率や繁殖率の条件を少し変えると，個体数の変動のパターンは劇的に変わる．

H_t：世代 t の宿主の個体数，P_t：世代 t の寄生者の個体数，r：宿主の平均出生率，a：寄生者の探索効率として，$H_{r+1} = Ht \exp(r(1 - H_t / K) - aP_t)$．なお，$P_t$ の式は図8–2と同じ．（A）$a = 0.01$，$r = 0.50$，（B）$a = 0.016$，$r = 0.50$，（C）$a = 0.032$，$r = 2.50$，（D）$a = 0.10$，$r = 1.00$．いずれも $K = 200$．

ほとんど定常状態や平衡状態にならないと考えられている[55]。平衡状態が認められる場合があっても、容易に別の複数の平衡状態に移行するような、緩く大きな変化の可能性をもつ系があると考えられるようになった[55]。中米ニカラグアの熱帯雨林の場合、ハリケーンで強く攪乱を受けた後、同じ種構成の森林から、同じ環境にもかかわらず、場所ごとにそれぞれ異なる種構成の森林へと遷移が進んだことが、一二年に及ぶ観察でわかっている[55]。

また攪乱によりつねに個体数を少なく抑えられ、競争による密度依存的な個体数制限が緩和されていると考えられる群集も幅広く知られるようになった[56]。たとえば、嵐の攪乱を受ける海岸の転石帯では、攪乱が極端に激しくなければ、どの藻類の種も死滅しないかわりに個体数を少なく抑えられるので、種間競争が緩和され、攪乱がない（競争が働く）転石帯よりずっと多くの藻類が共存している[56]。また森林火災のような攪乱の繰り返しが、多くの種の維持に役立っている可能性がある[56]。

自然集団がつねに競争による平衡状態にあるという考えや、ほとんど競争の効果だけで、種の多様性や分布、ニッチ利用を説明しようとする考え方は、二〇世紀末には時代遅れになった。自然の生態系は、必ずしも平衡状態ではないし、均衡のとれた状態でもない――そうした認識が生態学者の間で広がる中、密度依存過程の調節をめぐる議論は、依然として激しく続けられた。

論争が膠着した理由のひとつは、密度依存という用語の定義の不明確さだった。[57] ニコルソンの「制御」が「密度依存」の語に置き換えられた時点で、密度依存にはすでに、（個体数に依存する）死亡率を意味するものと、増殖率を意味するものという、二重の定義が生まれていた。

しかも、個体密度と増殖率の単なる相関を意味するものから、増殖率に限らず個体密度に依存して変化する性質一般、メカニズムを含意するもの、調節の効果を意味するものまで、少しずつ異なる定義も生まれた。性質の違いに注目して用語が細分化され、それぞれ新しい用語で区別されたりもした。

たとえば野生生物の場合、個体数が少なくなると、むしろ繁殖率が下がり、数がいっそう減る場合がある。一例として、昆虫の多くは、個体密度が極端に低いと交配相手が見つけにくくなって繁殖率が下がり、交配できても近親交配によりさらに繁殖率が低下する。[58] つまりこのような効果のもとでは、個体密度が増えると増殖率も増える。密度依存の定義が増殖率に拡張されると、こちらは「正の密度依存」、競争や捕食によるものは「負の密度依存」と呼ばれるようになった。

これは生態学の概念の発展に対応して、定義の拡張や修正がなされた結果でもある。しかし古い定義もそのまま残るため、定義が異なる同一用語で議論するような状況が生まれ、話がかみ合わないことが多かった。定義や意味が不明確だったり、ぶれがある用語を使う論争は、往々にして意思疎通を阻害し、合意を遠ざけ、対立を深める。

また別の理由として、論争には科学的な仮説に対する考え方の違いも絡んでいた。「密度依存の存在は、広い意味で集団が存続しているという大前提から、論理的な演繹によって導き出されたものである」[59]——これは生態学者・蠟山朋雄の主張であったが、これに基づいてアラン・ベリーマンは、密度依存は真実であり、「それを検証しようなどというのは、生物が互いに食い合う、という仮説を検証しようとするのと同じくらい的外れ」だと結論している。[60]

確かに正しい演繹的論証なら、前提が真であれば、結論が偽であるはずがない。だが密度依存の前提は必ずしも集団の存続だけではないし、なによりこの論理自体を、じつはアンドリューアーサは批判していたのだ。つまり循環論ということになる。

アンドリューアーサはこう述べている。「密度依存の理論に対して私が批判するのは、それが非科学的だからだ。なぜなら著者が洞察と演繹に頼りすぎ、実験と観察に十分立脚していないからだ」[61]ただし、ニコルソンは自らの理論に、観察と実験データも使っていたので、この批判も適切とは言えないだろう。つまりこの論争の解決を阻んだ最大の問題点は、野外で得られた個体数変動のデータ——さまざまな効果の集合体である変動記録から、「密度依存的な調節」の証拠を検出することの難しさにあった。

この目的のため、多くの生態学者により、時系列解析を中心に数多の統計手法が考案され、個体数変動の解析が試みられた。またさまざまな野外環境で、長期にわたる動植物の個体数変動が観察され、大規模な時系列データを取得する努力がなされた。

二一世紀に至ってもなお、負の密度依存は自然集団を維持し群集の安定性を高める最も重要な調節機構であると考える研究者と、[62]密度依存過程による調節の考えを「破綻したパラダイム」あるいは「単なる信仰、ドグマ」と見なす研究者[63]の対立が見られる。

しかし現在の一般的な考え方は、こうした二項対立ではなく、むしろ両者の中間である。ピーター・プライスらは、二〇一一年に発表した総説で、「個体数が密度依存的に調節される場合と調節されない場合がある」と結論づけている[64]。

密度依存的な調節や相互作用の働きで、集団や群集が部分的に、または一定の期間、平衡状態や頑健性、復元力を示すことはある。だが多くの場合、集団も群集も流動的に、脈絡なく、状態を変化させ続けている。局所的な集団の絶滅も頻繁に起きている[65]。

たとえばそれは凹凸のある坂道を転がるボールのようなものだ（図8−8）。長期的に見れば、ボールはどんどん坂を転がっている。しかし短い時間内で見れば、ボールは転がっている場合もあれば、小さな凹みに引っかかって止まっている場合もある。平らなところでふらついている場合もあるだろうし、小さな出っ張りのてっぺんで微妙なバランスで止まっているかもしれない。

少なくとも、ニコルソンやスミスが考えていたような、密度依存的な調節で恒常的に維持される、均衡のとれた集団や〝平衡状態〟の集団は、一般的なものではない。またニコルソンのモデル自体がじつはそうであったように、密度依存の要因があっても、それが必ずしも集団を維持する調節機能を果たすとは限らない。

この問題と並行して、集団・群集の状態を決めるのは、トップダウンかボトムアップか——捕食者か餌かという論争も続けられた。ただしこれは密度依存調節の有無とは別の問題として議論された。トップダウン制御は捕食を介して、ボトムアップ制御は競争を介して、いずれも密度依存の効果が関わりうるからである。そしてこちらも、現在では二項対立的な見方の中間が支持されている。

こうした密度依存の調節やトップダウン・ボトムアップ制御についての理解は、生物間相互作用の膨大な観察データが蓄積したために進んだ。たとえば、エルトンが報告したカンジキウサギとカナダオオヤマネコの一〇年周期の個体数変動については、一九七〇年代以降、野生集団に餌を追加したり、捕食者のアクセスを制限するなどの大規模な操作実験がおこなわれた結果、カナダオオヤマネコの捕食が変動を引き起こす重要な要因であることが明らかにされた。だがその一方で、カナダオオヤマネコの密度依存的な捕食だけでは、一〇年周期の変動を持続させるには十分ではなく、捕食に対するストレスなど行動的要因に加え、気候要因もその周期をつくり出すのに重要であることが示されている(66)。

昆虫では、中国北部で調べられた蛾、オオタバコガ（*Helicoverpa armigera*）の、約四〇年に及ぶ長期変動の研究で、競争や寄生虫により集団が密度依存的に調節される時期がある一方、気温の上昇と降雨量の減少、餌の増加により、その調節が弱まり、大発生が起きることがわかっている(67)。

またヨーロッパのキクイムシ類は、気温上昇や旱魃、衰弱した宿主樹木の増加など、おもに密度非依存的な効果が重なって大発生が起きるが、その後は、宿主樹木の枯渇による競争を介した密度依存の効果と、天敵の捕食による密度依存の効果で、発生が抑えられる場合があるという(68)。

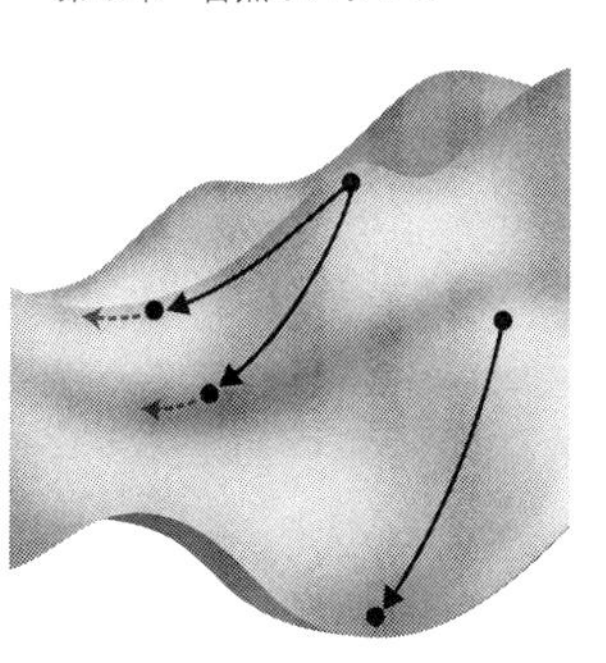

図8-8　集団や群集の状態は恒常的なものではなく，一時的に平衡状態や頑健性，復元力を示す場合も，その安定性に関してはさまざまな状況がありうる．

実験室や農場で、昆虫の餌を操作したり、捕食者や寄生虫を添加、排除する実験も数多くおこなわれ、個体数の制御要因が調べられた。これらの研究によると、草食昆虫の個体数は餌の供給量でボトムアップ的に制限されている比率が高く、捕食者や天敵によるトップダウン効果は遅れて働くので目立たない場合が多いとされる。ただし個体数が著しく増えた場合は、トップダウンの制限が強く働く傾向があるという[69]。

海洋生物群集ではラッコの減少が、餌のウニの大発生を引き起こし、海藻のケルプが激減する[70]、あるいはタイセイヨウダラ（*Gadus morhua*）の変動が、そのおもな餌であるヨーロッパキビナゴ（*Sprattus sprattus*）への影響を通して、動物プランクトンと植物プランクトンのバイオマスに波及するなどトップダウン制御を示す事例が報告されている[71]。これに対し、ボトムアップ制御——気候に起因するプランクトン群集の変化が、それを餌とする魚類の変動を通じて、その上位捕食者の量や種数に影響するなどの事例も数多く示されている[72]。陸域と海域では、少し様相は異なるが、多くの場合、群集の種構成もバイオマスも、状況により効果の比重は変わるものの、トップダウン、ボトムアップ、どちらのプロセスの影響も受けるし、両者が群集の制御に相補的に関わることもある[73]。

競争や捕食・被食を介した密度依存の効果も、トップダウンの効果も、集団の個体数変動に影響を及ぼす要因ではあるが、その相対的な効果の大きさは状況によって異なる。それらが特定の種の増加抑制に貢献する場合もあれば、まったく寄与しない場合もある。生物集団を確実に調整し、バランスをとる力も方法も、自然には備わっていないのである。

「『自然のバランス』は存在しないし、過去にも存在したことはない」——生態学者のジョン・クリッチャーは二〇〇九年に出版した著書で、あらためてこう述べている[74]。一九三〇年代のチャールズ・エルトンの言と同様だが、長い論争を経て、この見方の基礎が固められた。

現在では、生態学者が「自然のバランス」を科学の文脈で用いることはほとんどない。理由のひとつは、自然の群集とはダイナミックで、絶えず攪乱にさらされ、混沌としたものだ、という認識が広がったためである。[65][75]

もうひとつの理由は、その定義の曖昧さゆえに、密度依存の調節のような集団レベルのバランスが、エネルギー循環や湿地の保水機能のような生態系レベルのバランスと混同され、誤解を招くからである。これらは異なる現象であり、プロセスも違う。こうした異なるレベルで共通に働く「自然のバランス」は存在しない。また、地球のあらゆる生物を互いに緊密に結びつけ、つねに均衡を維持するような自己調節機構、という意味での「自然のバランス」も、存在していないのである。[75]

生物の個体数を制御する仕組みは、競争、捕食、寄生による個体数の制限だけではない。自然界ではそれが働く場合と、働かない場合がある。これらの制御が部分的には働くのに、全体としては働かないことがあるし、その逆もある。個体の移住が頻繁な場合には、局所集団が不安定で絶滅しても、すぐ局所集団が再生するため、集団全体（メタ集団）は絶滅せずに維持されている場合もある。

多くの生物集団の状態やそれが示す変動には、生物間の相互作用に加え、気温や降雨などさまざまな環境要因や偶然の要素が複合的に作用しているというのが、現段階の理解であろう。

したがって、害虫の被害を防ぐ手法として伝統的生物的防除が効果的な場合がある一方で、それだけでは害虫を抑えられない場合もあると考えなければならない。

ハリー・S・スミスが生物的防除を科学として確立しようと進めた基礎研究は、昆虫学、生態学の基礎知識を飛躍的に高める契機となり、その後の新しい害虫防除手法の発展に貢献した。だが一方で、それは最終的にスミス流の伝統的生物的防除の限界を示す結果となった。

伝統的生物的防除は役立つ。だがそれだけでは対処できない害虫もいる。

次章ではこれを念頭に、もう一度、伝統的生物的防除を中心に、一九五〇年代以降の生物的防除を振り返ってみよう。

第九章　意図せざる結果

理論か実用か

スミスが一九五一年にカリフォルニア大学の職を引退すると、その後任には、それまで米国農務省で生物的防除を死守していたカーティス・クラウセンが就いた。化学的防除に傾倒する農務省に、さすがのクラウセンも愛想を尽かしたのであろう。

クラウセンを含め、スミスの後継者であるカリフォルニア大学リバーサイド校の応用昆虫学者らは、一九五〇年代以降、防除技術の裏づけとして「自然のバランス」、すなわち密度依存の理論に頼っていたにもかかわらず、理論研究からは距離を置くようになった。技術の基礎となる理論を修正したり、より妥当な理論を構築しようとはしなくなったのである。(1)

一九六〇年代からは、生物的防除の生態学的基礎を確立するため、世界的に理論研究が盛んにおこなわれるようになった。どのように害虫を低密度の状態で安定化させるか、その平衡状態を密度依存の調節でどう実現させるか、またそもそも密度依存の調節による平衡の考えは、本当に害虫防除に効果があるのか。こうした課題は生態学の重要な研究テーマとなった。

これに対し、カリフォルニアの応用昆虫学者らの研究目的はあくまで現実の害虫問題の解決であり、それを生態学の理論研究に置き換えることはなかった[1]。スミスの後継者のひとり、ヴァーノン・スターンは、「昆虫学者は（生態学を）徹底的に研究することが望ましいことだとわかっていても、緊急の問題に対してすぐに答えを出す必要があり、ほかの圧力もあるため、それに必要な時間がないのだ」と述べている[2]。

カリフォルニアの応用昆虫学者は、ニコルソンの「自然のバランス」理論を自らの生物的防除の基礎としていたが、ひとつ例外があった。

彼らは単一種の天敵を導入するより、多種の天敵を導入したほうが、害虫を抑える効果は高まると考え、実践していた。しかしニコルソンの理論はこれと逆に、複数種の天敵を導入すると種間競争のために、害虫の防除効果が低下すると予測した。最も効果の大きい、優れた天敵を1種だけ導入するのがよい、というのである[3]。

彼らが、このニコルソンの予測を受け入れなかった理由は二つある。第一に、多種を導入すれば、種間競争により最終的に最も強力で防除効果の大きいひとつの種に置き換えられるだろう、と考えたこと（ただし、競争に強い種が防除効果も高いとは限らないことがのちに示されている）。第二に、最も効果的な天敵が見つかるまで何も導入しないという対応は、彼らの研究環境が許さなかったことである。

彼らが長期にわたり安定して研究資金を確保できたのは、彼らの取り組みがカリフォルニア州の農業者から支持されていたからであった。そのため、年月の経過とともに初期にあった農業者らの熱が冷めてくると、彼らは支持を失わぬよう、つねに研究の進捗をアピールしなければならないという圧力に晒されるようになった。実績づくりのため、何かを導入する必要に迫られていたのである。

こうした事情から、当初は科学理論に基づく防除を目指していた彼らの天敵導入は、次第に場当たり的となっていった。結果的に、カリフォルニア州で一九六〇年代までに害虫防除に一定の効果が得られた天敵は、導入された種のうち高々30％に過ぎなかった。

生態学の基礎研究の重要さを理解していたにもかかわらず、彼らがその研究から離れたのも同じ理由であった。直面する問題の解決を期待するスポンサーを前にして、それにどう役立つのか説明が難しい基礎研究に、時間と資金を投入することはできなかったのだ。[1]

生態学理論の研究とアップデートを止めたにもかかわらず、また理論と実務のギャップにもかかわらず、彼らがなぜ防除事業の基礎に「自然のバランス」の理論を使い続けたのかは不明である。これについて科学史家のパオロ・パラディーノは、こう述べている――「おそらくカリフォルニアの昆虫学者の『自然のバランス』へのこだわりは、イデオロギーの面から見るべきものだろう」[1]

遡る一九四〇年代、ＤＤＴが登場したとき、カリフォルニア州の柑橘類生産者は、これまで駆除できなかった害虫をようやく退治できると喜んだ。ところが一九四五年とその翌年、カンキツカタカイガラムシを駆除しようとＤＤＴを散布したところ、奇妙なことにそれまで抑えられていたはずのイセリアカイガラムシが大発生してしまった。

その理由は、イセリアカイガラムシを抑えていたベダリアテントウがＤＤＴに弱く、その散布によって先に死滅してしまったからだった。スミスはベダリアテントウを再導入して事態を収拾し、ＤＤＴの使用量を制限することを柑橘類生産者に承諾させた。また散布のタイミングを工夫して、ベダリアテントウへの影響をできるだけ小さくするＤＤＴの使い方を指導した。[4]

スミスは天敵による「自然のバランス」の効果で害虫が低密度で維持されている状況のほうが、コストをかけて殺虫剤で害虫を根絶するより、メリットが大きいと考えた。害虫がいても低密度ならば、農業被害は起こらず、経済的な問題は生じないからだ。ニコルソンの理論が予測するように、害虫の個体数が天敵との相互作用で周期的に変動するならば、害虫の個体数が増加して、被害を抑えるメリットが防除のコストを上回るところで、殺虫剤を使用すべきであるというのがスミスの提案だった。[5]

スミス、デバック、スターンといったカリフォルニア大学の応用昆虫学者たちは、ＤＤＴやメチルパラチオンなど、新しい合成化学農薬にも精通していた。進化の総合説をいち早く受け入れていたスミスは、かなり早い段階で、害虫が殺虫剤に対して薬剤耐性を進化させ、殺虫効果が下がることに注目しており、薬剤耐性の危険性をよく認識していた。天敵では抑制できないときや、天敵の効果を補う必要がある場合だけ、殺虫剤を使用することで、薬剤の使用量を減らし、薬剤耐性の問題を回避できると考えていた。化学的防除の長所を生かしつつ、自然の防除メカニズムをできるだけ壊さないような手法が、彼らの理想的とする防除策だったのである。[4]

デバックは一九五一年の論文で次のように記している――「殺虫剤は柑橘類の害虫を駆除するのに不要だとか、今後も必要ない、などと結論するべきではないだろう。当面の目標は、化学的防除と生物的防除の相互補完的なプログラムである」[6]

一九五九年、スターンはスミス以来の化学的防除と生物的防除を組み合わせた防除手法を、総合的病害虫管理（Integrated Pest Management：ＩＰＭ）と名づけた。[2] これが第一章に登場した、現代の総合的病害虫管理の起源とされるものだ。ただし、彼らが掲げた理想とは裏腹に、現実に彼らが採用した手法は、生物的防除に強く偏ったものだった。合成化学農薬に比べた彼らの技術の優位性をスポンサー向けに訴える必要があったからだという。[1]

じつは、総合的病害虫管理にはこれとはまったく別の系譜のものが存在していた。それはカナダ農林省のアリソン・ピケットが創始したもので、一九六四年に同省の昆虫学者ドナルド・チャントが、あらためて総合的病害虫管理と定義したものである。その防除手法は「化学的防除を生物的防除または他の防除方法で補うことにより、（害虫の）制御と調節を実現する」というものだった。[7]

カナダでは森林資源の保護のため、森林に発生する害虫を対象とした独自の生物的防除が進められてきた。それはカリフォルニア州のものとはかなり異質なものだった。

一九五〇年代、アリソン・ピケットが率いる昆虫学者たちは、殺虫剤が天敵を殺して害虫を増やすことに気づき、毒性の弱い化学農薬の開発や、天敵への影響が少ない農薬散布法の研究をおこなっていた。またピケットらは、リンゴ果樹園で生物的防除の研究を進め、昆虫の生態や種間関係など、農場の生態系についての基礎的な知見を数多く得た。[8] しかし農業者が期待する害虫防除にはあまり有効な手を打つことはできなかった。理由は、コストを度外視した薬剤使用を提案したり、研究が直接の害虫駆除まで至らないなど、そのやり方が実用性を欠き、農業者から支持されなかったためだった。[9]

ピケットの後を継いだカナダの応用昆虫学者は、生物的防除の基礎になる理論の構築に力を注いだ。カナダ農林省のアルバート・ターンブルらは、一九六一年に発表した生物的防除の総説で、農地は人工的な生態系であり、自然の生態系とは性質が本質的に異なると主張した。農場の生態系では昆虫と植物の種が乏しく、天敵となりうる生物に必要な棲み場所が失われているうえ、害虫は豊富に存在する作物という食料源を自由に利用できるため、非常に高い個体密度に達する。昆虫の大発生は異常なことではなく、農地ではそれが「自然」なことなのだ。農地の害虫防除は、遠回りであるとしても、まず農地の生態系を理解するための基礎理論を構築し、それに基づいておこなうべきだというのが彼らの主張だった。[10]

カナダの応用昆虫学者たちはウィリアム・トンプソンの見方を受け継ぎ、森林でおこなった生物的防除の経験をふまえて、「自然のバランス」の理論を疑問視していた。仮に森林や草原で「自然のバランス」が働いているとしても、そんな自然の生態系についての基礎理論を、農地に適用するのはナンセンスだと考えていた。チャントは次のように記している。「『自然のバランス』を取り戻すのではなく、失われたもののかわりになる、まったく新しいものを創り出す、という発想が必要である[7]」

カナダの応用昆虫学者の総合的病害虫管理は、まず農地の生態系の構造を理解することから始まる。農地では昆虫の個体数変動がどのような仕組みで生じているのか、昆虫の有害性がなぜ出現するのか、それに天敵も含めあらゆる環境要因がどう関わっているかを、まず理解するのである。

その後の防除プログラムは次のようなものだ。[7] たとえばナイアガラ地域の果樹園の場合、一年中農園に定着し、最も有害性の高い害虫である蛾、ナシヒメシンクイ（*Grapholita molesta*）に対しては、殺虫剤散布が最優先だが、生活史と生態を考慮し、散布時期、場所を限定するなど、殺虫剤の使用量を可能なかぎり下げる。次に殺虫剤に高い耐性をもつオナガヒメバチの一種（*Macrocentrus ancylivorus*）を導入し、殺虫剤と併用する。その後は誘引や不妊化雌を使う防除など、新しい手法の利用を図ることで、殺虫剤の使用量を下げていく。これにより殺虫剤に弱い肉食性のカブリダニ類が増え、殺虫剤が効きにくいハダニ類を減らすことができる。

一方、果樹を加害するサビイロカスミカメ（*Lygus lineolaris*）は、常時果樹園に滞在しているわけではなく、外部の林や草地にいる時間も長いので、そこに寄生昆虫を放飼することによって、果樹園での殺虫剤の使用量を抑えることができる。

このように当面は化学的防除を主としつつも、害虫の有害さと生態に応じて異なる手法を取り入れ、殺虫剤を減らしていくのである。ここで化学的防除と併用される手法には、必ずしも生物的防除が含まれる必要はない。

そもそもチャントらカナダの昆虫学者は、農地の害虫に対し、生物的防除は限られた効果しか発揮しないと考えていた。天敵利用の効果を化学農薬と同じかそれ以上に重視するカリフォルニアの総合的病害虫管理については、生物的防除の能力を過大評価していると危惧していた。[7]

チャントとターンブルは、カリフォルニア州の生物的防除は、ニコルソンの単純化された生態学理論をもとにした、「自然のバランス」という証拠のない仮定に基づく嘆かわしいものであり、成功率も30%と低く、実際にやっていることは天敵の場当たり的な導入に過ぎないと批判した。そして彼らはこう警告した。「(カリフォルニアの応用昆虫学者が)やったことは、人類にとって大きな危険をともなうものだった」[10]

生物的防除と総合的病害虫管理は、農地に則した適切な理論を構築して、それに基づいておこなうべき、というカナダの昆虫学者たちの立場は、科学技術を推進する立場としては、至極まっとうである。またカリフォルニアのやり方に対する批判も、的を射たものであった。だが、同時に理想論でもあった。このやり方では、どうしても実際の問題解決には時間がかかる。

それはカナダの応用昆虫学者が、立場的にも資金的にも農業者からの支持を必要とせず、カリフォルニアとは逆に、農業者が直面する問題解決への意識が薄いことの反映でもあったのだ。その証拠に一九六〇年代半ば、カナダ政府が防除事業の進捗の遅れを問題視して、農林省の研究機関でおこなう研究を実務に限定すると、彼らの大半は防除研究を止めるか、あるいはカナダを去った。[9]

カリフォルニアの防除事業を痛烈に批判したチャントは、皮肉なことにカリフォルニア大学に移って、天敵による防除の理論研究に取り組んだ。しかし研究はうまく行かず、カナダに戻り、分類学者を経て自然保護活動に従事した。ターンブルは研究を止めて、世界一周の旅に出た。[1]

主力メンバーを失ったカナダのピケット流の生物的防除と総合的病害虫管理は、雲散霧消してしまった。

光と陰

一九六二年、レイチェル・カーソンが『沈黙の春』を出版したとき、米国の害虫対策は、化学農薬を使った化学的防除とほとんど同義であった。米国本土で生物的防除に取り組んでいたのは、スミスに続くカリフォルニア州の応用昆虫学者だけであった。[11]

彼ら以外、米国本土では応用昆虫学者の研究は、良い毒を見つけることだった。生物的防除が後退した一九四〇年代以降、米国では生態学は利益にならず、役に立たない分野とされ、生態学者はほとんど無視されていた。一九三六年に米国生態学会会長を務めたウィリアム・クーパーが、「これほど役に立たないのに、これほど刺激的でやりがいのある分野もない」[12]と自嘲気味に語るような分野であった。DDTの危険な大量散布が許された背景にも、生態学の軽視があった。

人間と生態系への化学農薬の危険性を訴え、DDTなどの過剰利用による汚染を食い止めるのに貢献したカーソンの功績は、あらためて強調したい。また地球環境や生態系を守る大切さを、社会に認識させたのもカーソンである。有害物質による環境汚染、さらには温暖化に至るまで、現代の社会に環境への危機意識が浸透しているのは、すべてカーソンの遺産と見ることも可能であろう。

しかしたいていの薬が効能と副作用を併せもつように、生態系に関わるたいていの事象には、メリットとリスク――光の部分と影の部分がある。『沈黙の春』も例外ではない。

第一章で強調したように、カーソンはＤＤＴもほかのいかなる化学農薬も、禁止せよとは主張していなかった。彼女は、化学農薬の使用禁止を求めていない、とインタビューで繰り返し述べており、上院での証言でもそれを強調している。特に昆虫が媒介する病気との闘いのために合成殺虫剤が有効であり、道徳的にも必要であることを、カーソンはけっして否定しなかった[13][14]。

またカーソンは、規制強化や残留農薬の基準の設定を求める一方で、より危険な化学農薬から比較的安全な化学農薬への代替を提案していた。ＤＤＴなど化学農薬の危険性を理解したうえで、その使用を減らしていこうという提案だったのである[14]。

カーソンの害虫防除の主張を支えていたのが、総合的病害虫管理を主導していたカナダとカリフォルニアの応用昆虫学者らの研究であることをみても、彼女自身の考えが現実に沿ったものであったことは明らかであろう。

実際、『沈黙の春』が出版された直後、『ニューヨーク・タイムズ』紙は社説で「カーソン氏は、化学農薬をけっして使うなとは主張していない。『化学者は神の知恵の持ち主で、試験管からは利益しか生まれない』と信じ込んだ人々が、それを誤って使ったり、使いすぎたりする危険性を警告しているのだ」と正しく評価している[15]。

だがカーソンの文章に含まれていた〝怒り〟の感情は、カンフル剤としての効果とともに、副作用のリスクもはらんでいた。化学企業は反論のためにカーソンの主張を単純化して、化学農薬否定論、さらには科学技術否定論にしてしまった[13]。一方、環境問題に目覚めた市民も、議論が化学産業（および政府）と戦う社会問題に発展する過程でそれを、DDTを使うか、それともDDTを禁じて自然と健康を守るか、という二者択一の問題にしてしまった[16]。カーソンは『沈黙の春』の出版からわずか二年後、惜しくも早逝したために、そうした本来の意図とは異なる主張の拡散を止めることができなかった。

DDTをめぐる対立がマスメディアやポップカルチャーに安易に利用され、論理や合理性ではなく、感情や情緒が優先された結果、自然のバランスは正義、DDTは悪という、単純な善悪の戦いの物語になっていった[17]。

こうした論説の大衆化、社会運動化の流れは、DDTなど多くの化学農薬の制限や禁止を成し遂げる上で大きな力になった。だがこの流れには、DDTが多くの命を救ったことへの言及はほとんどなかった[18]。カーソンという、専門性と視野の広さを兼ね備えたリーダーを失ったそれは、害虫防除の現実をふまえない、非常に危険な賭けでもあった。

『沈黙の春』にはもうひとつの影がある。それは、地球上の生物を精密に調節する「自然のバランス」の存在を強調し、それが害虫の発生を抑え、またそれを利用すれば害虫の被害を防ぐことができる、と訴えたことだった。

カーソンは「自然のバランス」を、農地から森林に至るまで地上の生態系に均衡をもたらす要（かなめ）と見なし、生物的防除の原理であるとしたが、前章で説明したように、そうしたあまねく精密な調整力として働く「自然のバランス」は、存在しない。しかもカーソンが『沈黙の春』を出版したとき、「自然のバランス」あるいは密度依存の調節は、生態学者にとっては論争の的であり、実証されていない仮説に過ぎなかった。

第一章で紹介した化学企業の経営者による、「自然のバランスというカルトの狂信者」という批判は、じつはあながち的外れではない。生態学者アンドリュー・アーサは、それをドグマと断じていたし、科学史家のパラディーノは、カリフォルニアの応用昆虫学者たちの「自然のバランス」への傾倒をイデオロギーによるものと見なしていた。[1][19] またカナダの生物的防除を主導していたチャントは、「カリフォルニアの人々にとって生物的防除は、ハリー・スミスとカーティス・クラウセンを高僧、ポール・デバック等を弟子とした宗教だった。この信仰に疑問をもつ者は、たとえそれが遠回しであっても異端者であった」と述べている。[1]

米国本土で唯一、生物的防除を維持し、防除手段の多様性を維持した点、そして総合的病害虫管理を開拓して、現在の防除技術に繋げた点は、カリフォルニアの応用昆虫学者の偉大な功績である。また初期の基礎生態学や昆虫学への素晴らしい貢献も忘れてはならない。しかし当時の彼らの「自然のバランス」に基づく生物的防除と、それを過大評価した総合的病害虫管理が大きな欠陥を抱えていた点については、カナダの応用昆虫学者の批判に同意せざるを得ない。

『沈黙の春』でカーソンが「米国で唯一」と評価したこの当時のカリフォルニア州の生物的防除は、化学農薬の効果にくらべると、あまりに力不足であった。米国のみならず世界の生物的防除の中心的存在だったスミスでさえ、天敵で防除できるのは一部の害虫だけであると認めていた。しかもカリフォルニアでは、当時その有望な一部の害虫を標的にした生物的防除でさえ、３割程度しか成功していなかったのである。[20]

一方、カーソンが「模範的」と称えた、カナダのピケットとその後継の応用昆虫学者たちは、皮肉にも「自然のバランス」を信じていなかったし、それを使う生物的防除などナンセンスだと考えていたが、彼らの研究成果は実用性に乏しく、農業者に支持されなかった。結局彼らの生物的防除も、総合的病害虫管理も、『沈黙の春』の出版から数年後には途絶えてしまった。

カナダでは、森林管理を目的とした生物的防除が成果をあげているとされていたが、同じカナダのターンブルらはそれをあまり評価しておらず、むしろ場当たり的な試みと批判していた[10]。実際のちの報告によれば7割が天敵の定着すらできず、農地と合わせても10％程度の成功率しかなかったという[21]。ウチワサボテン防除に成功したオーストラリアでは、第六章で紹介したようにオオヒキガエルを使った生物的防除で、歴史的な大失敗を犯していた。加えて欧州で一九五〇年代におこなわれた生物的防除の成功率は5％以下と、薬剤の代役には程遠かった[22]。

化学的防除への集中による生物的防除の退潮がもたらした結果とはいえ、カーソンが、「化学的防除よりまさっていることは明らかだ」と強調し、化学農薬削減を実現する手段とした生物的防除の実力は、とても化学農薬の欠点を補い、それに代わって害虫を抑え、食料生産を維持できる段階ではなかったのだ。

したがってこれも第一章で紹介した、「大量の餓死者が発生する」という、当時の化学者の予言は、化学農薬禁止の主張に対してなら、けっして的外れなものではない。

DDTなどの化学農薬がもたらした、疫病の減少や、農作物の増産による貧困・飢餓の軽減という成果を、現行の化学農薬を使わずにどう進めればよいのか、もし生物的防除が力不足なら、当面の間どのように代用となる技術を開発し、普及させればいいのか——性急なDDT禁止、化学農薬禁止を掲げた人々の社会運動は、この課題に対し現実的な代案をほとんど示さなかった。[23]

DDTの使用制限にともない、米国農務省はその代用として、人工的に不妊化した個体を大量に放して害虫を根絶する不妊虫放飼法を選び、一九六〇年代以降、防除事業の中心に据えた。しかし広大な米国では膨大な不妊虫の生産と放飼が必要で、コストがあまりに大きく、経済的利益が投資に見合わなくなり、事業の中心から外さざるを得なかった。[9]

化学農薬なしでは生産が覚束ない農業者は、一九七二年に米国でDDTの使用が禁止されると、生活を守るため、その代用となる農薬を求めた。当時すでに植物由来の成分を利用した化学農薬や、それと構造が類似した安全な化学農薬が開発されていたが、まだ高価で普及していなかった。選択肢のない農業者が使ったのは、毒性の強い有機リン系農薬だった。カーソンはこの薬剤も強く懸念していたが、発がん性や残留性は有機塩素系農薬より低いとされたため、その強い急性毒性にもかかわらず、DDTのように規制されなかったのである。農業者は潜在的なリスクや未来のリスクのかわりに、目先のリスクを負わなければならなくなった。[24]

一九九〇年代、米国で使用された農薬の半分以上が有機リン剤であった。その結果、二〇〇一年にEPAによる使用制限が発効するまで、農作業従事者が米国だけで年間1万件も中毒事故を起こしたといわれる。また、この間、野生生物が驚異的な速度で死滅し続けたのは、有機リン剤への曝露がおもな原因とされる。[24]

その後、発展した昆虫学の知識と技術者の努力により、低リスクで環境負荷が小さく、残留性の少ない化学農薬が開発されて普及し、それまでの高リスクな化学農薬に置き換わった。また新しい生物的防除の技術や遺伝子組み換え作物などを含め、総合的病害虫管理を現実的なものにする多彩な技術が生み出された。

したがって結果的には、ＤＤＴ廃絶を求め、善悪の二項対立に持ち込んだ反農薬運動の賭けは成功だったと言える。だがそれは、幸運な成功だったと言うべきであろう。

幸運によるとしても成功は称賛されるべきである。しかし幸運な成功から何かを学ぶのは控えめにしたほうがよい。次は不運な失敗の番かもしれないからだ。

私たちがより多くを学べるのは、必然の失敗からである。たとえば、なぜ米国の害虫防除はＤＤＴで致命的な失敗をしたのか。

第七章で紹介したように、農務省の資金不足、短期業績志向の成果主義、基礎研究の軽視、社会的インパクトを求める圧力によって、技術開発が化学的防除だけに集中し、防除手法の多様性が失われたことが遠因だった。そこに戦争とＤＤＴの登場に企業の利潤至上主義が重なり、一時的な成功と安全性への過信が招いた失敗だったと考えられる。

農薬しか選択肢のない中で、慢性毒性や環境負荷に無知ならば、当時のほかの農薬にくらべて急性中毒のリスクが低いＤＤＴに使用が集中するのは当然だった。

技術であれ、研究であれ、多様性を失うと、失敗の危険性が高まるのである。

一九五〇～六〇年代に使用されていた化学農薬にくらべ、現在一般に使用されている化学農薬は、人体や環境に対し、はるかに安全である。今日の殺虫剤の大半は、昆虫学の進歩により解明された昆虫独自の生理機能に対して特異的に作用する仕組みのものであり、分解も速い。

また現在普及しつつある新しい防除技術は、少なくとも、想定される懸念を可能なかぎり回避している。特に人体への安全性は、厳しい基準が設定され、格段に高まった。過去の失敗をふまえ、改善に向けて努力が払われた成果である。

しかし特に環境に対して、新しい薬剤や技術を安全だと考えるのは、まだそのリスクに気づいていないからかもしれない。カーソンの主張は、自然のバランスへの信仰と生物的防除の過大評価という問題があったとはいえ、その本質——安全だと過信してはならない、なんでもわかっていると自惚れてはならない——は依然として重要だ。

たとえばネオニコチノイド系殺虫剤は、かつて安全な農薬とだと信じられていたが、近年では、生態系への大きな影響が懸念されるようになっている。特に欧州連合では規制が強化され、3種類のネオニコチノイド系殺虫剤が常温室外での使用を原則的に禁止されている[25]。

米国のトウモロコシの6割、綿花の7割は、卒倒病菌のBt毒素の生産に関わる遺伝子を組み込み、害虫への耐性を獲得させたBt作物だが、この技術は化学農薬が不要で、人体にも生態系にも安全な技術とされてきた。ところが、Bt作物の一部の系統が、花粉を介してチョウ類の減少を引き起こしたり、Bt作物由来の難分解性Bt毒素が土壌中に残留し、土壌生態系を劣化させたりする可能性が指摘されている。いまのところ懸念すべき強い影響の存在を示す証拠は得られていないが、未だ不明な点が多い。また世界各地でBt作物が大量に栽培されるようになった結果、Bt毒素に耐性をもつ害虫が現れるという問題も生じている[26]。

では化学農薬やバイオテクノロジーのような人工的な技術はやめて、自然を利用した技術を使うべきなのだろうか。

自然のバランスと化学農薬の二項対立は、自然を善とし、人工を悪とする価値観を私たちの社会において強化した。だが特定の手法を安全だと過信してはならないし、絶対視してもいけない——これは自然の力や素材をそのまま利用した手法であっても同じだ。自然を利用した手法が人工のものより、人間にとって、また野生生物や生態系にとってつねに安全で好ましいと信じるのもまた過信であり、危険である。特に対象としている自然をよく理解できていないとき——たとえば自然のバランスの存在を信じているような場合——は、なおさらである。

諸刃の剣

一九三八年、はるばるオーストラリアから、ニコルソンがカリフォルニア大学のスミスの研究室を訪ねてきた。カリフォルニア州滞在中、ニコルソンはロサンゼルス沖合に浮かぶサンタクルス島を訪れた。この島はウチワサボテンが雑草化して島の広い範囲を覆い、土地が使えなくなっていた。ニコルソンは島の所有者に、オーストラリアでおこなわれたウチワサボテン駆除の話をした。天敵の蛾カクトブラスティスを導入して、それを一掃した、という話である[27]（第五章参照）。

さっそく、島の所有者はスミスを訪ね、カクトブラスティスを島に導入するよう依頼した。だがスミスは、その依頼を断った。カクトブラスティスはあまりに強力で、万一導入後にそれが米国本土に移入すれば、利用価値がある本土の在来ウチワサボテン類が全滅しかねないと危惧したからだった。

そのかわり、スミスは米国本土のウチワサボテン食の天敵昆虫を導入しようと提案した。ニコルソンの助言を受けたスミスは、一九四〇年から数度にわたり、カイガラムシのコチニール野生種や、チェリニデア属のサシガメ、メリタラ属の蛾など米国在来の天敵を導入した。その結果、定着したコチニール野生種が、サンタクルス島のウチワサボテンを激減させた[27]。

オーストラリアが成功させた天敵によるウチワサボテン駆除事業は、外来ウチワサボテンの害に悩まされていた国々の注目を集めた。オーストラリア科学産業研究評議会は彼らの技術、つまり駆除に絶大な威力を発揮するサボテン破壊魔、カクトブラスティスとコチニール野生種の導入を、海外に向けてアピールした。

一九三三年、南アフリカでオーストラリアと同じく、耕作地や牧草地を占領していた外来ウチワサボテン類を駆除するため、オーストラリアからカクトブラスティスが導入された。赤い幼虫たちはたちまち増殖し、ウチワサボテン類を破壊した。オーストラリアほど劇的ではなかったものの、その後追加導入されたコチニール野生種とともに、駆除は見事な成功を収めた。[28]

カクトブラスティスは一九五〇年までに、ニューカレドニア、モーリシャス、ハワイに導入され、外来ウチワサボテン類をほとんど死滅させた。[29]「大成功を収め、しかも経済的」、そうカーソンが絶賛した実力を如何なく発揮した——この時点までは。

一九五七年、カクトブラスティスはカリブ海の東縁、小アンティル諸島のネイビス島に運ばれ、放たれた。

英国領だったネイビス島では、森林伐採や家畜の放牧によって生じた草地に、自生のウチワサボテン類が急激に増加していた。当時、西インド諸島の英国植民地開発福祉機構は、社会不安を抱えるカリブ海植民地の経済・社会問題を解決する圧力にさらされていた。ネイビス島の問題の早急な解決を迫られた機構は、オーストラリアが駆除に成功したことに注目し、それと同じやり方をすれば解決できると考えた。

機構は天敵導入を、トリニダードの生物的防除研究所(CIBC)に要請した。導入の可否を決める権限はCIBCの専門家にはなく、機構の要請に従い、南アフリカから、カクトブラスティスとコチニール野生種がネイビス島に輸送された。そしてカクトブラスティスだけが定着に成功、攻撃を開始した。[30][31]一九六〇年には同じ目的で近隣のモントセラト島とアンティグア島にも導入された。カクトブラスティスはこれらの島々のウチワサボテンをことごとく破壊して、「壮絶な効果」を発揮し、その生物的防除は「素晴らしい成功」であったと報告されている。[30][31]

だが、この段階でカクトブラスティスの標的には、それまでと大きな違いができていた。これらの島に生育するウチワサボテン類は、すべて在来種だったのだ。周りの島々にも、カリブ海の向こう側にも、在来種は広く自生していた。

アルゼンチンから持ち出したときに、アラン・ドッドが危惧したカクトブラスティスの危険性は、幾度もの成功体験を経て、完全に忘れ去られていた。生物学的に強力な天敵を、「その害の可能性についてほとんど、あるいはまったく知らない人々の手に無差別に渡してしまった」のである。

一九七〇年、カクトブラスティスはやはり耕作地に繁茂するウチワサボテンを駆除する目的で、キューバの沖合に位置する英領ケイマン諸島に導入された。しかしすでにこの時点で、カクトブラスティスは人間にとって制御不能な存在になっていた。

カクトブラスティスは、観賞用サボテンに紛れて輸送されるなどして、プエルトリコやジャマイカ、ドミニカ、米領ヴァージン諸島などカリブ海の島々に運ばれ、定着した。一九七四年には米国フロリダ州に向き合うキューバに現れた。[31]そして一九八九年、フロリダ半島南端のフロリダキーズで、自生するセンニンサボテン上に、カクトブラスティスの赤い幼虫が発見された。[32]

その後、カクトブラスティスは瞬く間にフロリダ州をメキシコ湾沿いに広がり、米国在来のウチワサボテン類を攻撃し始めたのである。フロリダ州のいくつかの地域では、95％のウチワサボテン類が破壊され、フロリダの固有種が絶滅の危機に陥った。ある保護区では、カクトブラスティスがウチワサボテン類をほぼ完全に破壊したため、それに餌や棲み場所を依存していた陸ガメの一種が危機に瀕した。[33]

米国本土に上陸したカクトブラスティスは、ウチワサボテン群落を次々に破壊しながら生息域を西に拡大し、二〇〇八年にミシシッピ州、二〇〇九年にはルイジアナ州まで広がった。農務省による拡散防止の努力も及ばず、二〇一七年にはテキサス州南東部に達した。[34]

米国南西部の乾燥地では、ウチワサボテン類はユニークな生態系を維持する重要な植物である。鳥類や小型哺乳類、爬虫類、昆虫など多様な動物の餌や棲みかとなり、土壌を支えて他の植物を維持し、土地の浸食を防ぐ役目を果たしている。

また米国南西部では、ウチワサボテン類がさまざまな用途に利用されている。旱魃時には家畜の食糧になり、イチジクウチワのように果実を収穫するため栽培される種もある。観賞用の種は、米国南西部の園芸業者の収入源であり、アリゾナ州だけで年１４００万ドルもの利益をもたらしている。特にウチワサボテン類が豊富に自生するテキサス州では、一九九五年にウチワサボテンを「テキサスの植物」に選び、地域を代表する植物として大切にしている。[35]それが壊滅の危機にさらされてしまったのだ。

だがより深刻なのは、カクトブラスティスがテキサス州との国境を越えてメキシコに移入する危険性が高まっていることである。

防除対策を主導するテキサス大学のローレンス・ギルバートは、「メキシコに進入すれば、ウチワサボテンと、それに依存する野生動物、そしてウチワサボテンを使った農業に壊滅的な打撃を与えることになるだろう」と警告する。[36]

メキシコは38種の固有種を含む約60種のウチワサボテン類が分布し、その多様性の世界的な中心地である。それがカクトブラスティスの攻撃によって失われた場合の損失は計り知れない。

メキシコでは、ウチワサボテンは国の歴史、経済、文化、生活においてきわめて重要な位置を占め、国旗や紋章にも描かれている。果実は食用に広く利用され、若い柔らかな茎節は野菜として収穫される。ウチワサボテン類を原料としたジュース、ジャム、菓子、酒、医薬品、化粧品、肥料などの産業が盛んである。染料を採取するためのコチニールカイガラムシの養殖にも欠かせない。近年は工業用エタノールやバイオガスの生産にも利用されている。特にメキシコ農村部の貧困層にとって、ウチワサボテン類は重要な農産物であり、自給用食料源のうえ、燃料（薪）でもある。[37]

このウチワサボテンの楽園にカクトブラスティスの進出を招けば、メキシコの自然だけでなく、農業と産業に深刻なダメージを与え、飢餓と貧困を拡大する可能性がある。[37]

原産地南米では、ウチワサボテン類の有無とアンデス山脈や気候帯の影響があいまって、カクトブラスティスの分布はアルゼンチン北東部とその周辺の比較的狭い地域に限定され、その個体数は餌に加え、少なくとも5種の寄生昆虫と病原体により制限を受けていることが知られている。しかし米国南部からメキシコにかけては、カクトブラスティスの増加と拡散を抑える要素が見つからない。食草分布や気候条件から推定されたカクトブラスティスの生息適地は、米国南部メキシコ湾沿いからメキシコ北部高原まで連続的に続いている。これ以上の分布拡大を阻止するため、米国とメキシコ両政府は検疫と防除体制を強化し、警戒を強めている。[38]

多くの人々を救った夢の天敵は、多くの人々の暮らしを脅かす、最も恐ろしい害虫となったのである。

ウチワサボテン類は近年、世界的に食料のほか、さまざまな用途への利用が進み、栽培面積が増加している。特に地中海沿岸地域やアフリカでは農業者の収入源として依存度が高まっており、もとはウチワサボテン類を駆除するのに利用された天敵が、いま害虫として大きな脅威となっている。

かつてカクトブラスティスとコチニール野生種を導入して、ウチワサボテン類を駆除した南アフリカでは、その後、果実を食用とするイチジクウチワの栽培が重要な産業となった。そのためかつての天敵は、イチジクウチワの害虫として駆除が試みられている。イチジクウチワを特に激しく攻撃するコチニール野生種・オプンティアエは、南アフリカのほか、ケニアやサウジアラビアなどに導入されていたが、その後アフリカ北部や地中海沿岸への非意図的な拡散が起き、懸念が深まっている[39]。

食料と油の採取のためにイチジクウチワの栽培が盛んで、主力産業になっているモロッコでは、二〇一四年にコチニール野生種・オプンティアエが持ち込まれて大発生した。モロッコ政府は緊急措置として、発生地であった400ha以上に及ぶイチジクウチワ畑を根こそぎ焼き払った[39]。

イチジクウチワが重要な食料資源のモロッコ、エジプト、アルジェリアなど北アフリカ諸国や、スペイン、イタリアなど南ヨーロッパ諸国では、コチニール野生種は、農産業に大きな被害を及ぼす危険な害虫として恐れられる存在となっている[39]。

このように、自然を利用した技術がつねに、人工のものより良いとは限らない。有害か有益かは、時と場合によって異なる。成功が技術の多様性を奪い、害を及ぼすリスクを高める。環境問題に関するかぎり、他国や他の社会で流行する考えや技術に対し、それが生まれた背景を理解しようとせず、環境や社会の違いを無視して、表面的な成功と利益だけに目を奪われて安易に依存するのは、たいへん危険なことなのである。

反自然的行為はもうやめなければならない

一九六〇年代後半、カリフォルニア大学リバーサイド校の生物的防除部門が中心となり、総合的病害虫管理に関する大規模な国家プロジェクトが開始された。『沈黙の春』以来、化学的防除に対する批判の高まりを背景に、米国のみならず世界的に、一九〇〇年代はじめ以来となる伝統的生物的防除の黄金時代が到来した。

昆虫の伝統的生物的防除のデータベースによれば、天敵導入の件数は一九三〇年ごろをピークとして、一九五〇年にはその半分に落ち込んでいたが、一九六〇年以降、ふたたび急増し、一九七〇年代には一九三〇年ごろと同じレベルに回復した[40]（図9－1）。

この増加にともない、外来天敵による害虫防除の成功事例が増えた。ただし成功率自体は必ずしも向上しなかった。たとえば一九九〇年以降に導入された天敵昆虫の場合でさえ、定着に成功したものは約半分であり、有害生物の駆除にまで至ったのは10％に過ぎない。導入した天敵が定着した場合の8割は、有害生物を減らせなかった[40]。

それでも一九六〇年代以降の伝統的生物防除は、「環境への配慮」や「自然に優しい」をスローガンとして掲げるようになり、社会も地球環境を害する化学農薬に代わる安全な手法として歓迎した。

だが皮肉なことに、その美しいスローガンにもかかわらず、非標的種が攻撃されて減ったり、生態系が大きなダメージを被ったり、さらに導入された天敵が人間生活に直接影響を及ぼす有害生物に変化するなど、悪影響が目立ち始めたのである。

その例のひとつがナミテントウ（*Harmonia axyridis*）である。ナミテントウは日本を含むアジアの在来種で、日本ではアブラムシを食べる「益虫」として親しまれ、現在は天敵製剤として販売もされている。一九一六年、スミスはアブラムシとカイガラムシ防除のため、日本からナミテントウをカリフォルニア州に導入した。このときは定着しなかったが、一九六四年以降、ＤＤＴなどの使用制限にともない、さまざまな農作物の害虫に対する天敵として、日本や中国、ロシアから米国各地にたびたび導入され、一九八八年に定着が確認された。

おもに果樹のアブラムシなどの害虫に対し、一定の防除効果が得られたものの、米国で爆発的に増えたナミテントウは、生態系に思わぬインパクトを与え始めた。米国在来のテントウムシ類が激減してしまったのだ。ナミテントウの定着後、在来のテントウムシ類の個体数が20分の1まで減ってしまった地域もある。これはナミテントウが在来テントウムシ類を捕食するほか、ナミテントウが持ち込んだ病原体のためと考えられている。その結果、害虫の防除効果を弱めてしまったケースがある。[41]

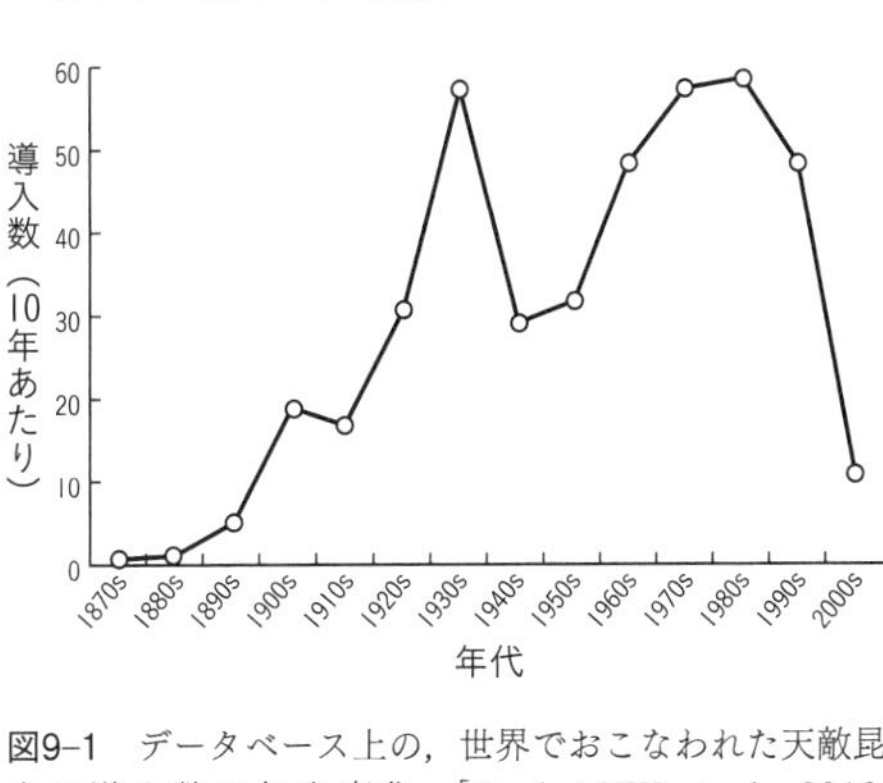

図9–1　データベース上の，世界でおこなわれた天敵昆虫の導入数の年次変化．［Cock MJW et al., 2016. *BioControl* 61, 349–363の図を改変］

大発生したナミテントウは、晩秋になると越冬のため大群をなして住宅に集合し、居住者を悩ますようになった。群れが建物内に入り込み、住民がアレルギー性鼻炎・結膜炎を発症した。また家屋内でナミテントウが人間に噛みつき、咬害を引き起こした。そのため大発生が起きた地域では、ナミテントウ駆除のため、建物周辺や屋内で殺虫剤散布を余儀なくされた[41]。

驚くべきことに米国のナミテントウは、成虫がリンゴ、ナシ、ブドウなどの果実に群がり、それを食害することが知られている。収穫時にブドウの房からナミテントウを除去するのが難しいため、その体内に含まれるアルカロイドがワインに混入して、品質が著しく劣悪化する被害も起きている[41]。

こうした生態系、農業、生活に及ぼす悪影響が、天敵としての利益を上回るため、米国ではナミテントウは害虫と見なされている。ナミテントウは欧州や南米にも移入して、米国と同様な問題を引き起こしており、現在ではナミテントウの導入は誤りであったと、広く認識されている[42]。

また別の例として、一九世紀にヨーロッパから北米に持ち込まれた、ジャコウアザミの防除がある。この植物はカナダで増殖し、耕作地や牧場に大群落をつくって農業者を悩ませていた。カナダ農林省はこの外来アザミを駆除するため、一九六九年フランスからゾウムシの一種（*Rhinocyllus conicus*）を導入した。その後、米国にも導入され、北米に広く定着した。

ところがこのゾウムシは北米の在来アザミ属のうち、希少種を含む少なくとも22種を攻撃するようになった。米国中部の国立公園では、このゾウムシの増加により在来アザミ類が激減し、またこれらのアザミ類に依存していた昆虫類も姿を消した[43]。

「かけがえのない自然を守らなければならない」という、カーソンの『沈黙の春』を通した訴えは、生態系と生物多様性を損ねてはならないという価値観を社会に導いたが、皮肉にもカーソンが勧めた伝統的生物的防除がそれを破壊するという、深刻な問題を浮かび上がらせることになった。

一九八三年に発表された論文は、世界中でハワイにしか存在しない貴重なハワイ固有の昆虫相が、伝統的生物的防除によって深刻な打撃を受けていることを示した。ハワイの原生的な森林に生息する固有の蛾類に感染していた寄生昆虫のうち、83％が農業害虫を駆除する目的で導入された外来の寄生昆虫だったのだ。さらに14％は非意図的に持ち込まれた外来種で、在来の寄生昆虫は全体のわずか3％に過ぎなかった。(44)

この論文は昆虫学界に大きな衝撃を与えた。またこれに続いて、米国へのカクトブラスティスの移入が判明し、米国と欧州を中心に、伝統的生物的防除に対する批判が巻き起こった。一九九〇年代から二〇〇〇年代はじめにかけて、伝統的生物的防除が非標的種や生態系に及ぼすダメージを調べ、その危険性を警告する研究が相次いだ。

北米で導入された寄生蜂は、特定の外来害虫を駆除する目的で導入されたにもかかわらず、平均して約7種の在来昆虫を攻撃し、特にコマユバチ科とヒメバチ科による加害は11種に及んでいた。また北米で一九九七年までに導入された313種の寄生昆虫のうち、少なくとも50種が標的となる害虫以外の在来昆虫に寄生していた。(45)

導入された天敵の影響は、生物間の相互作用を経て、間接的に複数の種へと波及し、生態系を大きく改変する可能性があることも示された。たとえば、欧州から米国に移入したヤグルマギク属の一種(*Centaurea maculosa*)を駆除するため、頭花を食害するミバエ科の2種を導入したところ、防除はできず、そのかわりミバエが著しく個体数を増やしたため、それを主食とするようになったオナガシカネズミ(*Peromyscus maniculatus*)が2〜3倍に増加した。その結果、在来植物の種子や昆虫類がオナガシカネズミの食害を受け、競争によりほかの小型哺乳類が排除されたばかりでなく、人間へのハンタウイルスの感染リスクが高まったという。(46)

またこのヤグルマギク属の一種を別の天敵で駆除しようと、幼虫が根を食害するハマキガ科の蛾を導入したところ、その周辺に生育していた在来植物が枯死してしまった。これは、幼虫の攻撃に反応したヤグルマギク属の一種が、防御のために根から化学物質を放出し、それが周辺の植物に直接または間接的な影響を及ぼしたためと考えられている[47]。

生物多様性の保全を目標とする保全生物学が確立し、外来生物問題に注力するようになると、伝統的生物的防除は保全生物学者の懸念の的となった。外来天敵の導入事業が及ぼした生態系影響に対し、保全生物学者から厳しい批判が沸き起こった。

これに対し、伝統的生物的防除の支持者らは、昆虫の非標的種に対し、悪影響——たとえば非標的種の複数集団で40%以上の個体数減少を引き起こすような天敵昆虫の導入事例は、導入数の10%以下に過ぎず[48]、多くはほとんど影響を与えていない、と反論した。しかし不可逆的で深刻な打撃を生態系に与えるという重大なリスクは、その頻度の少なさだけで許容されるものではない。そこで生態系へのリスクは、得られる利益との関係から評価されるべきだと考えられるようになった[49]。

だがより本質的な問題は、非標的種への影響の有無を評価できる過去のデータ自体が、ほとんど存在しないことだった。上記の非標的種に対する影響の推定値は、信頼できるデータが残された、ごく一部の事業の記録から求められたものだった[48]。特に二〇世紀はじめにおこなわれた初期の天敵導入については、実態がわからないものが多く、非標的種への影響は過小評価されている可能性がある。

実際に、初期の天敵導入がおこなわれた地域で、生態系に深刻な異変が生じているケースが次々と報告されるようになった。たとえば米国北東部では在来の蝶、蛾類が著しく減少しているが、この異変は一九〇五年にリーランド・ハワードが主導し、スミスやトンプソンらが取り組んだマイマイガの生物的防除が引き起こしたものだという。天敵として導入されたヤドリバエ科の一種をはじめとする、多種の寄生昆虫の攻撃を受けたのである。特に北米最大の蛾として知られるセクロピアサン（*Hyalophora cecropia*）などヤママユガ科は、減少が甚だしいうえに、高頻度でヤドリバエ類に寄生されており、導入された天敵の影響が強く懸念される事態になった。[50]

蚊の防除にも従事していたハワードは一九〇五年、蚊を捕食して退治する天敵として、グッピーに近縁な米国ミシシッピ川流域原産の小型魚類カダヤシ（*Gambusia affinis*）を利用することを着想し、米国北東部のニュージャージー州に放流した。それ以降、カダヤシは蚊を駆除する天敵として、世界各地に放流された。[51]

ところがカダヤシは小型魚類の幼魚を捕食し、また成魚を激しく攻撃して排除するほか、両生類の卵や幼体を捕食するなど、導入された地域の淡水生態系に強い影響を及ぼすようになった。一九二五年に導入されたオーストラリアでは、カダヤシが20種以上の在来魚と15種の在来カエルの減少を引き起こしている。[52]また一九一六年以降に放流された日本では、メダカの減少に関与しているとされ、影響の大きさから特定外来生物に指定されている。[53]

日本では、第七章でチャールズ・マーラットと親交を深めた渡瀬庄三郎が、一九一〇年にハブとネズミの駆除を目的としてフイリマングースをインドから沖縄に導入した結果、一九八〇年代以降、ヤンバルクイナなどの希少種が捕食により顕著に減少していることが判明した。また、のちに放された奄美でも、マングースの捕食のため、アマミノクロウサギなどが激減した。[54]

このように伝統的生物的防除の悪影響が顕在化したことを背景に、国連食糧農業機関FAOは一九九六年、外来の生物的防除資材の輸入と放飼に関する行動指針を定め、天敵を輸入する前にそれがもたらす環境リスクを評価するよう求めた。[55]また二〇〇五年には、植物防疫の国際基準（ISPM3）の中で、天敵導入に関するガイドラインを示した[56]。欧州では、化学物質のリスク評価手法を参考に、天敵導入に際しての定量的で客観的な環境リスク評価手法が作成された[57]。

生物多様性の保全に対する関心が高まりを見せる中、外来天敵が生態系に与えた破壊的影響の事例が広く認識されるようになると、伝統的生物的防除は急速に人気を失った。先述のデータベースが示す天敵導入の件数は、二〇〇〇年以降、それまでの5分の1以下と、急減している（図9－1）。こうして伝統的生物的防除の黄金時代は終わりを告げたのである[40]。

パラダイムシフト

ミネソタ大学の昆虫学者ジョージ・ハインペルらは二〇一八年に発表した論文で、伝統的生物的防除は一九九〇年代を境に、防除効果重視から安全性重視へとパラダイムシフトが起きたと述べている。その結果、非標的種に対するリスクを厳密に評価するようになり、環境への安全性は格段に向上した。ハインペルらによれば、現在の伝統的生物的防除は、実際にリスクとメリットの差し引きを重視するようになっているという[58]。

日本では伝統的生物的防除に使用される天敵は、農薬として農薬取締法の規制を受けるが、二〇〇三年の法律改正で安全性や環境配慮が重視されることになり、天敵の環境リスクも厳密に評価されるようになった。また環境省は一九九九年に天敵を農薬として使う場合のガイドラインを公表している[59]。

しかし、こうしたリスクへの配慮から、評価のために時間とコストがかかるようになり、経済的なメリットが下がってしまった。これが導入数の減少につながったと考えられる。また、第一章で述べたように、天敵を殺虫剤のように作物に集中的に放飼する増強型生物的防除や、土着の天敵の維持、増殖を図る保全型生物的防除など、多様な防除手法が確立したことも、伝統的生物的防除が減った一因であろう。

増強型生物的防除は、ビニールハウスなどを使う施設栽培や比較的小規模な圃場で特に威力を発揮し、定着性や分散能力が低い天敵を使うので、人体や環境への安全性も高い。しかし散布される天敵の中には外来生物が含まれ、それらの生態系への潜在的なリスクをゼロにはできない。また、天敵を過剰利用したり、想定外の利用法が取られたりした場合の環境リスクも未知の部分が多い[60]。

たとえば卒倒病菌は、BT剤の名で広く普及している代表的な生物農薬だが、適正利用の範囲では標的外の昆虫相に影響を与える可能性は低いのに対し、過剰に使用された場合には、環境への蓄積により、標的外の昆虫相に悪影響を及ぼす可能性が指摘されている[61]。

保全型生物的防除は土着の天敵を有効活用するという点で、生態系や人体への安全性が最も高い手法である。しかし標的の害虫に対して、土着天敵がいなければ使えないという限界がある。また十分な防除効果が得られるよう、農地に天敵を誘引し、増やして維持するには、農地植生や農業慣行の見直し、天敵への十分な生態系資源の提供、生息地管理など、さまざまな取り組みが必要になる。さらに農地とその周辺環境の複雑な食物網の構造を理解しなければならない[62]。しかしこうした手間と労力は、農業者にとって大きなコストとなり、現実的でない場合がある。そこで最近は、作物に天敵を引き寄せる誘導物質を付加したり、作物自体に誘導物質を産生させる取り組みもおこなわれている。特に海外では遺伝子改変により、天敵を引き寄せる能力を強化した作物の開発が進むなど、最新技術が活発に利用されている[63]。

中国ではBt作物の栽培面積の増加にともない、農薬使用量が減り、テントウムシ類など肉食昆虫が増加している。そのためBt作物の近傍で栽培される非Bt作物に対して、これらの天敵による保全型生物的防除が可能になったという[64]。

結局のところ、省力化しつつ防除効果を高めるには、新しい技術の導入が必要で、それにともなう未知のリスクにも向き合わなければならない。

潜在リスクを軽視してはならない。だがより小さなリスクを避けたばかりに、結果的により大きなリスクを背負わざるを得なくなる事態も、避けたいものである。

増強型生物的防除と保全型生物的防除は、自然環境への安全性では一般に伝統的生物的防除にまさるが、生態系の構造や害虫・天敵の生活史、個体数変動などについて、より多くの知識と配慮が必要だ。そのため高コストで手間がかかるうえ、広い土地で単一作物を栽培するような大規模農場には向いていない。また、街路樹や植林地に発生する害虫や、牧草地などを占有する雑草の防除にも不向きである。なにより伝統的生物的防除のメリットは、成功した場合の収益率が圧倒的に大きいことで、その費用便益比率（要した費用総額に対する得られた便益の総額の比）は、1：250ときわめて良好である。これに対し、増強型生物的防除の費用便益比率は、1：2から1：5と、化学農薬とほぼ同レベルである[65]。こうした理由から、伝統的生物的防除は、数を減らしたとはいえ、特に海外では現在も広く利用されている。

現在の伝統的生物的防除には、素朴な「自然のバランス」への信仰はない。

ニコルソンらのモデルが一世を風靡したのに対し、同じく宿主寄生のモデルでありながら、「自然のバランス」を否定し、平衡状態も密度依存の調節もなかったトンプソンのモデルは、一時ほぼ忘れ去られていた。だがのちに再評価され、寄生蜂雌の卵数で寄生率が制限される、という仮定の適切さも見直された。その結果、最も強い防除能力をもつ天敵の性質として、餌探索力の高さに加え、トンプソンが予想した繁殖力の高さも重視されるようになっている(66)。

長い生物的防除の歴史を経験してきた現在では、過去におこなわれた事業のデータベースをもとに、どのような性質が天敵——生物防除剤——として有望なのか、一定の目安も得られている(65)。防除に成功する可能性が高い天敵は、高い餌探索能力と捕食率をもち、駆除対象の害虫よりも高い繁殖率（世代時間が短い、産子数が多い）をもつ。また害虫の密度が低くても生存可能であることが望ましい。害虫が減ったときに天敵を維持するため、代替え餌を用意する場合もある。ただし、非標的種へのリスクを下げるため、逆に害虫が不在のときは、天敵もいないほうが望ましい場合もあり、これは求められる条件次第である。

天敵が強い宿主特異性（特定の宿主だけを選択的に利用する傾向）をもつ場合には、捕食者と餌である害虫、あるいは寄生虫と宿主である害虫のライフサイクルが同期していることが重要となる。繁殖や成長の季節性も欠かせない要素だ。伝統的生物的防除では、原産地と導入先の気候が似ていることや捕食者、高次寄生者がいないなど、適切な環境が必要である。また、天敵がもつ遺伝的変異も考慮しなければならない。

一方で、データベースを分析して、成功事例の共通点に基づいて天敵を選んでも、成功率が上がるとは限らないという指摘もある。野外で生物の振る舞いを決める条件は非常に複雑で、地域ごと、農地ごとに異なるうえに、依然として未知の部分が大きいからだ(65)。

伝統的生物的防除は、経験的な科学としての長い歴史の中で、新しい技術を開発し、洗練させてきた。しかしスミスが夢見た、「法則性や原理、予測に基づき手法を決め、計画を立てる」応用科学としては、まだ道半ばである。

密度依存的な調節により、「経済的損失のないレベルまで低密度化された害虫集団と天敵の安定な共存状態の維持」を目標とするスミス＝ニコルソン流の生物的防除に対しては、すでに一九八〇年代には、理論と実践面から疑義が出されるようになっていた(67)。その最大の弱点は、害虫の低密度化と集団の安定的な維持が、相反する性質だという点だ。天敵により害虫の個体数を十分減らすことを目指せば、必然的に天敵、害虫のいずれも絶滅しやすくなり、系は不安定にならざるを得ない。一方、安定で継続的な均衡状態を目指せば、必然的に害虫の個体数を十分なレベルまで減らせない可能性が高まるのである。

この害虫の抑制と持続性のパラドックスが、理論上の大きな課題とされてきた。そこでほとんどの生物的防除の理論研究は、どのような場合に天敵と害虫を低密度かつ安定に維持できる状態が現れるのか、その一般条件を見いだすことが主眼となってきた。

密度依存的な調節だけでは、低密度な集団を維持するのが難しいことがわかると、メタ集団（複数の局所集団が個体の移住で結びついた全体）のレベルで、両者の安定な維持を考えるようになった。

たとえば、天敵個体がより高密度の害虫集団に集合して攻撃する傾向がある場合、攻撃された害虫の局所集団は絶滅するが、ほかの場所の害虫個体は天敵から免れるので、害虫の分布域全体（メタ集団）として見れば、害虫もそれを利用する天敵も絶滅せずに存続しうる。その結果、集団レベルでは不安定だが、分布域全体では天敵が害虫を持続的に抑えている状態が生まれる。また、生息環境にむらがあって、害虫の逃げ場がある場合にも同様な持続性のある状態になる。[67]

これらはもともと初期のニコルソンが考えた、集団個体数の減少と移入による均衡（第八章）とよく似た状態である。

しかし、このモデルでも宿主集団の密度が下がるほど、集団の持続性が下がるので、害虫の抑制と持続性のパラドックスが解消されているわけではない。[68]

生物的防除の理論研究は数多のモデルを生み出し、実践の基礎となる生態学的知識の獲得に、大きな貢献を果たしてきた。生態学発展の核心を担ったと言っても過言ではないだろう。ところが、これら理論研究は、その目的だった肝心の生物的防除に対しては、あまり貢献してこなかった。[69]

オレゴン州立大学のピーター・マックエヴォイは二〇一八年の論文で「生物的防除のための生態学理論を開発しようという長年にわたる取り組みは、ほとんど成功していない[59]」と結論している。また、カリフォルニア大学バークレー校で生物的防除を牽引してきたニコラス・J・ミルズによれば、「これまで、生物的防除を成功に導く法則や理論と呼べるものは、ほとんど得られていない[69]」という。

ミルズは、「これまで生物的防除の理論研究は、見当違いな試みを続けてきた」とし、「（天敵と害虫集団の）持続性と平衡状態の力学に焦点を当てすぎたため、生物的防除の成功率を高めることにほとんど貢献しなかった[69]」と述べている。どうすれば天敵が農地に定着し、害虫の抑制効果が高まるかを探らず、どう釣り合いを取って害虫と天敵を維持するかにこだわり、天敵による害虫の密度依存的な調節や、平衡状態における動態にばかり関心をもちすぎたために、生物的防除の理論研究が誤った方向に進んでしまったというのである。つまりかつての「自然のバランス」への強いバイアスが、発展を阻害してきたというわけだ。

ミルズもマックエヴォイも、農地では季節的・年次的な環境変化に加え、管理にともなう頻繁な攪乱を受けるため、長期的な平衡状態よりも短期間にシステムが変遷していく「遷移状態」を想定したモデルが必要だと指摘する。[69] 実際に平衡状態と遷移状態では、害虫を効果的に抑制できる天敵の性質が異なるという研究がある。[70] また、天敵によるトップダウン効果や密度依存だけでなく、攪乱や気候、競争、ボトムアップ効果、生活史、個体の移動や局所的な絶滅、進化など、さまざまな現実の要因を理論に組み込んで、害虫が抑制される条件を見出す必要があるという。[69]

これはかつてトンプソンをはじめとした、カナダの生物的防除の研究者が主張していた考えに近い。より現実的な生物的防除の理論を構築するため、ミルズは伝統的生物的防除の〝天敵〟こと、保全生物学で進展した外来生物の進入の理論を取り入れるべきだと提案している。なぜならそれは天敵を導入した場合、どうすれば定着に成功するかを予想するのに役立つからである。カリフォルニア流とカナダ流の融合が求められている、と言えるかもしれない。

彼らが特に強調するのは、個々のケーススタディの結果に頼ってきた従来の手法から、予測可能な科学へと発展するためには、理論と実験・実践の、より緊密な結びつきが必要だという点だ。そのためには、従来おろそかにされがちだった、失敗した事業の記録と分析が、非常に重要だという。理論の問題点を修正するには、なぜ失敗したか、なぜ予測と違ったかを理解するのが不可欠だからだ。[69]

現在の伝統的生物防除は、天敵による害虫の制御を回復させたり、取り戻そう、とは考えなくなった。自然の働きを取り戻すのではなく、さまざまな環境要因と、それらの変動と、導入した天敵で、害虫を低密度に抑えたり絶滅させたりする関係を、人為的な操作により、新しく創り出すのである。実際、成功した伝統的生物的防除の事例を調べた結果、農地で生じた導入天敵による害虫の強いトップダウン制御は、じつはそれらの原産地では生じていないものだったという[71]。

害虫の原産地でその増加を抑止していたのは、必ずしも天敵だけとは限らない。また、確かに天敵からの解放は外来生物が害虫化する大きな理由のひとつだが、それだけの理由で大発生や害虫化が起きるわけではない。

それでもやはり害虫の原産地で導入に使う天敵候補を探すことが多いのは、単に原産地は害虫の捕食者や寄生生物の多様性が高いので、期待される性質を備えた天敵がいる可能性が高いためだ。一部の研究者は、むしろ害虫の原産地以外でそれを新たな攻撃対象とするようになった天敵を利用したほうが、防除に成功する可能性が高いとさえ考えるようになっている。

だがおそらく近年の伝統的生物的防除の最も大きな考え方の変化は、ハインペルが指摘するように、自然環境に対する安全性の向上であろう。

放出された天敵が非標的種を攻撃しないことは非常に重要である、と考えられている。これは現在では、生物防除剤の製品化に際しておこなわれる環境リスク評価の重要な要素になっている[65]。

また、害虫が天敵に対する防御を進化させて防除効果が減退したり、天敵の餌が非標的種へと進化的にシフトしたりする可能性も想定し、事業化・製品化の前には、さまざまな可能性やリスクを想定した十分な準備と、数多くのテストがおこなわれるようになっている。

ところで、安全性が向上し、リスクとメリットの差し引きが重視されるようになると、伝統的生物的防除はそれまでとは違う意外な目的にも利用されるようになった。

伝統的生物的防除が引き起こした失敗は、生態系や生物多様性にダメージを与えてしまったことだった。そのためこの手法は、保全生物学者から敵視された。

ところが最近になって、逆に野生動植物の生態系や生物多様性の保全のための手段として、伝統的生物的防除が注目されるようになったのである。[72]

野生動植物からなる生態系を有害な外来生物の攻撃から守るためには、生態系を構成する在来種に影響を与えることなく、外来生物だけを駆除する必要がある。化学農薬を自然環境で使用する場合、多くは在来種への影響が避けられず、それを保全する目的には不向きな場合が多い。条件によっては、寄生生物のように高い宿主特異性をもつ天敵の導入のほうが、良い成果が期待できるのだ。

そこで、これまで生態系を脅かすとして保全生物学者から批判を受けていた外来天敵の導入が、今度は逆に、生態系を脅かしている外来生物の駆除のため、保全生物学の手法として、おこなわれるようになったわけである。[72]

天敵には天敵を

カクトブラスティスの上陸により危険に晒されているウチワサボテン類を守るため、米国農務省は各州政府およびメキシコ政府と協力して、多彩な技術を使ってカクトブラスティスの防除を試みている。卵嚢の探索と除去、発生地のウチワサボテンの除去、持続性のある接触型殺虫剤を使った駆除、フェロモン剤による誘引駆除、不妊化したカクトブラスティス個体の大量放飼などである。[73]

メキシコ政府は厳重な検疫と、早期発見、早期駆除によりカクトブラスティスの移入阻止に全力を挙げている。二〇〇六年にメキシコ領内の小島でカクトブラスティスが発生したときは、ただちに不妊化個体の放飼とフェロモン剤による誘引駆除を中心に手が打たれ、早期の根絶に成功している[74]。

だがこれらの防除手法は、小面積の土地に発生した、移入初期の小集団を駆除するには効果的だが、米国内の広い土地に定着しているカクトブラスティス集団を駆除するには向かない。ウチワサボテン類を主体とするユニークな生態系を保全するには、ウチワサボテンを棲みかとする在来の昆虫相への配慮が必要なので、化学的防除の利用も難しい。そこでこれに対処するための手段として計画が進められているのが、伝統的生物的防除である[75]。

原産地アルゼンチンに棲む天敵のうち、宿主特異性が高く、カクトブラスティス防除のための有力な天敵候補として研究が進められているのが、コマユバチ科寄生蜂の一種（*Apanteles opuntiarum*）だ。この寄生蜂はカクトブラスティス以外、それと近縁なひとつの種だけにしか寄生せず、非標的種へのリスクが低い[76]。

計画を主導するローレンス・ギルバートは、こう述べている。「私たちはこの寄生蜂の導入が最善の選択肢だと考えている。不妊化個体の放飼は、孤立した島ならうまくいくかもしれないが、本土での継続的な取り組みには費用もかかり難しい。じつは、カクトブラスティスがフロリダに上陸した二〇〇〇年代初頭、農務省は不妊雄成虫の放飼を試みたが失敗し、その間にフロリダ全土のウチワサボテンが壊滅的な打撃を受けてしまった[36]」

生物的防除で起きた問題を、また生物的防除で解決しようとしている――これを危険とする批判に対して、ギルバートはこう反論する。「批判者は、昆虫の寄生者がもつ強い宿主特異性を把握していない。私たちは宿主特異性を確認し、天敵導入のリスクと何もしないリスクを比較している。特異性の証拠とリスク分析の結果からみて、導入が妥当だと言わざるを得ない[36]」

現在は農務省も、天敵から転じて害虫となったカクトブラスティスを、その原産地の天敵を使って駆除するため、この寄生蜂の繁殖技術の確立を進めている。この寄生蜂による伝統的生物的防除は、ウチワサボテン類の多様性と生態系を守る切り札になるとして期待されているのである。

地中海沿岸でカクトブラスティスと同じくウチワサボテンの天敵として導入された後、害虫となって拡散したコチニール野生種に対しても、伝統的生物的防除は有力な対策と考えられている。イスラエルでは、ウチワサボテンは外来生物だが、その群落が創り出す独特の景観が国民に親しまれ、保全対象になっている。これを加害するコチニール野生種を駆除するため、二〇一六年と二〇一七年にメキシコからテントウムシの一種（*Hyperaspis trifurcata*）とアブラコバエ科の寄生バエ（*Leucopina bellula*）が輸入、放飼された。その結果、テントウムシの一種が定着し、一部の地域でコチニール野生種の抑制に成功した[77]（図9－2）。

この事業を主導する農業研究機構（Agricultural Research Organization）のツヴィ・メンデルは、このテントウムシの利点をこう述べている。「重要なのは、コチニール野生種への高い特異性をもち、発育が早く、気候への適応性も優れている点。ほかの国でも間違いなく効果を発揮するだろう[78]」

メンデルによれば、原産地メキシコでは捕食者や寄生者がいるため、このテントウムシは数も少なく、コチニール野生種の有力な制御要因ではないという。「イスラエルにはこのテントウムシを攻撃する生物はほとんどいないので、増加してコチニール野生種を抑えるだろうと考えた[78]」。むしろ原産地にはない制御効果を期待しての導入だったのだ。

カクトブラスティスの進入に対する懸念は、独自の進化を遂げた生態系で知られるガラパゴス諸島でも高まっている。ウチワサボテン類の固有種は、ガラパゴス諸島の生態系で重要な位置を占め、リクイグアナの主食でもある。万一カクトブラスティスやコチニール野生種が移入すると、生態系に深刻な影響が及ぶと予想される。そのため検疫を強化徹底し、島への持ち込み阻止を図っている[79]。

　ガラパゴス諸島は、独自の生態系がもつ進化的価値が評価され、一九七八年にユネスコの世界自然遺産に登録された。その結果、世界中から多数の観光客が訪れるようになり、莫大な富を生み出すようになった。いまやエコツーリズムはガラパゴス諸島の主力産業であり、その生態系は島民のみならずエクアドル経済を支える資源なのである[80]。

　貴重な資源を維持するため、エクアドル政府を中心に、その生態系を守る取り組みが進められてきた。特に力を入れてきたのが外来生物への対策である。ガラパゴス諸島ではブラックベリーや牧草などの外来植物が繁茂して、植生を改変し、外来のネズミやネコが固有動物を捕食して減少させるなど、外来生物が生態系を脅かしてきた。

図9-2　イスラエルでコチニール野生種の防除に使われたテントウムシの一種（*Hyperaspis trifurcata*）．左：終齢幼虫，右：成虫．［画像はZvi Mendel氏の厚意による］

　こうした厄介な外来生物のひとつがイセリアカイガラムシだった。ガラパゴス諸島には一九八〇年代に移入し、多種の在来植物を食害して、生態系の大きな脅威となっていた。そこでチャールズ・ダーウィン財団とガラパゴス国立公園管理局は、オーストラリアから天敵のベダリアテントウを導入する計画を立てたのである[81]。

　ベダリアテントウはカリフォルニア州で成功を収めて以降、世界各地でイセリアカイガラムシ防除のために利用されてきたが、この種はイセリアカイガラムシしか捕食せず、非標的種への影響が一切ない天敵であると信じられてきた。

ところがじつは、ベダリアテントウがイセリアカイガラムシ以外の昆虫も捕食するという記録を、ウォルター・フロガットが残しているのである。[82] またウィリアム・トンプソンの報告には、ベダリアテントウがアブラムシ類やコナカイガラムシ類なども、捕食することが示されていた。[83] 実際には過去のほとんどの導入事業で、この天敵の非標的種への影響は調査されていなかったのだ。本当は、ベダリアテントウを、けっしてどんな条件でも安全で環境リスクのない「夢の天敵」と呼ぶことはまだできないのである。

そこで、きわめて慎重な試験が繰り返された。少なくとも捕食リスクのある種自体が少ないガラパゴス諸島では、非標的種への影響は小さいという評価を得たうえで、二〇〇二年、ベダリアテントウが導入された。その結果、イセリアカイガラムシは数年のうちにガラパゴス諸島から激減した。[84] この成功が契機となり、生態系、さらには生物多様性を守るための伝統的生物的防除という考えが、世界的に進み始めたのである。

一方、ガラパゴス諸島では近年、幼虫が鳥類の雛に寄生して吸血する、南米由来のイエバエ科の一種（*Philornis downsi*）による影響が拡大し、マングローブフィンチ（*Camarhynchus heliobates*）やダーウィンフィンチ（*C. pauper*）などが、絶滅の危機にさらされている。[85]

この吸血バエの駆除のため、合成ピレスロイド系殺虫剤のペルメトリンや、昆虫の変態・脱皮を阻害する昆虫成長制御剤が使われている。こうした薬剤散布で鳥を守り、かつ非標的種の在来昆虫に与える影響を抑えるため、さまざまな工夫と努力がなされている。たとえば、営巣中のフィンチに、ペルメトリンを含ませた脱脂綿を与えて巣に運ばせ、フィンチ自身に巣の燻蒸をさせる、などユニークな手段が取られている。[86]

しかし吸血バエを減らすには至っておらず、問題は解決していない。そこで期待を集めているのが、南米からの天敵導入による伝統的生物的防除である。

前出の昆虫学者ハインペル率いるミネソタ大学のチームは、トリニダード・トバゴの調査では鳥類の密度に比してこの吸血バエの個体数が少ないことに気づき、それがこのハエに寄生するアシブトコバチ科の寄生蜂（*Conura annulifera*）によるものだと推測した。そこで彼らはチャールズ・ダーウィン財団と協力して、この寄生蜂をガラパゴス諸島に導入し、吸血バエを防除する計画を進めている。[87]

ガラパゴス諸島では、ほかにも外来植物ランタナを駆除するため、南米で得られた、さび病菌の一種（*Puccinia lantanae*）の導入による伝統的生物的防除の研究が進められている。[88] また、島内での繁茂が著しいブラックベリーは、除草剤による駆除では限界があるとして、ダーウィン財団とガラパゴス国立公園管理局は二〇二二年に、ブラックベリーの伝統的生物的防除を推進するワークショップを開催した。[89]

二〇一六年に開催された生物多様性条約・第一三回締約国会議（ＣＯＰ13）の侵略的外来種に関する決定XIIIでは、「伝統的生物的防除は、すでに定着した侵略的外来種を管理する効果的な手段である」と認められた。[90] これを受けて国際自然保護連合ＩＵＣＮは二〇一八年、生物多様性を脅かす外来生物の管理を目的とした伝統的生物的防除の理解と利用を支援するため、技術報告書を発行して、リスク評価や必要な技術、条件、締約国間の対応など、それを使うにあたって守るべき手続きとガイドラインを公表している。[91]

しかし安全性が高まったとはいえ、伝統的生物的防除のリスクは依然としてなくなったわけではない。これは農業利用でも保全利用でも同じである。

ハワイ大学のカール・クリスチャンセンらは、二〇二一年に発表した論文で、現在でも厳密な評価なしに成功を主張していたり、著しく危険な事業がおこなわれている例があることを指摘し、「過去の失敗が繰り返されることはない、という主張は誤りだ」と述べている[92]。

想定される非標的種すべてを対象とした試験で、防除に使う天敵の安全性が確認されたとしても、それは野生下での天敵の安全性を確実に保証するものではない。野外に導入された後に、天敵の攻撃対象が試験結果の予測と変わることがあるからだ。もし導入された寄生昆虫が、標的宿主以外の新しい非標的宿主を獲得した場合、その対象は広範囲に及ぶ可能性があると示唆されている[93]。

そもそも多くの生態系では、まだ種構成や遺伝的多様性の全体像が不明で、複雑な種間相互作用の実態も理解できていないのに、非標的種に与える影響を適切に評価し、安全性を予測することができるのか、という問題もある。クリスチャンセンらは、「潜在的ないし間接的な非標的種への影響を評価したり、生態系レベルの変数を評価したりする生物的防除の取り組みは少なく、大半は天敵導入の潜在的な環境影響を評価するための設計が不十分である[92]」と指摘している。

たとえ短期的な安全性は予測できても、数十年先のリスクを評価するのは容易でない。仮に危険を予測できたとしても、時とともに成功が危険のありかを人々に忘れさせる。生物的防除と化学的防除、いずれの歴史も未来の危険に対処することの難しさを物語っている。

結局のところ、いかなる状況でも害虫駆除に威力を発揮し、かつ環境にも人体にも一切のリスクのない防除法など存在していないのである。

自然志向の人々の中には、チャールズ・マーラットが美しく描き出した、かつての日本の農村に理想の世界を見いだす人がいるかもしれない。だが、マーラットの賞賛に対しては、当時の米国の上流階級に見られたロマン主義的な志向の影響を割り引いて考える必要があるだろう。マーラットの興味を引いた無農薬の害虫防除と自然な伝統的農法は、これもマーラットが見抜いていたように、きわめて安価な労働力と、膨大な作業量に支えられていた。衛生状態も不良で、疫病、寄生虫が流行し、蚊帳を吊っても防ぎきれない多量の蚊とそれが媒介する感染症は、マーラットだけでなく、著名な親日家であったエリザ・シドモアも危惧していた。つまり自然と調和した暮らしと美しい景観は、貧困、過酷、危険と一体であり、現代の日本人が戻れる世界ではない。

土地改良、灌漑設備や機械化、新しいエネルギー、肥料、品種改良等の技術革新とともに、化学的防除と生物的防除は、過去の危険や過酷さを軽減した。それらがもつデメリットとリスクは、それらが与えた恩恵と差し引きで考えるべきであろう。

過去の自然環境と生態系の破壊の多くは、貧困や飢餓に関係して起きた。第二章に示した順化運動による生態系の破壊の歴史もその例である。これらが示すのは、破壊が貧困解消の結果というより、その解決方法や対策の不備のために起きたこと、そして貧困や経済格差の解決なくして環境問題は解決しない、ということだ。自然環境と生態系を守る取り組みは、すべての人が等しく経済的な豊かさを享受できるものでなければならない。

外来生物問題の深刻さを説いたチャールズ・エルトンは、自然環境と野生生物を守ることの大切さを訴え、自然主体の価値にも目を向けた（第三章）。だがその一方でエルトンは、「地球上の多様な生物は、人間に滅ぼされるために進化してきたわけではないし、それらはすべて興味深く美しいので残さねばならない、また子孫の楽しみのためにもそれらを保護すべきだ」という主張を、「豊かな国の恩恵」である、と言い切っている。生計を立てることが先決というような貧しい国では、そんな恩恵には浴していないというのである。エルトンはこう記している――「人間が生き、生計を立てるためには、物を育てねばならないし、そのためには土地が必要で、よい農作物が必要である。楽しみや学問や動物の権利のために、自然保護を人間の生存に優先させようなどというのは、無駄な企てであり、そうしてはならないのである[94]」

エルトンの指摘から六〇年たった現在、野生生物と地球環境の将来を危惧する人々と、野生生物や地球環境の将来を心配する前に今の自分が生き延びねばならない人々の分断は、より深まったように見える。だがその一方で、両者の関係はより複雑化している。たとえば森林の保全と農業振興は、二者択一のトレードオフ関係でとらえられてきたが、開発により森林面積が激減するとともに、逆にそうした単純化は適切とは言えなくなっている。

その理由のひとつは、地球温暖化への懸念だ。温暖化が進むと、害虫の発生や自然災害リスクが高まり、農業被害とそれにともなう貧困、飢餓が拡大すると予測されている。残された森林は温室効果ガスである二酸化炭素の吸収機能をもち、湿地は大量の炭素を貯蔵するなど、温暖化の進行を緩和し、農業被害を防ぐ役目を果たす。政府間科学-政策プラットフォームIPBESによる二〇二一年の報告書でも、自然の生態系から農地、都市までを、一体的なシステムとして扱う温暖化対策の必要性を訴えている[95]。

もうひとつの理由は、自然林や草地、湿地、およびそこで維持される生物多様性に、さまざまな形で資源としての価値を認めるようになったことである（第三章）。エドワード・ウィルソンは、こう述べている――「過剰人口、環境破壊、土壌の劣化、栄養失調、病気、そして一日の食と住の確保もままならぬ何億もの人々の問題。これらは生物多様性を経済的な豊かさの源泉とすることで、部分的に解決することができる」[96]

残された自然林に棲む多様な肉食昆虫は、保全型生物的防除のための天敵資源になり、花粉媒介者は農産物の生産量を向上させる高い経済価値をもつ。自然林や湿地が、物質循環を介し農地の環境を好ましい状態に保つ機能をもつ場合には環境資源、それらが災害を防ぐ機能をもつなら防災資源と見ることができる。

自然林や草地、湿地が持続的な農業に不可欠で、生物多様性が農業に必要な資源になると考えるなら、農業振興と生物多様性の保全には境界がなくなったと言える。問題は資源の中に、一度失われると二度と再生できない資源があり、またいますぐに役に立つわけではないが、将来大きな利益をもたらす可能性のある資源――オプション価値、そして歴史的価値をもつ資源が含まれる点だろう。

これらの利用と維持をどのように農業と両立させていくか、言い換えるなら、公共財としての価値と個人への直接的な利益をどう両立させるかが求められる。加えて、残された自然環境と野生動植物への倫理的な配慮も必要だ。

適切な技術の導入による農業振興は、むしろ自然林や湿地の保全と、それらがもつオプション価値や歴史価値の維持に貢献するだろう。たとえば農薬や天敵により農作物の害虫が駆除され、耕地の単位面積あたりの生産量が増えれば、耕地面積の拡大が抑えられ、自然林の伐開を防ぐことができる。

実際、害虫による農業被害は森林減少を加速させている。二〇〇九年から二〇一〇年にかけてカンボジア、ラオス、ミャンマー、ベトナムでは、南米産の害虫キャッサバコナカイガラムシ（*Phenacoccus manihoti*）によりキャッサバ収量が激減し、減収分を補うため作付面積が拡大した結果、森林の消失速度がそれまでの3〜6倍に加速した。しかし二〇一〇年に天敵の寄生蜂が導入されると、被害が緩和されてキャッサバ収量が回復し、作付面積が縮小、森林の消失速度が最大で3分の1まで減速した。[97]

農業振興は、貧困の解決と生物多様性の保全を両立させうるのである。生物多様性を維持しつつ利用して、農業に限らず、さまざまな産業の育成や経済成長に繋げることも可能なはずだ。

農業振興に必要な条件は、国や地域によってさまざまだろう。たとえば持続可能な農業の実現に必要な条件も国によって違う。多くの熱帯地域では、環境の劣化と農民の貧困化、経済格差をもたらす、多国籍アグリビジネスによる搾取構造からの転換が急務だろうし、日本ならば農業者の収益向上が必須で、農地の集約化と流通、加工、消費のプロセスから農家経営も含めたシステムの再構築が必要な場合が多いだろう。[98]

求められる害虫防除技術も、国や地域、利用環境によって異なる。その技術を使う目的や利用環境によって、危険性の性質やレベルとその許容範囲は変わってくるし、それに応じて利用するかどうかの判断は異なる。

事実、WHOはマラリア対策のため、現在も場所により、条件つきでDDTの活用を勧告している。[99]また世界的に見ると、日本は中国や韓国とともに、化学農薬が特に多く使用されている国のひとつだが、これも環境条件や食習慣の違いを考慮せずに、単純な欧米との比較から優劣を論じるのは不適切である。東アジアは温暖湿潤で害虫が発生しやすい気候条件にあり、欧米と同じ対策では害虫の被害を抑えられないからだ。[100]

適正利用の化学農薬が残留するが、病害虫に侵されていない農産物より、化学農薬を使わなかったために病害虫に侵された農産物のほうが、人体に安全であるとは言えない。病原体が毒素を生産したり、病害虫に攻撃された農産物が、防御のために毒物や発がん性物質（フィトアレキシン）を生産したりすることがあるからだ。ただし適正利用の化学農薬もフィトアレキシンも、一般に人間の曝露量はごく微量で、いずれもリスクは低いとされる[101]。

なお日本では近年、農水省や地方自治体が環境保全型農業を推進しており、総合的病害虫防除が普及して、化学農薬の国内出荷量は減少しつつあることも留意しておきたい[100]。

一切のリスクがなく、低コストで高機能な万能の防除技術が存在しない以上、条件に応じて、想定されるメリットとコスト、既知のまたは潜在的なリスクの関係を考慮し、多くの技術の中から最適な組み合わせを選んで使うのが望ましい考え方だろう。

しかしそもそも技術に選択肢、つまりさまざまな防除技術がなければ、農業者も消費者も、安全性を比較して選ぶこと自体ができない。それゆえ技術革新によるブレークスルーは、農業振興と生物多様性保全の両立を実現する鍵となる。

新しい防除技術は未知のリスクをともなう。技術のメリットだけでなく、リスクやデメリットの情報も農業者と消費者に共有されなければならない。この課題の解決には、技術開発とその評価、普及活動に、農業者や消費者が直接参加し、協力する体制づくりが効果的であろう。実際、企業と自治体、農業者（農協）が連携して、米作りの技術開発と商品化、流通に取り組み、環境保全型農業の普及が進んでいる地域がある。

科学的な予測には限界がある。それを前提に、恩恵に目を向けて新しい技術の利用を許容しなければならない。そのためには、もしその技術に重大なリスクが判明したときには速やかに代わりの手段を選べるように、代替となる技術を用意しておかなければならない。

環境に関わる技術の場合、その進歩は、既存の技術を洗練させていくだけでなく、技術の選択肢を増やすものでなければならない。利用や開発の面で、特定の技術やアイデアへの選択と集中を進めるのは、選択肢を減らし、非常に危険だ。環境に関わる技術の多くは、後になってリスクの存在がわかるからだ。リスクに気づいていないだけなのに、リスクがないと信じてリソースを集中させてしまうことほど危険なことはない。カーソンが示したこの教訓を見落とし、加えて、かつての米国のように、科学者と行政と企業が短期的な成果と利益を追って、技術と研究組織の多様性を失えば、一時的な成功は収めるかもしれないが、DDTの失敗はふたたび繰り返されるだろう。

一九世紀以来、欧米を中心に進んできた、害虫防除と生物利用の歴史は、成功の積み重ねによる輝かしい発展というより、むしろ誤りと大失敗の積み重ねによる血みどろの発展だったと言うべきであろう。成功した事業の大半は幸運の産物であり、学ぶべき点は少ない。それどころか多くの場合、成功は失敗の源であった。

これに対して、失敗した事業は、なぜ失敗したのか、どうすればそれに対処できるのかを学ぶことができる。失敗と誤りの歴史は、より好ましい意思決定のための、貴重な遺産であり、資源なのである。

失敗の大半は、世界を良くしたい、人々を救いたいという善意や正義感に導かれたものだった。ワイルド・ガーデン運動を通して外来植物の蔓延をもたらしたウィリアム・ロビンソンの思想（第三章）は、野生に至上の価値を置いて自然を保護しようという思想であり、ディープ・エコロジーなど生態系中心主義の源流とも言えるものだった。また、外来生物による生態系破壊を加速させた順化運動にフランク・バックランドを駆り立てたのは、野生生物を貴重な資源とみる価値観だが（第二章）、これは現代の保全生物学が回帰した新しい人間中心主義に基づく保全と、その本質は同じものだった。

ＤＤＴの失敗（第一章）も、過去の伝統的生物的防除の失敗もそうであったように、これらはいずれも「意図せざる結果」だったのだ。

なぜ、意図せざる結果を招いてしまうのか。社会学者ロバート・マートンは、次の五つの原因を挙げている。

１．無知——すべてを予測することは不可能であり、分析が不十分になる。２．誤り——問題の分析を誤る、あるいは、状況が異なるにもかかわらず、過去には有効だった成功体験を踏襲する。３．目先の利益を長期的な利益よりも優先する。４．それが長期的には悪い結果を導くにもかかわらず、特定の行為を要求したり禁じたりする価値観が存在する（その悪い結果のせいで、最終的に価値観が変わる可能性がある）。５．自滅的予言——特定の事態が起こるという予測を人が恐れ、それが起こる前に問題を解決しようとするため、実際にはその事態が起きず、予測が外れる。[102]

本書に登場する失敗の原因は、どれも意図せざる結果の原因１〜４のいずれかに合致する。それらが成果獲得や問題解決の強い圧力を受けている場合に起こりやすいのも示唆されよう。またマーラットの検疫（第七章）は、自ら予期した問題を自ら未然に防いだために、その行為と予測をまとめて糾弾されるという、５．自滅的予言、の例である。

心理学者アーヴィング・Ｌ・ジャニスは、意図せぬ失敗の原因として、集団思考——集団の中で調和を求めて、批判的思考が無意識に抑圧される心理現象を挙げている。[103] 政治家や経営者の思いつきに専門家が協力して起きた、西オーストラリア州（第四章）やオオヒキガエル（第六章）の失敗事例は、これに該当するだろう。

こうした原因による意図せざる失敗を防ぐ方法はさまざまに提案されているので、環境に関わる事業でも、歴史の教訓をもとに失敗を減らすのは可能であろう。だが、同時にこの教訓には、ほとんど不可避の要素――予測の限界と価値観の問題も含んでいる。意図せざる失敗を完全に防ぐのは不可能なのである。

とはいえ、失敗を恐れすぎては、問題は解決しない。思わぬ成功も得られない。

それなら、あらかじめ想定外の失敗が起きる可能性を想定しておけばよいのではないか。予測が外れて施策を誤り、事業が失敗する場合に備えて、代替策や最悪の状況を想定した対応策を用意しておく。万一誤りや失敗に気づいたら、すぐそこから学んで柔軟に施策を修正すればよいのだ。また失敗してもすぐに修正や撤退が可能で、ダメージも少ない小規模な試行から始めるのが望ましい。

逆に無謬性の信念をもち、けっして間違えず、失敗は起こらないと信じる人々や組織は、失敗から学ぶことができないので、誤りを早期に修正できず、失敗を重ねて取り返しのつかない事態に至る可能性が高い。そしてそのような人々や組織がおこなう特定の施策への選択と集中は、一時的な成功を収めたとしても、代替策や万一の選択肢を奪い、最終的には破局を導くだろう。

失敗は、いまと未来のために学ぶべきものだ。また、批判はいまと未来のために役立たせるべきものだ。さすれば責任とは、過程を記録し、失敗の理由を後世に学べるよう、歴史の資源として保存しておくことであろう。

E・H・カーが指摘したように、歴史は純粋な事実ではなく、解釈に照らして選び出された事実である。[104] だが解釈は歴史的証拠との照合により、信頼できるものに修正される。歴史的証拠とは、自然史なら生物多様性の各要素がそれであり、人文史なら史料――遺跡や遺物、文献など歴史の記録である。それゆえ後世に偏った歴史解釈を与えて、同じ失敗が繰り返されるのを防ぐため、失敗を記録として残すのが、果たすべき責任ということになる。

生物的防除と化学的防除のどちらが優れているか、という問いは無意味である。どちらも一長一短がある。その相対的なメリットとリスクは、状況次第で変わる。最も望ましいのは、それら以外のさまざまな手段とともに、どちらも使えることなのだ。

環境に関わる新しい技術は、失敗を積み重ねつつ、少しずつ改善され、多様化して、より安全で効果的なものへと発展していく。そうして既知のリスクは低減していく。しかし未知のリスクは、ほぼ永遠に残り続けるだろう。したがって、一切のリスクがなく、コストもかからず、どの環境でも機能する――そんな万能の害虫防除技術が使える日が来ることは、今後もなさそうである。

夢の天敵など実在しないし、実現することもないだろう。それは理想の彼方に目標としてのみ、存在しうるものなのである。

第一〇章　薔薇色の天敵

カタツムリの悪夢

イセリアカイガラムシ防除を成功させたアルベルト・ケーベレに一家を救われて、応用昆虫学者を志したシリル・ペンバートンは、ケーベレと同じくハワイ砂糖生産者協会で天敵を使う害虫防除に取り組み、一九四〇年代以降もケーベレ以来の生物的防除の伝統を守り続けた。化学的防除に移行した米国農務省の影響は、本土から遠く離れたハワイには及んでいなかった。ただし、ハワイの伝統的生物的防除は、「あれこれ考えるより、まず行動」を信条としたケーベレ以来、場当たり的な天敵導入に頼っており、事業目的の達成度を測る適切な事後評価もおこなわない、成果の実態が不明な事業が多かった。[1] だがそれが彼らの強みでもあった。失敗という概念がなくなるからである。

一九四〇年代から五〇年代にかけて、害虫防除の政策決定を担ったのは、ハワイ州農林委員会であった。約一〇人の委員会理事には、ペンバートンのほか、企業経営者、農業団体の代表、自然保護活動に情熱を傾ける政治家らが名を連ねていた。天敵導入の決定は、ペンバートンと農林委員会のノエル・

L・H・クラウスら昆虫学者の意見をもとに理事会がおこなっていた。[2]

さて一九三八年、ペンバートンは思いもかけぬ生物が、オアフ島とマウイ島に出現したことに気がついた。それは巨大なカタツムリ――アフリカマイマイであった（図10－1）。ペンバートンはすぐに脅威を察知し、ただちに駆除するよう主張した。[3]

アフリカマイマイが見つかったのは、オアフ島とマウイ島、それぞれ1地点ずつ。どちらもごく狭い範囲だったので、ハワイ州農務省はすぐに駆除を試みた。ところが根絶に失敗し、生き残ったアフリカマイマイは爆発的に増えて、島中に蔓延し、大発生を繰り返して、深刻な農業被害を引き起こした。

加えてアフリカマイマイの大群が出す粘液と、死後の悪臭による生活被害も出た。道路でアフリカマイマイが自動車に引かれて潰されると、その死体を餌にアフリカマイマイがたくさん集まり、それを別の自動車が引いてスリップし、交通事故が起きた。[4]

こうしてアフリカマイマイは猛威を振るい、一九五〇年代末までにハワイ島とカウアイ島にも移入して大発生した。まさしく悪夢のような害虫であった。

図10–1　アフリカマイマイ．［画像は森英章氏の厚意による］

アフリカマイマイの原産地はケニア、タンザニアを中心としたアフリカ東部である。一九世紀はじめまでには、マダガスカル、次いでモーリシャスに薬用として持ち出されていたという。なお西アフリカでは近縁種のメノウアフリカマイマイなどが食用にされるが、原産地アフリカ東部に通常アフリカマイマイを食用とする習慣はない。[5]

一八四八年に東インド会社の貝類学者が、モーリシャスから土産としてインドに持ち帰った5頭が繁殖、増加してインド全域に広がった。[6] 一九〇〇年にインドからセイロンに土産物として持ち込まれ、定着したのを機に東への拡散が始まった。[7] 一九一一年にセイロンからマレーシアに家禽の飼料として移入され、一九三〇年までにそこからシンガポール、ジャワ、スマトラ、フィリピンに飼料目的で、あるいは作物等に付いて運ばれ、定着した。[4]

この巻貝はなぜか人を惹きつけ、持ち運ぶ気にさせるらしい。伝統的生物的防除に慎重な立場をとり、オーストラリアへの安易な天敵昆虫の導入に反対し、ウサギ駆除用のイタチ、フェレット、マングースなどの導入計画をことごとく阻止し、オオヒキガエルの導入に最後まで反対した慧眼の持ち主、ウォルター・フロガットが、一九一七年にウチワサボテン対策として、珍しく天敵導入による防除案を発表したのだが、それはウチワサボテンを食べるという理由で、よりによってアフリカマイマイを天敵として導入しようという案だった。[8] 幸いこれには反対意見が出て、実現しなかった。

これに対して、かなり早い段階でアフリカマイマイのリスクに気づいた人物もいた。最初にその害虫としての危険性を把握したのは、セイロンの昆虫学者エドワード・グリーン——トライオンに協力してコチニール野生種をオーストラリアに送り（第五章）、マーラットのカイガラムシ採集に協力（第七章）した人物である。

一九〇〇年にアフリカマイマイがセイロンに持ち込まれたとき、その生活史を調べたグリーンは、すぐに危険性を察知し、繁殖地のすべての個体を駆除して根絶するよう指示した。だが根絶に失敗し、危惧した通りすぐに大発生して手がつけられなくなってしまったのだった。[7]

そして、一九三二年のこと、台湾の貧困層を食糧難と飢餓から救うため、アフリカマイマイを食料にすることを着想した日本人がいた。翌年にかけてこの人物は、それをシンガポールから台湾に輸入した。[9]

アジアのいくつかの地域では昔から土着のカタツムリを食べる習慣があり、現在アフリカマイマイを食用にしている地域もあるが、記録に残るかぎり、歴史上初めてアフリカマイマイを本格的な食料に用いたのは、この日本人である。

アフリカマイマイの繁殖に成功した台湾では野外にも定着し、そこから沖縄、さらに日本本土に持ち込まれた。本土では「おかあわび」の名で販売され、新聞で大々的に宣伝された結果、アフリカマイマイの飼育がブームとなり、高額で取引される事態になった。1頭4円（約8千円）、卵持ちなら8円（1万6千円）、良品は80円（16万円）で取引された記録が残っている。[10]

じつはアフリカマイマイは広東住血線虫の中間宿主となっており、迂闊（うかつ）に生食して感染すると、重篤な髄膜炎を発症することがある。しかしそれが判明したのは一九六〇年代になってからであり、当時その危険性は認識されていなかった。

一九三六年、アフリカマイマイの農業害虫としての問題を認識した農林省が、本土への輸入と飼育を禁止したため、飼育ブームは収束した。[11] だがこのブームは海外に波及した。

一九三六年、台湾を旅行していたハワイ住民が、2頭のアフリカマイマイをペットとして台湾から持ち出し、オアフ島にある自宅の庭に放した。また同年、マウイ島で薬として販売するため、島民のひとりが日本からアフリカマイマイを輸入して養殖を始めた。いずれも検疫をすり抜けて持ち込まれた。そしていずれも逸出して、増殖していることにペンバートンが気づいたのが、一九三八年だったというわけだった。[3]

アフリカマイマイは当時日本の信託統治領だった、カロリン、マリアナ、パラオにも食料として持ち込まれ、東部太平洋の島々に広がった。太平洋戦争中に日本軍がビスマーク諸島に持ち込み、そこからニューギニアに移入した。結局どこも逸出して繁殖し、ほとんどの島でハワイと同じく大発生して農業被害を引き起こした[4]。

「何十億頭ものアフリカマイマイがすでに太平洋の数十か所で、草や木の葉をすべて食べ尽くしてしまった[12]」——米国本土の一九四九年の新聞記事は被害の凄まじさをこう表現した。

ハワイでは農地や未生息地へのアフリカマイマイの移入を阻止するため、金属製の板や網で防護柵が築かれた。表面にパリスグリーンや硫酸銅を塗布した木柵も防護に使われた。また、誘引して殺すため、ヒ酸カルシウムやメタアルデヒドが散布された。これらの薬剤は一時的な効果を示したものの、アフリカマイマイ全体を減らすことはできず、最後には防護柵も乗り越えられてしまい、生息地が拡大していった[4]。

棲み場所ごと焼き払う方法が試されたが、アフリカマイマイのおもな棲み場所は畑や人家の周辺だったため、人間生活へのダメージのほうが大きかった。草刈りをして棲み場所をなくすという策も、やりすぎて逆に農産物が被害を受け、普及しなかった[4]。

意外に効果のある駆除法が、最も素朴な、探索と手作業による捕獲であった。そこで農林委員会は、多くの協力者を募ればこの害虫を根絶できると考え、捕獲したアフリカマイマイを買い取る事業を始めた。ところが途中から、アフリカマイマイの捕獲で生計を立てる者が現れ、逆にそれを増やそうと各所に撒いて分布拡大の一因になったため、事業は中止された[4][13]。

ハワイでこの害虫への対策として、生物的防除が本格的に検討されるようになったのは意外に遅く、一九四〇年代末になってからである。これには第二次世界大戦後、ミクロネシアを中心とする太平洋諸島の統治に乗り出した、米国海軍の意向が深く関わっていた。

島嶼住民の生活基盤を整備し、地域社会を安定化させて米国への信頼を高めることが、太平洋地域の安全保障には重要だ、というのが海軍の考えであった。海軍が注目したのは、終戦直後におこなわれた米国商務省によるマリアナ諸島やパラオなどの生物調査だった。ほとんどの島でアフリカマイマイや、農作物を加害するコガネムシ類など農業害虫が蔓延していたのである。その克服がミクロネシアの経済復興に不可欠だと、海軍は判断した。

海軍は特にアフリカマイマイ対策を重視し、薬剤散布による駆除を実施したが、効果は限定的だった。[14]海軍省は一九四六年、島間の厳重な検疫措置を開始、また同年、太平洋諸島の諸問題の科学的解決を目指す太平洋科学委員会（Pacific Science Board）の設立を支援した。[15]

一九四七年、太平洋艦隊司令官ルイス・E・デンフェルド提督は、昆虫学者を部下に採用し、害虫防除計画に着手した。また、米国農務省に計画への協力を依頼した。ところが農務省はそれを断ったのである。そこでデンフェルド提督は、太平洋科学委員会に協力を求めた。太平洋科学委員会からの提言を受けた海軍作戦部長チェスター・W・ニミッツ提督は同年、ミクロネシア昆虫防除委員会（ＩＣＣＭ）（のちに「太平洋無脊椎動物専門委員会」（ＩＣＣＰ）と改名）の設立を承認した。[14]

委員会メンバーはハワイ砂糖生産者協会とハワイ州農林委員会の役員を兼務するペンバートンと、カリフォルニア大学のハリー・スミスら四名の昆虫学者であった。米国本土で当時ほぼ唯一生物的防除に従事していたカリフォルニアの昆虫学者は、ケーベレ以来、ハワイの昆虫学者と緊密な協力関係を続けていた。そしてこの経緯ゆえに、当時の米国を席巻していた化学的防除が、以後の太平洋諸島では害虫防除の標準にならなかった。

ハワイ・ホノルルで開かれたICCMの会合で、スミスとペンバートンらは、伝統的生物的防除による害虫防除計画を立案した。この計画についてデンフェルド提督は、副官カールトン・H・ライト少将に、次のような手紙を送っている。「われわれがおこなう貢献は、昆虫学者に対する現地での最大限の協力であり、必要な場合には現地での（昆虫学者と天敵の）輸送を提供することである――これが私の提言だ。時間はかかったが、将来、多くの良い成果が得られると感じている」[14]

海軍の全面的な協力により、ハワイとミクロネシアの生物的防除は一躍活性化した。実働部隊となったハワイ砂糖生産者協会とカリフォルニア大学の昆虫学者は、海軍の支援を受け、天敵を求めて世界各地へ飛んだ。

一九四七年から一九四八年にかけて、カリフォルニア大学のハロルド・コンペアは東アフリカに滞在し、多数の寄生昆虫を採集してハワイに輸送した。それらはさらにパラオやマリアナに運ばれ、放飼された。このとき、コンペアとともに東アフリカで天敵探索にあたっていたハワイ砂糖生産者協会の昆虫学者が、アフリカマイマイの有望な天敵候補――数種の捕食者と寄生生物を発見したのである。こうしてアフリカマイマイの生物的防除が開始された。[14]

アフリカマイマイに対する防除の研究で、重要な役割を果たした生物学者が二人いる。そのひとりは、アルバート・R・ミードである。

一九四二年、ミードは昆虫学の研究でコーネル大学から博士を取得すると、すぐ陸軍に入隊した。連合国マラリア対策部隊の寄生虫専門家としてアフリカ滞在中、ミードは巨大なアフリカマイマイの仲間に出会う。それ以来、アフリカマイマイの研究に憑りつかれてしまったミードは、第二次世界大戦が激化する中、南太平洋戦域に赴任したのちも、アフリカマイマイの研究を続けた。そこでミードは、生涯の友となる重要な人物に出会う。ヨシオ・コンドウ――日系二世の貝類学者である[16]。

終戦後、アリゾナ大学に職を得た後も、アフリカマイマイ研究のため、その原産地アフリカと、移入した土地――インド、セイロン、東南アジアから太平洋の島々まで、ほとんどすべてを調査に訪れた。この調査にはいつも妻と三人の子供たちをともない、アフリカマイマイを求めて世界を旅したという[16]。世界の誰よりもアフリカマイマイを知る専門家として、ミードは当然のことながら、害虫としてのアフリカマイマイと戦う研究でも、期待を担うことになった。

一方、マウイ島北岸のサトウキビ畑で農場労働者として育ったコンドウは、漁師、船の給仕係、電気技師、ディーゼル技師など、さまざまな仕事を転々としながら生計を立てていた。

二〇世紀はじめ、ハワイでは日本人による漁業が盛んで、日本から数多くの漁船が訪れていた。二四歳のコンドウは、日本漁船・明神丸で技師として働いていた。一九三四年、ハワイ・ビショップ博物館の学芸員で貝類学者のモンタギュー・クック率いる学術探検隊が、調査船として明神丸をチャーターした。探検隊は明神丸でポリネシア最南東部の島々をめぐり、動植物や民俗学的資料を収集した。

半年間で六〇近くの島を訪れたこの航海で、コンドウはクックの調査の手伝いをするうちに、小さなカタツムリの仲間に強い興味を抱く。並外れて器用で几帳面なコンドウを気に入ったクックは、ハワイに戻るとコンドウを博物館の助手として採用した[17]。

カタツムリの分類と同定は殻だけでは困難で、一般に軟体部を解剖し、生殖器官や歯舌などの特徴を観察しなければならない。太平洋の島々に棲むカタツムリは、大きさが数㎜程度と微小なものが多く、その解剖には高い技量が必要である。ところがコンドウはたちまちその技術を身に着け、しかも誰も寄せつけないレベルに達してしまった。[17]

コンドウが特に魅せられたのは、ハワイマイマイ科――ハワイで進化した色どり豊かで美しい多数の種からなるハワイマイマイ属（*Achatinella*）と、わずか2㎜しかない微小種のノミガイ類などからなる太平洋諸島独自のグループ。それから、タヒチなどポリネシアを中心に多彩な種が棲むポリネシアマイマイ科であった。

博物館で助手を務める傍らコンドウは、クックの勧めでハワイ大学に入学した。卒業後、大学院に進み、ハワイマイマイ科が示す多様性の概要を解明した研究で、一九四七年に修士を取得した。その後、ポリネシアマイマイ科の研究によりハーヴァード大学で博士を取得した。また、クックの後を継いでビショップ博物館の学芸員を務めた。[17]

ハワイでアフリカマイマイの被害が深刻化して対策が求められたとき、カタツムリのことがわかる専門家は、ハワイにはコンドウしかいなかった。それゆえ、コンドウはミードとともに、アフリカマイマイ対策を担うことになった。

ミードとコンドウは一九四〇年代後半から、太平洋の島々を訪れてアフリカマイマイの現況調査を進めた。また、アフリカマイマイの移動を妨げる柵の開発や、捕獲トラップ、薬剤による防除法を研究した。一九四〇年代末、生物的防除が検討されるようになると、コンドウはその技術開発に従事することになった。[4]

ハワイ砂糖生産者協会の採集人が東アフリカで見つけた、アフリカマイマイの捕食者や寄生虫の中で、導入する天敵候補に選ばれたのは、カタツムリを食べる肉食のカタツムリ、アフリカ東部原産のキブツネジレガイであった（*Gonaxis kibweziensis*）。それは手榴弾のような形をしたカタツムリで、朱色の軟体部をもち、頭部をアフリカマイマイの殻内に挿入して身を捕食するほか、卵も食べる。

一九四八年、ＩＣＭの要請を受けたコンドウは、アフリカから送られてきたキブツネジレガイをハワイ砂糖生産者協会の研究室で飼育し、その食性と生態、生活史を調べた。そして餌はカタツムリだけであり、木の上には登らず、植物や他の動物を捕食しないことを確認した[18]。

天敵によるアフリカマイマイ防除の研究を進めるミードとコンドウは、屋外での試験をおこなうべきだと考えた。果たしてキブツネジレガイに防除効果はあるのか、それがアフリカマイマイを食べずに、固有種を攻撃し始める可能性はないのか。アフリカマイマイのおもな生息地である人里から、万一キブツネジレガイが逸出して森林地帯に進出するようなことがあると、固有種に被害が及んでしまうかもしれない[4]。

こうした課題を検討するには、野外で確かめる必要があった。

ミードとコンドウは、防除試験をおこなう場所を探すため、一九四九年からカロリン、マリアナ、パラオ、小笠原を訪れて調査をおこない、最適な試験地にマリアナのアギガン（Aguiguan）島を選んだ。マリアナではどの島にもアフリカマイマイが大発生していた[19]。

ＩＣＭの依頼を受けて、スミソニアン博物館の貝類学者がアフリカから持ち帰った約４００頭のキブツネジレガイが、一九五〇年にアギガン島まで運ばれ、放飼された。[20]
二年後、コンドウがアギガン島を訪れてみると、キブツネジレガイの数は2万1750頭まで増えていた。またキブツネジレガイが島でアフリカマイマイを捕食しているのも確認できた。しかしアフリカマイマイは依然として100万頭以上も生息しており、キブツネジレガイがそれを抑えているという証拠は得られなかった。[21]

キブツネジレガイはアフリカマイマイの幼貝しか捕食していないうえに、その捕食率も19%に過ぎなかったため、成貝が五年以上も生き、卵の数も多いが、もともと幼貝の死亡率も高いアフリカマイマイを減らすのは、この天敵では難しいと考えられた。コンドウはアギガン島でほかの捕食者の影響も調査し、導入したキブツネジレガイよりも、島に前から棲んでいるクマネズミの捕食のほうが、アフリカマイマイの増加を抑える上ではるかに効果がある、と指摘している。[21]

「キブツネジレガイはアフリカマイマイの有力な生物的防除の手段にはならない」。これがコンドウの結論だった。報告書の中でコンドウは、もしそれをハワイに導入すれば、エンザガイ科など地表に棲むハワイ固有のカタツムリが危険にさらされると警告した。[22] ハワイ固有のカタツムリ——それはミードが「広大な太平洋の生物地理学上の宝庫を開くための貴重な『鍵』[23]」と呼ぶ存在だった。

ミードとコンドウは多くの島を調べるうち、アフリカマイマイが大発生した後、しばらくして減り始め、時に激減してほとんど姿を消すことがあるのを知っていた。彼らは未知の病原体のせいではないかと考えたが、実証はできなかった。[19][24]

しかしじつは同じ現象をセイロンでエドワード・グリーンが報告していたのである。グリーンは一九一一年の論文でこう記している。「新しく持ち込まれた害虫は、一般に最初の数年間は異常に増え、その後徐々に通常の状態に戻っていく。この害虫（アフリカマイマイ）が最初に発生した村では、すでにこの現象が起きていて、もうさほど蔓延していない」[25]。セイロンで調査した経験があり、かつグリーンの論文を知っていたミードは、アフリカマイマイの防除には長期的な視点が必要だと考えていた。大発生時を乗り切れば、何もしなくてもこの害虫の問題は、いずれ解決に向かう可能性があるからだ[4]。

ところがミードとコンドウがまだキブツネジレガイの導入の可否を検討している間に、アフリカマイマイの大発生に悩むハワイ住民からの圧力を感じた農林委員会の理事会は「何かをしなければならない」という焦りから、一九五二年、キブツネジレガイのハワイへの放飼を決めてしまった。そしてアフリカに渡った農林委員会の昆虫学者クラウスが、キブツネジレガイを採集して輸送し、それをオアフ島に放飼した[4]。

一九五四年、アギガン島を訪れた農林委員会の昆虫学者が、アフリカマイマイが減っていることに気づき、キブツネジレガイの捕食が威力を発揮したと報告した[26]。しかしコンドウはこの年、キブツネジレガイが導入されていない他の近隣の島でも、やはりアフリカマイマイが減っていることに気づいていた。そこでミードとコンドウは、アフリカマイマイの減少は別の要因の可能性が高く、キブツネジレガイがアフリカマイマイを減らした証拠はないと主張したが、理事会は彼らの主張を無視し、キブツネジレガイの本格的な導入事業を開始した。アギガン島で捕獲されたキブツネジレガイは、ハワイのほか、太平洋のいくつもの島々に運ばれていった[4]。

カリフォルニア大学リバーサイド校でハリー・スミスの後任として、生物的防除を主導するようになったカーティス・クラウセンは一九五四年、ハワイ農林委員会に依頼してアギガン島から２００頭のキブツネジレガイをカリフォルニア州に輸入した。米国西部ではヨーロッパから持ち込まれたヒメリンゴマイマイ（*Cornu aspersum*）が大発生し、農産物に被害を与えており、これをキブツネジレガイで駆除しようと考えたのである。大学の実験室で食性試験を経て養殖されたキブツネジレガイは、カリフォルニア州の数地点で果樹園に放飼された。

クラウセンはそれが非標的種に与える影響を心配する必要はないとして、次のように述べている。

「キブツネジレガイがヒメリンゴマイマイを食べ尽くして、ほかの餌生物を狙うようになる恐れはない。そうなるずっと前に需要と供給の法則（負の密度依存の調節）が働いて、両者の個体数が安全なレベルで凍結する[27]」

しかし結局このクラウセンの試みは成功せず、キブツネジレガイでヒメリンゴマイマイを減らすことはできずに終わった。

「病気より悪い治療法」――ミードは一九五五年に発表した論文で、キブツネジレガイ導入によるアフリカマイマイの生物的防除を、こんな言葉で痛烈に批判した。この事業は危険であり、実行されるべきではなかった、と結論づけたのだ[23]。

ミードはキブツネジレガイを害虫と見なして、その放飼を「侵入」と表現し、「キブツネジレガイでアフリカマイマイが防除できるとは、科学的に証明されていない」と断言した。その導入は安全性が確かめられないまま性急に進められたものだとしたうえで、原産地と著しく異なる島嶼環境に適応する過程で、キブツネジレガイの食性に進化的な変化が起きる危険性があると指摘した。

「キブツネジレガイの捕食により、ハワイや太平洋の島々に固有の貴重なカタツムリは間違いなく深刻な打撃を受けるだろう」とミードは警告し、「それは本当に正当なことなのか」と批判した。そして

「キブツネジレガイを広めたいのは、この事業の担当者だけだ」と言い切った。[23]

このミードの批判に対し、すかさず反撃に出たのがペンバートンだった。

「この事業は、海軍省から多額の資金援助を受け、信託統治領政府からあらゆる支援を受けており、生物的防除の十分な経験を積んだ、有能で熟練した科学者が慎重に計画、推進してきたものである。そのメンバー（ICCMや農林委員会、砂糖生産者協会の昆虫学者）の中には、数多くの重要な業績で、国内外から注目を浴びている専門家もいる。全員が動物の生態学、進化学、生物学に広く精通している」と記し、「キブツネジレガイの導入事業が性急かつ誤ったものであるなど、ありえない話、と強調した。

「キブツネジレガイは害虫ではないし、そう考えられたこともない」。ペンバートンの反論はこう続く。

「一流の専門家が注意深く研究して、導入しても安全だと考えているのに、いったいどうすれば導入してみずに危険さを証明できるのか？……もし天敵を導入する前に、その結果が安全だと証明しなくてはいけないのであれば、それは不可能だから、天敵の導入はできない。しかしそれは敗北主義だ。もし現代のわれわれがそんな思想に囚われていたなら、過去の知的な生物的防除によって得られた膨大な利益を、胸を張って示すことはできなかっただろう[28]」

そして島の環境に適応してキブツネジレガイの食性が変わるリスクがある、というミードの懸念に対し、「動物学の教授として動物行動学、動物生態学、進化学の訓練を積んでいるはずの彼が、どうしてそんなことがありうると信じられるのか、理解できない[28]」と記した。

だが、ペンバートンの価値観やハワイの伝統的生物的防除の本質は、キブツネジレガイの導入のため固有カタツムリが危機に晒される、というミードの批判に対する反論に、はっきり表れている。ペンバートンはこう記している。「キブツネジレガイは、ほかの地表性カタツムリを攻撃する以外に害がないのだから、この導入は十分に正当であると確信する。太平洋地域での文明と商業の発展や人口増加を考えると、無害な固有カタツムリよりも人間への福祉のほうが重要である。（固有カタツムリは）人間の居住地の拡大による生息地の植生変化で、どのみち影響をうけるだろう」[28]

導入されたキブツネジレガイは、ハワイやほかの島々に定着した。ペンバートンや農林委員会の昆虫学者は、キブツネジレガイの導入はアフリカマイマイの抑制に効果があったと主張したが、実際にはミードとコンドウが予期した通り、その確かな証拠はなく、のちの調査でもアフリカマイマイへの効果は認められていない。じつは農林委員会も効果の乏しさを認識しており、その後クラウスがネジレガイ科のより大型な別の貝食性のカタツムリをアフリカから導入したが、それも効果は得られなかった[29]。誤りを認識できず、歯止めを欠いた農林委員会は、一九六〇年代にかけて世界中から貝食性のカタツムリと貝食性の昆虫を次々とハワイに導入した。なんらの試験もおこなわれることなく放飼された23種の天敵は、いずれも定着に失敗するか、定着したもののアフリカマイマイ防除に効果がないかのいずれかであった。日本からも福岡産のマイマイカブリと北海道・富良野産のエゾマイマイカブリが導入されたが、定着しなかった[29]。

ミードとコンドウが危惧した通り、ハワイやその他の島々の地表性の固有カタツムリは激減したり、あるいは絶滅に追い込まれた。ただし、それがキブツネジレガイの直接の影響であるという確実な証拠はない。理由は、その後導入されたほかの貝食性天敵の影響により、どれがキブツネジレガイの影響なのか判別できなくなってしまったからだ[29]。

エスカレートする貝食性天敵の導入に、批判の声も高まり始めた。植物学者のレイモンド・フォスバーグは一九五七年、それを「ヒステリックな事業」と批判し、「ほぼ間違いなく、太平洋諸島に固有のカタツムリ類を壊滅させるだろう」[30]と警告した。

ミードの批判も、フォスバーグの批判も、まったく正当なものであった。もしICCMの委員や、農林委員会の理事や、ペンバートンや、昆虫学者らが彼らの批判を受け止め、誤りを認め、軌道修正ができていれば、その後の失敗の連鎖はすべて防げたのである。だが彼らは誤りを認めず、批判に一切耳を貸さなかった。

薔薇色の狼

図10-2　ヤマヒタチオビ.

一九五五年、ハワイ農林委員会のクラウスは、北米フロリダで、ユーグランディナ・ロゼア（*Euglandina rosea*）――和名でヤマヒタチオビという貝食性のカタツムリを捕獲し、翌年にかけてオアフ島に導入した[31]。この長さ5㎝ほどの大型のカタツムリは、細長いミサイルのような形の殻をもち（図10－2）、また英名の「薔薇色の狼（rosy wolf）」が意味する通り、その殻は鮮やかなピンク色である。

放飼された600個体のヤマヒタチオビは、たちまち増えてオアフ島に定着した。一九五八年にはオアフ島からハワイ諸島のほかの島にも導入されたほか、グアム、パラオなどにも運ばれ、放飼された[4][32]。

フロリダでは、この薔薇色の肉食カタツムリは木に登り、樹上性のカタツムリを捕食するので、もしハワイで森林地帯に入り込めば、樹上性のハワイマイマイ属が攻撃され、大きな被害を受ける可能性があった。

長さ2㎝ほどで、白、黄、黒、オレンジ、緑など、色とりどりの多様な種がハワイで適応放散したハワイマイマイ属は、当時、タヒチのポリネシアマイマイ属とともに、その研究が進化の総合説の発展に大きく貢献したことで知られていた[33]（図10－3）。現代ならばガラパゴス諸島のフィンチ類に相当するような、進化生物学の生きた教科書であった。にもかかわらず、「全員が動物の生態学、進化学、生物学に広く精通している」はずの農林委員会や砂糖生産者協会の昆虫学者は、誰ひとりとしてその生物学的な重要性と、それに対する危険に目を向けなかった[29]。

慧眼の士、ミードにも思わぬ死角があった。ヤマヒタチオビは大型なので、餌も大型のカタツムリであり、ハワイマイマイ属やその他の固有種は小型なのであまり狙われず、受ける影響は小さいと予測したのである。また、アフリカマイマイ防除の効果はキブツネジレガイより期待できると考え、その導入を強く批判しなかった[4]。

だが導入されたヤマヒタチオビが狙ったのは、キブツネジレガイと同じく小型のカタツムリであった。ヤマヒタチオビは殻をつくるのに必要なカルシウムを、餌のカタツムリの殻から補給するため、小型のカタツムリを殻ごと丸呑みする習性があった[34]。

そのため、もともと死亡率の高い幼貝が捕食されるだけのアフリカマイマイは、ヤマヒタチオビに駆除されることはなかった。また、のちの多くの実験や観察から示されているように、ヤマヒタチオビはアフリカマイマイ以外の種を優先的に捕食する。アフリカマイマイが調査地域に生息していても捕食せず、より小型の固有種を好んで捕食するという報告もある[29]。

ところが農林委員会の昆虫学者は、アフリカマイマイの偶発的な減少や季節変動、繁殖の季節性を、

図10-3　ハワイマイマイ属.［画像は和田慎一郎氏の厚意による］

ヤマヒタチオビによる効果と見誤り、防除効果が得られたと主張した[35]。これらの研究は対照区（比較のために、あえて天敵を入れない試験区）さえ設定されていない杜撰なものが大半で、とても科学的とは言い難いものだった。のちにこれらの研究結果を再検討したハワイ大学のロバート・カウイは、いずれも著しく信頼性に欠けると断言しており、ほかの多くの研究結果から、ヤマヒタチオビはアフリカマイマイを大量に捕食することはなく、ましてやその個体数を制御することはないと結論づけている[29]。

ヤマヒタチオビはアフリカマイマイ防除には使えないし、使うべきではない――これはすでに一九六〇年代には、実態を知る研究者の間で明らかになっていた。ミシガン大学のヘンリー・ファン・デル・シャリーは一九六九年、ハワイの貝食性天敵の導入事業を総括して、「導入されたどの貝食性カタツムリもアフリカマイマイを駆除できなかった」と結論し、ヤマヒタチオビに対し「固有カタツムリの存続を脅かす深刻な存在となり、アフリカマイマイよりも駆除が困難になる可能性がある」と強い懸念を示している[36]。

しかしハワイの農業者や一般市民、マスメディアには、アフリカマイマイを駆除してくれる益虫という、単純でわかりやすいが科学的な裏づけを欠いた情報だけが伝わった。そのためヤマヒタチオビは救世主として、善意の市民や農業者の手で諸島内の広範囲に運ばれ、すぐに貴重なハワイマイマイ属の棲みかである山岳部の森林地帯に進出してしまった。[13]

おそらく最初に異変に気づいたのは、コンドウであろう。コンドウは一九五八年、ホノルル北側の山岳地帯にヤマヒタチオビが出現し、そこではハワイマイマイ属は死殻しか見つからなくなっているのに気づいた。[37] その後も調査を続けたコンドウは、ヤマヒタチオビの拡散とともに次々と固有種が姿を消しているのを知った。一九七〇年には、かつてハワイに41種いたハワイマイマイ属の半数の種が発見できなくなっていた。[38]

ハワイ大学のマイケル・G・ハドフィールドは、一九七〇年代におこなった詳細な継続観察から、ハワイマイマイ属の激減と絶滅が、導入されたヤマヒタチオビの攻撃によって引き起こされているという、動かぬ証拠を示した。樹上に鈴なりになっている多数のハワイマイマイ属のカタツムリが、その場所にヤマヒタチオビが進出してまもなく、ことごとく捕食されて全滅することが、リアルタイムの観察で実証されたのである。[39]

ハワイでは約750種の固有カタツムリが記録されている。しかし現在少なくともその半分の種は絶滅したと判断されている。しかも残りの種の多くも最近は見つかっていないので、実際には9割の種がすでに絶滅している可能性がある。[40]

独自の進化を遂げたハワイ固有のカタツムリ相がほぼ壊滅した理由には、生息地の喪失やネズミによる捕食などの影響も大きいが、ハドフィールドやカウイによれば、その大部分を最終的に絶滅させたのは、間違いなくヤマヒタチオビやキブツネジレガイなど貝食性天敵の導入であったという。[29][41]

しかし防除の失敗と自然破壊は、ハワイだけでは終わらなかった。貝食性天敵の導入という危険な防除手段を、「その害の可能性についてほとんど、あるいはまったく知らない人々の手に無差別に渡してしまった」からである。

コンドウは一九六〇年に、自身の研究の集大成——ハワイマイマイ科の分布や種構成を網羅的に解明した研究成果を、三〇〇ページに及ぶ論文にまとめて発表した。これはヤマヒタチオビによって破壊される直前の、ハワイ固有の樹上性カタツムリが示す驚くべき多様性の貴重な記録を含んでいる。不思議なことに、この論文は師であったクックの死後一〇年以上もたってから執筆・出版された論文であり、かつほとんどのデータをコンドウ自身が集めたにもかかわらず、コンドウは論文の筆頭著者をクックに譲っている(42)。

害虫防除の専門家でも、生物的防除の専門家でもなかったコンドウは、一九六〇年以降、アフリカマイマイ防除の研究からほとんど手を引いた。それよりも太平洋の島々をめぐり、固有種のカタツムリを記録することに専念した。自らの研究が発端となって生み出されてしまった外来天敵により、急速に失わてゆくカタツムリの楽園の、在りし日の記録をとどめることに情熱を傾けたのである。

楽園の行方

ミシガン大学のジョン・B・バーチは一九六〇年代半ばから、コンドウとともにたびたびフランス領ポリネシアを訪れ、タヒチを中心としたソシエテ諸島で調査をおこなっていた。バーチとコンドウの研究対象は、ポリネシアマイマイ属（*Partula*）のカタツムリであった（図10−4）。殻の長さ3㎝ほど。樹上に群れをなす多種多様な美しいカタツムリで、昔からソシエテ諸島の島民はそれを首飾りに使っていた。

バーチとコンドウの研究目的は、島ごとに固有種が進化しているポリネシアマイマイ属の系統関係を推定し、分類を進めることだった。進化の総合説が成立したのを背景に、種に対する新しい考え方に基づいて分類を再検討しよう、と考えていた[43]。

同じころ、もうひとつのチームが、ソシエテ諸島で調査を開始した。三人の進化学者――ブライアン・C・クラーク、ジェームズ・マレー、マイケル・S・ジョンソンのチームである。彼らはタヒチの隣の島、モーレア島を調査地に選んだ。

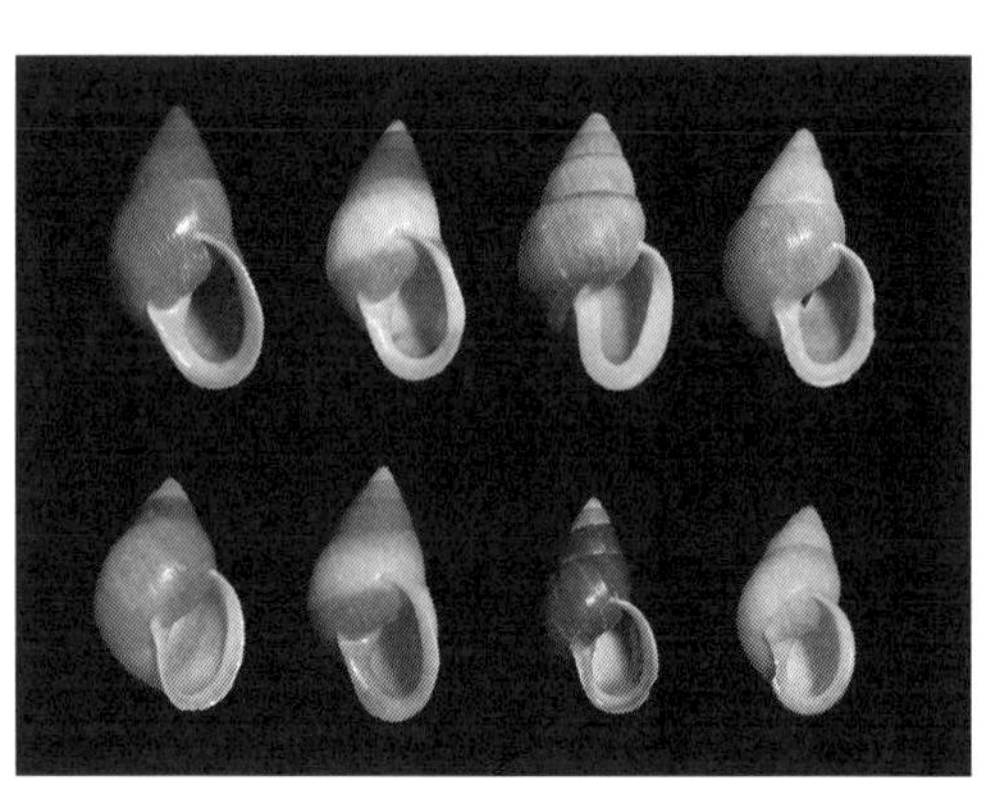

図10–4　ポリネシアマイマイ属.

二〇世紀はじめ以来、ポリネシアマイマイ属の研究は、総合説の発展に大きな貢献を果たしてきた。同じ種でも山の稜線や谷を境に、色彩や形が変化したり、殻の巻き方が右巻きから左巻きになったり、さまざまな進化の段階を比較できた。いままさに進みつつある進化の現場を観察できる、絶好の進化の実験場なのである[44]。

クラークたちは急速に発展しつつあった遺伝学の知識と手法を利用し、適応や種分化、遺伝的な多様性が維持される仕組みについての仮説を、ポリネシアマイマイ属の観察や解析で検証しようと考えていた[45]。

一九六七年、タヒチ在住で、フランス料理を愛好する警察官が、食用にとハワイからアフリカマイマイを運んできた。養殖を始めたものの、さっそく逸出して野外に定着、爆発的に増え始めた。一九七〇年までにタヒチ島の集落と耕作地に広がり、大発生した。また物資や農作物に付くなどして運ばれ、一九七三年までにモーレア島、フアヒネ島、ライアテア島、タハア島に拡散した(46)。

大群をなすアフリカマイマイの被害は農作物だけでなく、生活にも及んだ。敷地をびっしり覆ったアフリカマイマイは家屋内にも入り込み、ある民家では手押し車二台分のアフリカマイマイを家の中から運び出さなければならなかったという(47)。

ただしアフリカマイマイが大発生していたのは人里や二次林に限られ、自然度の高い森林地帯では少なかったため、ポリネシアマイマイ属への影響は認められなかった。

住民から強い要求を受けた仏領ポリネシア政府は、アフリカマイマイ対策に着手したが、当時のポリネシアやメラネシアなど、南太平洋の害虫対策を指導していたのは、一九四七年に創設された南太平洋委員会（South Pacific Commission）の科学者であった。またその中心は、ハワイの昆虫学者と米国農務省の専門官らであった。

南太平洋委員会は、ミクロネシアが一九五一年に加入する以前から、米国の太平洋科学委員会と協力関係にあり、ハワイやミクロネシアで進められた伝統的生物的防除が受け継がれていた(14)。

一九七〇年代、アフリカマイマイの標準的な防除手段は、薔薇色の天敵――ヤマヒタチオビの放飼であった。実際には効果がないだけでなく、生態系を大きく損傷する危険な行為であるにもかかわらず、である。

先述のようにミードは二〇年にわたる長期観察から、移入したアフリカマイマイは、大発生してピークに達した後、なんの対策をしなくてもいずれ減少が始まり、最後は局所的に絶滅するほど数を減らすという自身の考えに、確信を抱いていた。「アフリカマイマイ集団の減少は、必然的に起こる現象のようだ」そうミードは記している。[48]

彼はこのような推移を辿る理由を、宿主の増加に遅れて病原体による感染が拡大するためだと考え、いくつか候補になる病原体を見つけていたものの、実証までには至らなかった。

じつはハワイでも、貝食性天敵が導入されたころには、アフリカマイマイはすでに大発生のピークを過ぎており、減少する段階に達していたのである。いま、ハワイでアフリカマイマイはもはや害虫とは言えないほど激減している。またミクロネシアの島々でも、ヤマヒタチオビの導入の有無と無関係に、アフリカマイマイは減少し、島によってはヤマヒタチオビを放飼していないにもかかわらず姿を消していた。

減少が始まるまでの期間にはばらつきがあるものの、この経験則ゆえにアフリカマイマイ対策は、初期の爆発的な増加の段階だけを、メタアルデヒドなどの薬剤や物理的な防除法で対処し、その後は環境要因により自然に消滅していくのにまかせればよいというのが、ミードや多くの貝類学者が支持する考えだった。[13][48]

ところがこのような考え方を採る住民も、行政官も、生物的防除の専門家もいなかった。彼らはハワイの農林委員会の昆虫学者が初期に犯した失敗を引き継ぎ、アフリカマイマイの自然減を、ヤマヒタチオビの効果と思いこんだのである。

仏領ポリネシア政府の農村経済局（Service de L'Economie Rurale）と農学研究部門（Division de Recherche Agronomique）は、南太平洋委員会の助言を受け、タヒチへのヤマヒタチオビ導入を決定した。[47]

この計画をいち早く知ったのが、ソシエテ諸島で調査をしていたバーチとコンドウだった。危険なうえに効果のない天敵導入計画を中止するよう、バーチは農村経済局に強く抗議した。じつはこの時点で、すでにアフリカマイマイは早くも増加のピークを過ぎ、減り始めていたのだ。ところがバーチの働きかけを阻止した人物がいた。タヒチへのヤマヒタチオビの導入を指示していた、ひとりの米国農務省の専門官だった。バーチとこの専門官は激しく対立したという[49]。

結局バーチの抗議もかなわず、一九七四年、ハワイから運ばれてきたヤマヒタチオビが、タヒチに放飼された。続いてヤマヒタチオビは隣のモーレア島にも放飼されることになった。クラーク、マレー、ジョンソンがポリネシアマイマイ属の進化を観察中の島である。バーチがクラークに危機を知らせると、クラークは農村経済局に抗議し、計画を中止してヤマヒタチオビを放飼しないよう要求した。農村経済局の行政官はクラークの求めに対し、計画は未定で、決まり次第連絡する、と約束した[50]。

モーレア島のアフリカマイマイもすでに減り始めていた。ところが約束は守られなかった。一九七七年、クラークへの連絡もないまま、ヤマヒタチオビがモーレア島に放飼された[47]。

行政官に、何もしないという選択肢は、なかったのである。クラークによれば、行政官らは「住民からの苦情にさらされ、圧力を感じていたため、それに効果があろうとなかろうと、何かをしてみせる必要があった」のだという[50]。前出のカウイも、「天敵導入が有効かどうかは問題ではなく、むしろ政治的、広報的な意味をもつ事業だった」と指摘している[13]。

また当時、社会的な反農薬運動の高まりを受けて、米国農務省は化学的防除を進められず、伝統的生物的防除に頼らざるを得なくなっていた。これも強引な放飼がおこなわれた背景のひとつだった。ジョンソンは、「米国では当時、ＤＤＴの使用がほぼ禁止され、化学農薬の危険性が強く意識されており、そうした状況下では、農務省とその専門官がヤマヒタチオビの導入を推進するのはけっして不思議ではなかった」と述べている[49]。

ところが、化学農薬を危険だと排除する一方で、『沈黙の春』の重要なメッセージ――「私たちに残されたかけがえのない、そしてほとんど最後の自然を改変するような、こうした反自然的行為は、もうやめなければならない」という訴えは、完全に無視されていたのである。

さて、モーレア島の北西部にある、小さな湾の澄んだ青い海に面したオレンジ畑。そこに放たれた薔薇色の天敵は、まもなく森林地帯に進出、一年におよそ1・2㎞のスピードで分布を広げた。一九八二年には島の北西部、面積にして島全体の3分の1を占めるに至った[47]。

クラークらが一九六七年以来、定期的に観察している島北西部の定点では、一九八〇年までポリネシアマイマイ属の4種が、樹上に鈴なりに群がっていた。ところがヤマヒタチオビの進出直後の一九八二年、生きたポリネシアマイマイ属は1頭も見つからず、この地点では4種とも死滅した[47]。

島の北西部の、ヤマヒタチオビが占拠した地域だけ、蒸発したようにポリネシアマイマイ属のカタツムリが消え失せていた。北西部に分布が限られていたモーレア島固有の1種が、この時点で絶滅したと推定された[47]。

この悲劇的な状況を論文にまとめて報告したクラークらは、「もはやヤマヒタチオビの蔓延が食い止められる見込みはない」と記し、ヤマヒタチオビがこのままの速度で拡散するとした場合、分布の前線が島の南東端に到達する一九八六年には、モーレア島固有のポリネシアマイマイ属7種、14亜種はすべて絶滅するだろう、と予測した[47]。そして一九八七年の調査で、この予測は正しかったことが確認された。

幸いいくつかの種は絶滅寸前に救出され、ノッティンガム大学など英国や米国の大学、動物園で人工繁殖がおこなわれた結果、野生下では絶滅したものの、種としての絶滅はぎりぎりで免れた[51]。

進化の観察だったはずの彼らの仕事は、絶滅の観察になってしまった。事態の深刻さに気づいた多くの進化学者、貝類学者らが当局に対し、強く抗議した。

皮肉なことにアフリカマイマイは、ヤマヒタチオビとは無関係にどんどん減っていった。ヤマヒタチオビが放飼されていないフアヒネ島などでも、アフリカマイマイは急速に減少した。ところが住民はヤマヒタチオビのおかげでアフリカマイマイが駆除されたと素朴に信じ込み、ほかの島にも移して広めるよう政府に要望した[29][49]。

おそらく進化学者と貝類学者たちは、対応を間違えていたのである。彼らがすべきだったのは、当局への抗議だけでなく、住民との情報共有を進め、協力関係を築くことだったのだ。ジョンソンは、住民への啓蒙活動が不足し、正確な情報に接する機会を欠いていたため、ヤマヒタチオビが運ばれて拡散が加速する危険性が高まっていたと述べている[49]。

数多くの進化学者や貝類学者の抗議と憂慮にもかかわらず、ヤマヒタチオビは一九八〇年代にライアテア島、一九九〇年代にタハア、ボラボラ島、フアヒネ島に導入された。その結果、ソシエテ諸島では、かつて生息していたポリネシアマイマイ属58種を含むポリネシアマイマイ科61種のうち、56種が野生絶滅した。また絶滅を免れた種も、ごく少数の集団がかろうじて生き残っているに過ぎない。進化の生きた教科書であったソシエテ諸島のポリネシアマイマイ属は、ヤマヒタチオビを使った伝統的生物防除によって壊滅したのである[52]。

近代的な生物的防除の土台を築いたカリフォルニアのスミスは、進化学を生物的防除の発展に欠かせぬ基礎として重視していたはずだが、その進化学の発展を導く大きな可能性を破壊したのは、農務省やハワイや南太平洋委員会が推進した貝食性天敵を使う生物的防除であった。その失敗の背景に、基礎科学軽視があったことは明らかであろう。

ところで、ソシエテ諸島へのヤマヒタチオビ導入を推進し、バーチを激しく攻撃した農務省の専門官は、最後まで断固として自分の誤りを認めようとせず、BBCがポリネシアマイマイのドキュメンタリー番組を制作した際も、番組中で悲劇の責任の一端を担いだとされたことに対し、法的措置をとると脅したという[49]。

一九八〇年にヤマヒタチオビは米領サモアにも導入された。このときは事前に世界の貝類学者らが書面による公式の抗議をおこなったにもかかわらず強行された。その後もバヌアツやトゥブアイ諸島に導入され、一九八八年、事態を憂慮した国際自然保護連合IUCNは、ヤマヒタチオビやそれ以外の貝食性天敵の意図的な導入自体を非難する公式声明を発表した。それにもかかわらず一九九〇年代、米領サモアにふたたび導入されたほか、フツナ諸島、マルケサス諸島などにも導入された[29][53]。

その結果、各地で同じように固有カタツムリの絶滅を引き起こした。現在までにヤマヒタチオビの導入が直接の原因となって地球上から絶滅したカタツムリは、少なくとも134種に達している[54]。薬品を使わない、自然を活かした、〝エコな〟対策の失敗が招いた、恐るべき結末である。

だが貝食性天敵の導入が引き起こした失敗の連鎖は、これで終わったわけではなかった。ヤマヒタチオビやキブツネジレガイに防除効果がなく、役に立たないことに気づいた伝統的生物的防除の研究者たちがいた。彼らはほかのもっと役に立つ天敵を、もっと強力な捕食者を、探し始めていたのである。

一九六二年、ニューギニア西部、西パプア州のマノクワリにある農業研究所で、奇妙な生物が発見された。黒いテープのような平たい体に、細く伸びた頭部をもつ。体長は数㎝で大きなものは10㎝。プラティデムス・マノクワリ（*Platydemus manokwari*）——ニューギニアヤリガタリクウズムシと和名が付けられた新種の扁形動物、陸上に棲むプラナリアの仲間である。この生物が発見されたとき、それがカタツムリの捕食者で、その生息地周辺でアフリカマイマイが消えているのが注目された。アフリカマイマイ防除のための、より強力な天敵として利用できるかもしれない、と考えられたのである[55]。

ニューギニアではその後、標高１５００〜３５００ｍの高標高地からも発見された。そのためおそらく本来の生息地は、中央部の高地帯ではないかと考えられている[55]。

一九七七年、グアムに突然このニューギニアヤリガタリクウズムシが出現した。それもいきなり高密度の繁殖地が見つかったのである。発見場所は島の北部西側の海岸部で、市街や住宅地からは遠く、周囲に耕作地のない林域だった[56]。分布域もその周辺に限られていた。ニューギニアからいったいどうやってグアムに来たのか。輸送ルートが思い浮かばないまったくのミステリーであった。

そのためこれはアフリカマイマイ駆除のため非公式に持ち込まれたものとする説がある[13][57]。たとえば外来生物の移入経路に関するＥＵの分析指針では、グアムへのニューギニアヤリガタリクウズムシの移入は、天敵としてニューギニアから意図的に持ち込まれたものとする立場をとっている[58]。確かにグアムは、ＩＣＭでスミスやペンバートンが防除対策の基本戦略を決めて以来、伝統的生物的防除の中心地となっていた。そして発見と同時に、このウズムシをアフリカマイマイ防除の天敵に利用する研究が、グアム大学の生物的防除の専門家を中心に始まった[56]。

グアムでは以前からアフリカマイマイの数が減っていた。それをニューギニアヤリガタリクウズムシがさらに減少させたとする観察結果が報告されたため、このウズムシがアフリカマイマイ防除の切り札になると期待された[56]。

一九八一年、このウズムシがアフリカマイマイの天敵としてサイパンに放飼された。その結果、アフリカマイマイの個体数が著しく減ったという。この放飼が契機となり、拡散が始まった。資材等に紛れてサイパンからテニアン島やロタ島などへ運ばれ、定着した[59]。

一九八一年から翌年にかけて、ニューギニアヤリガタリクウズムシの天敵利用を研究していた、グアム大学の生物的防除の専門家が、アフリカマイマイ防除のため、ウズムシを150匹、フィリピンのバグサック島に輸送し、放飼した[60]。その成果をまとめた一九八六年の報告書では、放飼されたウズムシが島に定着し増殖した結果、アフリカマイマイ駆除に効果を発揮したと述べられている。ただし同じ報告書には、「ニューギニアヤリガタリクウズムシの生活様式を研究しようという試みはうまくいかなかった」と記されている[61]。信じがたいことに、それがどのような生物なのか、基礎的な知識さえ欠いたままおこなわれた導入だったのだ。

一九八五年、バグサック島とサイパンからこのウズムシがモルディブに運ばれ、放飼された[62]。一九八九年には、アフリカマイマイ防除に優れた効果を示す生物的防除資材として、このウズムシを高く評価する論文が発表されている[63]。

ところが、一九九二年、グアムの実態を調べてその前例のない危険性を察知した貝類学者がいた。それまでヤマヒタチオビの捕食に耐えて辛うじて生き延びていたグアムの在来カタツムリが、ヤマヒタチオビごと消滅していたのである。彼らは、在来種への影響評価がおこなわれるまで、このウズムシを天敵としてほかの島に導入してはならない、と警告した[64]。

しかしすでに手遅れだった。ニューギニアヤリガタリクウズムシは資材や農作物に付着して運ばれ、各地への分散が始まっていた。またこのウズムシは変幻自在に形を変えるため、容易に飼育器から逃走し、たびたび実験室から逸出したという[13]。

一九八五年にはバグサック島から逸出してルソン島に移入、マニラ市内に出現した[59]。一九九一年にはパラオ、一九九二年にはハワイに移入しているのが確認された。

加えて一九九六年にサモア農水省により、アフリカマイマイの天敵としてサモアに導入されるなど、公式または非公式な生物的防除への利用も続いた。その結果、ニューギニアヤリガタリクウズムシは、太平洋諸島から東南アジアにかけての広い地域に拡散、定着した[59]。

なお日本では、一九八五年に横浜植物防疫所がバグサック島から100匹のニューギニアヤリガタリクウズムシを輸入し、アフリカマイマイ防除を目的とした室内実験がおこなわれて、餌や繁殖能力、飼育方法などが研究された。ウズムシはグアムからも輸入され、生物的防除に利用するための飼育実験が、少なくとも一九九二年まで続けられた[65][66]。その成果をまとめた一九九〇年の論文には、次のように記されている。

「小笠原諸島や南西諸島には多種の固有カタツムリが生息している。ウズムシを生物的防除のため野外に導入、放飼する前に、このことは慎重に考慮されるべきである[66]」

第一一章　見えない天敵

群島にて

大小合わせて一〇以上の島々が連なる列島の、ほぼ中央に位置するバックランド島は、上部の台地を急峻な断崖が囲む、テーブル状の島であった。そのすぐ南にある列島最大の島、ピール島は、起伏に富む山域を背に、川が流れ込む大きな湾があり、良好な船の停泊地になっていた。

北西航路探索の途に就いていた英国海軍の帆船HMSブロッサム号が、その未知の列島を訪れたのは一八二七年六月九日のことだった。帆船に乗り込んでいた探検隊は、およそ一週間にわたって列島に上陸し、測量と地質、動植物の調査をおこなった。

バックランド島とは、当時のロンドン地質学会会長ウィリアム・バックランド（第二章）に敬意を表して、探検隊が付けた名前であった。またバックランドの盟友であり、バックランドをウェストミンスター寺院の首席司祭に推挙した、英国首相ロバート・ピール（第二章）に因み、その隣の島をピール島と名づけたのだった。[1]

ピール島やバックランド島を調査した探検隊の航海記録には、羽を広げると3フィートを超える巨大なコウモリがたくさん空を飛んだり、木からぶら下がったりしていることや、無警戒なハト、カナリアに似た小鳥、カツオドリ、それに砂浜が見えなくなるほどたくさんいるアオウミガメのことなどが、記されている。

この列島から北と南、それぞれ45～60㎞ほど離れたところには別の列島があり、探検隊は合わせて三つの列島からなるこの群島を英国領に編入すると宣言した。そして「英国王ジョージ四世の名において、またその代理としてこの群島を領有した」と記した銅板を、ピール島に設置した。[1]

探検隊は数多くの動植物を採取して英国に持ち帰ったが、その中にピール島で採集した2種のカタツムリが含まれていた。これらのカタツムリは新種として記載され、標本は大英自然史博物館に収蔵された。その命名と新種記載をしたのは、ジョージ・サワビー――バックランドの専属挿絵画家ジェームズ・サワビー（第二章）の弟であった。[2]

さて、その後この群島には、一八三〇年にナサニエル・セイヴォリーら欧米人五人と、ハワイなどの出身者あわせて二十数人が入植した。さらに捕鯨船の寄港地として、たびたび船が訪れるようになり、一八五三年には米国東インド艦隊司令官ペリーが寄港、米国領土化のため植民政府の設立を勧告した。そのため米英の領有権争いに発展したが、結局一八七六年、明治政府が日本領を通告、正式に日本の領土となり、バックランド島は兄島、ピール島は父島、三つの列島は北から聟島（むこじま）列島、父島列島、母島列島、そしてこの群島は小笠原の名で呼ばれることになった。

ペリーが訪れたときには、小笠原に日本人の定住者はいなかったが、幕府は一六七五年、小笠原に探検隊を送って地図を作製するなどしており、また漂着してたどり着いた者も多く、古くからその存在は日本でも知られていた[3]。

現在は、聟島列島、父島列島、母島列島の三つの列島をあわせて小笠原群島と呼び、これに硫黄島、北硫黄島、南硫黄島からなる火山列島や南鳥島なども含めた島々を、小笠原諸島と呼んでいる。

明治政府は一八七六年以降、小笠原の本格的な開拓に乗り出した。父島に内務省出張所を置き、八丈島から三七人が入植した。有用な熱帯植物の栽培により、小笠原の開拓と産業振興を進めようと考えた内務省は、コーヒー、キニーネ、オリーブ、ゴムなどの栽培に加えて、コチニールカイガラムシを小笠原で養殖し、染料産業を興そうと計画した[4]。インドで東インド会社が企て、オーストラリアでフィリップ提督が試みたのと同じことを考えたのである。

勧農局長の松方正義に提出された上申書では、インドからコチニールカイガラムシとその養殖に必要な宿主のウチワサボテンを輸入する計画となっていた。

第五章で述べたように、実際にはインドにいるのは良質な染料が取れる飼育種のコチニールカイガラムシではなく、コチニール野生種のほうであった。内務省は一八七八年、コチニールカイガラムシ輸入のため官吏をインドに派遣したが、当然ながら手に入れることができなかった。ところがこのときに立ち寄ったジャワで、この官吏が本物のコチニールカイガラムシの入手に成功した。当時、ジャワではすでにコチニール産業が途絶えていたものの、オランダ政庁のボイテンゾルフ植物園がまだ細々とコチニールカイガラムシを養殖していて、それを分与されたのである。ジャワではほかにコーヒー苗なども購入し、コチニールカイガラムシとともに日本に輸入、父島に送られた。

内務省は父島に、およそ３００本のウチワサボテンを輸送して栽培し、コチニールカイガラムシの養殖を試みた。しかし結局コチニールカイガラムシは死滅してしまい、養殖はうまくいかなかった。また小笠原の所轄が内務省から東京府に移管されたため、事業も中止され、残されたウチワサボテンは野生化した。[4] ただ、幸いなことに小笠原の気候はウチワサボテンの生育には適していなかったようで、オーストラリアやインドのように野生化したウチワサボテンが激増することはなかった。

そのかわり、この翌年に造林用として小笠原に輸入された、オーストラリア原産のモクマオウと南米原産のギンネムが、戦後、爆発的に増加して、生態系に著しく大きな影響を及ぼすことになる。

一八九〇年代以降、小笠原ではサトウキビ生産が主要産業として定着した。父島と母島では、広範囲に森林が伐採され、サトウキビ畑が広がっていた。人口も増え、一九二〇年代には小笠原全体を合わせて島民は六千人を超えた。[3] この開拓と産業の発展により、生態系は改変され、小笠原の自然は大きく損なわれた。

しかし太平洋戦争が勃発、戦況の悪化にともない一九四四年、島民は本土に強制疎開となり、そのまま終戦。一九六八年まで続いた米軍統治下の小笠原には、帰島を認められた約一三〇人の欧米系島民だけしか住んでいなかった。[5] そのため放置されたかつての畑地には森林が再生し、島は緑で覆われ、自然が回復したように見えた。だがじつはこの時代に、それまでとはまったく違う形で生態系の破壊が始まっていた。

一九四九年、米軍はムカデ類やサソリ、ゴキブリを駆除するための天敵として、オオヒキガエルをサイパンから運び、父島に導入した。[7] シリル・ペンバートンがハワイに運び込み、ハワイ砂糖生産者協会がグアムに送ったオオヒキガエル（第六章）は、その後日本人の手でサイパンに持ち込まれたが、[6] それを米軍が小笠原に運んできて放したのである。

オオヒキガエルはムカデやサソリを減らしたものの、地表に棲む固有昆虫もことごとく捕食し、かろうじて残されていた父島の地表性昆虫相を破壊してしまった。[8]

戦前に持ち込まれていた外来生物が急激に増加したのもこの時期であった。アフリカマイマイもそのひとつである。薬として台湾からアフリカマイマイが持ち込まれ、まもなく母島にも移入した。[9] 父島には一九三七年ごろ、その後、太平洋のほかの島々と同じく大発生し、米軍占領下の小笠原でアフリカマイマイは猛威を振るった。一九四九年にはアルバート・ミードとヨシオ・コンドウが小笠原を訪れ、セイヴォリー家の協力を得て、アフリカマイマイの調査をおこなっている。[9]

一九六五年、米軍はアフリカマイマイを駆除するため、天敵としてヤマヒタチオビを父島に放飼した。[10] しかしこれもほかの島々と同じく、導入したヤマヒタチオビがアフリカマイマイを抑えることはなかった。

日本に返還された後の小笠原島民の悲願は、航空路の開設だった。東京都の補助金に頼るほかない島の経済を自立させるためにも、空港の建設は不可欠であると信じられていた。そこで一九九〇年代はじめ、東京都は兄島に空港を建設する計画を立てた。兄島は断崖に囲まれ、大きな川もなく、土地も痩せて農地に向かなかったため、過去に一度も本格的な開拓がおこなわれず、入植者もいなかった。農地として使い物にならない上に、上部に平坦な台地があったため、空港建設にはもってこい、と考えられたのだ。

だが、開拓がおこなわれなかった兄島には、そこがまだバックランド島と呼ばれていた時代の生態系が、手つかずの状態でそっくり残されていた。それを根こそぎ破壊しようという計画だったため、島民の一部と多くの生態学者から強い反対運動が巻き起こった。一方、生態系には関心のない残りの島民は、皆この計画を強く推していたかというと、必ずしもそうではなかった。理由は、これが単なる空港建設ではなく、本土の大手企業によるリゾート開発をともなっていたからである(11)。

兄島と父島の間をケーブルカーまたはロープウェイで結び、兄島にはリゾートホテルやゴルフ場を建設する、という青写真も示されていた(11)。大手デベロッパーによる、大規模な土地の購入計画も取りざたされた。そのため観光客が増えても、収益のほとんどは地元ではなく、本土の大手企業に流れると予想された。途上国でおこなわれてきたグローバル企業による収奪と似た構造である。結局、飛行場の建設候補地を父島に変えるなどの代案が示されたものの、バブルの時代も終わり、二〇〇一年にこの計画は白紙となった。

その二年後の二〇〇三年、空港計画と入れ替わるように浮上したのが、辛くも残されていた小笠原固有の生態系――それまで無駄なものとしてことごとく破壊されてきた在来の生態系――を、逆に資源として利用しようという計画だった。小笠原をユネスコの世界自然遺産に登録することによりブランド価値を高め、島にエコツーリズムを中心とした観光産業を育成しようというものだ。

よく誤解されているが、ユネスコが掲げる世界自然遺産の目標は、「顕著な普遍的価値」つまり、学術的に高い価値をもつ自然を守り、後世に残すことだけではない。ユネスコは世界自然遺産を「持続可能な開発のための重要な原動力でもある」と記しており、特にその観光を「持続可能な開発目標のすべてに直接的、間接的に貢献する可能性をもつ」としている(12)。

ユネスコが期待するのは、次のような効果である――世界自然遺産登録によって地域社会に誇りとアイデンティティが生まれるだけでなく、地域主体の観光産業が発展する結果、地域に雇用が創り出される。またその間接的な効果として、あるいは付加価値をもつことにより、農業、食品生産、文化産業、小売業など、ほかの産業が活性化する。さらに観光産業がもたらす追加投資により、インフラの整備や医療サービスの向上、貿易の拡大、流通の改善など、地域社会に幅広く恩恵がもたらされる。

このようにユネスコが想定する世界自然遺産は、独自性と普遍的価値の高い自然を守り、かつ持続可能な資源として利用することにより、地域の経済成長を促進し、その結果得られた収益の一部を自然の保全に利用する、というモデルなのである。[12]

ただしこれは過去に、熱帯雨林に設置した保護区から少数民族を強制的に立ち退かせるなど、差別と迫害の歴史が世界遺産の背景にあることを念頭に入れる必要がある。また、利用に比重がかかり、資源のオーバーユースで遺産価値が毀損される事例はけっして稀ではなく、利用と保全の調整がつねに必要である点を強調しておきたい。

世界遺産登録に不可欠な条件は、資産がもつ独自性の高さと普遍的（科学的）な価値である。そこで小笠原の世界遺産登録を成功させる切り札になると期待されたのが、それまでずっと役立たずとされてきた兄島の生態系であった。世界で小笠原にしかない独自の生態系が、ほぼ手つかずの状態で残っていたからだ。使われることのない島であったがゆえに、時代が変わり、社会の価値観が変わったときに、貴重な資産となる生態系が、そっくり残されていたというわけである。

さっそくこの計画は効果が表れた。二〇〇七年に小笠原が世界自然遺産候補地として暫定リストに掲載されると、それまで年々減り続けていた島の人口が、いきなり増加に転じたのである。二〇一一年、正式に世界自然遺産登録されると、観光客数は倍増し、エコツーリズムが島の産業として確立した。島のサトウキビからつくるラム酒の売り上げは１・５倍となり、移住者の増加で人口はさらに増えた。[13] 島民の平均年収も、登録後一〇年で約10％増えた。[14] 幸い本土の大手リゾート企業の参入はなく、自然資源の搾取は免れた。

輸送インフラや医療の脆弱さなど、解消されていない問題も多いので、過大評価は禁物である。だが世界遺産をうまく維持できれば、課題が解決される可能性は高まるだろう。

この世界遺産登録で成功の決め手になったのは、兄島の生態系と固有植物、それにもうひとつ、当初はまったく注目されていなかった、ある意外な動物だった。

賑やかな夜

一九八六年夏、大学院生だった私は父島の北東部、峰と深い谷で区切られた、夜明平（よあけだいら）と呼ばれる台地で夜を迎えていた。樹木の隙間に見えていた暗青色の空が漆黒に変わり、森は深い闇に包まれた。オオヒキガエルに食べ尽くされたか、コオロギやキリギリスといった夜鳴く昆虫たちの気配はない。にもかかわらず、森は不思議な音で満たされていた。ざわめきのような、無数のひそひそ声のような、どこからともなく湧き上がるような賑わいが林内に溢れていた。

あたりを灯りで照らしてみると、ビロウの落葉、朽木、岩の上——いたるところ、ゆっくりと動き回る、無数の濃い紫色の球体が目に留まる。その直径3㎝ほど、外周に一本の細いオレンジ色の帯を巡らせた球体は、小笠原固有のカタツムリ、カタマイマイ（*Mandarina mandarina*）であった。森に満ちた不思議な音は、夜の訪れとともに休眠から目覚め、林床に足の踏み場もないほど這い出した夥しい数のカタマイマイが、落ち葉を踏みしめたり、齧（かじ）ったり、殻をぶつけ合う音だったのである。

一八二七年にピール島と呼ばれていた父島で、ブロッサム号の探検隊が見つけて英国に持ち帰り、新種とした発表されたカタツムリは、じつはこのカタマイマイであった。

灯りで頭上を照らすと、ビロウやタコノキの葉に、美しい緑色の艶やかな円錐形の殻が、いくつもついているのが見えた。殻からいっぱいに伸ばした、細長く真っ白な軟体部が、ゆっくりと円を描いていた。樹上性のキノボリカタマイマイ（*M. suenoae*）である。樹木の幹には、半透明の身体に琥珀色の薄い楕円形の殻を載せたテンスジモノアラガイ（*Boninosuccinea punctulispira*）や、小さなシルクハットのようなチチジマキセルガイモドキ（*Boninena hiraseana*）が付いていた。

表側にひしめいているカタマイマイごと、大きなビロウの落ち葉を裏返してみると、平たくてまるでコンタクトレンズのような姿のヘタナリエンザガイ（*Hirasea operculina*）が、葉裏に忍者のようにぴったりと張り付いている。そしてその周りには、5㎜ほどのアニジマヤマキサゴ（*Ogasawarana discrepans*）や2㎜ほどのノミガイ類が、スプーンで掬えるほどたくさん群がっていた。

すべてが小笠原で独自に進化した固有種であった。父島・夜明平の森には、かつてのハワイやモーレアがそうであったように、固有カタツムリたちが豊かに息づき、命の賑わいに溢れていた。

小笠原諸島からは、未記載種も含めて100種を超える在来カタツムリが記録されていて、しかもその90％以上が小笠原の固有種である。残念ながら明治時代の開拓により、このうち17％の種が絶滅したと考えられている。[15] しかしほかの太平洋の島々では、開拓に加えて導入された貝食性天敵などの外来種のため、平均して40％の種が絶滅していることを考えると、小笠原のカタツムリはかなりよく保たれてきたと言える。一九八五年に初めて訪れて以降、私は小笠原に毎年通うことになったが、それはこれら

図11-1　カタマイマイ属（左上：カタマイマイ，右上：キノボリカタマイマイ，左下：チチジマカタマイマイ，右下：アナカタマイマイ）．

固有カタツムリの進化を研究するためであった。

固有カタツムリの代表格はカタマイマイ属で、小笠原群島で適応放散を遂げた20以上の種と多数の地域集団から成る。島ごとに種構成を異にし、兄島に6種、母島とその属島に11種、媒島に2種、そして父島には5種が健在だった。[16][17]

父島の北端から東部にかけて、夜明平をはじめ戦前の皆伐を免れた林域があり、そこにはカタマイマイやキノボリカタマイマイなど固有のカタツムリがまだ数多く生息していた。父島の南部では海沿いの丘陵地に、戦前からの森林が残り、林床にはチチジマカタマイマイ、樹上にはアナカタマイマイなど、たくさんのカタツムリが棲み着いていた[18]（図11－1）。

父島の中央部と西側には、ヤマヒタチオビが高密度で棲む地域があり、そこでは固有のカタツムリの姿をほとんど見かけなかった。しかし幸い父島の気候はヤマヒタチオビの繁殖にはあまり適さなかったらしく、高密度の分布域はそれ以上広がらなかった。そしてそれ以外の地域にはヤマヒタチオビの姿はほとんどなく、固有カタツムリは捕食から免れていたのである（図11－2）。

固有カタツムリに対する環境省など行政関係者の関心が高まったのは、二〇〇三年に小笠原が世界自然遺産の候補地に選ばれたのが契機だった。二〇〇六年に海外から世界自然遺産の専門家を招き、遺産登録に向けた助言を求めたとき、小笠原の多彩で豊かなカタツムリ相を目にした専門家は、固有カタツムリの進化が、世界自然遺産登録の条件となる生態系の評価基準に非常によく合致している、と指摘したため[19]、いっそう注目を集めるようになった。

二〇一一年に小笠原が首尾よく世界自然遺産登録を果たしたとき、ＩＵＣＮの評価結果とユネスコの評価決議には、「小笠原諸島は、陸産貝類の進化および植物の固有種における適応放散という、重要な進行中の生態学的過程により、進化の過程の貴重な証拠を提供している」「小笠原諸島は陸産貝類と維管束植物において並外れた高いレベルの固有性を示している」と記されていた。陸産貝類、すなわちカタツムリが植物とともに、登録の決め手になったのだ[20]。

だがこのとき、登録成功の喜びに沸く島民や関係者の視野の裏側で、由々しき事態が進んでいた。異変はそのはるか以前、まだ兄島の空港が計画されていたころに起きていた。

父島北部に位置する島の行政と経済の中心地・大村のすぐ北側には、三日月山と呼ばれる孤立した峰が聳えている。一九九〇年、その稜線を一年ぶりに訪れた私は、頂上付近のビロウ林で起きた不可解な出来事に気づいた。

林床には、新鮮なカタマイマイの殻がたくさん散らばっていた。殻はどれも新しく艶やかで生きているように見える。ところが拾ってみると軽い。すべて中身がない死殻なのである。まるで中身だけが蒸発したように、あらゆる命が失われていた。

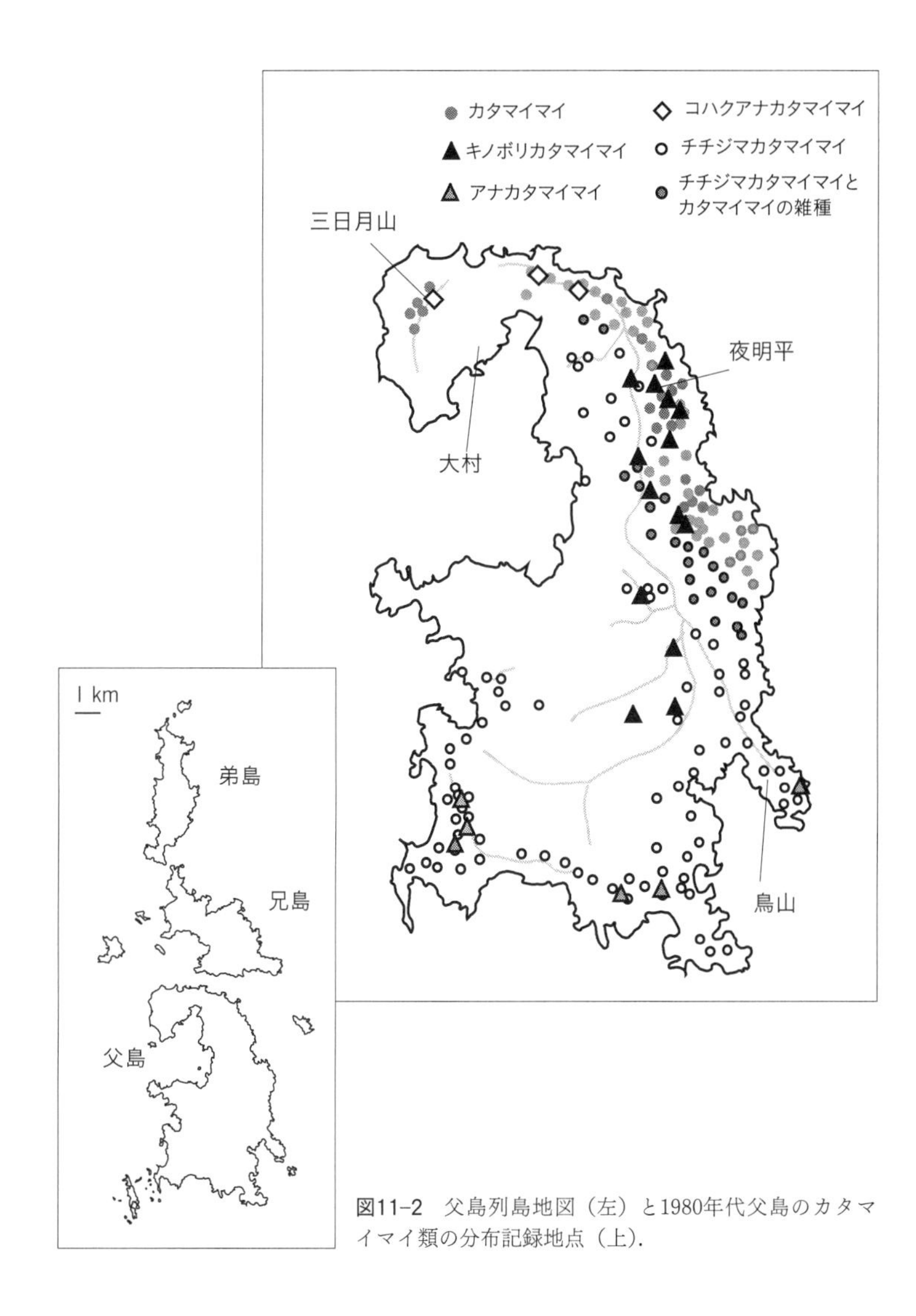

図11-2　父島列島地図（左）と1980年代父島のカタマイマイ類の分布記録地点（上）.

林内のビロウやタコノキの葉の付け根には、オレンジ色の鮮やかなコハクアナカタマイマイの殻がいくつも挟まっていた。これもすべて死殻だった。一年前まではずっと賑わいを見せていた数多くのカタマイマイとコハクアナカタマイマイが、すべて生きているような姿のまま死んでいたのである。

異変はそれからさらに拡大した。島の北端から南下するように、固有カタツムリが次々と、中身だけが蒸発するように消えていった。一九九三年には、それまで至るところ、夥しい数のカタマイマイで溢れていた夜明平でも、ところどころ固有カタツムリが消え始めた。何かしら恐るべき事態が進んでいることは間違いなかったが、原因はまったく不明だった。

林業害虫であるスギザイノタマバエ（*Resseliella odai*）の防除研究を進めていた森林総合研究所の昆虫学者・大河内勇（いさむ）は一九八八年、カナダで開催された国際昆虫学会に参加した際、カナダ森林局の研究所のひとつを訪れた。そこでは森林タイプ・樹齢構造を維持して、森林に棲むさまざまな動植物種を守るという研究がおこなわれていた。生物多様性を守るための森林管理、という新しい価値観に刺激を受けた大河内は、その後こうした研究を進めようと考えた。

帰国後は農林水産省に出向、しばらく霞が関で業務に就いたのち研究所に戻ると、害虫防除の研究をひと段落させ、生物多様性保全を目的とする森林管理の研究に取り組むことにした[21]。

一九九〇年代はじめ、環境省は小笠原の空港建設が及ぼす環境影響を懸念していた。そこで大河内は環境省の試験研究として、小笠原の生態系保全の研究に着手した。一九九三年の予備調査を経て、一九九五年から本格的な調査を進めた大河内は、父島の広範囲でカタマイマイが急減していること、一方母島ではそうした激変は起きていないことを見いだした。カタマイマイは森林の変化とは無関係に姿を消していた。おそらく父島には、なんらかの捕食者か病気が存在していて、それが父島で起きている異変の原因ではないか――そう大河内は考えた。

一九九五年の調査最終日、大河内はナサニエル・セイヴォリー・ジュニアの案内で、三日月山の北麓を調査した。父島に最初に移り住んだ欧米系島民の子孫で、島育ちのセイヴォリーは、かつてそこでカタマイマイをたくさん見た記憶があったという。だがその場所にカタマイマイの姿はなく、そのかわり彼らは多数のアフリカマイマイの死殻を目にする。しばらく落葉の下を調べていると、奇妙な動物が見つかった。

黒く平たいテープのような体に細く伸びた頭部――海外でアフリカマイマイ防除に使われた天敵の話を知っていた大河内は、すぐにそれが何であるかを察知した。ニューギニアヤリガタリクウズムシ――グアムの固有カタツムリを全滅させた恐るべき天敵である。カタマイマイを激減させている〝犯人〟は、これだ――そう確信した大河内は、すぐにこの仮説の検証に取り掛かった。[21]

見えない捕食者

一九九〇年代には、外来の動植物が小笠原の生態系にとって最大の脅威となっていた。たとえば戦前に持ち込まれたモクマオウは、在来植生を圧迫し、固有植物を危機に晒していた。米軍が導入したオオヒキガエルは地表性の昆虫をことごとく捕食し、一九六〇年代に米国から持ち込まれたトカゲ、グリーンアノールは、父島と母島で激増し、訪花昆虫や樹上に棲む昆虫を捕食して、明治時代の森林伐採を生き延び残存していたこれらの島の固有昆虫相を、ほぼ完全に破壊した。[22]

小笠原の固有生物を脅かしているものの実態を把握しなければならない——大河内は、当初の森林管理から外来生物へと研究内容を移した。カタマイマイを衰亡させているのは、ニューギニアヤリガタリクウズムシなのか——大河内とともに、この研究に取り組んだのは、小笠原亜熱帯農業センターの昆虫学者・大林隆司だった。父島在住の大林は、アフリカマイマイなど害虫防除の研究に従事していたが、これを機に生物多様性保全を目的とした研究にも取り組むようになった。[23]

大河内と大林は、ニューギニアヤリガタリクウズムシが父島のどこに定着しているのかを知るため、調査を開始した。だがこのウズムシを野外で見つけるのは容易でなかった。夜行性で昼間は地中深く、あるいは物の狭い隙間に潜り込んで姿を隠す。変幻自在でどんな狭い空間にも入りこめるため、潜んでしまうとどこにいるのかわからない。夜間には姿を現して、見かけからは想像もつかない活発さで動き回り、木にも登るが、音もたてないうえ、黒づくめの身体が闇に紛れて見つけにくい。また、足音など振動を感じると、敏感に反応してたちまち落葉の下や土の中に身を隠してしまう（図11-3）。

それでも彼らはウズムシが活動的な湿度の高い日に、石や倒木のほか、地面に密着したプラスティック、金属などのゴミを丹念にひっくり返して調べ、潜んでいるウズムシを見つけ出して、おおよその分布を推定することができた。それはカタマイマイが消滅した場所とほぼ一致していた。[24]

室内実験では、ウズムシのカタツムリに対する抜群の捕食能力が示された。また野外実験として、ウズムシが見つかった地点に、カタマイマイを数頭ずつ入れた袋を二つ置き、実際に捕食されるかどうかをテストした。袋の一方には、ウズムシが中に入れない目の細かい不織布のネットを使い、もう一方の袋には、網戸目の普通のネットを使った。数週間後に袋の中をみると、後者の普通のネットの袋に入れたカタマイマイは全滅していた。野外でウズムシによる捕食がカタツムリの数をいかに強力に脅かしうるかを示す結果だった[24]。

ほかの捕食者や病気の可能性も、大林らにより調べられたが、該当するものは見つからなかった。

こうして一九九〇年代末までに得られた大河内・大林らの研究結果から、父島のカタマイマイの激減を引き起こしたのはニューギニアヤリガタリクウズムシであり、その捕食による固有カタツムリに対する打撃はいまも進行中であると、実証されたのだ[24]。

大河内は環境省と連絡をとり、早急にウズムシの拡散防止と防除対策を進めるよう進言した。一方、大林は周到な実験と観察から、ニューギニアヤリガタリクウズムシの驚くべき生態を明らかにした。

このウズムシは、ほぼあらゆるカタツムリやナメクジを攻撃し、捕食する。このウズムシとヤマヒタチオビを〝対決〟させたところ、ヤマヒタチオビはあえなくウズムシに食い殺された[24][25]。

このウズムシは雌雄同体で、通常は交尾後に卵を産んで繁殖するが、体を切断されると、それぞれの切断部位からクローン個体が再生することもわかった。殺そうとして体をちぎってバラバラにすると、断片から再生して逆に数が増えてしまうというのである[23]。

図11-3　ニューギニアヤリガタリクウズムシ.

だが大林はそんな不死身に見えるウズムシに、意外な弱点を見いだした。食塩水に弱いのである。たとえば海水に10分以上浸した個体は、すべて死亡した。また海水に1分間漬けただけでも、その後乾燥した場所に置くとすべての個体が死亡した。濃度を高くすると死亡するまでの時間は短縮され、17・5%食塩水の場合、5秒漬けただけで死亡した。[25]これらは一般的にカタツムリならほとんど死ぬことがない処置である。

この弱点の話を聞いたとき、私にはこのウズムシの不気味さが、実のところ見掛け倒しのものかもしれない、と思われた。

どのような経緯でニューギニアヤリガタリクウズムシが父島に移入したのかは不明である。この種は一九九〇年以降、沖縄でも見つかっているので、沖縄から輸入された苗や資材等に付着して父島に持ち込まれたのではないかと考えられているが、その証拠はない。私が三日月山で見たカタマイマイの消滅がウズムシによるものだとすれば、沖縄に現れたときには、すでに父島にも定着していたことになり、沖縄に棲み着いた個体が苗などについて父島に運ばれたという考えでは説明できない。また、沖縄にはどこからどのような経緯で移入したのか、これも謎である。

移入の経緯はともかく、カタマイマイの消滅が始まった地域から判断して、ニューギニアヤリガタリクウズムシは島の北西端、おそらくは大村地区に移入されたのであろう。そこから拡散を続けて二〇〇〇年ごろには、その推定分布範囲は父島の北部一帯に及んでいた。[24]

私たちが環境省など行政と対応を協議したとき、大河内はなんの対策もしなければウズムシは二〇年程度で父島全域に分布を広げ、父島のカタマイマイ類は全滅するだろう、と予測した。そこで防除対策の検討が始まった。

まずウズムシの拡散防止。父島内での拡散を抑えるだけでなく、父島から他島への移入抑止も必要だった。つまり検疫の強化である。検疫システムの導入には島民や企業等との合意形成が必要で時間がかかるため、既存の条例の検疫機能を利用した。また旅行者は靴底を海水で消毒することになった。もうひとつの重要な対策は、ウズムシの駆除である。薬剤や誘因による防除技術の開発を進め、根絶を図るのだ。

だが大河内は防除とは異なる対策の必要性も訴えた。カタマイマイ類の人工繁殖である。父島のカタマイマイ集団を捕獲し、人工環境下で保護増殖ができれば、仮に野外で全滅しても系統の絶滅は回避できるというのである。そして貝類学者の私に繁殖技術の開発を求めた。

カタマイマイ類の生活史など基礎となる生物情報はすでに解明されていたので、恒常的に交尾、産卵し繁殖を進める技術の開発は十分可能に思われた。しかし私はこの要請には賛同できなかった。

カタマイマイ類に保全すべき価値があるとすればそれは、小笠原の特殊な自然環境で数百万年にわたり独自の進化を遂げてきたという歴史的な価値と、その進化がいまなお継続中であるという生態学な価値である。カタマイマイ類の集団ごとに異なる独特な色や形、生態、遺伝的性質は、適応や偶然による変化を通して、生息域の生態系や気候、地形地質のもとでそれらが辿った歴史を反映したものだ。したがって父島のカタマイマイ類を生息域から人為的に別の場所――たとえば実験室やほかの島、ほかの土地に移動させるのは、父島のカタマイマイ類が経てきた長い進化の歴史を人為的に切断してその価値を消し去る行為だ。しかも場所やコストの制約で、飼育できるのはごく一部の集団に限られる。進化の証拠である、きめ細かく地域分化した遺伝的構造を残すのは不可能だ――、そう私は考えた。

そしてもうひとつ。人工繁殖を成功させるには、野外から可能な限り多くの個体を捕獲してこなければならない。だがそれは集団の野生絶滅のリスクを著しく高めることでもある。捕獲したせいで野生絶滅が起きるような事態は避けたかった。

私は、ニューギニアヤリガタリクウズムシがそこまで深刻なものだとはとらえていなかった。世界最凶と恐れられたヤマヒタチオビは、小笠原では在来種のカタツムリにほとんど害を与えていない。小笠原の種類は繁殖力が強いのか、またはグアムのような熱帯と違い、温度の低い小笠原ではそこまで被害は拡大しないのではないだろうか。

なによりカタツムリが激減すれば餌がなくなってウズムシも減る。いずれカタツムリの乏しい岩礫地の稜線部に分布が差し掛かれば、ウズムシは餌不足でクラッシュするはず。実際に、拡張されたニコルソン＝ベイリーモデルのような、空間構造のある捕食－被食のモデルを使い、各変数に大雑把な推定値を入れて数値計算をしてみると、捕食者のウズムシは一時的に大発生するものの、まもなく餌不足に陥って絶滅し、生き残ったカタマイマイがその後回復するという予測が高い確率で得られた。

また、父島で記録されている数種の陸生ウズムシ類は、知られているかぎり外来生物であり、ウズムシ類に特異的に効く薬剤さえ見つかれば、非標的種に影響を与えることなくニューギニアヤリガタリクウズムシを駆除できそうだった。アフリカマイマイなど外来のカタツムリやその成分を利用すれば、誘引駆除も難しくないと考えた。少なくともモーレア島にヤマヒタチオビが導入されたときのような、絶望的な状況ではないと思われたのだ。それゆえ大河内や大林が、なぜ悲観的な予測をするのかよく理解できなかった。

「ウズムシ防除に成功する見込みがあるのに、人工繁殖の準備を始めるのは、一種の敗北主義であり、ウズムシ防除に努力を集中させる妨げになる」「飼育法の研究と繁殖事業のために、無駄な経費や時間、人手をかけることになる」「人工繁殖を目的とした捕獲による野生絶滅のリスクを無視できない」という私の主張に対し、大河内はこう反論した。

「速やかに駆除手法を確立し、ウズムシの駆除を成功させる――これが最善であり、第一の目標とすべきだが、想定通りに作業が進まず、失敗する可能性もある。そこで防衛ラインを構築してウズムシの分布拡大を抑える。これが機能すれば、仮に駆除が失敗しても、手法を改善して将来駆除に成功するまで時間稼ぎができる。これでうまく行けばよいが、不運にも防衛ラインの構築が間に合わない、あるいは構築した防衛ラインが突破されるかもしれない。その場合、父島のカタマイマイは全滅する可能性がある。万一防除対策がすべて失敗した場合にどうするか。確率は低くとも想定される最悪の事態に対する備えを今の段階からしておかねばならない」

勝つか負けるか、という二項対立は良くない。失敗したらすべてを失うのではなく、失敗しても未来に可能性が残るようにしておくべきだ、というのである。

結局二〇〇五年、大河内は環境省から推進費を得て研究資金を確保し、森林総合研究所を中心にウズムシ防除のため試験研究が開始された。資金を渡された私は要請を断り切れず、カタマイマイ類の繁殖技術の開発と、保護増殖の計画立案に着手した。[26]

防除の行方

二〇〇〇年代半ばからは、環境省によりニューギニアヤリガタリクウズムシ防除が事業化された。防除の試験研究は、森林総合研究所を中心に進められたのち、環境省の委託を受けた化学企業や害虫防除を専門とする企業に受け継がれた。

私は大河内や大林とともに、継続的にこれらウズムシ防除の研究や事業に関わった。だが実効性のある防除対策はなかなか進展しなかった。むしろ生物情報の蓄積とともに、相手の底知れぬ手強さが見えてきた。

森林総研（当時）の杉浦真治がおこなった研究によれば、ウズムシは約10度から30度の気温下で生存し、15度を超えると捕食や繁殖行動をおこなう。ニューギニア高地が故郷のウズムシは、比較的低温にも耐え、小笠原の気候は繁殖に適していたのだ。また、ほとんどの大きさのカタツムリが捕食対象となり、大型のカタツムリに対しては、集団で攻撃して軟体部を破壊する。[27]

捕食実験を進めた大林は、ウズムシがカタツムリに限らず、ミミズ類やリクヒモムシ類、ほかの扁形動物なども食べることを明らかにした。長期の飢餓にも耐え、餌がなければ仲間の死体を食べて生き延びる。[25] カタツムリが死滅しても、ウズムシは餌を変えて生存するのである。

森林総研（当時）の岩井紀子らは、行動実験により、ウズムシがカタツムリの残した這い跡を辿って獲物にたどり着くことを突き止めた。這い跡に接触して含まれる物質を認識し、追跡するのである。這い跡がない場合はたまたま獲物にたどり着くまでランダムに探索する。[28] 卵は餌として認識しないが、孵化直後の幼貝は捕食される。[29] 一方、ウズムシの行動とシグナル認識を研究した杉浦は、ウズムシが揮発性の化学物質を認識している可能性は低い、と述べている。[30]

採餌行動の理解は進んだものの、誘引によるウズムシ駆除は容易でないことがわかってきた。アフリカマイマイを設置しただけの誘引トラップは、十分な効果を示さなかった。アフリカマイマイの成分などを染み込ませた多数の細い紙や糸を林床に敷くという方法が試みられたが、誘引効果が持続せず、うまく機能しなかった。[31]

ウズムシを殺すには食塩水のほか、酢酸などの酸、尿素、アレコリン（ビンロウの主成分）、ギ酸ナトリウムなどが有効であることもわかり、ウズムシの付着が疑われる資材や靴底の消毒には、安価で環境負荷が小さい木酢液が使われるようになった。しかし薬剤を使って森林からウズムシを駆除するうえで最大の課題は、ウズムシが地中や材などに深く潜没することであった。林床に薬剤を大量に噴霧したとしても、直接ウズムシの体に液が触れないので、防除効果がほとんど得られないのだ[31]。

野外のウズムシに対して十分な殺虫効果を得るには、揮発性の化学物質による土壌の燻蒸が有効だったが、ごく限られた面積の土地ならばともかく、広域にわたって自然林の土壌を燻蒸するのは、環境負荷の面からも非現実的であった[31]。

人工的に不妊化したウズムシ個体をつくり、放飼してウズムシを駆除する案も出されたが、大量の不妊個体を養殖してつくり出すのに必要な設備や餌、コストを考えると現実的ではなかった[31]。

実効性のある駆除を実現するには技術的なブレークスルーが必要で、これには時間がかかる。そこで二〇〇〇年代後半、防除対策の重点は、防衛ラインの構築によるウズムシの拡散防止に絞られるようになった。かなりの生息地が消えたとはいえ、まだ3分の2は残されているカタマイマイ類の生息地を、ウズムシの進入を阻止する「防護壁」を築いて守るのである。

だが初動の遅れが響き、すでにウズムシは島の中央部から西側にかけて広く拡散してしまっていた。かつて中央部に分布していたヤマヒタチオビも姿を消した。

ウズムシの分布拡大にともない、分布の最前線が山岳地帯に長く伸びて、前線の位置を把握するだけでも人手がかかり、危険もともなうようになった。大河内は脆い急傾斜地で前線を調査中、滑落して重傷を負った。私も前線を追って岩礫地を調査中、落石の直撃を受け、危うく惨事になりかけた。

残されているすべての集団を救うのは難しい状況になった。そこで私は保全目標を、この時点でまだ

4種のカタマイマイ類が残っている、東部の集団をすべて守ることにするよう環境省に提案した。もし東部の防衛ラインが完成した段階で、まだ南部〜南西部にかけての集団が残っていれば、次にそれを守る防衛ラインの構築に着手する構想である。

ちょうどこのころから、ウズムシの分布拡大スピードが急落した。ウズムシの想定分布を調べると、不思議なことに停滞している分布の前線には、外来植物モクマオウの純林と数種の外来草本の群生地が帯状に広がっているという共通点があった。夜明平など父島北東部には、ウズムシの侵入から免れ、カタマイマイ類が残存している場所がポケット状に点在しており、それらはいずれも周りをモクマオウ林や外来草本に囲まれていた[31]。理由は不明だが、モクマオウの厚く密な落葉層になんらかの忌避効果があるのかもしれなかった。機序はともかく、外来植物がウズムシの防衛ラインとして働いているなら、当面その機能を利用しない手はない。

この間に、効果的な防護壁の開発が環境省の委託する企業により進められた。そして私たちはカタマイマイ類の人工繁殖の技術開発と事業化を急いだ。

父島から全個体、全集団を捕獲して救うことは非現実的なので、救い出して人工繁殖に移す集団と、各集団を代表する個体を選ばなければならない。そこで限られた人的、経済的、場所的リソースの中で遺伝的ないし系統的（進化的）な多様性が最大になるよう集団に優先順位をつけ、候補を選び出す。そのための遺伝子解析の作業は、飼育技術の開発と並行して進められた[26]。

一九九〇年代半ば、私がノッティンガム大学のブライアン・クラークの研究室に留学していたとき、そこではモーレア島からクラークが救出したポリネシアマイマイの人工繁殖がおこなわれていた。このときに学んだ飼育法を、私は東北大学でおこなったカタマイマイ類の飼育にそのまま転用した。餌もポリネシアマイマイの場合と同じく、オートミールにカルシウムやビタミン類などいくつかの成分を調合した人工餌を使っていた。

二〇〇〇年代半ばまで、私はこの方法で多種のカタマイマイ類を飼育しており、卵からの孵化個体を成貝まで成長させ、数年間生かすことに成功していた。しかし、なかなか卵を産まず、次世代が生まれないという課題を抱えていた。

二〇〇六年から私はカタマイマイ類の飼育を、当時、私の研究室の大学院生だった森英章（ひであき）に任せるようになった。動物の飼育が生まれつきの趣味という森は、自宅でクワガタムシ類をはじめ夥しい数の昆虫類を飼っており、飼育スペースが足りず、大学の研究室にもたくさんの動物を持ち込んでいた。森の卓上や周囲は、飼育中の陸ガメ、ヤモリの一種、ヘビの一種、アリ、サソリ、サソリモドキ、サツマゴキブリ、そのほか正体不明の小動物などが入った容器でびっしり埋め尽くされていた。

それまで研究室の学生たちに交代でカタマイマイ類の世話を任せていたが、なかなか産卵しないカタマイマイが、森が世話をするときだけ、なぜか卵を産んだ。森が手を触れると産卵するように見えるので、「ゴッドハンド」と呼ばれるようになっていた。そこで森ならば飼育法を改善し、繁殖技術を確立できるのではと期待したのだ。

森は試行錯誤の末、安定して産卵し、かつ最も良好に生育する温度変化や湿度、基質などの条件を見いだした。また独自の工夫により、カタマイマイ類に適した餌を考案した。こうして森は東北大学在学中に、カタマイマイ類の繁殖技術を開発し、マニュアル化することに成功した。

この研究は森にとって副業のアルバイトに過ぎず、学位論文となるおもな仕事は社会性昆虫を対象にした研究だったが、のちにこの副業が大きな貢献に繋がった。

博士取得後、自然環境研究センターに職を得て、父島事務所に赴任した森は、二〇一一年から環境省の委託事業として、学生時代の経験を活かし、父島のカタマイマイ類の保護増殖に着手した。まず夜明平のモクマオウ林に囲まれた一角に残存していたカタマイマイとキノボリカタマイマイを捕獲し、父島の事務所内で飼育を始めた。二〇一三年までにカタマイマイのほか、父島南部を中心に、アナカタマイマイとチチジマカタマイマイを捕獲し、遺伝的に異なる地域集団ごとに人工繁殖を開始した[31]。

森は、保護増殖事業の持続的な展開には、父島住民の理解と協力が欠かせないと考えた。そこで島の行事に頻繁に関わり、相撲大会には毎回選手として参加、たびたび善戦するなどして島の人々との交流を深め、信頼を集めた。その上で住民を誘い、飼育スタッフとして雇用した。科学に基づく保全対策、データ管理、記録法などを指導するだけでなく、島民スタッフの観察や研究に基づく飼育手法の改良案も積極的に取り入れた。また、若い世代の参入が鍵を握るとみて、父島の小・中・高校で理科教育を支援し、授業を手伝うなどして、固有カタツムリが人類の財産であるとともに、島の住民の大切な資源であると伝えた。

その結果、森が父島から本土に引き上げる二〇一六年には、カタマイマイ類の飼育が島民主体でおこなわれるようになっていた。二〇一七年からは、環境省が父島に建設した世界遺産センターに飼育場所を移し、環境省事業として幅広い年代の島民スタッフにより、保護増殖が進められている[32][33]。

飼育下での繁殖で最も懸念されるのは、近親交配による遺伝的多様性の減少である。これを防ぐため、飼育個体のSSRマーカー遺伝子型を調べ、それをもとに交配計画が立案されている。これが可能になったのは、信頼できる遺伝情報が得られる量の組織を、生貝から生存・繁殖に影響しないように採取する手法が、島民スタッフの努力で実現したからである。[32]

なお、世界遺産センターの建設にあたり、飼育室の設計を担当した森は、父島を訪れた観光客が飼育中のカタマイマイ類やスタッフによる飼育作業の様子を室外から見学できるよう、飼育室の一方の壁を全面ガラス張りにした。固有種だけでなく、その保全対策自体が観光資源になるかもしれないという期待に加え、島で進められている保全事業の意義と歴史を本土の人々に伝えたい、という願いを実現するためであった。

さて、二〇〇〇年代後半以降、カタマイマイ類の防衛ラインとして、私の提案に沿う形で、植生の乏しい山の稜線に、ウズムシの移動を阻害する防護壁を設置する計画が進められていた。室内実験でウズムシの忌避物質としてメントールが有効だったため、表面にメントールを塗布した防護壁でウズムシの未侵入地を囲み、壁の内側のカタマイマイ類を守るという方法が検討された。しかし野外に壁を設置して試験をおこなった結果、塗布したメントールの忌避効果は持続力が不十分で、ウズムシの侵入を防ぐことはできないとわかり、この計画は白紙になった。[31]

その直後、環境省の委託を受けたプレック研究所が、電撃でウズムシを捕殺する手法を開発した。それはもともとウズムシが生息するかどうかを調べるための、ウズムシ検出用トラップとして開発されたものだった。横50㎝、高さ30㎝ほどのプラスティック板のやや上部に、幅1㎝の通電テープを巻きつけ、電池を装着したパネルである。これを林床に立てておくと、夜間現れたウズムシがパネルにたまたま這い上がり、通電テープに触れたところで感電死し、部分的に焼けた体が通電テープに付着する。駆除の効果は期待できなかったが、このパネルを林床にずらりと一列に並べることで、ウズムシの検出感度を高めることができた[31]。

それまでウズムシの侵入はおもに〝カタマイマイが生きているように死んでいる〟現象を手掛かりにして判断していたが、このトラップを使ってより高い精度で侵入の有無を判断できるようになった。そこでこのパネルの仕掛けを、ウズムシの進出を阻止する防護壁に応用する試験が始まった。

いくつか異なるタイプの防護壁が開発されたが、大規模な防衛ラインに利用する壁は、50㎝ほどの高さの布張りで、上部に通電テープを巡らせている。地下を潜り抜けられないよう、岩盤を深く掘り込んで設置し、コンクリートで固める構造である。

当初、壁の表面に張られた通電テープは一本だったが、試験の結果、這い上がったウズムシが通電テープに触れて感電しても、死なない場合があることがわかった。通電テープに張り付き焼けた胴体を、頭の部分が引きちぎり、頭部だけが壁を這い上がって向こう側に脱出するのである。脱出したウズムシの頭部は、体を再生させて侵入に成功する。これを防ぎ、確実に仕留めるよう、三本の通電テープを平行に張った。また野外で通電テープに十分な電力を供給するため、ソーラーパネルを設置する[31]。

この防護壁はきわめて頑丈で、過去に小笠原で記録された最強レベルの台風にも耐える構造になっていた。この壁の設置箇所を、植物などの専門家からも意見を聞いて決定し、環境省による防衛ラインの構築が始まった[31]。

小笠原が世界遺産登録に成功した二〇一一年、祝祭の裏側で私は、ウズムシの進出を抑える防波堤として機能していた外来植物帯が、次々とウズムシに突破されたことを知った。しかし構築予定の防護壁は測量を終え、施工に向けた最後の調整段階に入っていた。完成すれば、島の東側に残された広範囲のウズムシ未侵入地を、防衛ラインで切り離し、そこに棲むカタマイマイ類を生息地ごと保護できると考えていた。

ところがここで信じられないことが起きた。現場での調整が終わり、まもなく防護壁の着工、という段階で、防衛ラインがウズムシに突破されたことが判明したのだ。想定外の前進、急加速であった。応急措置として、侵入地点のウズムシを根絶すべく木酢液を大量散布し、薬剤による燻蒸も試みたが、すでに侵入面積が広がっており、まったく効果がなかった。

急遽、予定を変更した。もしこの防衛ラインが突破された場合に備えて、そこから南に下がった位置に想定していた二次防衛ラインに防護壁を築くことになった。しかし大雨で建設作業員の通行ルートが崩壊するなどしたため着工が遅れ、二〇一三年に二次防衛ラインも突破されてしまった。その後勢いを増したウズムシは驚くべき速度で南進し、またたく間にその南側に想定していた三次防衛ラインも超えてしまった（図11－4）。そして二〇一四年、ウズムシは、島の南端と南東端にある半島部を除き、父島のほぼ全域を占拠し、そこに棲んでいたカタマイマイ類をすべて死滅させた。東部に分布していたカタマイマイとキノボリカタマイマイの父島における野生絶

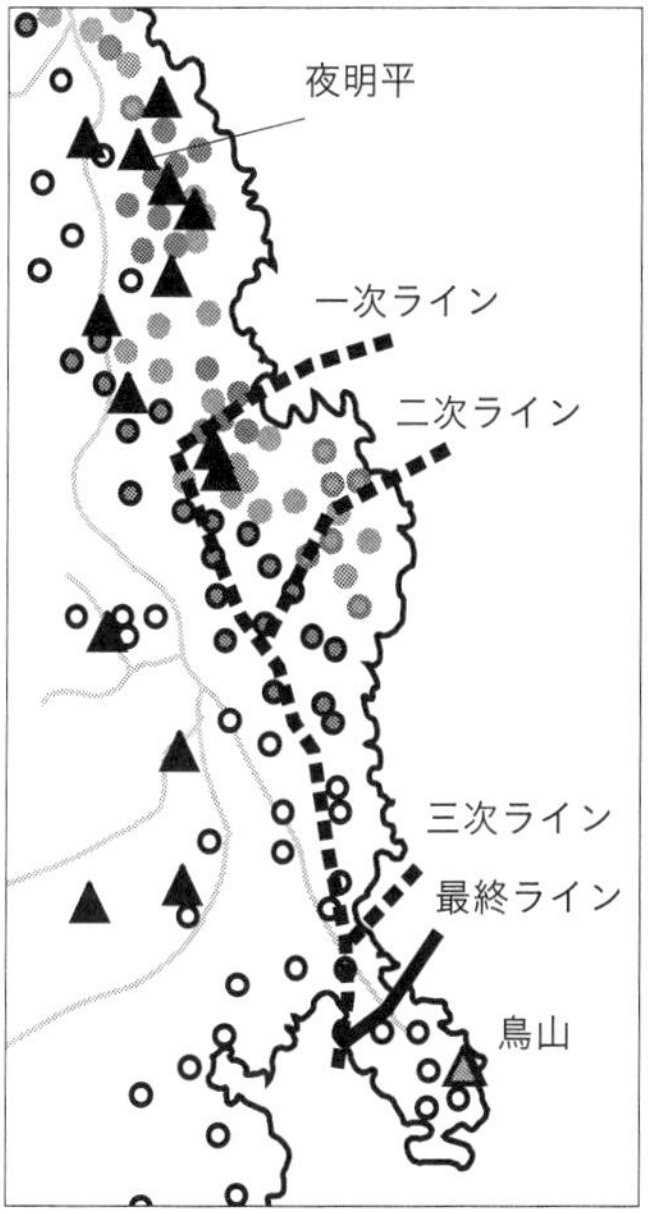

図11-4　想定されていたウズムシ防衛ラインの位置. ●：カタマイマイ　▲：キノボリカタマイマイ　▲：アナカタマイマイ　○：チチジマカタマイマイ　●：チチジマカタマイマイとカタマイマイの雑種.

図11-5　父島鳥山に建設されたウズムシ防護壁.

滅が、ほぼ確定した(31)。

島の南東端、鳥山半島は野生のカタマイマイ類——チチジマカタマイマイとアナカタマイマイ——が生き残る父島最後の土地となった。保全目標は、カタマイマイ類の野生集団を可能なかぎり多く残すことから、父島から野生集団をなくさないことに移行した。

ウズムシの前線が迫る中、この半島だけでも死守しなければ、父島のカタマイマイ類は野生下ですべて絶滅してしまう。そこで環境省は鳥山半島の付け根、岩礫地からなる稜線部に、防護壁を築く工事を開始した。消毒済みの資材を波静かな凪時に傭船で運び、作業員は日々現場まで徒歩で険しい山道を片道二時間かけて通う難工事だったが、二〇一五年、約350mの長さで防護壁が完成し、半島の付け根を遮断した（図11-5）。しかし一列の防護壁ではまだ防衛ラインとして万全とは言えない。一列目が突破されても、防衛ラインを突破されぬよう、その内側に二列目の防護壁を築く計画だった。[32]

一列目の防護壁が完成してから約三か月後、ついにウズムシの最前線が防衛ラインに到達した。迎え撃つ防護壁は、乗り越えようとするウズムシを電撃で難なく焼き殺した。日を追うごとにライン突破を試みるウズムシの数が増えたが、防護壁はそれらをすべて封じた。まもなく一日に数十匹のウズムシが防護壁にアタックするようになった。しかし強靱な防護壁はウズムシをことごとく食い止め、侵入を許さなかった。あいにく予算が足りず、二列目の防護壁は未着工だったが、一列の壁だけで強力なバリアとして持ち応えていた。[31]

完成から七か月後、十数年ぶりという強い台風が父島を直撃した。防護壁は想定通り、強風に耐えた。ところが想定外のトラブルが起きた。防護壁に送電していたソーラーパネルが予備も含めて壊れ、三日間、送電が停止したのである。この隙に、ウズムシは防護壁を乗り越え、ついに防衛ラインが突破されてしまった。[32][33]

侵入したウズムシは、たちまち増殖拡散し、鳥山半島全域を占拠した。半島内でカタマイマイ類が生息する地点は、半島の付け根から先へと順に塗りつぶされるように消えていった。二〇一七年には、半島内で生きたカタマイマイ類は1頭も見つからなくなり、ついに全滅したものと判断された。[32][33]

こうして父島のカタマイマイ類は、野生下にて絶滅した。

もうひとつの道

いま夜明平の森を訪れても、地表や樹上に小さな動物たちの姿を見ることはほとんどない。以前なら、夜はカタマイマイをはじめ、湧き出した無数のカタツムリたちが落葉を踏み締め、齧り、殻をぶつけ合う音で満ち溢れていた。それがいまやなんの音もせず、沈黙だけが森に横たわっている。

節足動物はオオヒキガエルとアノールに殲滅され、カタツムリはニューギニアヤリガタリクウズムシに駆逐された。多くの動物が姿を消した生態系が、今後どのように変化していくのか予測は難しい。ただ少なくとも、時の経過とともにかつての状態から、さらに大きく乖離していくことだけは確かである。

結果的に、ニューギニアヤリガタリクウズムシ防除の取り組みは失敗に終わった。もともと勝ち目のない相手だったという見方もあるが、失敗は失敗である。形式上の責任は施策の意思決定を担う行政が負う。だが担当官が三年程度で次々異動する日本の行政システムは、ボトムアップ的に調整と合意形成を積み重ねる事業には向くが、ライリーやマーラットのように強力なリーダーシップの下、状況の変化に応じてトップダウンで迅速に判断して対策を進めるのは難しい。

環境省など行政が小笠原でおこなう保全事業全般の戦略は、大河内が委員長を務めた科学委員会が実質的に担っていたが、綱領に定められた科学委員会の目的は、「科学的助言を与えること」であり、並外れた指導力をもっていた大河内でも、綱領を大幅に逸脱することはできない。

もともと乏しい財源と合議を旨とする限られた権限の中で、少なくとも環境省の地方事務所は最善を尽くしたと思う。私が知るかぎり、真摯で有能かつ職務に忠実な彼らがいなければ、そもそも戦うことすら覚束なかったであろう。

逆に、カタマイマイ類の飼育下繁殖事業は、環境省がボトムアップ的なシステムの利点を生かして成功させた事業であり、こちらは世界でも屈指の先進的な取り組みとして、海外からの評価も高い[34]。また、ウズムシを父島に封じ込め、ほかの島への拡散を阻止できているのは、島民や旅行者の協力のもと行政が進めた対策の成果である。

むしろ実質的な責任は、実際の対策を担う環境省の小委員会の場で、保全対象の専門家として、対策の判断から、立案、実施に至るまで、助言と提言をおこなってきた私自身にあると考えている。

それゆえ、ここに失敗の理由を分析し、記しておきたい。

第一に、これまで本書で紹介した失敗事例の多くと同じく、知識の不足である。一九九〇年代まで陸生ウズムシを正確に分類・同定できる専門家は、日本にひとりしかいなかった。膨大な基礎研究の蓄積がある昆虫に対し、人生との関わりの薄さゆえ、陸生ウズムシの基礎研究はほとんどない。なんの役に立つのかわからない無数の基礎研究——つまりオプション価値の蓄積がなかったため、いざ防除の必要性が生じたときに、参照できる知識をほとんど欠いていた。そのためニューギニアヤリガタリクウズムシの駆除手法の開発は難航した。

第二に、私が当初、リスクを過小評価したことである。小笠原では低リスクというヤマヒタチオビの経験や、被食者は絶滅しないという理論予測は、ウズムシの侵入には当てはまらなかった。初動で私はこのウズムシの手強さに気づけなかったため、防衛ラインの構築に対する提言の遅れを招いた。そもそも計画が想定通りに進む、という状況分析も誤りだった。

険しい稜線部に堅固な防護壁を安全に築くには、熟練した作業員が欠かせないが、そうした人材は数も足りず、必要なときに必要な人数が集まるわけではない。航路しか輸送手段がなく、医療体制が脆弱な島では、工事中の安全管理がなにより優先される。そのため卓上では想定できる防護壁の仕様や設置場所も、実際に現場で作業する人の手配と危険性の面から、実現が不可能なことが多い。仕様上の問題の多くは現場レベルで修正されたが、場所の大幅な移動は難しい。こうした現場感覚と危険さを、受託企業はもとより環境省の担当官もよく認識していたが、私の理解は不十分だったため、見通しの甘い提案や現況評価に繋がった。

未知の生物や不確実な状況に対しては、「想定通りにいかない可能性を想定する」「最悪の事態に備える」という戦略の、徹底が必要だった。たとえば防衛ラインは、先にウズムシの分布前線から最も遠い地域に設置し、小面積でも二重、三重の防護壁で確実に守れる保全地域を確保しておくべきであった。そこで余裕があればその前方に新たな防衛ラインを追加し、保全地域を広げていけばよかったのである。

おそらく、私が抱いていた野生下のカタマイマイへの強い愛着と、少しでも広く、多くの集団を守って残さねばならない、という使命感、正義感が、多くの集団を見捨てるのを躊躇させ、判断を誤らせたように思う。

そして最後にもう一点。必ずしもあらゆる防除手法を試したわけではないことである。ウズムシの駆除法として薬剤を使う化学的防除や誘引は重点的に試みたが、それらが機能しないと判明したのちでさえ、その代替となる手法は検討しなかった。つまり、天敵の導入による生物的防除は研究も検討もしなかったのである。

かつて私は農業利用を目的に、新たな天敵が導入されるのを懸念していた。農業と生態系保全とは、時に対立する関係だったからだ。しかし遺産登録後、農業に加えて生態系が島民の生活を支える資源となり、農業振興と保全は、持続可能な自然資源の利用を図るものとして、一体的に考えられるようになった。害虫防除も同じである。現に農業害虫の多くは、固有植物も加害する。

駆除対象が農業害虫であれ、世界遺産の価値を損ねる外来種であれ、有害生物の防除には総合的病害虫管理の考え方が好ましいはずだ。その要素のひとつである生物的防除を、ウズムシ防除の技術開発で無視したのはなぜか。

その理由はまず前述したように、陸生ウズムシの基礎研究が乏しく、それを攻撃する捕食者や寄生虫、病原体についての情報が乏しいためだった。これまで陸生ウズムシを攻撃する天敵には、オサムシ科の甲虫やネジレガイ科の肉食性カタツムリなどが知られている。また私の予察的な調査では、本土と沖縄の陸生ウズムシ類で、病原体の感染による死亡例が見つかっている。しかしニューギニアヤリガタリクウズムシをはじめ大半のウズムシ類で、その天敵との関係はよくわかっていない。

もうひとつの理由――おそらくより本質的な理由は、私自身が特にそうだが、生態学者や保全の専門家、行政機関にとって、小笠原で伝統的生物的防除は一種のタブーとなっており、〝封印〟されていることである。

たとえば外来の雑草ランタナは小笠原でも蔓延し、ラウンドアップ（除草剤）による駆除がおこなわれている。ラウンドアップは環境負荷も小さく局所的な駆除効果は抜群だが、人的、経済的コストの面で限界があり、父島では広域に繁茂するランタナの防除が困難になっている。しかしガラパゴスで検討されてきたような、病原体などによる伝統的生物的防除による低密度化は、解決策に含まれていない。

小笠原では、広く繁茂していた外来のリュウキュウマツが、のちに移入したマツノマダラカミキリを宿主とするマツノザイセンチュウにより大量枯死した事例があり、これを調べた大河内は、かつて思考実験として、猛威を振るう外来植物駆除のために天敵昆虫を導入する案を示したことがある。だがそのとき大河内自身、アノールが天敵を食べてしまうという問題のほかに、研究者や行政関係者の間で拒否感が強いという問題があり、導入は無理だろうと述べている。

本書で例を挙げたように、伝統的生物的防除は過去に「自然にやさしい」のスローガンのもとに、数々の生態系を脅威に晒した罪深い手法である。

小笠原ではオオヒキガエル、そしてニューギニアヤリガタリクウズムシが、伝統的生物的防除の悲劇的な結末の象徴となってきた。このウズムシがニューギニアから持ち出された経緯は不明とはいえ、もしアフリカマイマイの天敵として注目されたりしていなければ、また実際に天敵として各地に導入されたりしていなければ、アジア・太平洋地域への広範な拡散は起きなかったはずであり、父島に渡来することもなかったはずだった。

悲劇を繰り返してはならない。

だがその失敗を二度と繰り返さない方法は、過去にその失敗をもたらした技術を、二度と使わないことだけなのだろうか。

もしほかの技術では代用できない場合には、失敗がなぜ起きたのか――その理由と過程を学び、同じ失敗が起こらぬよう適切に対処したうえで、ふたたびその技術を使うというやり方もあるはずである。

父島にはウズムシを抑制できる捕食者や寄生生物がいないので、島外に天敵がいれば、その導入による低密度化は、原理的にありうる方策であった。化学的防除や誘引、不妊化で当面駆除できないなら、リスクを理解し、リスクを厳密に評価したうえで、伝統的生物的防除を選択肢として検討する意義はあったかもしれない。

第三章で述べたように、そもそも外来生物の導入はリスクである。有害性を発揮する可能性がきわめて高いからである。検疫が不可欠なのはそのためだ。しかし、もし導入にともなうリスクを減らすことが可能で、予想外かつ最悪の事態の想定をしてもなお、生態系へのリスクとデメリットよりメリットがはるかに大きいと評価された場合、外来生物であるとしても、天敵の導入は試みる価値のある「もうひとつの道」であろう。

それが可能かどうかは別として、この場合でもなお、天敵導入を拒否するのは合理的ではない。それはイデオロギーによるものか、あるいはマーク・デイヴィスが指摘するような、感情的な拒否感によるものということになる。問題の科学的な解決には、先入観や偏見や感情を排し、可能なあらゆる技術の選択肢から、最適な組み合わせを選ぶ——そうした柔軟な対応が必要だろう。

封印の解き方

ところで、あらゆる問題の発端であるアフリカマイマイは、現在父島ではかなり数を減らしている。ニューギニアヤリガタリクウズムシの捕食による可能性もあるが、実証されていない。なぜなら、ほかの太平洋の島々と同じく父島でも、ウズムシ移入前の一九八〇年代に、アフリカマイマイは急減していたからだ[35]。ウズムシがいない母島でも少し遅れて激減している[36]。

ニューギニアヤリガタリクウズムシには、アフリカマイマイより高率で広東(カントン)住血線虫が寄生していて、疫学的にもやっかいな存在である。沖縄では、ウズムシの約15％に広東住血線虫が寄生しており、アフリカマイマイの1・5倍の寄生率である[36]。

アフリカマイマイは大型で殻をもつので、めったなことでは生体を誤って口に入れる恐れはなく、広東住血線虫への感染リスクは低い。一方沖縄ではこのウズムシが野菜の芯近くまで深く潜入する例が報告されており、サラダに混入した生体が口に入り、感染する危険性が指摘されている[37]。広東住血線虫の感染は、脳髄膜炎を起こすことがある。ウズムシは特定外来生物かつ感染リスクもあり、迂闊に手を触れてはならない。

さて、父島ではウズムシによって固有カタツムリはことごとく消滅し、野生のカタマイマイ類――進化の歴史と生態系の価値――を守ろうという努力は失敗に終わった。数百万年に及ぶ進化の歴史は途絶し、場所ごとに適応と多様化を駆動、維持してきた自然の進化のプロセスは消滅した。しかしすべてが失われたわけではない。未来に向けて、希望は残されている。おもな系統は救出され、父島の世界遺産センター（図11-6）のほか、東京都の複数の動物園でも分散飼育されているからである。

一度切れた歴史は二度と同じ位置には戻らない。だが、もし飼育集団の野生復帰が実現すれば、歴史を可能なかぎり元の位置に寄せての再出発はできるかもしれない。

父島では環境省により、将来の野生復帰という夢を叶えるための取り組みが始まっている。林内に約3～5m四方のスペースをとり、周囲を防護壁で囲み、内側の土を徹底的に燻蒸、消毒し、ウズムシを駆除してから在来植物を植栽して、外部からのウズムシの侵入を防ぐ。この隔離された設備にカタマイマイを放し、脱出できない構造にして保護増殖をおこなうのである。[33] 外周の防護壁は、鳥山半島で使った防護壁を改良したものだ。飼育と設備の管理、改良を進めるのは島民が中心で、専門知識を身に着けた島民も含まれている。

かつてのカタマイマイ類の生息地内にこうした屋外の飼育設備を設置し、数を増やしていく。島民と固有種の共創による、新しい歴史の始まりと言えるかもしれない。この事業に、島民だけでなく、島を訪れた旅行客も事業に参加できれば、新しい参加型の観光も可能だ。いずれその活動自体が、新しい歴史的価値をもつだろう。

しかし設備頼りでは、まだ本物の野生復帰にはほど遠い。設備の維持にかかるコストも課題である。

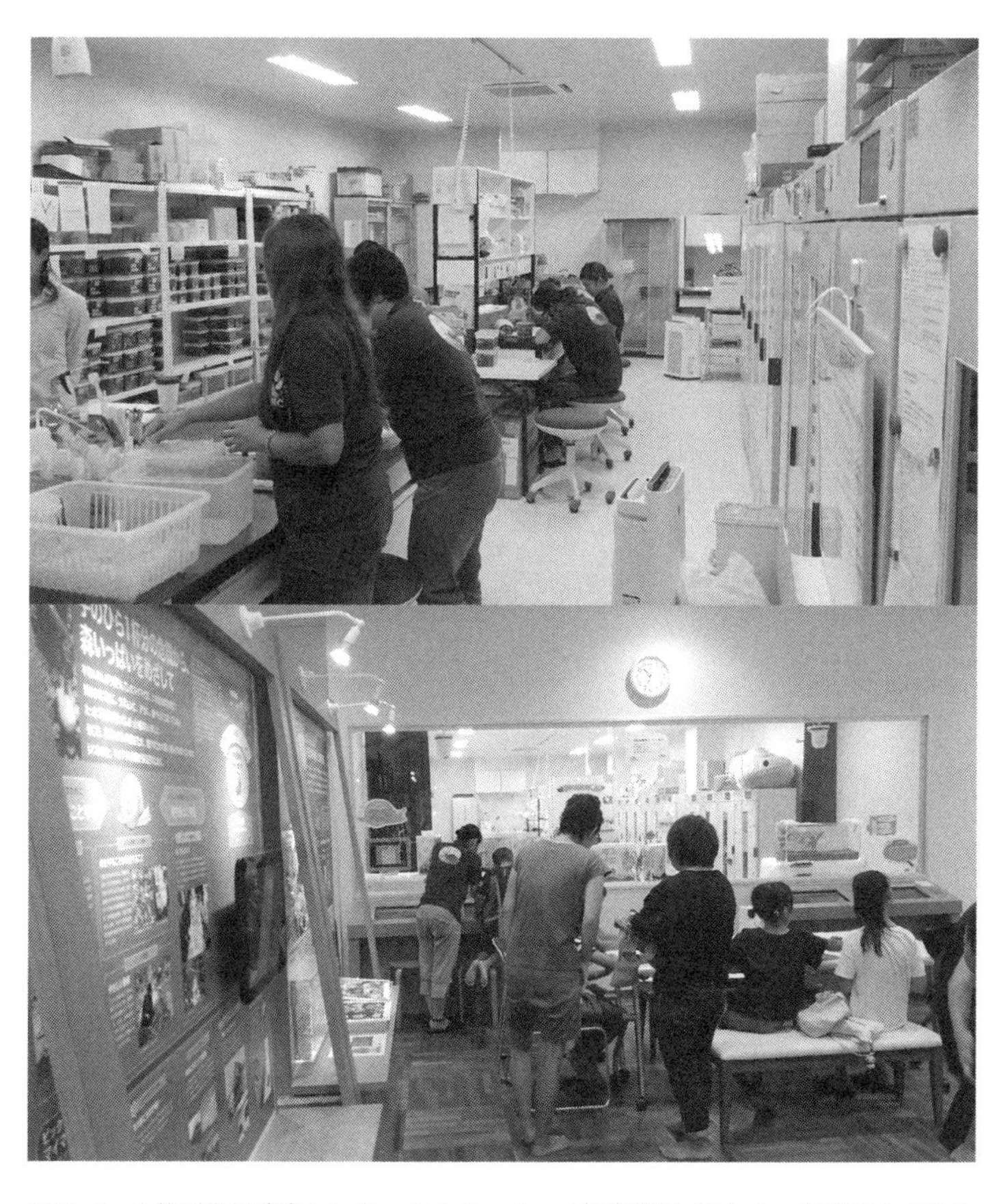

図11-6　小笠原世界遺産センターのカタマイマイ飼育状況（上）と，飼育がおこなわれている保護増殖室の外観と見学者（下）.

結局、ウズムシを根絶、または影響のないレベルまで低密度化しなければ、カタマイマイ類を本格的に野生下に戻すことはできないのである。

父島以外の島へのウズムシの移入を防ぐ検疫と監視体制も強化されている。父島での失敗をふまえ、万一移入した場合の対応もマニュアル化された。基本はマーラットの考え方と同じく、早期発見、早期駆除で、生息域が狭い段階での薬剤を用いた燻蒸による根絶である[32]。これに失敗し、生息範囲が島内にある程度広がってしまった場合、現状では防衛ラインの構築と固有カタツムリの人工繁殖という手段を取らざるを得ず、生態系と遺産価値の大きなダメージは避けられない。この困難を解決するためにも、効果的な駆除技術が求められている。

従来の化学的防除や誘引ではその実現が難しい以上、ウズムシを特異的に攻撃する天敵を見いだして導入し、低密度化を図る――伝統的生物的防除はひとつの選択肢になりうる。しかし小笠原では禁じ手とされるこの防除法を保全目的で使うには、相応の準備と、着手してよいかどうかの十分な検討が必要となる。

そのために何をしたらよいか。

まず歴史を知る。失敗した害虫防除、有用生物の利用、特に、失敗した天敵導入の歴史だ。なぜ、どのような経緯で問題が生じ、失敗が起きたのかを知らなければならない。失敗を避けるにはどうすればよいか、またそれは可能なのかを、歴史をふまえて理解するのである。そうして初めて、私たちはそれを進めてよいのかどうか、また進めるとすれば、何が必要なのか、判断できるだろう。

というわけで、読者はこれまで隠れていた本書の意図に気づかれたであろう。

本書でおこなった害虫防除の失敗、有益な生物導入の失敗をめぐる歴史の記述は、この世界遺産の島で「人と自然の調和」を実現するための行程のひとつなのである。その実現を阻み、島に欠かせぬ資源を損ねる有害生物の問題について、リスクを許容して解決の可能性を広げるか、それとも解決できる見込みは低いが、リスクも低い今の取り組みを続けるか、それを検討するためのプロセス。つまり読者は、父島の生態系に価値を得て、小笠原の世界自然遺産を守るという〝夢〟の実現のため、外来天敵を使うことの是非を考えるプロセスに参加しているのである。

しかしこの個別的で特殊な意図は、一方で、普遍性をもちうると考えている。

過去に誤りから悲劇を起こし、大きな不幸を社会に招いた技術や事業は、いくつも存在する。ずっと封印されていた、そんな禁断の技術や事業に、社会環境の変化による必要に迫られて、ふたたび着手すべきなのか、判断を求められることがあるかもしれない。あるいはほかに手段がなく、どうしてもそれを使わざるを得ない、という場合もあるだろう。その場合、どんな検討のプロセスが必要か、それを示すひとつの参考事例になるだろう。

今の時点で正解があるわけではないし、より適切な答えが導けたわけでもない。するかしないか、という二者択一の答えとは限らないし、読者の数だけ答えはあるかもしれない。だが答えそのものと同じく大切なのは、答えを出すに至るプロセスである。仮に失敗しても、何を考え、どんな可能性を想定して、その判断に至ったのか、十分な検討の過程がある失敗なら、未来に貢献できるだろう。

検討を進めた結果、仮に課題を乗り越えて、伝統的生物的防除の研究に着手できたとしても、天敵によるウズムシ防除が成功する保証があるわけではない。普遍的に働くような、「自然のバランス」は存在しない。そして導入リスクのない天敵導入はありえないからだ。

変動する環境下で、天敵を導入してウズムシを一定期間低密度化できたとしても、カタマイマイが増殖できるレベルまで減らなければ効果は得られない。また、カタマイマイを野生復帰させれば、餌が増えたウズムシは増加して、天敵の制御効果が一時的に失われるかもしれない。条件が変われば、密度依存的な調節が継続して働くとは限らないからだ。理論的予測は目安にはなるが、モデルに含まれていない多数の要因がどう結果に影響するかは、現状では野外で直接観察してみるまでわからない。

そもそもリスクの大きさや、効果の乏しさゆえに、導入可能な天敵が見つからない、という結果になることも想定しなければならない。

導入で想定される最悪の結果が、植物への宿主転換による攻撃であるような天敵は、候補に入らないだろう。それ以外の場合——父島でほぼ壊滅している昆虫相やカタツムリへの攻撃である場合、そのリスクの大きさとメリットとの比較が、許容される〝最悪〟の判断材料になる。

非標的種に想定外の悪影響が生じた場合に、それを解消できるよう、天敵の管理法も確保しておくのが望ましい。

研究を開始したものの、途中で化学的防除や誘引手法にブレークスルーが起き、結果的に伝統的生物的防除が不要となる可能性もある。あるいは別の新技術——たとえば、カタマイマイの遺伝子を操作して、ウズムシへの忌避物質を生産させるなど、抵抗性を付与したり、遺伝子ドライブ（集団中に人為的に改変した遺伝子を急速に広める技術）で、野外の正常なウズムシを最終的に根絶したりできるようになるかもしれない——技術面よりも、未知のリスクや倫理面などから、実現への壁は天敵導入よりはるかに高いが。

費用対効果やリスクとメリットの兼ね合いから、ウズムシ防除自体を一切やめる、という選択が後からなされることもありうる。問題が生じれば躊躇なく引き返せるように、事業をいつでも中止できるという意識を、つねにもち続ける必要があるだろう。

一方、小笠原のように種多様性に乏しく比較的単純な生態系は、外来天敵による防除効果が期待でき、非標的種へのリスク評価も相対的に容易、という有利な面もある。

いずれにせよ、その研究を始めたら、待っているのは、地道な長い作業である。天敵探索はもちろん、生活史や生態の基礎研究、生態系の構造と動態の把握、予測と実験、リスク評価など、膨大な試験と評価、検討を繰り返さなければならない。

もしやるとなれば、やることはたくさんあるが、まずは情報収集だ。

たとえば他地域の情報から、ニューギニアヤリガタリクウズムシが減少傾向を示す土地が見つかれば、そこにはもしかしたら有望な天敵がいるかもしれない。

もっとも、幸運に期待するなら、いろいろ考えたり情報収集したりする前に、さっさとニューギニアに〝夢〟の天敵を探しに行く手もあるだろう。「あれこれ考えるより、まず行動」――オーストラリアから、すべての発端となる天敵を招くのに成功したこのアルベルト・ケーベレの哲学は、時と場合によってはじつは成功の秘訣なのかもしれない。あまり信じてはいないが。「成功は失敗の素」だから。

謝辞

本書を執筆するにあたって多くの方にご助力いただいた。以下の方々には助言、情報・資料の提供などで特にお世話になった。Robert H. Cowie, Alyne Delaney, 遠藤鴻明、Lawrence E. Gilbert, Rosemary Gillespie, Ned Hettinger, Brenden Holland, 稲田真由、Michael S. Johnson, 河田雅圭、環境省関東地方環境事務所、環境省小笠原自然保護官事務所、小林千里、小松謙之、近藤倫生、牧雅之、Zvi Mendel, 森英章、小笠原自然文化研究所、大林隆司、大河内勇、Paolo Palladino, Menno Schilthuizen, Christine E. Parent, プレック研究所、佐々木哲朗、自然環境研究センター、Daniel Simberloff, David Sischo, 杉浦真治、鈴木紀之、Bron R. Taylor, Steven Trewick, 占部城太郎、USDA Agricultural Research Service, 和田美保、和田慎一郎、涌井茜、吉田正人の各氏。また、みすず書房の市原加奈子氏には多くの励ましとともに、貴重なご助言をいただいた。ここに厚く御礼申し上げる。

索引

カ

ナ

ハ

マ

ヤ

ラ

ワ

参考文献

第 1 章　救世主と悪魔

1) Carson R 1962. *Silent Spring*, Houghton Mifflin.（邦訳は，青樹簗一訳 1974.『沈黙の春』新潮社；青樹簗一訳 1964.『生と死の妙薬』新潮社）. なお本書に示した訳は千葉が Carson 1962 から訳出したもの.
2) Flint ML, van den Bosch R 1981. (Flint ML, van den Bosch R eds.) *Introduction to Integrated Pest Management*, pp. 51–81, Plenum Press; Smith AE, Secoy DM 1975. *J. Agric. Food Chem.* 23: 1050–1055; Dent D 2000. *Insect Pest Management*, CABI; Konishi M, Ito Y 1973. (Smith RF et al. eds.) *History of Entomology*, pp.1–20, Annual Reviews.
3) 大田博樹 2013. 日本農薬学会誌 38: 161–166.
4) Riley CV 1871. *3rd Annual Report on the Noxious, Beneficial and Other Insects of the State of Missouri*; Riley CV 1872. *4th Annual Report on the Noxious, Beneficial and Other Insects of the State of Missouri*; Sorensen EH et al. 2019. *Charles Valentine Riley: Founder of modern entomology*, Univ. Alabama Press.
5) Whorton J 1974. *Before Silent Spring: Pesticides and Public Health in Pre-DDT America*, Princeton Univ. Press; McWilliams JE 2008. *American Pests: The Losing War on Insects from Colonial Times to DDT*, Columbia Univ. Press; Kinkela D 2011. *DDT and the American Century: Global Health, Environmental Politics, and the Pesticide That Changed the World*, Univ. North Carolina Press; Matthews GA, 2018. *A History of Pesticides*, CABI.
6) Schmitt JE, 2016. *Concept* 39: 1–29.
7) Cottam C, Higgins E 1946. *J. Econ. Entomol* 39: 44–52; Dunlap T 1978. *Social Studies of Science* 8: 265–285.
8) Keiding J, Van Deurs H 1949. *Nature* 163: 964–965; Strauman L 2005. *Nützliche Schädlinge*, Chronos-Verlag.
9) Dunlap T 1981. *DDT: Scientists, Citizens, and Public Policy*, Princeton Univ. Press; Smith EH 1989. *Bull. Entomol. Soc. Am.* 35: 10–32; Lear LJ 1993. *Environmental History Review* 17: 23–48.
10) *Los Angeles Times*, 1945, 24 Sept.
11) Dunlap T (ed.) 2008. *DDT, Silent Spring, and the Rise of Environmentalism*, Univ. Washington Press.
12) *Time* magazine 1962, *Book Review*, 28 Sept.
13) Sevareid E, McMullen J 1963. "The Silent Spring of Rachel Carson," *CBS Reports*, 3 April.
14) Lear LJ 1997. *Rachel Carson: Witness for Nature*, Henry Holt.

15) *Life* 1962, 12 Oct.
16) Schulz C 1962. *Peanuts,* 12 Nov.; Schulz C 1963. *Peanuts,* 20 Feb.
17) Horne L 1963. *Here's Lena Now!*
18) Dunlap T 1978. *Social Studies of Science* 8: 265–285; Dunlap T 1981. *DDT: Scientists, Citizens, and Public Policy,* Princeton Univ. Press.
19) Whitney C 2012. *The Virginia Tech Undergraduate Historical Review* 1: 10–26.
20) FAO/WHO 1965. *Report of the Joint FAO/WHO Technical Meeting on Methods of Planning and Evaluation in Applied Nutrition Programs, Rome, 1965.*
21) Lofstedt RE 2003. *Risk Analysis* 23: 411–421; Clark JFM 2017. *R. Soc. J. Hist. Sci.* 71: 297–327.
22) Leber ER, Benya TJ 1994. *Chlorinated hydrocarbon insecticides. Patty's Industrial Hygiene and Toxicology 2, Part B,* John Wiley and Sons; Wurster CF 2015. *DDT Wars: Rescuing Our National Bird, Preventing Cancer, and Creating the Environmental Defense Fund,* Oxford Univ. Press.
23) Krupke CH, Prasad RP, Anelli CM 2007. *American Entomologist* 53: 16–26.
24) Bethune B 2011. (Wiener G eds.) *The Environment in Rachel Carson's Silent Spring,* pp. 124–128, Greenhaven.
25) Seager J 2014. *Carson's Silent Spring: A Reader's Guide,* Bloomsbury; Epstein L 2014. "Fifty years since *Silent Spring,*" *Ann. Rev. Phytopathol.* 52: 377–402.
26) Peng SJ 1983. *Sci. Agric. Sin.* 1: 92–96; Pan CX. 1988. *Agricultural History* 62: 1–12.
27) Flint ML, van den Bosch R 1981. (Flint ML, van den Bosch R eds.) *Introduction to Integrated Pest Management,* pp. 51–81, Plenum Press; Kwenti TE 2017. (Khater H ed.) *Natural remedies in the fight against parasites,* pp. 23–58, Croatia.
28) Wyckhuys KAG et al. 2020. *Nat. Ecol. Evol.* 4: 1522–1530.
29) Heimpel GE, Cock MJ 2018. *BioControl* 63: 27–37.
30) Sorensen EH et al. 2019. *Charles Valentine Riley: Founder of modern entomology,* Univ. Alabama Press; Doutt RL 1958. *Bull. Entomol. Soc. Amer.* 4: 119–123.
31) Riley CV 1886. *Rep. Entomol. Dept. Agr.,* 466–492; Riley CV 1887. *U. S. Dept. Agric., Div. Ent. Bull.* 15; Riley CV 1888. *Pacific Rural Press* 35: 345.
32) Riley CV 1881. *Proc. AAAS,* 272–273.
33) Riley CV 1887. *Pacific Rural Press* 33: 361–364.
34) Riley CV 1888. *Ann. Rep. Secre. Agr.,* 53–144.
35) Howard LO 1925. *J. Econom. Entomol.* 18: 556–562.
36) Koebele A 1890. *U. S. Dept. Agric., Bur. Ent. Bull.* 21: 1–32.
37) Riley CV 1889. *Ann. Rep. Secre. Agr.,* 335–361.
38) DeBach P, Rosen D 1991. *Biological Control by Natural Enemies,* Cambridge Univ Press.
39) Coquillet DW 1889. *Insect Life* 2: 70–74; Riley 1893. *US. Dept. Agric., Div. Ent. Bull.,* 15.
40) 安松京三 1965.『昆虫物語——昆虫と人生』新思潮社；安松京三ほか 1972.『応用昆虫学』（三訂版）朝倉書店.
41) 上遠章 1933. 昆虫 7: 105–107; 古橋嘉一 2010. 植物防疫 64: 319–324.
42) 島村盛永 1967. 沖縄農業 6: 36–43.
43) 安松京三 1970.『天敵・生物制御へのアプローチ』日本放送出版協会.

44）立川哲三郎 1981. 農業および園芸 56: 1522–1524.
45）古橋嘉一　2013. 植物防疫 67: 1–7.
46）古濵孝久　2022. 植物防疫所病害虫情報, 126.
47）桐谷圭治ほか 2011. 日本応用動物昆虫学会誌 95: 95–131.
48）FAO 1966. *Proceedings of the FAO Symposium on Integrated Pest Control, 1965.*
49）FAO 1967. *Report of the first session of the FAO Panel of Experts on Integrated Pest Control, Rome, 1967.*
50）Integrated Pest Management (IPM) Principles, EPA, https://www.epa.gov/safepestcontrol/integrated-pest-management-ipm-principles
51）田中健治 1983. 日本植物防疫協会 7: 481–486.
52）中村知史 1998. 植物防疫 52: 293–297; 岸本久太郎ほか 2011. 植物防疫 65, 659–653.
53）Ito Y et al. 1989. (Robibson AS, Hooper G eds.) *Fruit Flies, their biology, natural enemies and control vol. 3B,* pp. 267–279, Elsevier; 澤木雅之，垣花廣幸 1991. 植物防疫 45: 55–58; 小山重郎 1994. 日本応用動物昆虫学会誌 38: 219–229; 吉澤治 1993. 植物防疫 47: 527–533; 東京都労働経済局農林水産部編 1986.「小笠原諸島におけるミカンコミバエ防除事業報告書」東京都; 河村太 2021. 農林水産省植物防疫所病害虫情報 125: 1–2.
54）安松京三ほか 1965. 日本応用動物昆虫学会誌 9: 64–66.

第２章　バックランド氏の夢

1）Chakrabarty D 2015. *The Human Condition in the Anthropocene, The Tanner Lectures in Human Values,* Yale University Press.
2）Chakrabarty D 2009. *Critical Inquiry* 35: 197–222.
3）Christian D 2004. *Maps of Time: An Introduction to Big History,* Univ. California Press.
4）Christian D 2010. *History and Theory* 49: 6–27.
5）Wadley L et al. 2011. *Science* 334: 1388–1391.
6）Antolín F, Schäfer M 2020. *Environmental Archaeology,* 1–14.
7）*Exodus* 10:15.
8）大田博樹 2013. 日本農薬学会誌 38: 161–166; 安田容子 2014. 国際文化研究 20: 233–245.
9）Van Driesche RG, Bellows Jr. TS 1996. *Biological Control,* Chapman & Hall.
10）FAO 2020. *New standards to curb the global spread of plant pests and diseases.*
11）Diagne C et al. 2021. *Nature* 592: 571–576.
12）Davis MA et al. 2011. *Nature* 474: 153–154.
13）Jeschke JM, Pyšek P 2018. (Jeschke JM, Heger T eds.) *Invasion Biology,* pp. 124–132, CABI. 従来，移入する種の 10%の種が定着に成功し，そのうちの 10%の種が侵略種になるという 10%ルール（Williamson 1996. *Biological Invasions,* Chapman & Hall）が信じられてきたが，最近の研究でこれは根拠に乏しく，実際のデータからも支持されないことが示されている．侵略種の定義の曖昧さも問題である．
14）Schlaepfer MA 2018. *PLoS Biol.*16, e2005568; IUCN Species Survival Commission, 2017–2020.
15）Elton CS 1958. *The Ecology of Invasions by Animals and Plants,* Methuen（川那部浩哉ほか訳 1971.『侵略の生態学』思索社）

16) Leopold A 1999. (Callicott JB, Freyfogle ET eds.) *For the Health of the Land: Previously Unpublished Essays and Other Writings*, pp. 218–226, Island Press.
17) Edmonds JM, Douglas JA 1976. *Notes Rec. R. Soc. Lond.* 30: 141–167; Rupke NA 1983. *The Great Chain of History: William Buckland and the English School of Geology (1814–1849),* Oxford Univ Press; Boylan PJ 1997. *Archs. Nat. Hist.* 24: 361–372.
18) McGrath AE 2011. *Darwinism and the Divine: Evolutionary Thought and Natural Theology,* Wiley-Blackwell.
19) Haile N 2004. 'Buckland, William' *Oxford Dictionary of National Biography* 8, pp.19–20, Oxford Univ Press.
20) Gordon EO 1894. *The Life and Correspondence of William Buckland D.D. F.R.S.*, John Murray.
21) Judd JW 1910. *The Coming of Evolution: The story of a great revolution in science,* Cambridge Univ Press.
22) Buckland F 1858. (Buckland F ed.) Memoir, *Geology and Mineralogy Considered with Reference to Natural Theology 1* (by Buckland W), pp. b2–b70, Routledge.
23) Ruskin J 1908. (Cook ET, Wedderburn A eds.) *The Works of John Ruskin. Vol. 35, Praeterita and Dilecta,* George Allen.
24) Hare, A. 1900. *The Story of My Life, Vol. 5,* George Allen.
25) Buckland W 1835. *Trans. Geol. Soc. Lond ser. 2,* 3: 223–238.
26) Buckland W 1836. *Geology and Mineralogy considered with reference to Natural Theology,* William Pickering (Bridgewater Treatise).
27) Gould SJ 1983. *Hen's Teeth and Horse's Toes,* W.W. Norton.
28) Kölbl-Ebert, M. 1997. "Mary Buckland (née Morland) 1797–1857," *Earth Sci. Hist.* 16: 33–38.
29) Bompas GC 1891. *Life of Frank Buckland,* Smith Elder and Co.
30) Rupke NA 1983. *The Great Chain of History: William Buckland and the English School of Geology,* Oxford Univ Press.
31) Chapman A 2020. *Caves, Coprolites and Catastrophes: The Story of Pioneering Geologist and Fossil-Hunter William Buckland,* SPCK.
32) Silliman B 1853. *A Visit to Europe in 1851, Vol.1,* Putnam.
33) Snell WE 1967. *Proc. R. Soc. Med.* 60: 291–296
34) Axelrod L 2012. *Am. J. Med.* 125: 618–620.
35) Burgess G 1967. *The Curious World of Frank Buckland,* John Baker.
36) Burgess G 1996. *British Marine Science and Meteorology: the history of their development and application to marine fishing problems,* Buckland Occasional Papers No. 2, pp. 7–32.
37) Napier J 1976. *New Scientist* 16: 647–649.
38) Collins T 2003. *Journal of the Galway Archaeological and Historical Society.* 55: 91–109.
39) Buckland F 1860. *The Journal of the Society of Arts* 9, 19–34.
40) Acclimatisation Society of the United Kingdom 1861–65. *Annual Report.*
41) Owen R 1859. *The Times,* 21 Jan.
42) Anderson W 1992. *Victorian Studies* 35: 135–157.
43) Acclimatisation Society of Victoria 1862–1871. *Annual report of the Acclimatisation Society of Victoria : with the addresses delivered at the annual meeting of the Society,* No. 1–7.

44) Acclimatisation Society of Victoria 1862. *Annual report of the Acclimatisation Society of Victoria,* No. 1, pp. 25–30.
45) Lever C 1992. *They Dined on Eland,* Quiller Press.
46) Palmer TS 1894. *The danger of introducing noxious animals and birds,* U.S. Dept. of Agriculture (以下 USDA).
47) Walrond C 2008. "Acclimatisation — Changing roles of societies, 1890–1990," *Te Ara — the Encyclopedia of New Zealand.*
48) ホシムクドリなどの英国から米国への導入は，Eugene Schieffelin がシェイクスピアに登場する鳥を移す目的でおこなった，という逸話は作り話であるとされている , Fugate L, Miller JM 2021. *Environmental Humanities* 13: 301–322.
49) Spang RL 1992. *MLN* 107: 752–773; Choron AE 1870. *Christmas menu at the restaurant Voisin,* Paris, 25 Dec.
50) White Gilbert 1875. *Natural History and Antiquities of Selborne with notes by Frank Buckland, etc.,* Macmillan.
51) Buckland F 1857. *Curiosities of Natural History 1,* Macmillan.
52) Walpole S 1881. *Popular Science Monthly,* 18 Apr., pp. 812–820, Bonnier.
53) Darwin C 1958. (Barlow N ed.) *The Autobiography of Charles Darwin 1809–1882,* Collins.

第 3 章　ワイルド・ガーデン

1) Cock MJW et al. 2016. *Biocontrol* 61: 349–363.
2) The Editors of Encyclopaedia Britannica 2021 *Romanticism,* Encyclopædia Britannica, Britannica com; Cloudsley T 1990. *History of European Ideas* 12: 611–635.
3) Ratcliff J 2016. *Isis* 107: 495–517.
4) Smout C 2011. *Invasive and Introduced Plants and Animals* (Rotherham I, Lambert RA eds) pp. 55–65, Routledge.
5) Plumb C 2010. *Exotic Animals in Eighteenth-Century Britain,* Ph.D. diss., Univ. of Manchester.
6) Musgrave T et al. 1998. *The Plant Hunters : two hundred years of adventure and discovery around the world,* Cassell.
7) Kohlmaier G et al. 1986. *Houses of Glass: A Nineteenth-Century Building Type.* MIT Press.
8) Uglow SJ 2017. *A Little History of British Gardening,* Random House; Hadfield M 1969. *A History of British Gardening,* Spring Books.
9) Alcorn K 2020. *Historical Research* 93: 715–733.
10) Hessayon DG 2008. *The Bedside Book of the Garden,* Sterling.
11) Wallace AR 1869. *The Malay Archipelago,* Macmillan.
12) Wallace AR 1855. *Ann. Mag. Nat. Hist.* 16: 184–196; 1876 *The Geographical Distribution of Animals,* Harper and brothers.
13) Lester A 2014. *The Linnean* 30: 22–32.
14) Smith H 2011. *Archives of Natural History* 38: 351–353.
15) *The Garden : An illustrated weekly journal of horticulture in all its branches,* 1871–1927 (Founded by W. Robinson).

16) Massingham B 1978. *Garden History* 6: 61–85.
17) Robinson W 1869. *Parks, Promenades and Gardens of Paris,* John Murray.
18) Robinson W 1897. *The Garden* 51: 8–9.
19) Robinson W 1883. *The English Flower Garden and Home Grounds,* John Murray.
20) Robinson W 1870. *The Wild Garden 1st ed.,* John Murray.
21) Helmreich AL 1997. (Wolschke-Bulmahn J ed.) *Nature and ideology : natural garden design in the twentieth century,* pp. 81–111, Dumbarton Oaks.
22) Robinson W 1907. *The Garden Beautiful,* John Murray.
23) James H 1891. *Catalogue of a Collection of Drawings by Alfred Parsons R.I. with a Prefatory Note by Henry James,* pp. 3–5, The Fine Arts Soc.
24) Allan M 1982. *William Robinson 1838–1935 Father of the English Flower Garden,* Faber & Faber.
25) Bisgrove R 2008. *William Robinson: The Wild Gardener,* Frances Lincoln.
26) Loudon JC, Robinson W 1871. *The Horticulturist. Or, the Culture and Management of the Kitchen, Fruit, & Forcing Garden,* Frederick Warn.
27) Helmreich A 2002. *The English Garden and National Identity. the Competing Styles of Garden Design, 1870–1914,* Cambridge Univ. Press.
28) Robinson W 1870. *Alpine Flowers for English Gardens,* John Murray.
29) Humpheets N 1872. *The Garden* 1: 306–308.
30) Robinson W 1932. *The Wild Garden*（*The Wild Garden, Expanded Edition,* Timber Press, 2009 に引用された未出版の版）.
31) Wells HG 1898. *The War of the Worlds,* William Heinemann（中村融訳 2005,『宇宙戦争』東京創元社).
32) Darwin CR 1839. *Narrative of the Surveying Voyages of His Majesty's Ships Adventure and Beagle between the years 1826 and 1836,* H Colbourn.
33) Alt C 2014. (Frawley J, Iain McCalman I eds.) *Rethinking Invasion Ecologies from the Environmental Humanities,* pp.137–148, Routledge.
34) Wilkins WH 1892. *The Alien Invasion,* Methuen; Bloom C 1992. *Jewish Historical Studies* 33: 187–214.
35) Wallace AR 1889. *Darwinism,* Macmillan.
36) Hamilton AG 1893. The new flora and the old in Australia, *Nature* 48: 161–163.
37) Ebbels DL 2003. *Principles of Plant Health and Quarantine,* CABI.
38) *Reynoutria japonica, Polygonum compactum, Polygonum cuspidatum* などはシノニム，別種の *Polygonum sieboldii* の名で呼ばれたこともある．
39) Bailey JP, Conolly AP 2000. *Watsonia* 23: 93–110. なおイタドリの近縁種に大型で葉の形態などで区別されるオオイタドリ（*Fallopia sachalinensis*）がある．こちらも英国に移入し，Giant knotweed と呼ばれるが，イタドリと交雑して判別が困難なものが多い．
40) Robinson W 1867. *The Gardeners' Chronicle and Agricultural Gazette* 6: 713.
41) Robinson W 1874. *The Garden* 6: 303–304.
42) Wood J 1884. *Hardy Perennials & Old-fashioned Garden Flowers,* L. Upcott Gill.
43) Robinson W. *The Garden* 26: 317.
44) Jekyll G 1899. *Wood and Garden.* Longmans, Green.

45) Robinson W 1921. *The English Flower Garden and Home Grounds, 13th ed.*, John Murray.
46) Rotherham I 2011. (Rotherham I, Lambert RA eds.) *Invasive and Introduced Plants and Animals*, pp. 233–247, Routledge.
47) Elton CS 1958. *The Ecology of Invasions by Animals and Plants*, Methuen（川那部浩哉ほか訳 1971.『侵略の生態学』思索社）.
48) Richardson DM, Pysek P 2008. *Diversity Distrib.* 14: 161–168.
49) Huenneke L et al. 1988. *Conserv. Biol.* 2: 8–10.
50) Davis MA 2006. (Cadotte MW, Mcmahon SM, Fukami T eds.) *Conceptual Ecology and Invasion Biology: Reciprocal Approaches to Nature*, pp. 35–64, Springer.
51) Guidance on section 14 of the Wildlife and Countryside Act, 1981.
52) United Nations 2015. *Sustainable Development Goals* (Target 15.8).
53) Department for Environment, Food & Rural Affairs UK 2022. *The Great Britain invasive non-native species strategy.*
54) Thompson DK 2014. *Where Do Camels Belong? The Story and Science of Invasive Species*, Profile Books.
55) Davis MA, Thompson K, Grime JP 2001. *Diversity, Distrib.* 7: 97–102; Theodoropoulos DI 2003. *Invasion Biology Critique of a Pseudoscience*, Avvar Books; Sagoff M 2005. *J Agr. Environ. Ethics* 18: 215–236; Davis MA 2009. *Invasion Biology*. Oxford Univ. Press; Davis et al. 2011. *Nature* 474: 153–154; Thompson K, Davis MA 2011. *TREE* 26: 155–156; Katz E 2014. *The Environ. Values* 23: 377–398; Sinclair R, Pringle A 2017. (Stanescu J., Cummings K. eds.) *The Ethics and Rhetoric of Invasion Ecology*; pp.31–60, Lexington Books; Warren RJ et al. 2017. *PLoS ONE*, 12, e0182502; Antonsich M 2020. *Area* 53: 303–310; Inglis MI 2020. *J. Agric. Environ. Ethics* 33: 299–313; Sagoff M 2020. *Conserv. Biol.* 34: 581–588.
56) Simberloff D 2003. *Biol Invasions* 5: 179–192; Simberloff D et al. 2011 *Nature* 475: 36; Simberloff D 2013. *TREE* 28: 58–66; Richardson DM, Ricciardi A 2013. *Divers Distrib* 19: 1461–1467; Russell JC, Blackburn TM 2017. *TREE* 32: 3–6; Ricciardi A, Ryan R 2018. *Biol Invasions* 20: 549–553; Ricciardi A, Ryan R 2018 *Biol Invasions* 20: 2731–2738; Hettinger N 2021. (Bovenkerk B, Keulartz J eds.) *Animals in Our Mids*, pp. 399–424, Springer.
57) Bellard C, Cassey P, Blackburn T 2016. *Biol. Lett.* 12: 20150623; Davis MA らは，外来種による在来生物の絶滅はおもに島嶼の脆弱な環境で起きていると主張しているが，種の絶滅記録を使う場合，大陸では同種の地域集団の絶滅が無視されるため，この主張は有力な反論とはならない．
58) Williamson M, Fitter A 1996. *Ecolgy* 77: 1661–1666; Jeschke JM, Pyšek P 2018. (Jeschke JM, Heger T eds.) *Invasion Biology*, pp. 124–132, CABI.
59) Ehrenfeld D 1978. *The Arrogance of Humanism*. Oxford University Press; Noss RF 1996. *Conserv. Biol.* 10: 904; Taylor B 2010. *Dark Green Religion, Nature Spirituality and the Planetary Future*, Univ. California Press; Piccolo J et al. 2018. *Conserv. Biol.* 32: 959–961.
60) Soulé ME 1985. *BioScience* 35: 727–734. Soulé はディープ・エコロジーに強い影響を受け，創始者の A. Ness を，保全と生物多様性に対して Leopold 以来もっとも優れた理念的基礎を与えた人物と評し，長く親交を結んでいた（B. Taylor 私信）．生態系中心主義にも幅があり，その極端な立場では生態系に美や善を感じることは人間中心の世界観と見なすが，Soulé の主張では，保全は善の追求つまり道徳であって，生態系を守ること自体が目的である点で生

態系中心主義である．野生生物やそれらが棲む場所にも，人間と同じく本質的な価値があり，それを守ることは倫理的な義務と考える．

61) Leopold A 1949. *A Sand County Almanac and Sketches Here and There,* Oxford Univ. Press. (Leopold A 1970. *A Sand County Almanac, With Essays on Conservation from Round River,* Ballantine Books).
62) Chew MK 2006. *Ending with Elton: Preludes to Invasion Biology,* Ph.D. diss., Arizona State Univ.
63) Rudd LF et al. 2021. *Proc. R. Soc. B.* 288: 20211871; ただし反論として，Kopnina H et al. 2022. (Tindall et al. eds.) *Handbook of Anti-environmentalism,* pp. 423-438, Edward Elgar Pub.
64) Bakari M 2019. *American Studies Journal* 66: 1.
65) Maguire LA, Justus J 2008. *BioScience* 58: 910–911; Kareiva P, Marvier M 2012. *BioScience* 62: 962– 969; Doak DF et al. 2014. *TREE* 29: 77–81; Holmes G, Sandbrook C, Fisher JA 2017. *Conserv. Biol.* 31: 353–363; Sandbrook C et al. 2020. *Nat Sustainability* 2: 316–323. 1992年に採択された生物多様性条約は生態系中心主義にも目を配り，前文に生物多様性の本質的価値も謳われている．しかし議論の中心になったのは，利用的価値に関する部分であった．なお，Soulé はこうしたに生態系サービスを重視する人間中心主義の保全を「新しい保全」と呼び，新自由主義の価値観に基づくものとしている（Soulé ME 2013. *Conserv. Biol.* 27: 895–897）．
66) Wilson EO 1988. (Wilson EO ed.) *Biodiversity,* pp. 3–18, National Academy Press. ただし，Wilson は生態系中心主義の立場も重視している．彼は無傷の生態系に美や善を感じる人類の感覚は進化の結果であり，それが自然保護の行動に還元される，と述べている（Wilson EO 1984. *Biophilia,* Harvard Univ. Press）．
67) Hettinger N 2021. (Bovenkerk B, Keulartz J eds.) *Animals in Our Mids,* pp. 399–424, Springer.
68) Schlaepfer MA 2011. *Conserv. Biol.* 25: 428–37; Dickie IA et al. 2014. *Biol. Invasion* 16: 705–719.
69) Knights P 2008. *Environ. Values* 17: 353–373 は，一定の基準以上の文化的な関係を結んでいる場合は，人間に持ち込まれた種でも社会的には在来種と見なせるとしている．
70) Valéry L, Fritz H, Lefeuvre JC 2013. *Oikos* 122: 1143–1146.
71) Chiba S 2010. *Conserv. Biol.* 24: 1141–1147.
72) Vimercati, G et al 2020. *NeoBiota,* 62: 525–545.
73) Davis et al 2011. *Nature* 474: 153–154; Conservation Gateway 2011. *Is Fighting Non-Natives Worth the Costs?*; Valéry L, Fritz H, Lefeuvre JC 2013. *Oikos* 122: 1143–1146; Thompson DK 2014. *Where Do Camels Belong? The Story and Science of Invasive Species,* Profile Books..
74) Simberloff D et al. 2012. *Ecology* 93: 598–607.
75) Pauchard ALA et al. 2018. *PLoS Biol* 16: e2006686.
76) Dehnen-Schmutz K 2011. *J Appl. Ecol.* 48: 1374–1380.
77) van Eeden LM et al. 2020. *Biol. Conserv.* 242: 108416.
78) House of Commons Science and Technology Committee 2019. *Japanese Knotweed and the Built Environment. 17th Report of Session 2017–2019,* UK Parliament; Global Invasive Species

Database 2022. "Species profile: *Polygonum cuspidatum,* ISSG"; CABI 2022. *Japanese Knotweed Alliance* (https://www.invasive-species.org/species/japanese-knotweed-alliance/).
79) Elliott V. 2011 *Daily Mail,* 23 Oct.
80) Anti-social Behaviour, Crime and Policing Act 2014.
81) Arkell H, Watson L. 2014 *Daily Mail,* 31 Mar.
82) Keeley A 2013. *Hampstead Highgate Express,* 6 June.
83) Fung C et al. 2020. *Biol. Contr.* 146: 104269.

第４章　夢よふたたび

1) Walsh BD, Riley CV 1869. *Amer. Entomol.* 1: 189–193; Walsh BD, Riley CV 1872. *Canad. Entomol.* 4: 182; Walsh BD, Riley CV 1892. *Annu. Rep. Mo. Bot. Gard.* 3:99–158; Smith EH, Smith JR 1996. *Amer. Entomol.* 42: 228–238; Sorensen W. Conner et al. 2008. *Amer Entomol.* 54: 134–149.
2) Sorensen EH et al. 2019. *Charles Valentine Riley: Founder of modern entomology,* Univ. Alabama Press.
3) Sawyer RC 1990. *Agr. Hist.* 64: 271–285; Vail et al. 2001. *Amer. Entomol.* 47: 24–49.
4) Koebele A 1890. *U. S. Dept. Agric., Bur. Ent. Bull.* 21: 1–32.
5) Riley CV, Howard LO 1891. *Insect Life* 4: 163–164; Riley CV 1892. *Ann. Rep. Secre. Agr.* 38.
6) Doutt RL 1958. *Bull. Entomol. Soc. Amer.* 4: 119–123.
7) Sawyer RC 1996. *To Make Spotless Orange: Biological Control in California,* Iowa State Univ Press.
8) Compere H 1969. *Proceedings, 1st International Citrus Symposium,* pp.755–764, Univ of California.
9) Howard LO 1930. A History of Applied Entomology (Somewhat Anecdotal), *Smithsonian Misc. Coll.* 84 (1):1–564.
10) Darwin CR 1839. *Narrative of the Surveying Voyages of His Majesty's Ships Adventure and Beagle between the years 1826 and 1836,* Henry Colbourn.
11) Lawrence S, Davies P 2011. *An Archaeology of Australia Since 1788,* Springer.
12) Australian Law Reform Commission 1986. *Recognition of Aboriginal Customary Laws (ALRC Report 31),* Australian Government; Menzies K 2019. *Social Work & Society* 17: 1–18.
13) Wright J 1975. *Because I Was Invited,* Oxford Univ. Press.
14) Barratt-Peacock R 2020. *Concrete Horizons: Romantic Irony in the Poetry of David Malouf and Samuel Wagan Watson,* Peter Lang.
15) Moss W, Walmsley R 2005. *Controlling the Sale of Invasive Garden Plants: Why Voluntary Measures Alone Fail – A Discussion Paper,* WWF–Australiay.
16) Murray BR, Phillips ML 2012. *NeoBiota* 13: 1–14.
17) Lever C 1992. *They Dined on Eland,* Quiller Press.
18) Acclimatisation Society of Victoria 1862–1871. *Annual Report of the Acclimatisation Society of Victoria: with the addresses delivered at the annual meeting of the Society,* 1st-7th.
19) Peacock D, Abbott I 2010. *Aust. J. Zool.* 58: 205–227.

20) Deveson E 2016. *Br. J. Hist. Sci.* 49: 231–258.
21) Crafts HA 1907. *Scientific American* 97: 183.
22) *The Sydney Mail & New South Wales Advertiser* 1900, 4 Aug.
23) *The West Australian* 1901, 31 Jan.
24) *Western Mail* 1903, 20 Jun.
25) *The West Australian* 1903, 12 Aug.
26) *The West Australian* 1905, 4 Jan.
27) *The Daily News*, 1905, 26 May.
28) *The West Australian* 1905, 27 May.
29) *Daily News* 1906, 16 Jul.
30) Tryon H 1889. *Report on Insect and Fungus Pests*, No.1, Department of Agriculture, Queensland.
31) Tryon H 1894. *The Disease Affecting the Orange Orchards of Wide Bay, and the insect pests prevalent therein*, Edmund Gregory, Government Printer.
32) *Western Mail* 1905, 3 Jun; *Western Mail* 1906, 14 Jul.
33) *The Daily Telegraph* 1906, 27 Jun; *The Sydney Morning Herald* 1907, 2 May.
34) *Cumberland Argus and Fruitgrowers' Advocate* 1905, 9 Sep.
35) *The Leader* 1906, 11 Aug.
36) *The Daily Telegraph* 1906, 31 Aug.
37) *The Daily News* 1906, 27 Sept.
38) *West Australian* 1905, 19 Dec.
39) *Bunbury Herald* 1906, 30 May.
40) *The Sydney Morning Herald* 1906, 21 Sept.
41) *The Daily News* 1907, 23 Jul.
42) Froggatt WW 1909. *Report on Parasitic and Injurious Insects. 1907–1908*, Department of Agriculture, New South Wales.

第５章　棘のある果実

1) Koebele A 1890. *U. S. Dept. Agric., Bur. Ent. Bull.* 21: 1–32.
2) Tryon H 1889. *Report on Insect and Fungus Pests, No.1*, Department of Agriculture, Queensland.
3) Tyrrell I 1999. *True Gardens of the Gods*, Univ of California Press.
4) CSIR 1930. *Fourth Annual Report of the Council for Scientific and Industrial Research for the Year Ended June 30th, 1930*, Commonwealth of Australia.
5) Tryon H 1904. *Ann. Rep. Dept. Agric. and Stock*, Queensland 1903–04: 67–70.
6) Greenfield AB 2006. *A Perfect Red*, Black Swan.（佐藤桂訳 2006,『完璧な赤』早川書房）.
7) Frey JW 2012. *The Historian* 74: 241–265.
8) Ramírez-Puebla ST 2010. *Environ. Entomol.* 39: 1178–83,
9) White CT 1945. *Proc. R. Soc. Queensland* 56: 44–80.
10) Courtice AC 1986. *J. Royal Hist. Soc. Queensland* 12: 417–431.
11) Tryon H 1894. *The Disease Affecting the Orange Orchards of Wide Bay, and the insect pests*

prevalent therein, Government Printer Brisbane Australia.
12) Imms AD 1941. *Nature* 148: 303–305.
13) Torre D 2017. *Cactus*. Reaktion Books.
14) Tryon H 1910. *Queensland Agr. J.* 25: 188–197.
15) Green EE 1896. *Indian Mus. Notes* 4: 2–11; Green EE 1908. *Mem. Dep. Agrie. India, ent. ser.* 2: 15–44.
16) Tryon H 1911. The Insect Enemies of the Prickly Pear, Bd. of Advice on Prickly Pear Destruction, Interim Report I.
17) Dodd AP 1940. *The Biological Campaign against Prickly-Pear*, Commonwealth Prickly Pear Board; Dodd AP 1945. *J. Royal Hist. Soc. Queensland* 3: 351–361.
18) Currie G, Graham J 1966. *The Origins of CSIRO: Science and Commonwealth Government, 1901–1926*, CSIRO; Freeman DB 1992. *Geogr. Rev.* 82: 413–429.
19) Frawley J 2011. (Mayne A, Atkinson S eds.) *Outside country: Histories of inland Australia*, pp.43–62, Wakefield Press.
20) *The Register News-Pictorial* 1929, 7 Nov.
21) Johnston TH, Tryon H 1914. *Report of the Prickly-Pear Travelling Commission*, Government Printer, Brisbane Australia.
22) Sandars DF 1954. *Proc. R. Soc. Queensland* 64: 57–68.
23) Howard LO 1930. *A History of Applied Entomology (Somewhat Anecdotal)*, Smithsonian Misc. Coll. 84.
24) White-Haney J 1914. *Report of the Officer in Charge of the Prickly-Pear Experimental Station, Dulacca, up to 30th June, 1913*, Queensland Dept.
25) Riley CV 1889. *Insect Life* 1: 258–259.
26) *Daily Standard* 1914, 30 Apr.
27) *The Telegraph* 1914, 1 May.
28) White-Haney J 1915. *Report of the Officer in Charge of the Prickly-Pear Experimental Station, Dulacca, from 1st May, 1914, to 30th April, 1915*, Queensland Dept.
29) White-Haney J 1916. *Report of the Officer in Charge of the Prickly-Pear Experimental Station, Dulacca, from 1st May, 1915, to 30th June, 1916*, Queensland Dept.
30) Johnston TH 1921. *Queensland Agr. J.* 16: 65–68.
31) Johnston TH 1923. *Report of meeting Australasian Association for the Advancement of Science* 16: 347–401.
32) *The Brisbane Courier* 1924, 15 Apr.
33) *The Daily Mail* 1924, 16 Jul.
34) McFadyen RE 2007. *Australian Dictionary of Biography 17*, Melbourne Univ. Press.
35) Dodd AP 1940. *The Biological Campaign against Prickly Pear*, Commonwealth Prickly Pear Board.
36) Hosking JR, Sullivan PR, Welsby SM 1994. *Agr. Ecosyst. Environ.* 48: 241–255.
37) *The Courier-Mail* 1939, 10 Jun.
38) *The Daily Mail* 1923, 30 Dec.
39) *Morning Bulletin* 1929, 3 Jul.
40) Logan GN 1990. *Australian Dictionary of Biography* 12, pp 272–273, Melbourne Univ Press.

第６章　サトウキビ畑で捕まえて

1）Koebele A 1891. *Insect Life* 4: 385–389.
2）Illingworth JF, Dodd AP 1921. *Australian Sugarcane Beetles and Their Allies. Division of Entomology Bulletin 16,* BSES.
3）Kessler LH 2016. *Planter's Paradise: Nature, Culture, and Hawaii's Sugarcane Plantations,* PhD diss., Temple Univ.; Kessler LH 2017. *Arcadia* 8, Rachel Carson Center for Environment and Society (online).
4）Howarth FG 1991. *Ann. Rev. Entomol.* 36: 485–509.
5）Funasaki GY et al. 1988. *Proc. Hawaii Entomol. Soc.* 28: 105–160.
6）Perkins RCL 1897. *Nature* 55: 499–500.
7）Liebherr JK, Polhemus DA. 1997. *Pacific Science* 51: 343–355.
8）Perkins RCL 1929. *The Early Work of Albert Koebele in Hawaii* (*Hawaiian Planters' Record* 29: 359–378 (1925) の revised reprint); Swezey OH 1925. *Hawaiian Planters' Record* 29: 354–368.
9）Scott H 1956. *Biogr. Mems Fell. R. Soc.* 2: 215–236.
10）Timberlake PH 1927. *Hawaii Ent. Soc. Proc.* 4: 529–556.
11）Perkins RCL 1905. *Bulletin of the Hawaiian Sugar Planter's Association Experimental Station Entomological Series* 84: 75–85.
12）Kirkaldy GW 1903. *The Entomologist* 36: 179–181.
13）Swezey OH 1936. *Bulletin of the Experiment Station of the Hawaii Sugar Planters Association* 21: 79–81.
14）Lewis S 1989. *Cane Toads: Unusual History,* Doubleday; Weber K 2010. *Cane Toads and Other Rogue Species,* Public Affairs; Turvey ND 2013. *Cane Toads,* Sydney Univ. Press; MacDonald T 2013. *Living with the Enemy.* Ph.D diss., James Cook Univ.
15）DeBach P, Rosen D 1991. *Biological Control by Natural Enemies,* Cambridge Univ. Press.
16）Muir F 1920. *Hawaiian Planter's Record* 23: 125–130.
17）Zimmerman EC. 1948 *Insects of Hawaii. Vol. 3. Heteroptera,* Univ. of Hawaii Press.
18）Bianch FA 1977. *Proc. Hawaiian Entomol. Soc.* 22: 417–441.
19）Pemberton CE 1921. *Hawaiian Planters' Record* 24: 297–319.
20）Pemberton CE 1964. *Pacific Insects* 6: 689–729.
21）Dexter RR 1932. *Proc. 4th Congress ISSCT, Puerto Rico, Bulletin* 74: 1–6.
22）Wolcott GN 1950. *Amer. Nat.* 84: 183–193.
23）Wanger TC et al. 2011. *Proc. R. Soc. Lond.* 278: 690–694.
24）Turvey ND 2009. *The Toad's Tale Hot Topics from the Tropics Vol. 1,* Charles Darwin Univ.
25）Pemberton CE 1934. *Hawaiian Planter's Record* 38: 186–192.
26）Shine R 2018. *Cane Toad Wars,* Univ. of California Press.
27）*The Guam Recorder* 17 (1940): 68–84.
28）Tryon H 1896. *Grub Pest of Sugar Cane,* Department of Agriculture, Queensland.
29）Jarvis E 1915. *Aust. Sugar Jour.* 7: 525–529.
30）Egan B 2015. *The History of Cane Pest and Disease Control Boards in Queensland,* Scribe

Consulting.
31) Mungomery 1934. *The Cane Growers' Quarterly Bulletin* 2: 1–8.
32) Froggatt WW 1936. *Austral. Nat.* 9: 163–164.
33) *The Queenslander* 1935, 28 Nov.
34) BSES 1940. Annual Report, Queensland Dept. of Agriculture and Stock.
35) Selechnik D et al. 2019. *Front. Genet.* 10: 1221.
36) Shine R 2020. *Conserv. Sci. Pract.* 2: e296.
37) Doody JS et al. 2015. *Ecology* 96: 2544–2554.
38) Phillips BL, Shine R 2004. *Proc. Natl. Acad. Sci.* 101: 17150–17155.
39) DeVore JL et al. 2021. *Proc. Natl. Acad. Sci.* 118: e2100765118.
40) Shine R et al. 2021. *Sci. Rep.* 11: 23574.
41) Commonwealth of Australia 2011. *Threat Abatement Plan for the Biological Effects, Including Lethal Toxic Ingestion, Caused by Cane Toads,* Dept. Sustainability, Environment, Water, Population and Communities.
42) Cavanagh JE 2000. *Organochlorine Insecticide Usage in the Sugar Industry of the Herbert and Burdekin River Regions: chemical, biological, and risk assessments,* Ph.D. diss., James Cook Univ.

第７章　ワシントンの桜

1) Koebele A 1895. Note, Lot no. 1218, 1235, 1236, 1237, 1238, 1262, 1300, NMNH.
2) Van Dine DL 1905. *Insect Enemies of Tobacco in Hawaii,* Hawaiian Agr. Exp. Sta., Bull. 10, HAES.
3) Riley CV, Howard LC 1893. *Insect Life* 6: 43.
4) Pemberton CE 1964. *Pacific Insects* 6: 689–729.
5) Mallis A 1971. *American Entomologists,* pp. 86–92, New Brunswick.
6) Sasscer ER 1955. *J. Econom. Entomol.* 48: 228–230; Cory EN, Reed WD, Sasser ER 1955. *Proc. Entomol. Soc. Washington* 57: 37–43; Kohler SA, Carson JR, 1988. *Sixteenth Street Architecture 2,* Commission of Fine Arts.
7) Howard LO 1930. *A History of Applied Entomology (Somewhat Anecdotal),* Smithsonian Misc. Coll. 84.
8) Marlatt, CL 1898. *The Periodical Cicada: An Account of Cicada Septendecim, Its Natural Enemies and the Means of Preventing its Injury, Together with a Summary of the Distribution of the Different Broods,* Bull. U.S. Bur. Ent. 14, USDA.
9) Howard LO, Marlatt CL 1896. *The San Jose Scale ; Its Occurrence in the United States, with a Full Account of Its Life History and the Remedies to be Used Against It,* Bull. U.S. Bur. Ent. 3, USDA.
10) Howard LO, Marlatt CL 1899. *U. S. Dept. Agr. Div. Ent. Bull.* 20: 36–39.
11) Cockerell TDA 1897. *The San Jose Scale and Its Nearest Allies: A Brief Consideration of the Characters Which Distinguish These Closely Related Injurious Scale Insects,* Tech. Ser. 6, USDA.
12) Shinozuka JN 2009. *From a "Contagious" to a "Poisonous Yellow Peril"? Japanese and*

Japanese Americans in Public Health and Agriculture, 1890s–1950, Ph.D. diss., Univ. of Minnesota.

13) Howard LO 1895. *Insect Life* 7: 283–295.

14) *San Jose Mercury-News* 1900, Vol. 58, 30 Sep.; Kellog VL 1901. *Science* 13: 383–385.（新聞記事の発表と同僚を通した速報論文はあるが，桑名本人は論文を出版していない．詳細を論文にする予定だったものの，この時点では出版まで至らなかったようである．）

15) 大日本雄辯會編 1922.『苦学力行 新人物立志伝』pp.1–12, 大日本雄弁会；上遠章 1933. 昆虫 7: 105–107.

16) Marlatt C 1953. *An Entomologist's Quest: The Story of the San Jose Scale: The Diary of a Trip around the World, 1901–1902.* Monumental Printing.

17) ただしこれは差別と表裏であったと考えるべきである．差別意識を背景に，日本の中から欧米人に好都合で有益な部分だけを選んで輸入し，他の習慣，宗教，暮らしなどは拒否や軽蔑，警戒の対象とするのが一般的であった．

18) Marlatt CL 1903. *Entomological News* 14: 65–68.

19) Marlatt CL 1901. *U. S. Dept. Agr. Div. Ent. Bull.* 31: 41–47.

20) Marlatt CL 1901. (Discussion) *U. S. Dept. Agr. Div. Ent. Bull.* 31: 47–48.

21) Kuwana SI, Onuki S, Hor S 1904. *The San Jose Scale in Japan,* Imp. Agr. Expt. Sta., Nishigahara.

22) Marlatt CL 1902. *Yearbook U.S. Dept. Agr.,* 155–174; Marlatt CL 1904 *Pop. Sci. Mo.* 65: 306–317.

23) Liebhold AM, Griffin RL 2016. *Amer. Entomol.* 62: 218–227.

24) Pauly PJ 1996 *Isis* 87: 51–73; Pauly PJ 2007 *Fruits and Plains: The Horticultural Transformation of America,* Harvard Univ. Press.

25) Fairchild D 1943. *Garden Islands of the Great East,* Charles Scribner's Sons; Wallace AR 1905. *My life: A Record of Events and Opinions,* Chapman Hall; Smith CH, Derr M eds. 2013. *Alfred Russel Wallace's 1886–1887 Travel Diary: The North American Lecture Tour,* Siri Scientific Press.

26) Fairchild D 1938. *The World was My Garden: Travels of a Plant Explorer,* Scribner's Sons.

27) Fairchild D 1917. *Amer. Forestry* 23: 213–216.

28) United States National Arboretum Collection Cherry Tree Files 1909–1912; Jefferson RM, Fusonie AE 1977. *The Japanese Flowering Cherry Trees of Washington, D.C,* USDA.

29) Ozaki Y 2001. (Translated by Hara F) *The Autobiography of Ozaki Yukio: The Struggle for Constitutional Government in Japan,* Princeton Univ Press.

30) Silvestri F 1909. *Riv. Coleotterologica Ital.* 7: 126–129; Bieńkowski AO, Orlova-Bienkowskaja MJ 2020. *Insects* 11: 368. マーラットが日本で採取したときは *C. similis* と呼ばれていたが，のちに別の種とされた．現在は，*C. renipustulatus* のシノニムとされる場合が多い．

31) *New York Times* 1910, 31 Jan.

32) Marlatt CL 1911. *Natl . Geogr . Mag.* 22: 321–346

33) Fairchild D 1911. *Natl . Geogr . Mag.* 22: 879–907.

34) Marlatt CL 1917. *Amer. Forestry* 23: 75–80.

35) Burgess AF, Collins CW 1911. *Yearbook U.S. Dept. Agr.,* 453–466; Marchal P 1908. *Pop. Sci. Mon.* 72: 406–419.

36) Howard LO, Fiske WF 1911. *The Importation into the United States of the Parasites of the Gypsy Moth and the Brown-Tail Moth*, Bull. U.S. Bur. Ent. 91, USDA.
37) Dunlap TR 1978. *Environ. Rev.* 5: 38–47.
38) Howard LO 1933. *Fighting the Insects, the Story of an Entomologist: Telling of the Life and Experiences of the Writer*, Macmillan.
39) McWilliams JE 2008. *Agric. Hist* 82: 468–495.
40) Howard LO 1901. *Mosquitoes: How They Live; How They Carry Disease; How They are Classified, How They May be Destroyed.* McClure, Philips & Co.
41) Howard LO 1901. *The Insect Book.* Doubleday, Page & Co.
42) Howard LO 1919. *Sci. Mon.* 8: 109–117.
43) Howard LO 1921. *Science* 54: 641–651; Howard LO 1922 *Chem Age* 30: 5–6.
44) Ruggles AG 1924. *J. Econom. Entomol.* 17: 34–41.
45) Sawyer RC 1990. *Agric. Hist* 64: 271–285.
46) Plant Pest Control Division 1929. *Plant Regulatory Announcements*, 97–117, USDA; Geong HG 2000. *Agric. Hist.* 74: 309–321.
47) Chaleila WA (2020) *Racism* and *Xenophobia* in *Early Twentieth-Century American Fiction*, Taylor & Francis.
48) Davis MA 2009. *Invasion Biology*, Oxford Univ. Press.
49) Miyao D 1998. *The Japanese Journal of American Studies* 9: 69–95.
50) Forbes SA 1915. *The Insect, the Farmer, the Teacher, the Citizen, and the State*, Illinois State Laboratory of Natural History.
51) Lasswell F 1945. *Leatherneck* 28: 35–37.
52) Snow W 2013. *Tung Tried: Agricultural Policy and the Fate of a Gulf South Oilseed Industry, 1902–1969*, Ph.D. diss., Mississippi State Univ.
53) Stone D 2018. *The Food Explorer: The True Adventures of the Globe-Trotting Botanist Who Transformed What America Eats*, Penguin Putnam.
54) Davis MA et al. 2011. *Nature* 474: 153–154.
55) Lalasz B (ed.) 2011. *Is Fighting Non-Natives Worth the Costs? Forum with Mark Davis, Daniel Simberloff and Peter Kareiva*, Science Chronicles.
56) Myers JH, et al. 2000. *TREE* 15: 316–320.
57) Science News 1929. *Science* 69: x; Clark RA, Weems HV 1989. *Proc. Fla. State Holt. Soc.* 102: 159–164.
58) IUCN 2000 Guidelines for the Prevention of Biodiversity Loss Caused by Alien Invasive Species, IUCN.
59) Leung B et al. 2014. *Front. Ecol. Environ.* 12: 273–279.
60) Blackburn TM et a.l 2014. *PLoS Biol.* 12: e1001850; Roy HE et al. 2018. *J. Appl. Ecol.* 55: 526–538; Roy HE et al. 2019. *Glob. Chang. Biol.* 25: 1032–1048. 欧州では科学的なリスク評価システムが導入され，EUの科学諮問委員会により，危険性の高い外来種に関するリストの見直しがおこなわれている．しかし全EU加盟国がリストに同意する必要があるため，危険性が高いにもかかわらず，リストから省かれている外来種が多いという問題がある．
61) Uchida et al. 2016. *Conserv. Biol.* 30: 1330–1337.
62) Frank KD 2016. *Entomol. News* 126: 153–174.

63) Marlatt CL 1899. *U. S. Dept. Agr. Div. Ent. Bull.* 20: 5–24.
64) Aukema JE et al. 2010. *BioScience* 60: 886–897.

第8章　自然のバランス

1) Compere H 1928.. *California Citrograph* 13: 318, 346–349.
2) Gordh G 1994. *Pan-Pacific Entomologist* 70: 188–205.
3) Boyce AM, Compere H, van den Bosch R 1959. *Harry Scott Smith, Biological Control: Riverside (1883–1957), In Memoriam,* Univ. of California.
4) Sawyer R 2002. *To Make a Spotless Orange: Biological Control in California,* Purdue Univ Press.
5) Smith HS 1919. *J. Econ. Entomol.* 12: 288–292.
6) Smith HS, Compere H 1929. *Bull. Calif. Dept. Agric.* 18: 214–218; Compere H, Smith HS 1932. *Hilgardia* 6: 585–618.
7) Compere H 1929. *Univ. California Pubs. Entomol.* 5: 1–3; 1939 *Proc. U.S. Nat. Mus.,* 21: 232.
8) Walter R 1967. *The Citrus Industry: Crop Protection, Postharvest Technology, and Early History of Citrus Research in California,* UCANR Publications.
9) Compere H 1961. *Hilgardia* 31: 173–278.
10) Compere H, Flanders SE, Smith HS 1941. *Calif. Citrograph* 26: 291, 300–301.
11) McKenzie HL 1937. *Univ. California Pubs. Entmol.* 6: 323–336.
12) Flanders SE 1944. *J. Econ. Entomol.* 37: 408–411; DeBach P, David R 1991. *Biological Control by Natural Enemies,* CUP Archive. 日本でフタスジトビコバチが寄生していた宿主はマキアカマルカイガラムシ（*Aonidiella taxus*）であることがのちにわかっている．なお日本にもアカマルカイガラムシに寄生するフタスジトビコバチがいる．
13) Smith HS 1941. *J. Econ. Entomol.* 34: 1–13.
14) Smith HS 1941. *Ecology* 25: 477–479.
15) Dobzhansky T 1937. *Genetics and the Origin of Species.* Columbia Univ. Press; 1941年の版には，害虫の薬剤抵抗性の進化について，スミスと話をしたことが書かれている．
16) Compere H. 1961 *Hilgardia* 31: 173–278.
17) Compere H. 1969 *Israel J. Ent.* 4: 5–10.
18) Flanders SE 1937. *Univ. California Pubs. Entomol.* 6: 403–422.
19) Flanders SE 1943. *J. Econ. Entomol.* 36: 921–926; Walter GH 1983. *J. Ent. Soc. Sth. Afr.* 46: 261–282; Hunter MS, Woolley JB. 2001 *Ann. Rev. Entomol.* 46: 251–290; Zhou QS et al. 2018 *Zool. J. Linn. Soc.* 182: 38–49.
20) Flanders SE 1930. *Hilgardia* 4: 465–501
21) Salt G 1935. *Proc. R. Soc. Lond. B* 117: 413–435.
22) Salt G 1934. *Proc. R. Soc. Lond. B* 114: 455–476; Salt G 1937. *Proc. R. Soc. Lond. B* 122: 57–75.
23) Darwin C 1859. *On the Origin of Species by Means of Natural Selection, or the Preservation of Favoured Races in the Struggle for Life,* John Murray.
24) Wallace AR 1855. Notebook (in McKinney HL *J. Hist. Med. Allied Sci.* 21: 333–357).

25) Howard LO, Fiske WF 1911. *The Importation into the United States of the Parasites of the Gypsy Moth and the Brown-Tail Moth,* Bull. U.S. Bur. Ent. 91, USDA.
26) Smith HS 1948. (Batchelor LD, Webber HJ eds.) *The Citrus Industry Vol. 2,* pp. 597–625, Univ. California Press.
27) Smith HS 1929. *Bull. Entomol. Res.* 20: 141–149.
28) Lotka AJ 1920. *Proc. Natl. Acad. Sci.* 6: 410–415; Lotka AJ 1925. *Elements of Physical Biology,* William & Wilkins; Volterra V 1926. *Mem. Acad. Lincei Roma* 2: 31–113.
29) Nicholson AJ 1933. The balance of animal population *J. Anim. Ecol.* 2: 132–178.
30) Nicholson AJ, Bailey VA 1935. *Proc. Zool. Soc. Lond.* 3: 551–598.
31) Smith HS 1939. *Ecol. Monogr.* 9: 311–320.
32) DeBach P, Smith HS 1941. *Ecology* 22: 363–369.
33) Utida S 1950. *Ecology* 31: 165–175; 1957 *Ecology* 38: 442–449.
34) Smith HS 1947. *Proc. Ent. Soc. Washington* 49: 169–170; Holloway JK, Huffaker CB 1952. *Insects, Yearbook of Agriculture,* pp. 135–140, USDA.
35) Thompson WR 1924. *Ann. Fac. Sei. Marseille* 2: 69–89.
36) Thompson WR 1939. *Parasitology* 31: 299–388.
37) Turnbull AL, Chant DA 1961. *Can. J. Zool.* 39: 697–745
38) Elton C 1930. *Animal Ecology and Evolution,* Oxford Univ. Press.
39) Elton C, Nicholson M 1942. *J. Anim. Ecol.* 11: 215–244.
40) Lack D 1954. *The Natural Regulation of Animal Numbers,* Oxford Univ. Press.
41) Nicholson AJ 1954. *Aust. J. Zool.* 2: 9–65.
42) Andrewartha HG, Birch LC 1954. *The Distribution and Abundance of Animals,* Univ. of Chicago Press.
43) Nicholson AJ 1958. *Cold Spring Harbor Symp. Quant. Biol.* 22: 153–173; Andrewartha HG 1958. *Cold Spring Harbor Symp. Quant. Biol.* 22: 219–236.
44) Hairston NG, Smith FE, Slobodkin L 1960. *Amer. Nat.* 94: 421–425.
45) Elton C 1927. *Animal Ecology,* Macmillan.
46) Fretwell SD 1977. *Perspect. Biol. Med.* 20: 169–185.
47) Paine RT 1966. *Amer. Nat,* 100: 65–76.
48) Paine RT 1969. *Amer. Nat.* 103: 91–93.
49) Menge BA 1994. *Ecol. Monogr.* 64: 249–286.
50) Harriott V, Goggin L, Sweatman H 2003. *Crown of Thorns Starfish on the Great Barrier Reef: Current State of Knowledge,* CRC Reef Research Centre.
51) Williams CB 1964. *Patterns in the Balance of Nature and related Problems in Quantitative Ecology,* Academic Press.
52) Egerton FA 1973. *Quart. Rev. Biol.* 48: 322–350.
53) Beddington JR, Free CA, Lawton JH 1975. *Nature* 255: 58–60.
54) Hassell MP, Comins HN, May RM 1994. *Nature* 370: 290–292.
55) May RM 1977. *Nature* 269: 471–477; Hastings A et al. 1993. *Annu. Rev. Ecol. Syst.* 24: 1–33; Rohde K 2006. *Nonequilibrium Ecology,* Cambridge Univ. Press; Vandermeer J et al. 2004. *Ecology* 85: 575–579; Mori A 2010. *Jap. J. Ecol.* 60: 19–39.
56) Connell JH 1978. *Science* 199: 1302–1310; Pickett STA 1980. *Bull. Torrey Bot. Club* 107:

238–248; Hubbell SP 2001. *The Unified Neutral Theory of Biodiversity and Biogeography,* Princeton Univ. Press; He T et al. 2019. *Biol. Rev.* 94: 1983–2010.
57) Herrando-Pérez S et al. 2012. *Oecologia* 170: 585–603.
58) Allee WC et al. 1949. *Principles of Animal Ecology,* Saunders; Stephens PA, Sutherland WJ, Freckleton RP 1999. *Oikos* 87: 185–190; Courchamp F, Clutton-Brock T, Grenfell B 1999. *TREE* 14: 405–410.
59) Royama T 1977. *Ecol. Monogr.* 47: 1–35.
60) Berryman AA 1991. *Oecologia* 86: 140–143.
61) Andrewartha HG 1961. *Introduction to the Study of Animal Population,* Univ. of Chicago Press.
62) Churcher TS, Filipe JAN, Basáñez MG 2006. *J. Anim. Ecol.* 75: 1313–1320.
63) White TCR 2001. *Oikos* 93: 148–152.
64) Price PW et al. 2011. *Insect Ecology: Behavior, Populations and Communities,* Cambridge Univ. Press,
65) Pickett STA et al. 1994. *Ecological Understanding: The Nature of Theory and the Theory of Nature,* Academic Press; Svenning JC, Sandel B 2013. *Am. J. Bot.* 100: 1266–1286; Rominger AJ et al. 2016. *Global Ecol. Biogeogr.* 25: 769–780.
66) Krebs CJ, Boonstra R, Boutin S 2018. *J. Anim. Ecol.* 87: 87–100; Yan C et al. 2013. *Glob. Chang. Biol.* 19: 3263–3271.
67) Ouyang F et al. 2014. *Ecol. Evol.* 4: 3362–3374.
68) Marini L et al. 2017. *Ecography* 40: 1426–1435; Marini L et al. 2013 *Oikos* 122: 1768–1776.
69) Schowalter TD 2016. *Insect Ecology: An Ecosystem Approach 4th ed.,* Elsevier.
70) Simenstad CA, Estes JA, Kenyon KW 1978. *Science* 200: 403–411.
71) Casini M et al. 2008. *Proc. R. Soc. Lond. B* 275: 1793–1801.
72) Beaugrand G et al. 2003. *Nature* 426: 661–664.
73) Lynam CP et al. 2017. *Proc. Natl. Acad. Sci.* 114: 1952–1957.
74) Kricher JC 2009. *The Balance of Nature: Ecology's Enduring Myth,* Princeton Univ. Press.
75) Wu J, Loucks OL 1995. *Quart Rev Biol* 70: 439–466; Simberloff D 2014. *PLoS Biol* 12: e1001963.

第９章　意図せざる結果

1) Palladino P 1990. *Soc. Stud. Sci.* 20: 255–281.
2) Stern M et al. 1959. *Hilgardia* 29: 81–101.
3) Nicholson AJ 1933. *J. Anim. Ecol.* 2: 132–178.
4) DeBach P, Rosen D 1991. *Biological Control by Natural Enemies,* Cambridge Univ Press.
5) Doutt R, DeBach P 1964. *Biological Control of Insect Pests and Weeds* (DeBach P ed.) pp.118–142, Reinhold.
6) DeBach P 1951. *J. Econ. Entomol.* 44: 443–447.
7) Chant DA 1964. *Can. Entomol.* 96: 182–201.
8) Pickett AD, Patterson NA 1953. *Can. Entomol.* 85: 472–478.
9) Palladino P 2013. *Entomology, Ecology and Agriculture: The Making of Science Careers in*

North America, 1885–1985, Taylor & Francis.
10) Turnbull AL, Chant DA 1961. *Can. J. Zool.* 39: 697–753.
11) Sawyer RC 1990. *Agr. Hist.* 64: 271–285.
12) Egler FE 1972. *Bull. Ecol.* Soc. *Amer.* 53: 2–4.
13) Hecht DK 2012. *Endeavour* 36: 149–155.
14) Sauder W 2012. *On a Farther Shore: The Life and Legacy of Rachel Carson,* Crown Publishers.
15) *New York Times* 1962, 2 Jul.
16) Kroll G 2012. (Wiener G ed.) *The Environment in Rachel Carson's Silent Spring* pp. 65–72, Greenhaven Press.
17) Kroll G 2001. *Public Underst. Sci.,* 10: 403–420.
18) Martin AK 2008. *Vanderbilt Journal of Transactional Law* 41: 677–704. 一方，DDT禁止のため世界的にマラリアの流行を防げなくなったという主張もあるが，根拠に乏しく，俗説の類と考えられる.
19) Andrewartha HG, Birch LC 1954. *The Distribution and Abundance of Animals,* Univ. of Chicago Press.
20) DeBach P 1964. (DeBach ed.) *Biological Control of Insect Pests and Weeds,* pp. 673–713, Reinhold.
21) MacQuarrie CJ et al. 2016. *Can. Entomol.* 148: S239–S269.
22) Seehausen ML et al. 2021. *NeoBiota* 65: 169–191.
23) Conis E 2010. *Public Health Rep.* 125: 337–342. 1960–70年代環境保護運動の中核のひとり，Paul Ehrlichの考えは典型である．世界的ベストセラーとなった彼の著書でEhrlichは，人口爆発による飢餓を避けるため，強制的な出生抑制や食糧増産が必要とする一方で，DDT禁止を主張し，そのための一時的な（天敵が使えるようになるまでの）食糧減を受け容れる必要があるとしている．今後10年間に1億人が食糧不足で餓死すると予測する一方で，DDTはその効果より代償のほうが問題だとしている（Ehrlich P 1968. *The Population Bomb,* Ballantine Books）．なお皮肉にもその後，人間中心主義の保全の中心概念となった「生態系サービス」という用語を最初に広めたのはEhrlichである（Ehrlich P, Ehrlich A 1981. *Extinction: The Cause and Consequences of the Disappearance of Species,* Random House).
24) Davis FR 2014. *Banned: A History of Pesticides and the Science of Toxicology,* Yale Univ. Press.
25) Valavanidis A 2018. *Scientific Reviews* 37.
26) Tabashnik BE et al. 2014. *J. Econ. Entomol.* 107: 496–507; Krogh PH et al. 2020. *Transgenic Res.* 29: 487–498; Devos Y et al. 2021. *EFSAJ* 19: e0190301.
27) Goeden RD, Fleschner CA, Ricker DW 1967. *Hilgardia* 38: 579–606.
28) Pettey FW 1948. *Sci. Bull. Dept. Agri. Union of South Africa* 271: 1–163.
29) Moran VC, Zimmermann HG 1984. *Biocontrol News* & *Info* 5: 297–320; Fullaway DT 1954. *J. Econ. Entomol.* 47: 696–700.
30) Simmonds FJ, Bennett FD 1966. *Entomophaga* 11: 183–189.
31) Zimmermann H et al. 2005. *The Status of Cactoblastis Cactorum* (*Lepidoptera: Pyralidae) in the Caribbean and the Likelihood of Its Spread to Mexico,* Report to IAEA.
32) Habeck DH, Bennett FD 1990. *Entomology Circular 333,* Florida Department of Agriculture

and Consumer Services.
33) Johnson DM, Stiling PD 1998. *Florida Entomologist* 81: 12–22; Stohlgren TJ 2005. *Preliminary assessment of the potential impacts and risks of the invasive cactus moth,* Cactoblastis cactorum Berg, *in the U.S. and Mexico,* Final Report to the IAEA.
34) Rose R 2009. *Eradication of South American Cactus Moth, Cactoblastis cactorum, from 11 Parishes in Southeastern Louisiana. Environmental Assessment,* USDA; *Insect Pest Control Newsletter* 96 (2021): 34–35.
35) Irish M 2001. *Florida Entomologist* 84: 484–485; Taylor RB 2014. *Common Woody Plants* and *Cacti* of *South Texas: A Field Guide,* Univ. of Texas Press.
36) Gilbert L 私信.
37) Zimmermann H, Moran VC, Hoffmann JH 2008. *Divers. Distrib.* 6: 259–269.
38) Espinosa-Zaragoza S 2020. *Insects* 11: 454.
39) Mazzeo G et al. 2019. *Entomol. Exp. Appl.* 167: 59–72.
40) Cock MJW et al. 2016. *Biocontrol* 61: 349–363.
41) Koch RL 2003. *J. Insect Sci.* 3: 32.
42) Camacho-Cervantes M 2017. *PeerJ* 5: e3296.
43) Louda SM, Arnett AE 2000. (Spencer NR ed.) *Proceedings of the 10th International Symposium on the Biological Control of Weeds,* pp. 551–567. Montana State Univ.
44) Howarth FG 1983. *Proc. Hawaii Entomol. Soc.* 24: 239–244.
45) Stiling P 2004. *Biol. Invas.* 6: 151–159.
46) Pearson DE, Callaway RM 2006. *Ecol. Lett.* 9: 443–450.
47) Ridenour WL, Callaway RM 2003. *Plant Ecol.* 169: 161–170.
48) Lynch LD et al. 2001. (Wajnberg E et al. eds.) *Evaluating Indirect Ecological Effects of Biological Control,* pp. 99–125, CABI. 最近も，信頼性の乏しい過去の記録を使っていくつかの推定値が出されているが，中には意図的に低い値を導いたと見られる研究例もあり，信頼できない．悪影響を及ぼした過去の導入事例の比率については，正確なことはわからない，というのが信頼できる結論である．
49) Cock MJW 2003. (Driesche RG ed.) *Proceedings of the International Symposium on Biological Control of Arthropods,* pp.25–33, USDA.
50) Boettner GH et al. 2000. *Conserv. Biol.* 14: 1798–1806; Goldstein P et al. 2015. *Proc. Entomol. Soc. Washington* 117: 347–366.
51) Johnson L 2008. Pacific Northwest Aquatic Invasive Species Profile: Western mosquitofish (*Gambusia affinis*) (http://depts.washington.edu/oldenlab/wordpress/wp-content/uploads/2013/03/Gambusia-affinis_Johnson.pdf).
52) Rowe DK et al. 2008 *Review of the Impacts of Gambusia, Redfin Perch, Tench, Roach, Yellowfin Goby and Streaked Goby in Australia,* NIWA Client Report No. AUS2008–001.
53) 中国四国地方環境事務所 2014.「特定外来生物カダヤシ」. (https://www.env.go.jp/nature/intro/4document/files/r_mosquitofish_shikoku.pdf)，環境省.
54) 石橋治, 小倉剛 2012. 地球環境 17: 193–202.
55) FAO 1996. *Code of Conduct for the Import and Release of Exotic Biological Control Agents,* ISPM Pub. No. 3, FAO, Rome.
56) IPPC 2005. *ISPM 3. Guidelines for the Export, Shipment, Import and Release of Biological*

Control Agents and Other Beneficial Organisms. IPPC, FAO, Rome.
57) van Lenteren JC et al. 2006. *Annu. Rev. Entomol.* 51: 609–634.
58) Heimpel GE, Cock MJW 2018. *Biocontrol* 63: 27–37.
59) 環境庁水質保全局 1999. 天敵農薬環境影響調査検討会報告書, 天敵農薬に係る環境影響評価ガイドライン, 環境庁.
60) Ridgway RL, Vinson SB 1977. *Biological Control by Augmentation of Natural Enemies*, Plenum Press.
61) Babin A et al. 2020. *Sci. Rep.* 10: 16241.
62) Barbosa P 1998. *Conservation Biological Control*, Academic Press.
63) Bruce TJA et al. 2015. *Sci. Rep.* 5: 11183; Sharma A 2019. *Insects* 10: 439.
64) Lu YH et al. 2012. *Nature* 487: 362–365.
65) Bale JS, van Lenteren JC, Bigler F 2008. *Philos. Trans. R. Soc. Lond. B* 27: 363: 761–776.
66) Royama T 1971. *Res. Pop. Ecol.* 13: 1–91; Beddington JR, et al. 1975. *Nature* 255: 719–732; Getz WM 1998. *BioScience* 48: 540–552; Schreiber SJ 2006. *J. Math. Biol.* 52: 719–732.
67) Murdoch WW, Chesson J, Chesson PL 1985. *Amer. Nat.* 125: 344–366; Murdoch WW, Briggs CJ 1996. *Ecology* 77: 2001–2013.
68) Getz WM, Mills, NJ 1996. *Amer. Nat.* 148: 333–347.
69) Mills NJ 2018. *Insects* 9: 131; McEvoy PB 2018. *Bio Control* 63: 87–103.
70) Kidd D, Amarasekare P 2012. *J. Anim. Ecol.* 81: 47–57.
71) Hawkins BA et al. 1999. *Oikos* 86: 493–506.
72) Van Driesche RG et al. 2010. *Biol. Contr.* 54: S2–S33.
73) Rose R et al. 2009. *Eradication of South American Cactus Moth,* Cactoblastis cactorum, *from 11 Parishes in Southeastern Louisiana,* Environmental Assessment, USDA.
74) Bello-Rivera A et al. 2021. (Hendrichs R et al. eds.) *Area-Wide Integrated Pest Management: Development and Field Application,* pp. 561–580, CRC Press.
75) Pérez-De la ONB et al. 2020. *Insects*, 11: 454.
76) Varone L et al. 2015. *Florida Entomol.* 98: 803–806.
77) Mendel Z 2020. *Biol. Contr.* 142: 104157.
78) Mendel Z 私信.
79) Causton CE 2007. (CDF, DGNP, INGALA, eds.) Galapagos Report 2006–2007. *Risk associated with current and proposed air routes to the Galapagos Islands,* pp.55–59, CDF, DGNP, INGALA.
80) MINTUR 2010 *Cuenta satélite de Galápagos*; GNPD, GTO 2019. *Informe Anual de Visitantes a Las Áreas Protegidas de Galápagos del Año 2018,* GNPD & GTO, Galápagos.
81) Causton CE, Lincango MP, Poulsom TGA 2004. *Biol. Contr.* 29: 315–325.
82) Frogatt WW 1902. *Agric. Gazette* 13: 895–911.
83) Thompson WR, Simmonds FJ 1965. *Host predator catalogue. A Catalogue of the Parasites and Predators of Insect Pests,* Commonwealth Agric.
84) Alvarez's CC 2012. *BioControl* 57: 167–179.
85) Fessl B et al. 2006. *Parasitology* 133: 739–747; Cunninghame F et al. 2014. *Galápagos Report* 2014: 151–157.
86) Knutie SA et al. 2014. *Curr. Biol.* 24: R355–R366.

87) Boulton RA et al. 2019. (Veitch CR et al. eds.) *Island Invasives: Scaling Up to Meet the Challenge*, pp. 360–363, Occasional Paper SSC no. 62, IUCN.
88) Thomas SE et al. 2021. *Biol. Contr.* 160: 104688.
89) CABI News 2022. CABI updates workshop on steps to find effective biological control for invasive Galapagos blackberry, CABI.
90) CBD 2016. Invasive alien species: addressing risks associated with trade, experiences in the use of biological control agents, and decision support tools, CBD/COP/DEC/XIII/13.
91) Sheppard AW et al. 2018. The Application of Biological Control for the Management of Established Invasive Alien Species Causing Environmental Impacts, Conference of the Parties to the Convention on Biological Diversity (COP14), IUCN, SSC, ISSG.
92) Christensen CC et al. 2021. *Insects* 12: 583.
93) Follett PA et al. 2000. *Amer. Entomol.* 46: 82–94.
94) Elton CS 1958. *The Ecology of Invasions by Animals and. Plants*, Methuen（川那部浩哉ほか訳 1971.『侵略の生態学』思索社）.
95) Pörtner HO et al. 2021. *IPBES-IPCC co-sponsored workshop report on biodiversity and climate change*, IPBES, IPCC.
96) Wilson EO 1988. (Wilson EO ed.) *Biodiversity*, pp. 3–18, National Academy Press. 国連によって採択された「持続可能な開発」は，1987年の「Our Common Future」において示された戦略だが，そこでは環境保全や自然保護の第一の目的は，人々の福祉と貧困緩和である，としている．しかしその一方で，貧困の解消と生物多様性の保全を両立させることの難しさが適切に議論されていないという批判もある．SDGsや，生物多様性回復を目指すネイチャー・ポジティブの議論では，貧困からの脱却が前提であるにもかかわらず，それと生物多様性保全との関係は条件次第でトレードオフの関係になりうることが十分認識されておらず，その議論が避けられているという（たとえば，Kopnina H 2022. *University World News*, 1 Oct. 2022）.
97) Wyckhuys KAG et al. 2019. *Commun. Biol.* 2: 10.
98) 岩佐和幸 2018. 東南アジア研究 55: 180–216; 農林水産省 2020. 食料・農業・農村基本計画.
99) WHO 2007. *The Use of DDT in Malaria Vector Control*, WHO position statement.
100) 農林水産省 2016.「農薬をめぐる情勢」（農薬関連情報）; 農林水産省 2021.「食料・農業・農村白書」.
101) Shorrocks VM 2017. *Conventional and Organic Farming. A Comprehensive Review through the Lens of Agricultural Science*, 5M Publishing.
102) Merton RK 1936. *Amer. Soc. Rev.* 1: 894–904; Merton RK 1996. (Sztompka P ed.) *On Social Structure and Science*, Univ. of Chicago Press.
103) Janis IL 1971. Groupthink, *Psychology Today* 5: 43–46.
104) Carr EH 1961. *What is History?* Univ. of Cambridge（清水幾太郎訳 1962.『歴史とは何か』岩波書店）.

第10章　薔薇色の天敵

1) Holland BS et al. 2008. *Proc. Hawaiian Entomol. Soc.* 40: 81–83.
2) Board of Commissioners of Agriculture and Forestry, 1903–1959. Forestry and Agriculture,

Hawai'i State Archives.
3) Pemberton CE 1938. *Hawaiian Planters' Rec.* 42: 135–140.
4) Mead AR 1961. *The Giant African Snail A Problem in Economic Malacology.* Univ. of Chicago Press.
5) Walz J 2017. *Ethnobiol. Lett.* 8: 90–96.
6) Naggs F 1997. *Archives of Natural History* 24: 37–88.
7) Green EE 1910. *Trop. Agriculturist* 35: 120–121.
8) Froggatt WW 1917. *Agric. gaz. N.S.W.* 28: 417–426.
9) 李樹 1935. 農業世界 30: 73–76.
10) 帝国陸鮑研究所 1936. 大阪朝日新聞広告.
11) 金丸但馬 1938.『ヴィナス』8: 59–61.
12) Symontowne R 1949. *New York Sunday News,* 14 Aug.
13) Cowie RH 私信.
14) Richard DE, Radford A, Fiske L 1957. *United States Naval Administration of the Trust Territory of the Pacific Islands,* U.S. Office of Chief of Naval Operations.
15) National Research Council 1946. *Proceedings of the Pacific Science Congress, National Research Council Bulletin,* No. 114.
16) Bruggen AC, Mead JI 2011. *The Nautilus* 125: 228–233.
17) Christensen C 1981. *Hawaiian Shell News* 253: 1; Cowie RH 1993. *Bishop Museum Occasional Papers 32,* Bishop Museum.
18) Pemberton CE 1964. *Pacific Insects* 6: 689–729.
19) Mead AE, Kondo Y 1949. *Giant African snail (Achatina fulica) problem in Micronesia: Preliminary report,* Pac. Sci. Board, Nat. Res. Council; Mead AE 1950. *The giant African snail problem (Achatina fulica) in Micronesia. Final report,* Pac. Sci. Board, Nat. Res. Council.
20) Abbott RT 1951. *Report on the introduction of natural enemies of the giant African snail to Agiguan Island, Marianas Is. Invert,* Pac. Sci. Board, Nat. Res. Council.
21) Kondo Y 1952. *Report on carnivorous snail experiment on Agiguan Island: primary and secondary Achatina-free areas on Rota; and gigantism among Achatina on Guam,* Pac. Sci. Board, Nat. Res. Council.
22) Kondo Y 1951. *Report to Invertebrate Consultants Committee for the Pacific on Gonaxis kibweziensis and Edentulina affinis,* Pac. Sci. Board, Nat. Res. Council.
23) Mead AR 1955. *The Nautilus* 69: 37–40.
24) Kondo Y 1950. *Report on the Achatina fulica investigation on Palau, Pagan and Guam,* Pac. Sci. Board, Nat. Res. Council; Mead AR 1956. *Science* 123: 1130–1131.
25) Green EE 1911. *Zoologist* 15: 41–45.
26) Davis CJ 1954. *Report on the Davis expedition to Agiguan, July-August, 1954. Ecological studies, island of Agiguan, Marianas Islands as related to the African snail, Achatina fulica Bowdich, and its introduced predator,* Gonaxis kibweziensis *(E. A. Smith),* Pac. Sci. Board, Nat. Res. Council.
27) *Times* 1956, 09 Jan, "The Hunter Snail."
28) Pemberton CE 1956. *The Nautilus* 69: 142–144.

29) Cowie RH 2001. *Int. J. Pest Manag.* 47: 23–40.
30) Fosberg FR 1957. Conservation situation in Oceania, *Proceedings of the Ninth Pacific Science Congress of the Pacific Science Association, Thailand,* pp. 30–31, Pacific Science Association.
31) Kondo Y 1956. *The Nautilus* 70: 71–72.
32) Nafus D, Schreiner I 1989. *Micronesica* 22: 65–106; Schreiner I 1989. *Proc. Hawaiian Entomol. Soc.* 29: 57–69.
33) Gulick JT 1905. *Evolution, Racial and Habitudinal,* Carnegie Institution, Washington; Wright S 1978. *Evolution and the Genetics of Populations. Vol. 4, Variability Within and Among Natural Populations,* Univ. of Chicago Press.
34) Simmonds FJ, Hughes IW 1963. *Entomophaga* 8: 219–222.
35) Davis C, Butler GD 1964. *Proc. Hawaiian Entomol. Soc.* 18: 377–389.
36) Van der Schalie H 1969. *Biologist* 51: 136–146.
37) Kondo Y 1958. Field notebook (in Appendix II: U.S. Fish and Wildlife Service 1993. *Recovery plan* for *Oahu tree snails of the genus Achatinella*).
38) Kondo Y 1970. *Extinct land molluscan species,* Colloquium on endangered species of Hawaii.
39) Hadfield MG, Mountain BS 1980. *Pacific Sci.* 34: 345–358; Hadfield MG, Kay EA 1981. *Hawaiian Shell News* 29: 5–6; Hadfield MG 1986. *Malacologia* 27: 67–81.
40) Chiba S, Cowie RH 2016. *Annu. Rev. Ecol. Evol. Syst.* 47,123–141.
41) Hadfield MG, Miller SE, Carwile AH 1993. *Amer. Zool.* 33: 610–622.
42) Cooke CM, Kondo Y 1960. *Revision of the Tornatellinidae and Achatinellidae (Gastropoda, Pulmonata),* Bernice P. Bishop Mus. Bull. 221.
43) Kondo Y, Burch JB 1972. *Malac. Rev.* 5: 17–18.
44) Crampton HE 1932. *Studies on the variation, distribution, and evolution of the genus Partula. The species inhabiting Moorea,* Carnegie Instituion, Washington.
45) Clarke BC, Murray J 1969. *Biol. J. Linn. Soc.* 1: 31–42; Johnson MS, Clarke BC, Murray J 1977. *Evolution* 31: 116–126.
46) Pointier JP, Blanc C 1984. *Achatina fulica en Polynesie Francaise,* Museum national d'Histoire naturelle, Paris, École Pratique des Hautes Études, Antenne de Tahiti, Papeete, Centre de l'environnement, Moorea.
47) Clarke BC, Murray J, Johnson MS 1984. *Pacific Sci.* 38: 97–104.
48) Mead AR 1979. *Pulmonates. Volume 2B. Economic Malacology with particular reference to Achatina fulica,* Academic Press. ただし減少は進化的変化によるものである可能性もある.
49) Johnson MS 私信.
50) Clarke BC 私信.
51) Murray J et al. 1988. *Pacific Sci.* 42: 150–153.
52) Coote T, Loève E 2003. *Oryx* 37: 91–96.
53) Burgess CM, Connell A 1989. *Hawaiian Shell News* 37:11.
54) Regnier C, Fontaine B, Bouchet P 2009. *Conserv. Biol.* 23: 1214–1221.
55) de Beauchamp, P 1962. *Bulletin de la Société Zoologique de France* 87: 609–615; Schreurs J 1963. *Investigations on the biology, ecology and control of the Giant African snail in west New Guinea. Unpublished report,* Manokwari Agricultural Research Station.
56) Muniappan R 1982. *Proc. of Sub-Regional Training Course on Methods of Controlling*

Diseases, Insects and Other Pests of Plants in the South Pacific, pp. 229–237, Oct 4–20, Vaini, Kingdom of Tonga; Muniappan R 1983. *Alafua Agric. Bull.* 8: 43–46.
57) CIMCBC 2007. *Critical Ecosystem Partnership Fund, Ecosystem Profile of the Polynesia-Micronesia Hotspot,* CIMCBC.
58) Harrower CA et al. 2020. *Guidance for interpretation of the CBD categories of pathways for the introduction of invasive alien species,* EU publ.
59) Gerlach J et al. 2021 *Biol. Invas.* 23: 997–1031.
60) Muniappan R 1983. *Alafua Agric. Bull.* 8: 43–46.
61) Muniappan R et al. 1986 *Oleagineux* 41: 183–186.
62) Muniappan R 1987. *FAO Plant Bull.* 35: 127–133.
63) Nafus D, Schreiner I 1989. *Micronesica* 22: 65–106.
64) Hopper DR, Smith BD 1992. *Pacific Sci.* 46: 77–85.
65) 農林水産省 1991.「植物防疫病害虫情報」36.
66) Kaneda M et al. 1990. *Appl. Ent. Zool.* 25: 524–528.

第 11 章　見えない天敵

1) Beechey FW 1831. *Narrative of a Voyage to the Pacific and Beering's Strait: To Co-operate with the Polar Expeditions,* Henry Colburn & Richard Bentley.
2) Gray JE 1839. *The Zoology of Captain Beechey's Voyage,* pp.101–142, pls.33–38, Henry G. Bohn.
3) 東京府 1929.『小笠原島総覧』東京府；大熊良一 1985.『小笠原諸島異国船来航記 』近藤出版社.
4) 角山幸洋 1990. 関西大学東西学術研究所紀要 23: 83–140.
5) 石井通則 1967.『小笠原諸島概史（その 1)』小笠原協会.
6) Nafus D, Schreiner I 1989. *Micronesica* 22: 65–106.
7) Matsumoto Y, Matsumoto T, Miyashita K 1984. *Japanese J. Ecol.* 34: 289–297.
8) 岸本年郎 2009. 昆虫と自然 44: 11–16.
9) Mead AR 1961. *The Giant African Snail A Problem in Economic Malacology,* Univ. of Chicago Press,
10) Takeuchi K, Koyano S, Numazawa K 1991. *Micronesia Suppl.* 3: 109–116.
11) 船越眞樹 1992. 信州大学環境科学年報 14: 101–119.
12) UNESCO World Heritage Convention 2022. *Socio-economic Impacts of Tourism*; UNESCO World Heritage Convention 2022. *World Heritage and Sustainable Development.*
13) 小笠原諸島世界遺産地域連絡会議 2020.「小笠原諸島世界自然遺産に関する基礎資料集」小笠原自然情報センター.
14) 総務省 2012–2021.「市町村税課税状況等の調」総務省関連資料.
15) Chiba S, Roy K 2011. *Proc. Natl. Acad. Sci. USA* 108: 9496–9501.
16) Chiba S, Cowie RH 2016. *Annu. Rev. Ecol. Evol. Syst.* 47,123–141.
17) Chiba S 1999. *Evolution* 53: 460–471; Chiba S, Davison A 2008. *Phil. Trans. R. Soc. Lond. B* 363: 3391–3400.
18) Chiba S 1989. *Trans. Proc. Palaeont. Soc. Jpn.* 155: 218–251; Chiba S 1997 *Biol. J. Linn.*

Soc. 61: 369–389.
19) 世界自然遺産候補地科学委員会資料 2006.「小笠原諸島の世界遺産としての価値の証明に関する検討経緯」小笠原自然情報センター .
20) The World Heritage Committee 2011. *Decision 35 COM 8B.11, Natural Properties - Ogasawara Islands (Japan),* UNESCO.
21) 大河内勇 私信.
22) 可知直毅ほか 2009.「小笠原における外来種対策とその生態系影響」, 地球環境 14(1).
23) 大林隆司 私信.
24) Okochi I, Sato H, Ohbayashi T 2004. *Biodiv. Conserv.* 13: 1465–1475; Ohbayashi T et al. 2005. *Appl. Entomol. Zool.* 40: 609–614.
25) 大林隆司 2006. 小笠原研究年報 29: 23–35.
26) 森林総合研究所ほか 2010.「脆弱な海洋島をモデルとした外来種の生物多様性への影響とその緩和に関する研究（平成 17 年度～ 21 年度)」, 環境省地球環境研究総合推進費終了研究成果報告書, 環境省.
27) Sugiura S, Okochi I, Tamada H 2006. *Biotropica* 38: 700–703; Sugiura S 2010. *Biol. Invas.* 12: 1499–1507.
28) Iwai N, Sugiura S, Chiba S 2010. *Naturwissenschaften* 97: 997–1002.
29) Iwai N, Sugiura S, Chiba S 2010. *J. Mollusc. Stud.* 76: 275–278.
30) 杉浦真治 私信.
31) 陸産貝類保全・プラナリア対策検討会 2008–2014. 検討会資料・報告書.
32) 小笠原諸島陸産貝類保全ワーキンググループ 2015–2021. WG 資料・報告書.
33) Mori H, Inada M, Chiba S 2020. *Tentacle* 29: 36–37.
34) Cowie RH 2022 (DellaSala DA, Goldstein MI eds.) *Imperiled: The Encyclopedia of Conservation,* vol. 1, pp. 395–404, Elsevier.
35) Takeuchi K, Koyano S, Namazawa K 1991. *Micronesica Suppl* 3:109–116.
36) 大林隆司, 竹内浩二 2007. 日本応用動物昆虫学会誌 51: 221–230.
37) Asato R et al. 2004. *Jpn. J. Infect. Dis.* 57: 184–186; 安里龍二ほか 2003. 沖縄県衛生環境研究所，平成 14 年度新興・再興感染症調査報告書.

著者略歴

（ちば・さとし）

東北大学東北アジア研究センター教授，東北大学大学院生命科学研究科教授（兼任）．1960年生まれ．東京大学大学院理学系研究科博士課程修了．静岡大学助手，東北大学准教授などを経て現職．専門は進化生物学と生態学．著書『歌うカタツムリ――進化とらせんの物語』（岩波科学ライブラリー，2017）で第71回毎日出版文化賞・自然科学部門を受賞．ほかに，『進化のからくり――現代のダーウィンたちの物語』（講談社ブルーバックス，2020），『生物多様性と生態学――遺伝子・種・生態系』（共著，朝倉書店，2012）などの著作がある．

千葉 聡

招かれた天敵

生物多様性が生んだ夢と罠

2023年 3 月10日　第 1 刷発行
2023年 5 月22日　第 2 刷発行

発行所 株式会社 みすず書房
〒113-0033 東京都文京区本郷 2 丁目 20-7
電話 03-3814-0131(営業) 03-3815-9181(編集)
www.msz.co.jp

本文組版 キャップス
本文作図協力 日本グラフィックス
本文印刷・製本所 中央精版印刷
扉・表紙・カバー印刷所 リヒトプランニング

装丁 緒方修一
装画 桃山鈴子

ISBN 978-4-622-09596-5
[まねかれたてんてき]